“十四五”时期国家重点出版物出版专项规划项目

新一代人工智能理论、技术及应用丛书

统一智能理论

钟义信 著

科学出版社

北京

内 容 简 介

学科的范式(科学观与方法论)是指导学科研究的最高引领力量。然而作者发现：作为信息学科高级篇章的人工智能却遵循着物质学科的范式，使人工智能的研究严重受限。因此，本书实施了人工智能的范式革命：总结了信息学科的范式，以此取代物质学科范式对人工智能研究的统领地位；在信息学科范式的引领下，构筑人工智能的全局模型，揭示普适性智能生成机制，开辟机制主义的人工智能研究路径，重构人工智能的基本概念；发掘信息转换与智能创生定律，创建机制主义通用人工智能理论。后者不但可以融通现行人工智能三大学派，而且可以与人类智能的生成机制实现完美的统一，形成统一智能理论。

本书适用于信息领域，特别是智能领域相关专业的本科生、研究生学习，也可供相关领域研究人员和教师参考。

图书在版编目（CIP）数据

统一智能理论 / 钟义信著. —北京：科学出版社，2023.12
（新一代人工智能理论、技术及应用丛书）
"十四五"时期国家重点出版物出版专项规划项目　国家出版基金项目
ISBN 978-7-03-075235-2

Ⅰ. ①统…　Ⅱ. ①钟…　Ⅲ. ①人工智能　Ⅳ. ①TP18

中国国家版本馆 CIP 数据核字（2023）第 048113 号

责任编辑：姚庆爽 / 责任校对：崔向琳
责任印制：赵　博 / 封面设计：陈　敬

科学出版社 出版
北京东黄城根北街 16 号
邮政编码：100717
http://www.sciencep.com
涿州市般润文化传播有限公司印刷
科学出版社发行　各地新华书店经销
*
2023 年 12 月第　一　版　开本：720 × 1000　1/16
2023 年 12 月第一次印刷　印张：25 1/2
字数：500 000

定价：220.00 元

（如有印装质量问题，我社负责调换）

“新一代人工智能理论、技术及应用丛书”编委会

“新一代人工智能理论、技术及应用丛书”序

科学技术发展的历史就是一部不断模拟和扩展人类能力的历史。按照人类能力复杂的程度和科技发展成熟的程度，科学技术最早聚焦于模拟和扩展人类的体质能力，这就是从古代就启动的材料科学技术。在此基础上，模拟和扩展人类的体力能力是近代才蓬勃兴起的能量科学技术。有了上述的成就做基础，科学技术便进展到模拟和扩展人类的智力能力。这便是 20 世纪中叶迅速崛起的现代信息科学技术，包括它的高端产物——智能科学技术。

人工智能，是以自然智能(特别是人类智能)为原型、以扩展人类的智能为目的、以相关的现代科学技术为手段而发展起来的一门科学技术。这是有史以来科学技术最高级、最复杂、最精彩、最有意义的篇章。人工智能对于人类进步和人类社会发展的重要性，已是不言而喻。

有鉴于此，世界各主要国家都高度重视人工智能的发展，纷纷把发展人工智能作为战略国策。越来越多的国家也在陆续跟进。可以预料，人工智能的发展和应用必将成为推动世界发展和改变世界面貌的世纪大潮。

我国的人工智能研究与应用，已经获得可喜的发展与长足的进步：涌现了一批具有世界水平的理论研究成果，造就了一批朝气蓬勃的龙头企业，培育了大批富有创新意识和创新能力的人才，实现了越来越多的实际应用，为公众提供了越来越好、越来越多的人工智能惠益。我国的人工智能事业正在开足马力，向世界强国的目标努力奋进。

“新一代人工智能理论、技术及应用丛书”是科学出版社在长期跟踪我国科技发展前沿、广泛征求专家意见的基础上，经过长期考察、反复论证后组织出版的。人工智能是众多学科交叉互促的结晶，因此丛书高度重视与人工智能紧密交叉的相关学科的优秀研究成果，包括脑神经科学、认知科学、信息科学、逻辑科学、数学、人文科学、人类学、社会学和相关哲学等研究成果。特别鼓励创造性的研究成果，着重出版我国的人工智能创新著作，同时介绍一些优秀的国外人工智能成果。

尤其值得注意的是，我们所处的时代是工业时代向信息时代转变的时代，也是传统科学向信息科学转变的时代，是传统科学的科学观和方法论向信息科学的科学观和方法论转变的时代。因此，丛书将以极大的热情期待与欢迎具有开创性的跨越时代的科学研究成果。

“新一代人工智能理论、技术及应用丛书”是一个开放的出版平台，将长期为我国人工智能的发展提供交流平台和出版服务。我们相信，这个正在朝着“两个一百年”目标奋力前进的英雄时代，必将是一个人才辈出百业繁荣的时代。

希望这套丛书的出版，能为我国一代又一代科技工作者不断为人工智能的发展做出引领性的积极贡献带来一些启迪和帮助。

李衍达

前 言

世界大势，变与不变。不变益稳，变利求新。稳中求新，乃万物之道，科技亦然。此势不可不察，不可不明，不可不依也。

通用人工智能，注定是一个“大变革大突破”的世界性与世纪性课题。这是因为，通用人工智能具有普适性的智能生成机制，能够以不变应万变，适应和满足各种应用场景的需求，符合“可持续发展”的科学理念。

至于统一智能理论，则更是一个激动人心和众望所归的主题。这是因为，人工智能本来就是从人类智能启迪和引申出来的科技课题，目的就是用人工智能的成就来辅助和增强人类智能，因此人类不但应当寻求通用的人工智能，而且必须实现通用人工智能与人类智能之间的和谐融通，互补共生，在工作机制上实现有效的统一。

纵观现有的人工智能，表面上虽然呈现出不俗的实际应用，但它却是一个被肢解了的学科(被肢解成结构主义的神经网络、功能主义的专家系统、行为主义的感知动作系统)，至今没有整体的理论；而且所有这些人工智能系统的智能都被阉割，只剩形式因素而丢弃了价值因素和内容因素，致使当今的人工智能系统都是“智能水平低下”的、“结论不可解释”的、“以速度取胜”和“需要大样本”的系统。在这样的基础上研究通用的人工智能，不经过大变革和大突破是根本不可能的事情。

问题的实质是，人工智能的科学观和方法论面临重大挑战。人们原先以为，只要把人脑的物质结构和能量关系研究清楚,大脑思维的秘密就可以一目了然了。所以，早在 200 多年前，人们就尝试用解剖的方法(传统科学方法论“分而治之”)从脑的结构这个窗口来揭开人脑思维的奥秘。尝试的结果当然是以失败告终。可见，传统科学研究方法论在智能理论研究的场合失去了效力。

由此可以体会，这种大变革和大突破主要还不是观察测量技术方面的革新，也不是人们所熟悉的算法的优化与算力的强化，而是人工智能研究的核心理念——研究范式(科学观和方法论)的大变革；只有完成研究范式的大变革才有可能带来人工智能基础理论的大突破，实现通用人工智能理论的源头创新和崭新建构。

鉴于人工智能学科独一无二的重要性和无与伦比的诱人前景，如今，发展人工智能已经成为许多国家的重大战略，同时成为国际科技界、教育界、产业界、工商界、政界、军界的关注焦点和研究热点，甚至成为社会公众日常议论的高频话题。

那么，怎样才能把现今的初等人工智能发展成为人们向往的通用人工智能呢？让我们首先倾听社会各界(包括百姓大众和专业人士)究竟是怎样关注人工智能问题的吧，看看可以从中得到什么样的激励和启示？

1. 社会的关注与思虑

人工智能几乎受到当今全社会的关注和深度思虑，并引出大大小小各不相同的议论。

(1) 什么是智能？智能和智慧是一回事吗？

(2) 什么是人工智能？什么是人类智能？

(3) 人工智能机器究竟能够做什么？做不了什么？不应当做什么？

(4) 人工智能机器和历史上的各种机器有什么本质上的不同？

(5) 人工智能科学技术能够怎样促进社会生产力的发展与变革？

(6) 人工智能的发展与应用能够推动信息时代走向智能时代吗？

(7) 人工智能机器的能力真的会和人类一样，甚至全面超越人类吗？

(8) 人工智能机器真的会成为社会的主宰、人类必须听命于机器吗？

(9) 人工智能给人类社会带来的究竟是福祉还是灾难？

(10) 人类应当发展人工智能的研究？还是应当限制人工智能的研究？

可见，人工智能的发展确实在很大程度上触动了社会公众的神经。人们不仅关注人工智能的技术发展，更加关注人工智能给人类和社会带来的深远影响。这就启示了人们：人工智能的研究确实承载着巨大的社会责任。

至于在学术界，产生的议论和争论就更加深入、更加具体，也更加学术化。

(1) 人工智能是计算机科学的一个分支吗？

(2) 人工智能就是自动化的自然延伸吗？

(3) 人工智能是信息科学的高级篇章吗？

(4) 人工智能就是认知科学的技术实现吗？

(5) 人工智能和数据科学是什么关系？

(6) 人工智能研究与数学是什么关系？

(7) 人工智能的研究与哲学和社会科学有什么样的关系？

(8) 人工智能的发展是由数据驱动，还是数据和知识共同驱动？

(9) 人工智能发展的主要途径就是优化算法和强化算力吗？

(10) 人工智能发展的主要基础是大数据和云计算吗？

(11) 人工智能的原型就是脑的物质系统吗？

(12) 人工智能研究的方法就是“类脑”吗？

(13) 人工智能的“结构模拟(神经网络)”研究途径优势和劣势是什么？

(14) 人工智能的“功能主义(专家系统)”研究途径有多大潜力？
(15) 人工智能的“行为主义(感知动作系统)”研究途径能够走多远？
(16) 为什么结构主义、功能主义、行为主义没能合成人工智能的统一理论？
(17) 分而治之的方法论适用于物质科学的研究，也适用于信息科学的研究吗？
(18) 单纯形式化的方法适用于物质科学的研究，也适用于信息科学的研究吗？
(19) 物质科学的研究要排除主观因素，人工智能也要排除主观因素吗？
(20) 信息论排除了语义和语用因素，无内容、无价值的机器能够有智能吗？
(21) 形式逻辑能够满足人工智能研究的需要吗？
(22) 人工智能和机器学习是一回事吗？
(23) 什么是“第二代人工智能”？它的本质特征是什么？
(24) 什么是“第三代人工智能”？它的本质特征又是什么？
(25) 第二代和第三代人工智能的关系是什么？
(26) 什么是弱人工智能？
(27) 什么是强人工智能？
(28) 什么是超强人工智能？
(29) 强人工智能和超强人工智能的科学依据是什么？
(30) 人类有自己的目的，机器也有自己的目的吗？
(31) 怎样理解人与人工智能机器的共生关系？
(32) 人工智能的基础理论是什么？
(33) 飞机设计要遵循空气动力学原理，什么是人工智能的基本原理？
(34) 什么是智能的普适性生成机制(机理)？
(35) 人工智能存在统一的(普适的)理论吗？
(36) 什么是人工智能的多样性和统一性关系？
(37) 什么是范式？它在科学研究中的地位是什么？
(38) 为什么千百年来的科学研究都没有发生“范式大变革”的问题？
(39) 为什么研究人工智能必定要涉及范式的问题？
(40) 为什么研究人工智能需要实行“范式的革命”？
(41) 什么是深度学习？它的优势是什么？它有什么致命的缺陷？
(42) 人工神经网络研究的优点和缺点是什么？
(43) 专家系统研究方法的致命缺陷是什么？物理符号假设能够成立吗？
(44) 感知动作系统研究方法的根本局限性在哪里？
(45) 人工智能根本就不存在统一理论吗？
(46) 人工智能理论就是三大学派的“总和”吗？
(47) 能够沿用物质科学的观念和方法来研究信息科学和人工智能吗？
(48) 系统论和整体论是一回事吗？它们怎样在人工智能研究中发挥作用？

(49) 人工智能统一理论的研究需要什么样的新数学和新逻辑的支持?

(50) 面对人工智能的发展，科学研究还需要做出什么重大的改变?

人们从如此众多的角度和如此不同的深度关注着人工智能科学技术的发展，这在整个科学技术发展的历史上实属罕见。这不但显示出它在人们心目中的地位不同凡响，而且在一定程度上意味着人工智能的研究将会发生翻天覆地的划时代变化。

2. 人工智能的进展与危机

面对这些问题，我们不得不对人工智能的历史和现状做一番深入而系统的考察。

迄今，人工智能的研究和应用虽然表现得花样繁多，五光十色，但是从学理上看都源于三大研究学派。

(1) 1943 年发端的模拟人脑新皮层结构的人工神经网络(结构主义学派)。

(2) 1956 年兴起的模拟人脑思维功能的物理符号系统(功能主义学派)。

(3) 1990 年问世的模拟人类行为方式的感知动作系统(行为主义学派)。

几十年来，三大学派各自都取得了一批精彩的成果，如下。

(1) 结构主义学派的模式识别和深度学习等。

(2) 功能主义学派的 Deeper Blue、Watson 和基于深度学习的 AlphaGo 等。

(3) 行为主义学派的各种智能机器人，如 Sophia 和 Big Dog 等。

三大学派各自又都存在巨大的固有缺陷。

结构主义学派的固有缺陷如下。

(1) 人工神经网络基于纯粹形式化的信息(数据)和统计性的信息处理方法，它得到的结果不可理解，因此不具有可解释性。

(2) 人工神经网络只利用训练期间所有样本的即时形式化知识，完全没有利用人类长期所积累起来的先验知识，因此人工神经网络主要用来执行形式化的识别和分类等任务，而不大可能执行深度理解和复杂推理的任务。

功能主义学派的固有缺陷如下。

(1) 物理符号系统和专家系统都采用纯粹形式化方法来描述和表示功能，忽视了信息和知识的内容与效用功能，这注定了它们的理解能力十分低下。

(2) 物理符号系统和专家系统的基础是物理符号假设，认为电脑与人脑的功能等效。事实是，人脑能够处理内容，产生情感和意识，而电脑不能，电脑的功能远不如人脑的功能。所以，假设并不成立。

行为主义学派的固有缺陷是，它的创始人 Brooks 在创始学派的时候就宣称感知动作系统是“无需知识的智能”(intelligence without knowledge)，认为“感知”和“动作”天然联系在一起，因此不需要知识。其实，感知和动作是通过常识知识联系起来的。所以，感知动作系统并非无需知识，而是需要常识知识。然而，仅凭常识知识(没有经验知识和规范知识)的感知动作系统只可能拥有局部的浅层智能。

三者共同面临的危机是，现有人工智能三大学派都是按照经典物质学科“分而治之”和“纯粹形式化”方法论产生出来的，因此都在广度上被肢解，在深度上被阉割。它们无法形成有智能的统一理论，因此无法完成人工智能研究的历史使命。

3. 人工智能危机的根源：范式的张冠李戴

那么，造成危机的根源是什么？

上面的考察表明，作为开放复杂信息系统的人工智能的研究没有贯彻信息学科的方法论，却接受了物质学科“分而治之”和“纯粹形式化”的方法论。对物质学科的研究来说，分而治之和纯粹形式化都是行之有效的方法论。然而，对开放复杂的信息系统而言，分而治之却割断了复杂信息系统内在复杂的信息联系；纯粹形式化则使智能空心化，丧失了理解能力。可见，现行人工智能致命问题的根源是用物质学科的方法论来研究复杂的信息系统，即方法论的张冠李戴！

方法论本身的根源又在于它所遵循的科学观，即有什么样的科学观，就会导出什么样的方法论。科学观在宏观上回答“这个学科的本质是什么”的问题，而方法论则在宏观上回答“这个学科的研究应当怎么做”的问题。“是什么”和“怎么做”，两者共同在宏观上确定了这个学科研究的基本规范和原则，于是被称为这个学科的“研究范式”，简称为“范式”。它是驾驭和引领学科的科学研究的最高支配力量，是科学研究活动中主宰命运的“看不见的手”。

可见，造成人工智能面临危机的根源是，用“物质学科的范式”来指导“信息学科的研究”，犯了范式张冠李戴的大忌！

在物质学科范式的引领下，人工智能的研究只能按照“分而治之”和“纯粹形式化”的方法论得出各种局部性、孤立性、碎片式、智能水平低下、结果不可解释，而且需要大规模样本的研究成果。

4. 人工智能范式的张冠李戴是时代大转变带来的大阵痛

社会存在决定社会意识，社会意识滞后于社会存在。这是一个铁定的法则。

作为信息时代标志的信息学科在 20 世纪中叶才刚刚崛起。根据上述铁定的法则，信息学科的研究范式(科学观和方法论的有机整体，属于社会意识)只能在信息学科的长期研究实践(社会存在)过程中逐步总结和提炼出来。

于是，当人工智能的研究在 1943 年起步，在 1956 年和 1990 年相继展开的时候，信息学科的研究范式尚未形成(至今仍未完成)。在这种情形下，人工智能研究就只能沿用当时业已存在，而且十分强大、人们也早已非常熟悉和习惯的物质学科的研究范式，这就是以“排除主观因素”为特征的机械唯物科学观，以“纯粹形式化”和“分而治之”为特征的机械还原方法论。

可见，初级阶段的人工智能研究沿用了物质学科的研究范式，这种范式张冠李戴现象具有不可避免的性质。这是物质学科主导的科学体系向信息学科主导的科学体系历史性大转变(也是工业时代向信息时代大转变)必然带来的大阵痛。

解决现行人工智能(初级人工智能)范式张冠李戴问题的办法，就是对人工智能的研究实行“范式的大变革”。否则，人工智能的研究就永远都不可能摆脱物质学科范式所允许的初级阶段，永远不可能迈向它的高级阶段。

5. 人工智能“范式大变革”的条件现已具备

人工智能初级阶段研究范式的张冠李戴状况有其不可避免的性质。但是，这丝毫不表明张冠李戴的研究范式可以永世不变。如果人们任凭这种状态继续存在下去，那么人工智能研究的历史使命——建立人工智能的通用理论——就将永远无法完成。对于一门学科的发展来说，这是社会发展无法容许的。

崭新学科(相对于物质学科而言的信息学科)发展的一般规律是，由于“意识滞后于存在”，初级阶段的范式“张冠李戴”无可避免；高级阶段则必须起步于“正冠”。

一方面，社会的发展需要人工智能的研究进入高级阶段。另一方面，从 20 世纪中叶信息科学诞生到现在，经历了近 80 年的实践求索，越来越多的研究者逐步体会到：机械唯物的科学观，以及纯粹形式化和分而治之的机械还原方法论给信息学科的研究带来的束缚已经成为人工智能发展的严重障碍。于是，人们日益深入探索和总结了适合于信息学科性质的新的科学观和方法论，逐步建立和完善了信息学科的研究范式。

作为例证，本书作者在 1962～1965 年研究生学习期间学习《信息论》的时候就注意到 Shannon 信息论“有意排除语义信息和语用信息”的纯粹形式化和分而治之的方法论问题，并于 1984 年发表“全信息理论”进行讨论和修正，1988 年出版《信息科学原理》。其中用了一章的篇幅总结和论述了信息学科的方法论。此后每一次再版(1996 年版、2002 年版、2005 年版、2013 年版)都对信息学科的科学观和方法论的阐述进行了深化和改进。2017 年，本书作者在《哲学分析》发表论文“从机械还原方法论到信息生态方法论”，正式提出“信息生态方法论”的概念。可以认为，经过半个多世纪的锤炼，信息学科的研究范式(辩证唯物的信息观，信息生态的方法论)已经基本成型。人工智能研究的“范式大变革”条件业已成熟。

因此，现阶段人工智能研究的压倒性任务应当是“正冠”，即颠覆物质学科的范式对人工智能研究的统领地位，确立信息科学的范式对高级阶段人工智能研究的规范和引领作用。只有这样，才能把人工智能发展的巨大潜能从物质学科范式的束缚下彻底地解放出来，完成通用人工智能理论的建构，同时实现与人类智能在生成机制上的和谐融通，构建统一的智能理论。

那么，在这样的学术背景下，本书将会以怎样与众不同的姿态，高擎“范式大变革”的旗帜，冲破传统范式的束缚，以信息学科的科学观和方法论重构全新的人工智能理论研究模型，开创全新的基于普适性智能生成机制的研究路径，以“形式、内容、价值”三位一体的整体化方法重塑人工智能相关的基本概念和基本原理，揭示“信息转换与智能创生”的深刻奥秘，从而建立人工智能和人类智能的统一理论，且看本书讲解。

感谢国务院颁发《新一代人工智能发展规划》，并把“到2025年人工智能基础理论实现重大突破”作为第二阶段的战略目标；感谢科学出版社组织“新一代人工智能理论、技术及应用丛书”出版项目；感谢科学出版社首席策划魏英杰编审，使本书得以有机会与读者见面，共享人工智能范式革命带来的智能理论研究成果。欢迎广大读者批评指正。

钟义信

2022年秋于北京

目　录

第一篇(战略篇)　变与不变

第二篇(溯源篇)　历史上的智能研究

第三篇(主体篇)　通用人工智能理论

第四篇(总结篇) 评述与拓展

第一篇(战略篇)　变与不变

宇宙演化、生命起源、智能机理是现代科学面临的最为重要、最为复杂、最富于挑战的三大研究领域。宇宙演化的研究是要洞察人类生存大环境的演化法则。生命起源的探索是要阐明人类自身的生存发展规律。智能机理的探究是要揭示人类能力发展的奥秘。智能和人工智能研究的基础性、重要性、复杂性由此可想而知。

显然，为了深入有效地研究这样空前复杂的人工智能问题，人们必须清晰地认识科学技术发展的历史大势，准确地理解科学技术发展的根本规律，清醒地驾驭科学技术发展的总体战略；否则，就可能误入迷途而难以取得成功。

众所周知，自人类开始自觉制造简单的农牧业生产工具(如石刀、石斧等)到今天，科学技术的发展至少经历了数千年复杂而艰辛的历程。通过研究可以发现，千年的科技发展历史呈现了“变”与“不变”两方面的重要规律。它们为人工智能的研究提供了可以借鉴的理论和可供遵循的规律。

变，是指经历了数千年的物质学科主导的科学技术体系正逐渐“变为”信息学科主导的科学技术体系。这里就隐伏着库恩所说的科学革命的机遇。

不变，是指科学技术的辅人功能、拟人路线，以及由此导致的共生关系将恒久不变。这成为科学技术发展必须遵守的基本规律。

变的规律导致人工智能研究必须经历范式的革命。不变的规律则表明，机器治人的局面不可能出现。这就是“千年大势”，也是关于信息学科领域(人工智能是信息学科集大成的精彩篇章)学术研究的两个根本法则。这些法则对于人们认识和把握人工智能科学技术的发展具有至为重要的指导意义。

第1章　千年不变的科技法则
——辅人律→拟人律→共生律

辅人→拟人→共生，是科学技术发生和发展的普遍规律。它揭示了，科学技术为什么会发生,以及是怎样发生的(起点);为什么能发展,以及怎样发展(路线);发展的结果将走向什么样的归宿(结局)。更具体地说，它们阐明了，为什么科学技术会发生，它的发生机制是什么；科学技术发展的大方向是什么，发展的轨迹又如何，具有什么样的历程标志；科学技术发展的最终目标是什么，将会与人类形成什么样的相互关系。

1.1　辅人律：科学技术的发生机制

人类社会为什么会出现科学和技术？科学技术发生和发展的基本规律是什么？科学技术与人类,以及人类社会的关系是什么？ 这些是科学技术发生发展的基本问题，也是研究人工智能的突破、创新、发展所必须掌握的基本规律[1-7]。

1. 人类的生物学进化和文明进化

众所周知，科学和技术都不是与生俱来的。在原始时代，世上既没有科学，也没有技术。那时，人类还处在茹毛饮血的原始状态。他们群居生活，赤手空拳，以采集和捕猎为生。但是，当弱小的猎物被捕杀得越来越难寻觅，低处的野果被采摘得越来越少见，他们的生存便受到越来越严重的威胁。按照达尔文进化论的原理，环境改变之后，生存的需求便驱使着原始人类不断进化，以增长新的本领来适应新的环境，求得生存和发展；否则，就会遭到环境的淘汰而灭绝。

人类的进化大致可以分为两个基本阶段。首先是生物学进化阶段(初级进化阶段)，这是一个漫长的进化阶段。然后是文明进化阶段(高级进化阶段)，这一阶段至今仍在继续，而且演进得越来越快速，越来越高级。

在生物学进化阶段，人类主要通过自身各种器官功能的分化和强化来增强自身的能力。直立行走和手脚分工是人类生物学进化阶段的主要成果。由四脚行走进化到直立行走，人类的视野大大开阔了，认识环境认识世界的能力大大增强了，也使人类身体的灵活性大大增强，适应环境的能力大大提高。通过手脚的分工，人的双手从行走功能中得到解放，手的功能大大增强，变得更加灵巧，使人类适应环境和改造环境的能力空前增强。

不难理解，由于人类生理器官功能分化和强化的有限性，人类生物学意义上的进化过程不可能无限制地展开，因此也不可能无限制地取得显著成效。当人类自身器官功能的分化和强化达到或接近饱和之后，由生物学进化带来的新能力的增强必然逐渐进入相对稳定的状态。然而，人类争取更加美好的生存和发展条件的需求却永无止歇地继续增长。

毫无疑问，人类生物学进化的相对饱和状态与人类不断高涨的生存发展需求之间的矛盾，必然会激发人类新的进化机制，以便继续满足人类不断增长的生存和发展需求。这种新的进化机制，便是人类的文明进化机制。因此，在生物学进化到达“山重水复疑无路”的境地之后，人类进化过程便由生物学进化转向文明进化，出现“柳暗花明又一村”的新景象。那么，什么是文明进化，它是怎样发展起来的?

与通过人类自身内部器官功能的分化和强化来增强人类能力的生物学进化完全不同，文明进化通过利用外部世界的力量来增强人类自身的能力。生物学进化是着眼于人体内部，文明进化是着眼于外部世界。它们是两种不同但相辅相成的进化机制，即生物学的进化是初级的进化，文明进化是高级的进化。一般来说，生物学进化阶段不可能有文明进化的机制，但是文明进化阶段并不排斥生物学的进化机制，如果后者还有潜力的话。

文明进化的机制是怎样出现和建立的? 这个过程很自然，但是却可能经历极其漫长的摸索。例如，当原始森林中那些长得比较低矮，比较容易采摘的野果被采完了之后，以采摘为生存手段的原始人类就得想办法去采摘长在树木上段的果实。最直接的办法当然就是爬树，这是赤手空拳的原始人类能够做到的事情，不需要任何工具，也不需要任何外力的帮助。但是，爬树充满风险，爬得越高，风险越大，甚至摔伤、丧命。在漫长的进化过程中，不知道什么时候什么人曾经不在意地舞弄从地上拾起的树枝，却忽然钩下了长在树木高处原来徒手够不着的野果！这样，树枝这个身外之物在客观上就“延长”了人的手，扩展了手的功能，使原来赤手空拳办不到的事情办成功了。这种不经意的成功是一个伟大的发现，即人可以利用身外之物来扩展自身的能力。

或许，第一个取得这种成功的人并没有立即意识到这件事情具有什么伟大的意义。或许，他在取得这次成功之后就立即忘记了(因为他是在不经意的情况下成功的)。但是，这种偶然的成功包含着成功的必然规律。因此，尽管他自己没有意识到，尽管他的成功也没有引起他人的注意，但是这种成功必然又会在别的时候别的地方，在别人身上再次出现。这样，一而再，再而三，频繁的偶然出现早晚会被人们注意到。一旦人们注意到这么多偶然的成功，这种个别的经验就转变为众人的认识。于是，“借助身外之物，强化自身的能力”渐渐成为人们共同的信条。

诸如此类的偶然发现肯定会在人类的活动中不断出现。例如，在遇到搬不动的巨石或重物时，也许有人在无意的玩耍中把断树枝的一端插在巨石底下，而树枝又恰巧垫在旁边另一块石头上，结果他在树枝的另一端一按，竟把巨石撬动了。断树枝(身外之物)大大扩展了人的力量。这类偶然的成功，多次不经意地出现，也早晚会被人们注意到，进而成为人们的经验。

可以确信,这种偶然的发现和偶然的成功肯定会不断地在世界各地反复发生。即使仅仅从上述的例子中，我们也可以清楚地看出，文明进化是怎样在长期的摸索过程中慢慢“破土而出”，逐渐被人们所注意、所感悟。同样，可以清楚地看出，科学技术是怎样在漫长的摸索过程中一次又一次地顽强冲击，最终“破土而出”，被人类所认识和接受。

实际上，“断枝撬石”就是现代科学中杠杆原理的原始萌芽，其中的“断枝”就是现代技术中“杠杆”的原始形态。概言之，一切原始工具背后的原理就是原始形态的科学；一切工具制造的方法就是原始形态的技术。

可见，人类由生物学进化阶段向文明进化阶段的转化，由“内部器官功能的分化和强化”机制向“利用身外之物强化自身功能”机制的转化，是科学技术发生的前提条件。如果没有这个转化条件，如果没有“利用身外之物，扩展自身能力”这种需求，那么科学技术是永远也不会发生的。总之，人类不断改善生存发展条件(因而不断增强自身能力)的需求是科学技术发生的前提，而人类的生物学进化向文明进化的转变则是科学技术发生的机制。这两者在一起就构成科学技术的发生学原理[8]。

2. 科学技术的发生学原理

可见，科学技术发生的根本原因在于，人类要利用身外之物强化自身能力。这里的身外之物就是科学技术利用外部资源所创造的各种工具。正是通过使用各种各样的工具，才可以使人类的能力得到加强。因此，科学技术从它诞生的那个时刻起，就是为了辅助人类扩展认识世界、适应世界和改造世界的能力，使人类能够不断改善自己生存和发展的条件。如果不是这种内在固有的需要，科学技术是没有发生的理由和机缘的。

总之，辅人(利用外部的资源制造工具，辅助人类扩展自身的能力)是科学技术诞生的唯一原因。否则，科学技术再神奇、再漂亮，也没有发生的根据，进而没有发生的可能。这就是科学技术的本质特征，也是科学技术辅人律的真正意义和全部内涵。

科学技术发生学原理(辅人律)如图 1.1.1 所示[8]。古代人类赤手空拳地与劳动对象打交道(虚线)，生产力十分低下，生存发展的条件非常艰难。人类为了生存与发展，就必须不断增强自身的能力。一方面是扩展能力改善生存发展条件需求的推动，另一方面是在实践中对劳动对象的性质逐渐有了越来越多的了解，慢慢地、自觉不自觉地出现朦胧的科学技术萌芽(如“原始杠杆”)。利用外在的资源制造最初的工具，可以实现对人类生存(认识世界和改造世界)能力的扩展。

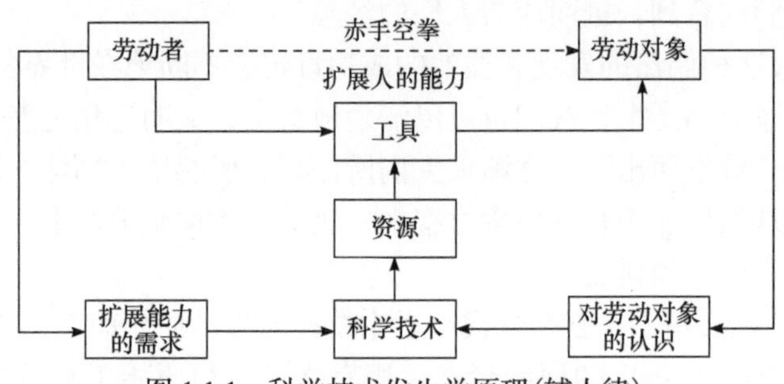

图 1.1.1　科学技术发生学原理(辅人律)

显然，改善生存发展条件的需求越是走向更高级的水平，对于劳动对象性质的认识越是走向更深入的程度，科学与技术就越向前发展，利用资源的能力就越强，制造的工具也就越先进。它们对于人类能力的扩展就越来越深刻、越来越全面，社会生产力的水平就越来越高、越来越强大。

科学技术发生学原理不但能够言之成理，而且符合科学技术发生发展的事实。因此，可以成为我们对于科学技术发生机理的合理解释。

通过对科学技术发生学原理的分析可以看到，科学技术的本质功能和使命是“利用外在资源，创制先进工具，扩展人类能力”。倘若不是因为背负着这样崇高的本质使命，科学技术本来是不可能发生和发展，也没有必要发生和发展的。

科学技术发生学的原理深刻地揭示了科学技术的本质使命，即利用外部资源，创制先进工具，扩展人类能力。科学技术数千年发展的整个历程也清晰无误地表明，科学技术始终在忠实地履行着这一使命。

1.2　拟人律：科学技术的发展规律

既然科学技术是为了增强人类的能力而服务的，那么人类具有哪些能力？科学技术是怎样增强这些能力的呢？

科学技术发生学的原理可以归结为辅人律。按照人类扩展能力的需要而发生的科学技术，又会按照什么规律向前发展呢？这就是本节要探讨的问题。

1. 科学技术拟人发展的基本逻辑

在对科学技术发展规律进行具体分析之前，我们不难根据逻辑学的原理做出这样的宏观判断：既然科学技术是为了满足辅助人类扩展能力的社会需求而发生的，那么它的整个发展过程也必定要按照辅助人类扩展能力的需求方向展开才能保持逻辑上的一致性。

事实证明，这个推论不但符合逻辑学的基本原理，而且完全符合人类社会和科学技术本身发展的整个历史过程。当然，这种符合是从历史发展的宏观过程来说的，而不是从局部细枝末节的过程来说的。实际上，任何根本性的规律都必须在宏观的时间空间尺度上才能观察出来，如果仅局限在狭小的时空尺度上，往往只能得到片面的结果。

既然辅人律的要旨是利用外在之物扩展人类自身能力，那么按照这一基本原理，人类自身能力发展的实际需要就是第一位的要素，人类存在什么样的能力发展实际需要，就必然要产生所要利用的外在之物(所要发展的科学技术)。换言之，究竟科学技术朝什么方向发展，或者究竟要发展什么样的科学技术，从根本的意义上说，就取决于人类能力发展的实际需要。科学技术拟人律逻辑模型如图 1.2.1 所示[9]。

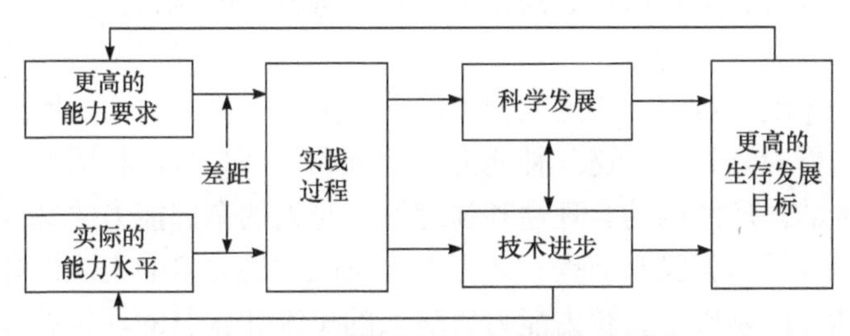

图 1.2.1　科学技术拟人律逻辑模型

模型表明，追求更高的生存发展目标是人类社会进步基本的、永恒的动力，因此必然会对人类提出更高的能力要求。人类具备的实际能力水平与这种更高的要求之间会出现差距。正是这种能力的差距，成为一种无形的但巨大的导向力(也称看不见的手)，支配着人类在实践摸索的过程中自觉或不自觉地朝着缩小这个差距的方向努力。这种努力的理论成果就沉淀为科学发展，努力的工具成果则成为技术进步，从而反过来增强人类的能力，使原来存在的能力差距不断缩小。科学技术发展的结果不但会缩小原来存在的能力差距，而且会推动人类提出新的、更高的生存和发展目标。于是，新的、更高的能力又会成为新的需求，新的能力差距又会出现，新一轮的实践摸索和科学技术进步又再次开始。

总之，新的生存发展目标-新的能力要求-新的能力差距-新的科学发展-新的技术进步-更新的生存发展目标-更新的能力要求-更新的能力差距-更新的科学发展-更新的技术进步，如此螺旋式上升，成为科学技术进步和人类社会发展的运动逻辑。

在这个模型中，我们清楚地看到，科学技术的发展的确紧紧跟随着人类能力扩展的需求，而且贯彻始终。从宏观上来说，从来没有脱离这个轨道，这就是为什么我们把科学技术发展方向的规律称为拟人律。因此，我们应当紧紧抓住“辅助人类扩展能力”这个思路和线索，考察和追寻科学技术发展的具体轨迹。

于是，我们要进一步追问：人类有哪些能力需要利用科学技术来扩展？人类需要扩展的这些能力互相之间具有什么内在的互相关联？科学技术是怎样实现辅助人类扩展能力的需求的？它扩展人类能力的一般原理是什么？人类需要扩展的这些能力之间的关联是否与科学技术发展的逻辑过程存在什么对应的关系？

2. 科学技术拟人发展的基本阶段

人类需要扩展的基本能力是什么？

关于人类能力的刻画，存在许多不同的刻画粒度。粒度越细，刻画得越具体，但也可能失去许多重要的宏观背景和相互联系；粒度越粗，刻画得越宏观，但也可能失去微观信息。因此，具体的取舍取决于研究问题的实际需要。从科学技术发展规律的角度看，适合从宏观的角度分析和考察人的能力，因为只有这样才能抓住规律性。

从宏观的角度来考察，人的能力可以分解为三个基本方面，即体质能力、体力能力、智力能力。显然，这三种能力的地位和作用是各不相同的。一般地，体质能力反映人的体质结构的合理性和强健性，是人的全部能力的基础，没有良好的体质，体力和智力就没有前提；体力能力反映人的力量的充沛性和持久性，它建筑在体质能力的基础上；智力能力反映人的思维和智慧的理智性和敏捷性，它建筑在体质能力和体力能力两者基础上。人的能力构成分析如图 1.2.2 所示。

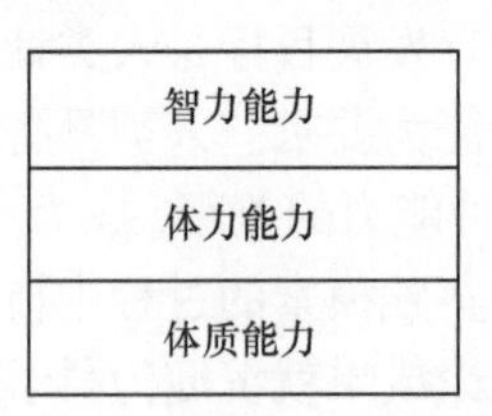

图 1.2.2 人的能力构成分析

人类的上述三种能力是一个有机的统一体，不可能把它们截然分割开来。也就是说，在正常的情况下，不存在完全没有体质基础的体力和智力，不存在完全没有体质和体力基础的智力，也不存在完全没有智力的体质和体力能力，或者完全没有智力和体力的体质能力。

考察表明，人类群体进化的情况确实如此。在人类的进化过程中，体质、体力、智力三者总体上是协调发展的。需要指出，当我们说到三种能力协调发展的时候，并不意味着三种能力的发展在任何时候都是齐头并进，没有发展的重点。恰恰相反，在人类整个进化的历程中，能力的发展也呈现出明显的阶段特征。在三种能力保持大体协调发展的前提下，人类的体质能力需要首先发展起来，然后是人类的体力能力得到不断地强化，最后是人类的智力能力实现长足的进步。当然，这里所说的“人的体质能力需要首先发展起来”不等于说“只有人的体质能力发展到头以后”其他能力才能发展。

事实上，能力的协调发展和能力发展的阶段特征之间并不矛盾，它们是辨证的统一体。一方面，三种基本能力不能截然分割，它们互相交织、相互支持、相互促进、相互制约；另一方面，人类发展的过程也确实显现出一定的阶段性。换言之，任何时候，人的能力的发展都不可能只允许一种能力得到发展而其他的能力维持原状。同样，任何时候，人的三种基本能力都不可能平起平坐、绝对均等。

同群体进化的情形一样，人类个体的生长发育过程也是如此。一方面是体质能力、体力能力、智力能力的协调发展，同时显现出能力发展的阶段性。人的体质能力总是最先发展起来，在此基础上人的体力能力也开始逐步得到强化，而人的智力能力则是在前两者成长发育的基础上逐步生长和展开，因此显现出体质发育、体力发育和智力发育的各种不同阶段。

现在的问题是，外在之物是怎样扩展人的能力呢？回顾科学技术发生学的讨论可知，外在之物扩展人的能力是通过制造工具实现的。工具的制造一方面需要资源，另一方面需要科学技术知识。通过科学技术知识的运用，把资源加工转变为工具，通过工具实现人的能力扩展。于是，我们又得到另一个重要的因素链，即资源-科学技术-工具-能力扩展。

对应于人类三种能力的扩展需求，需要有三类工具来实现，即扩展体质能力的质料工具、扩展体力能力的动力工具、扩展智力能力的智能工具。其中，质料工具的主要作用是扩展人的体质能力。也就是说，把质料工具与人的体质能力结合在一起，就可以获得更强的硬度、更好的弹性、更满意的应力特性、更高的熔点、更低的凝聚点、更强的耐压能力、更强的抗腐蚀能力和抗辐射能力等。

质料工具的制造一方面依赖物质资源，另一方面依赖物质结构和材料科学理论。换言之，制造质料工具的关键在于，利用材料科学技术的知识和技能把各种物质资源加工转变成为具有各种优良性质的材料，并根据力学原理把材料加工成相应的工具。

动力工具的主要作用是扩展人的体力能力。把动力工具与人的体力能力结合在一起，就可以具有更强的推动力、牵引力、荷重力、悬浮力、冲击力、切削力、爆破力、摧毁力等。动力工具的制造一方面依赖能量资源，另一方面依赖能量守恒与转换理论。

制造动力工具的关键在于，利用能量科学技术的知识和技能把能量资源转换为各种形式的动力。当然，任何动力工具的制造都离不开相应材料的支持，因此更准确地说，动力工具的制造一方面需要能量和物质两方面的资源，另一方面需要能量科学技术和材料科学技术两方面的知识和技能。

智能工具(即各种人工智能机器系统)的主要作用是扩展人的智力能力。因此，把智力工具与人的智力能力结合在一起，就可以具有更敏锐的观察能力和感知能力、更精细的分辨能力、更高效和更可靠的信息共享能力、更强大的记忆能力、更快捷的计算能力、更优秀的学习能力与认知能力、更明智的决策能力、更强大的控制能力等。

智能工具的制造一方面依赖信息资源,另一方面依赖信息加工与转换(把信息转换成为知识，并进一步转换为智能)的知识。因此，制造智能工具的关键在于，利用信息科学技术的知识和技能把信息资源提炼加工为知识,把知识激活为智能。当然，任何智能工具的制造也离不开相应的材料和动力，因此更准确地说，智能工具的制造需要信息、能量、物质三方面的资源，需要信息科学技术、能量科学技术、材料科学技术诸多方面的知识和技能。

资源-科学技术-工具-能力的关系如表 1.2.1 所示[8,9]。

表 1.2.1　资源-科学技术-工具-能力的关系

利用的资源	需要的科学技术	制造的工具	扩展的能力
物质	材料	质料工具	体质能力
能量+物质	材料 + 能量	动力工具	体力能力
信息+能量+物质	信息 + 能量 + 材料	智能工具	智力能力

进一步，把上述两个方面的内容结合起来，还可以引出科学技术发展拟人律的一个极为重要的规律。正如人类能力的发展呈现出“体质能力的发展最先起步，其次是体力能力，再次是智力能力的发展”，科学技术的发展也有“材料科学技术最先发展，其次是能量科学技术，再次是信息科学技术的发展”的阶段特征。

人类能力发展和科学技术发展的这种先后顺序，不是偶然的，而是有着深刻的进化论根源和认识论根源。

一方面，在体质能力、体力能力、智力能力这三者之间，作为人类灵性的体现，智力能力相对而言最为复杂，体质能力相对而言较为简单，体力能力则介于二者之间。人类的进化过程必然从简单走向复杂，因此必然会有体质能力的进化在前，体力能力的进化在后，智力能力进化最后的能力进化之序。

另一方面，从利用资源制造工具（即科学技术）的发展过程来说，在物质资源、能量资源、信息资源之间，物质资源相对而言比较直观，信息资源相对而言比较抽象，能量资源则介于前两者之间。人的认识过程总是从直观逐渐走向抽象，因此必然会有材料科学技术的发展在前，能量科学技术的发展在后，信息科学技术的发展最后的科学技术发展之序。

时代-资源-科学技术-工具-能力的关系如表 1.2.2 所示[8,9]。

表 1.2.2　时代-资源-科学技术-工具-能力的关系

时代	表征性资源	表征性科学技术	表征性工具	扩展的能力
古代	物质	材料科学技术	质料工具	体质能力
近代	能量	能量科学技术	动力工具	体力能力
现代	信息	信息科学技术	智能工具	智力能力

表 1.2.1 是刻画科学技术发展拟人律的重要方面，表现出科学技术的发展必然服从拟人的逻辑机制。表 1.2.2 表现出科学技术拟人发展的阶段时序。

古代人类利用的表征性资源是物质资源。与此相应，古代的表征性科学技术是材料科学技术，表征性的工具是质料工具[10,11]。当然，这并不是说古代人类只能利用物质资源，而完全不会利用能量资源和信息资源。例如，黄帝发明和利用指南车同蚩尤打仗，就是利用古代信息技术的例证，因为指南车是用来指示地理方位信息的技术。同样，古代人类也会利用风车来判别风向，利用水车来灌溉农田，这些都是古代人类利用能量资源的证据。总体而言，古代人类利用的能量资源和信息资源都是非常浅层、非常简单的，真正具有表征意义的还是物质资源。

近代（大体从发明蒸汽机算起）人类利用的表征性资源是能量资源，相应的表征性科学技术是能量科学技术，表征性工具是动力工具。近代人类对物质资源的利用水平远远超出古代人类的利用水平。近代人类利用信息资源的能力也得到长足的发展，如望远镜、显微镜等获取信息的技术工具都是近代发明的[10,11]。但是，作为近代表征性的资源和科学技术，只能是能量资源和能量科学技术。

表 1.2.2 告诉我们，现代人类所利用的表征性资源是信息资源。与此相应，表征性的科学技术是信息科学技术，表征性的工具是建立在信息获取（感知）、信息传递（通信）、信息处理（计算）、信息提炼（认知）、信息再生（决策）、策略执行（控制）有机集成基础之上的智能化工具——人工智能机器系统[12-15]。

这是十分重要的结论，它指明了当代科学技术发展的总体方向。当然，这不是说，现代社会材料科学技术和能量科学技术不再重要。正如前面所说，科学技术总体上是协调发展的，材料科学技术和能量科学技术都出现了许多前所未有的突破和发展。但是，作为这个时代与前面时代所不相同的、具有表征性意义的，只能是信息科学技术的发展、信息资源的利用和智能工具的创制和应用。信息科学技术的发展和智能工具制造本身也离不开材料科学技术和能量科学技术的支持。因此，在表现科学技术和工具性质阶段性的同时，依然要保持三者之间的协调发展。

这就是科学技术发展的拟人律给人们的启示。

1.3 共生律：科学技术发展的归宿

根据人类能力扩展的需要，科学技术按照辅人律的原理走上历史的舞台，又根据扩展人类能力的需要按照拟人律的原理从古代、近代走到现代。按照辅人律和拟人律发生、发展起来的科学技术将来会有什么样的前景呢？它们和人类将处于什么样的相互关系呢？这就是本节要研究和回答的问题。

1. 共生律是辅人律和拟人律的综合结果

由于材料科学技术的发展，人类对物质资源的认识和利用的水平越来越高，加工的能力越来越强，具备各种优异性能和功能的新材料不断被开发出来，使工具的质料性能越来越好，质地坚、重量轻、塑性好，能在各种极端条件(高温、高压、高湿、高真空、超低温等)和恶劣环境(有毒气体、有腐蚀性液体等)下保持性能水平，在许多方面都大大超过人类本身体质质料的性能，有效地扩展了人类的体质能力。总的来说，现代工具的质料性能已经可以越来越好地满足各种应用需求。当然，随着人类认识世界和优化世界的活动不断地向新的深度和广度推进，肯定会对材料提出更多和更高的要求。这也意味着，材料科学技术在未来的发展中还会开辟出更广阔的空间。

由于能量科学技术的进步，人类对能量资源的认识不断深化，转换能量的方法越来越有效，各种自然能源(如煤炭、水力、风力、太阳能等)越来越有效地被转换为高级的动力(电力)，而且越来越高级的能量(如核能)不断地被开发出来，并被越来越巧妙的方法与质料工具相结合，创造出越来越先进的动力工具。这些动力工具通常都具有极高的工作速度、极高的工作精度、极高的工作一致性、极高的标准化程度、极高的工作强度和极高的工作持久能力等。以这样的动力为基础制造的动力工具，它们的工作指标已经远非人的体力能力可比，大大扩展了人的体力。毫无疑问，随着人类认识世界和优化世界的活动不断向新的深度和广度进军，性能更加优越、清洁、安全的新的能源会继续被源源不断地开发出来。

由于信息科学技术的迅速成长，人类对信息资源的认识也在不断深入，对信息资源的开发、处理、利用不断取得新的进展。人类正在越来越充分地学会利用各种信息资源，把它们提炼、转换成为相应的知识，进一步把知识激活转换为智能，并与卓越的材料和高效的动力有机结合，创造出各种奇妙的智能工具。这些工具具有极高的信息发现与识别能力、宏大的信息存储容量、极快和极可靠的传输速度、极高的运算速度和精度、极好的控制强度和精度，以及越来越好的推理能力、理解能力和学习能力。除了由于机器是无目的的无生命系统，因此创造性能力不可能赶上(更不可能超过)人类，其他方面的信息处理能力几乎都可以胜过人类。信息系统处理海量信息的能力使人类折服，人类曾经望洋兴叹的“四色定理”也早被机器证明出来，人类国际象棋和围棋的冠军也被“深蓝”和“AlphaGo”战胜。然而，对于智能工具来说，这一切只是开始。

人类社会进步的历程表明，单纯利用物质资源的加工产品(材料)和力学原理构成的工具——质料工具，由于没有动力和智能，只是一类静态的工具(如农业时代的锄头、镰刀、棍棒等)，需要靠人来驱动，也要靠人来驾驭，因此也被称为人力工具。它们的功能相对较少，主要是扩展人的体质能力。例如，锄头的质地比人手的质地坚硬得多，因此可以用来锄地；镰刀的质地比人手的质地更锋利，因此可以用来割麦。不过，人力工具虽然相对简单，但它们是农业时代社会生产工具的基本形态。古代人类正是依靠人力工具开创了农业时代的人类文明。材料本身不仅可以用来制造人力工具，也是制造动力工具和智能工具的基本要素。

从一种资源(物质)的开发和利用到两种资源(物质和能量)的开发和综合利用，标志着人类认识世界和改造世界能力的一个伟大进步。人类社会进步的历程表明，同时利用物质资源产品(材料)和能量资源产品(动力)就可以制造自身具有动力的工具，称为动力工具，如机车、机床、火车、轮船、飞机、船舰等。这种工具不需要人力来驱动，但是需要人来驾驭。正因为动力工具利用自身的动力扩展了人类的体力能力，所以就具有了比人力工具高得多的劳动生产率。动力工具是工业时代社会生产工具的主流。近代人类正是使用动力工具才创造了工业时代灿烂的人类文明。材料和动力的结合不但可以制造各种用途的动力工具，而且是制造智能工具不可或缺的要素[17,18]。

同样，从开发和综合利用两种资源(物质和能量)发展到三种资源(物质、能量和信息)的开发和综合利用，标志着人类认识世界和改造世界能力的一个更加伟大的进步。人类社会进步的历程表明，综合利用物质资源产品(材料)、能量资源产品(动力)和信息资源产品(知识)，就可以制造自身具有动力且具有智能的高级工具，称为智能工具，如智能计算机、人工智能专家系统和智能机器人等。这种智能工具不需要人力的驱动，也不需要人的驾驭，是一类自主的类人机器。正因为智能工具利用自身的动力和智能，综合扩展了人类的体质能力、体力能力和智能的能力，因此与动力工具相比(更不要说质料工具了)，不但可以大大提高劳动生产率，保证更好的劳动质量，甚至可以自行开拓各种新的产品。例如，人们熟悉的计算机集成制造系统(只是智能工具的初级形态)，可以根据产品市场销售的情况，提出新的产品设计，自行完成新产品的加工、制造、装配、调测、包装、上市，只在决策层次需要人的判断和干预。智能工具将成为信息时代社会生产工具的主流。现代人类将利用智能工具创造出前所未有的信息时代辉煌文明[17,18]。

以上的分析启示我们，从人力工具(质料工具)到动力工具，再到智能工具的发展是一个进化的过程，是人类知识能力的继承、积累、深化、拓宽、创造的过程。第一代工具(人力工具)只利用了物质一种资源，因此可以称为一维工具。第二代工具(动力工具)利用了物质和能量两种资源，因此可以称为二维工具。第三代工具(智能工具)综合利用了物质、能量和信息三种资源，因此可以称为三维工具。三代工具的特征如图 1.3.1 所示。这种工具的升级换代，标志着人类认识世界、改造世界的深度和广度得到了质的升华[16-18]。

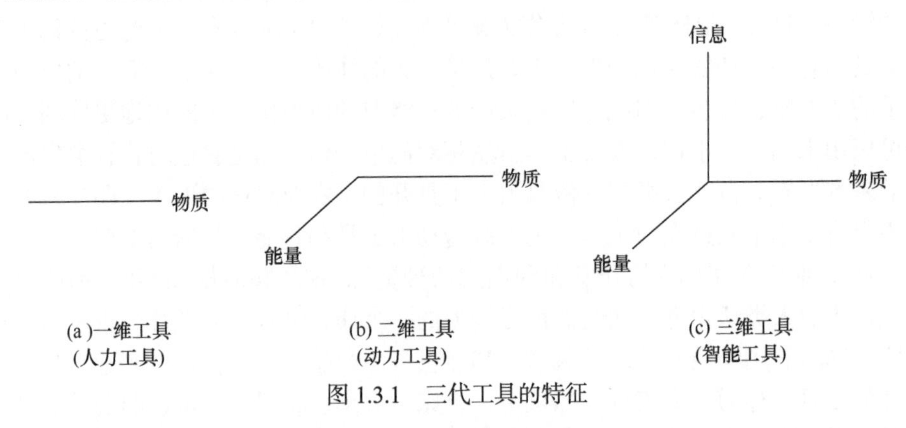

图 1.3.1　三代工具的特征

工具的换代是在继承基础上的创新，而不是简单的替代淘汰。因此，动力工具不是淘汰或抛弃人力工具，而是对人力工具的继承和发展。例如，锄头、镰刀不是被近代农业机械抛弃了，而是被综合到耕作机和收割机中并被赋予了新的动力。同样的道理，智能工具也不会简单地淘汰或抛弃动力工具或人力工具，而是以更高级的形式把它们综合到新的工具结构体系中，并赋予它们新的能力。例如，智能化的农业收割机必然会在继承现有收割机基本功能的基础上通过装配传感系统而被赋予信息获取能力，通过配备智能芯片而被赋予分析与决策能力，通过配备无线网络而被赋予远程信息处理能力，通过配备智能控制系统而被赋予协作能力等等。正因如此，动力工具具有人力工具的功能而又比人力工具强大，智能工具具有动力工具的功能而又比动力工具聪明。

综上所述，科学技术发展到今天，人类凭借着现代科学技术的成就所创造的工具体系已经大大扩展了人类的体质能力、体力能力和智能能力，使人类认识世界和优化世界的能力得到空前的增强，而且毫无疑问，未来的科学技术成将在此基础上继续增强人类的各种能力[17,18]。

2. 人机合作的合理途径：优势互补

至此，人们也许会提出一个问题：与人类自身的能力相比，工具体系的能力变得越来越强，会不会导致人类与工具之间关系的改变呢？言外之意就是，会不会有朝一日工具会“反客为主”？

这种担心表面上看似乎很有道理，合乎逻辑，但是有这种担心的人忘记了前面强调过的两个重要的事实和前提。

由科学技术辅人律的分析可知，科学技术不是社会的主体，只有人类才是社会的主体；只有当人类自身的能力不能满足人类改善生存发展条件需要的时候，人类才创造科学技术来帮助扩展自己的能力。因此，科学技术的发生纯粹是辅人的需要。这是科学技术的本质。

之所以有人鼓吹“机器统治人类”的恐怖，主要是因为他们不懂得或不接受科学技术辅人律这个客观事实和规律。既然科学技术及其产物(工具、机器)并不是任何社会的生物主体，那么人类的创造物与人类这个社会主体之间就不是同一个层次的可比事物，就不存在谁统治谁的关系。事实上，如果有人感受到机器的压迫，那他们感受到的是机器背后另一些人所施加的压迫。统治与被统治是人类内部的关系，而不是人类与机器，或者人类与其他事物之间的关系。

此外，还有人会问，如果机器的能力不断地增长，有朝一日与人类同等，甚至超过人类的能力，机器会不会反过来统治人类呢？

前面的分析曾经指出，信息科学技术的发展正在创造各种各样的智能工具；这些智能工具在信息获取、信息传递和信息执行方面的能力可以赶上和超过人类，在信息认知和决策这些创造性思维能力方面将不断向人类学习，但是永远不可能赶上，更不可能超过人类。原因很显然，机器是人类创造的，但是人类自己并不能充分说明自己的创造性思维究竟是怎样进行和怎样实现的(这或许是一个永远说不明白的谜，机器的能力不可能全面胜过人类的能力，就如“人们永远不可能把自己举起来”一样)，因此人类也就不可能告诉机器应当如何拥有像人一样的创造性思维能力。智能机器永远是智能机器，智能机器永远不可能等同于人类。即使在许多非创造性的能力方面可以大大超过人类，但是在创造性能力方面却永远不可能。这个事实就决定了，科学技术将永远遵循辅人律和拟人律的规律前进。无论科学技术怎样发展，机器的能力怎样增长，机器终究是辅助人类的工具，不可能统治人类，也不可能取代人类，只能为人类服务。

由以上论述导出的便是科学技术发展的第三个规律——共生律。它的更具体更准确的表述是，人为主体、机为辅助，人的创造性能力优势与机器的操作性优势两者相互补充、相辅相成。

既然科学技术是为辅人的目的而发生，按照拟人的能力增强规律而发展，那么发展的结果就必然回到它的原始宗旨——辅人。因此，人类的全部能力就应当是自身的能力加上科学技术产物(智能工具)的辅助能力，即

$$人类能力 = 人类自身能力 + 智能工具能力 \tag{1.3.1}$$

在这个共生体中，人类和智能工具之间存在合理的分工。智能工具可以承担一切非创造性的劳动和常规劳动，人类主要承担创造性劳动(需要的时候也可以承担非创造性的劳动)。这样，人类和智能工具之间就形成一种优势互补的分工与合作格局。在这个合作共生体中，人类处于主导地位，智能工具处于辅人地位。

创造性是人类作为万物之灵的集中体现。人类具有众多能力。这些能力构成一个有机的能力整体。人的许多能力是可以由机器替代的，唯有创造能力是人的天职，是“人之所以为人”的标志，也是机器不能取代的。从这个意义上可以说，一个人如果一生一世都没有创造，那么他的价值(除了生殖遗传之外)就几乎等同于机器；反过来说，机器几乎可以做任何事情，唯独不能超越人的创造力。

但是，如果没有智能工具在共生体中发挥辅人的作用，人类就要亲自从事一切意义的劳动，那么人类的精力就不得不消耗在许多本不应消耗的地方，他的创造性就不可能真正有效地实现。总而言之，人有人的作用[15]，机器有机器的作用，两者合理分工，默契合作，人主机辅，恰到好处，相得益彰，这才是科学技术共生律的本意。

本章阐明了科学技术发生发展的三大规律。辅人律说明，科学技术之所以发生，完全是为了辅人的目的，这是科学技术的本质功能。拟人律说明，科学技术的发展方向和路线是适应人类能力扩展的需要，体现拟人的规律。共生律说明，科学技术发展的前景是与人类自身形成“人主机辅，相得益彰”的共生关系。

可以看出，科学技术三大规律是一个相辅相成的完整有序的有机整体，既不可以分割，也不可以缺省，更不可以颠倒。辅人律讲的是科学技术的发生缘由，拟人律讲的是科学技术发展的方向路线；共生律讲的是科学技术发展的归宿。

理解科学技术的三大规律，对于准确把握科学技术的发展规律，合理预测和指导科学技术的健康发展，具有非常重要的意义。特别是，对于“为什么当代要大力发展信息科学及其高级篇章人工智能”的问题，给出了深刻的论证和理解。

1.4 本章小结

本章的主要结论如下。

(1)科技辅人→科技拟人→人机共生，是科技领域永恒不变的根本规律。

⑵辅人律表明，科学技术是人类进入“文明进化”阶段的产物。它的本质功能是辅助人类扩展自身的能力。人类扩展能力的需求是科学技术发展的根本动力。

⑶拟人律表明，信息科学技术是人类扩展自身信息能力的高端产物，是信息时代的标志性科学技术，而人工智能科学技术是信息科学技术集大成的精彩篇章。

⑷拟人律还表明，信息科学由初级阶段(扩展局部信息功能)迈向高级阶段(扩展全部信息功能体系——智能)的时代就是人工智能蓬勃发展并大行其道的时代。

⑸共生律表明，科技辅人、科技拟人的必然结果就是，人类与人类创造的辅人机器之间实现优势互补，而智能机器则成为人类的聪明助手。

参考文献

[1] Kuhn T S. The Structure of Scientific Revolution. Chicago: University of Chicago Press, 1962
[2] 龚育之. 关于自然科学发展规律的几个问题. 上海: 上海人民出版社, 1978
[3] 陈筠泉, 殷登祥. 科技革命与当代社会. 北京: 人民出版社, 2001
[4] 孙小礼, 冯国瑞. 信息科学技术与当代社会. 北京: 高等教育出版社, 2000
[5] 陈筠泉, 殷登祥. 新科技革命与社会发展. 北京: 科学出版社, 2000
[6] 殷登祥. 时代的呼唤：科学技术与社会导论. 西安: 陕西人民教育出版社, 1997
[7] 赵红洲. 科学和革命. 北京: 中共中央党校出版社, 1994
[8] 钟义信. 社会动力学与信息化理论. 广州: 广东教育出版社, 2006
[9] 钟义信. 科技拟人律. 北京邮电大学学报(社科版), 1985, 1: 1-5
[10] 赵红洲. 大科学观. 北京: 人民出版社, 1988
[11] 杨沛霆. 科学技术史. 杭州: 浙江教育出版社, 1986
[12] 钟义信. 信息科学原理. 5 版. 北京: 北京邮电大学出版社, 2013
[13] 冯天瑾. 智能学简史. 北京: 科学出版社, 2007
[14] 克雷格. 信息简史. 北京: 人民邮电出版社, 2013
[15] 维纳. 人有人的用处: 控制论于社会. 陈步, 译. 北京: 北京大学出版社, 2016
[16] 吴丹, 蒋劲松, 王巍. 科学技术的哲学反思. 北京: 清华大学出版社, 2004
[17] 亚里士多德. 工具论. 余纪元, 等译. 北京: 中国人民大学出版社, 2003
[18] 培根. 新工具论. 许宝揆, 译. 上海: 商务印书馆, 1997

第2章　千年一遇的范式革命
——物质学科主导→信息学科主导

颇有发人深省意义的是，不变的“辅人律→拟人律→共生律”这个千年科技法则，却演绎出不断发展变化的科技内容，展现了以不变生万变的魅力。这就是“变”与“不变”的辩证法。

为什么会是这样呢？人类能力的发展呈现奇妙的宏观阶段性，因此不变的科技拟人发展规律，势必要引导科学技术的发展，同时展现出相应的宏观阶段性来适应人类能力发展的需求，即从初级阶段以物质学科的成果持续不断地“模拟和强化人类的体质能力”开始，不断深化到中级阶段以能量学科的成果日益有效地“模拟和强化人类的体力能力”，进而发展到高级阶段以信息学科的成果去精益求精地“模拟和强化人类的智力能力”。随着人类自身的能力(特别是智力能力)永无止境地发展和完善，这种拟人的过程(特别是模拟和强化人类智力能力的过程)也将永无止境地展开，并不断提升。

科学技术的辅人律、拟人律、共生律清楚地表明，扩展人类体质和体力能力的物质学科是农业时代和工业时代的标志性学科；扩展人类智力能力的信息学科是信息时代与智能代的标志性科学。这导致以物质学科为主导的科学技术体系逐渐发展转变为以信息学科为主导的科学技术新体系。这种主导角色的转变是科学的伟大进步，即从单纯研究外部世界物质客体的时代进步到研究人类主体的主观世界，以及主体与客体之间相互作用的新时代。因此，这是划时代的进步。

为了深刻认识物质学科主导向信息学科主导这一划时代的伟大转变，特别是为了有效地推动目前处在发展中的信息学科健康成长，就有必要对物质学科和信息学科的学科内涵，以及这些学科的建构规律做出深入的分析与阐述，并从中领会人工智能(实际是整个信息学科)范式大变革的缘由及其深刻含义。

2.1　学科生长与建构的普遍规律

研究发现，学科的发展成长，通常要首先经过“自下而上去摸索学科本质规律”的摸索阶段，然后才能进入“自上而下运用本质规律去建构学科”的建构阶段。自下而上的摸索属于经验性的初期阶段，自上而下的建构属于理性的成熟阶段。前者是后者的准备，后者是前者的提升。

2.1.1　自下而上的学科探索→自上而下的学科建构

一般而言，为了保障一个学科的顺利生长与健康发展，首先就要努力摸索、探究和总结这个学科生长与发展的基本规律和基本规范。

那么，什么是学科的基本规范呢？首先，要对这个学科有一个准确的认识。具体来说，就是要对这个学科的性质有一个准确的认识，也就是关于这个学科的基本理解。这在学术上称为关于这个学科的科学观。这是十分重要的前提，否则，研究工作就会陷入盲目性。仅有科学观还不够，还必须有研究这个学科的基本方法，也就是要有研究这个学科所需要的方法论。科学观阐明学科的本质“是什么”，方法论阐明学科的研究应当“怎样做”。科学观和方法论一起就可以阐明和定义规范的学科研究方式，即学科的范式。换言之，学科的范式就是学科科学观和方法论的综合体现。

可见，作为体现科学观和方法论这个统一体的范式，对于学科的研究与发展具有至高无上的统领作用。只有在宏观上明确学科的范式，才能在范式的引领下有效地探索和研究这个学科的基本理论。

然而，学科范式是一种抽象的认识。怎样才能了解和掌握学科的范式呢？当然不可能靠“仙人指路”，只能在实践中摸索和总结。为了探索学科的范式，只让少数人摸索还不行，必须鼓励一切有兴趣的研究者都参与其中。这当然就会带来一个问题，即具有不同知识基础、不同学术背景、不同研究目的的探索者完全可能摸索出各不相同的认识，并且在相当长的时期内各持己见，难以达成良好的共识。这就是常见的“盲人摸象”现象。在学科研究的初级阶段，这种现象是难以避免的。换句话说，自下而上的多方摸索与学术上的“盲人摸象”是互相伴随的现象。只有当这些各持己见的学术“盲人”都变成学术“明眼人”之后，学科的范式才能在多数人群中形成共识。

只要探索出了“大象的真相”，即学科的真正范式，并且在学术共同体中形成共识，学科的研究才能进入全新的阶段。这就是学科发展的高级阶段，即在范式的引领下展开自上而下的学科建构阶段。

就人工智能学科的生长过程而言，从 20 世纪中叶至今，经历了半个多世纪自下而上的试探摸索，人们先后摸出结构模拟的人工神经网络（1943 年发端）[1-8]、功能模拟的物理符号系统/专家系统研究（1956 年兴起）[9-15]、行为模拟的感知动作系统（1990 年问世）[16]三种不同的研究路线，形成结构主义、功能主义、行为主义三种人工智能研究学派。半个多世纪以来，三个学派各自都取得了一批出色的局部成果，同时也都遭遇到不同的困难和挫折。三者具有相同的研究目标（设计精巧机器来模拟人类的智能），但是却一直在“各执己见，互不相容，分道扬镳”，至今没能形成共识和合力，殊途依旧未能同归，还处在“盲人摸象”的状态。这种现象清楚地表明，人工智能的研究大体依然处在自下而上摸索的初级阶段。

为了促成三大学派的融合，形成人工智能的统一理论，人们曾经付出巨大的努力。其中，加州大学伯克利分校的Russell和谷歌的Norvig合作出版的*Artificial Intelligence: A Modern Approach*[17]，以及斯坦福大学的Nilsson出版的*Artificial Intelligence: New Synthesis*[18]是这种努力的突出代表。不过，令人遗憾的是，这些努力都只关注了三条路线研究成果之间的表层拼接，并没有从深层本质上解决问题，因此都没有取得预期的效果。这些不成功的努力引起人工智能学者发出这样的慨叹：看来，人工智能或许就不存在统一的理论。

半个多世纪自下而上的摸索却没有能够建立人工智能的统一理论。这应当不足为怪。这种自下而上的试探本身就是不同学术背景和不同研究动机的研究者从不同角度开始的分头摸索。这是学科生长初期“盲人摸象”研究的正常状态。

要紧的事情是，在自下而上试探研究的基础上，要对成功的经验和失败的教训进行深入的总结，共同摸出“这只大象的真相究竟是什么”，要摸出那个指导学科生长却看不见的学科范式(科学观和方法论)究竟是什么，才能为学科的生长和成长开辟正确的道路。

研究表明，如果一个学科的研究范式没有问题，那么通过总结经验和吸取教训就可以在局部成功的基础上发展完善为全局的成功，形成学科的整体理论。但是，如果一个学科的研究范式存在问题，那么研究就会遭遇各种各样的挫折。这是因为，如果需要调整，甚至颠覆现存的研究范式，就势必要重新确立这个学科的科学观，重新探索与新的科学观相适应的方法论。这不是一件简单的工作，往往需要数十年的实践、总结和提炼。无论怎样，只要有清醒的认识、认真的态度、深入的研究，人们终归还是可以找到适合本学科需要的研究范式，从而可以在自下而上试探研究的基础上转向自上而下的学科建构研究。

应当指出，当下人工智能学科的情况仍然属于范式出错的情形，也就是范式张冠李戴的情形。实际上，不是这三大学派绝对不能殊途同归，而是在现有的范式下无法实现殊途同归；只要把“张冠李戴”的研究范式变革为“李冠李戴”就可以实现它们的殊途同归。这种情形表明，当前人工智能研究最紧迫的任务仍然是要找到人工智能研究的正确范式，这样才能使人工智能的研究转入自上而下的学科建构阶段。

于是人们又会问，如果通过对初级阶段自下而上研究的总结和反思找到人工智能学科的范式，那么自上而下的学科建构又当如何进行？究竟应当怎样才能真正实现人工智能学科的合理建构呢？

2.1.2 定义、定位、定格、定论：学科建构的基本进程

所谓学科，泛指按照学术内容的性质归属而划分出来的、具有一定粒度的各

种学术类别。这在教育学中有很细致的研究。本书旨在讨论物质学科主导的学科体系向信息学科主导的学科体系的转变，因此主要关注物质学科和信息学科，以及怎样认识物质学科和信息学科的本质内涵及其建构规律。

我们发现，任何一个学科的本质内涵及其建构规律都可以通过一组相互联系而又互相区别的建构进程来准确表征，即首先解决学科 “宏观定义”的问题，然后解决“落实定位”的问题和“精准定格”的问题，最后“完整定论”。它们不但共同表征一个学科的本质内涵，而且还表征学科建构的生长进程逻辑。学科生长进程及其建构规律如表 2.1.1 所示。

表 2.1.1　学科生长进程及其建构规律

阶段进程	进程名称	进程要素	解释
初级阶段：自下而上的探索	摸索(准备)	多方试探	通过自下而上的多方试探摸索，总结失败教训和成功经验，提炼和确立学科的研究范式(学科的科学观和方法论)
高级阶段：自上而下的建构	范式(宏观定义)	科学观	宏观上明确学科的本质是什么
		方法论	宏观上明确学科的研究怎么做
	框架(落实定位)	学科模型	基于学科范式的学科全局蓝图
		研究路径	基于学科范式的整体研究方法
	规格(精准定格)	学术结构	基于学科定位的学科内涵规格
		基础特色	基于学科定位的学科基础规格
	理论(完整定论)	基本概念	基于学科定格的学科基本知识点
		基本原理	基于学科定格的概念间相互联系

1. 探索(准备)

这是在建构之前自下而上的探索阶段，任务是在广泛摸索和探究的基础上通过总结成功的经验吸取失败的教训来提炼和确立学科的研究范式(科学观和方法论)，为学科的建构做好准备。

2. 范式(宏观定义)

为了建构一个学科，首先用摸索过程中总结的学科范式来阐明学科的宏观定义。它的任务包括从宏观上界定学科对象的本质是什么(即科学观)，从宏观上阐明原则上应当如何研究这个学科(即方法论)。

学科的范式是定义一个学科需要的最基本、最宏观的模块。如上所述，学科范式的两个要素分别阐明，学科研究对象的本质是什么；原则上应当怎样研究这个学科对象。这两点明确了，学科的定义就明确了。

1)科学观

科学观是科学领域的世界观(世界是什么)。因此，学科的科学观，说的就是在宏观高度上怎样看待这个学科对象。换言之，科学观就是要在宏观上阐明这个学科研究对象的性质，回答这个学科对象的本质"是什么"。这是学科得以立足的根本前提。

2)方法论

学科的方法论就是根据这个学科对象的性质，从宏观上阐明适合这个对象性质的原则性研究方法，回答这个学科对象的研究应当"怎么做"。这也是学科得以立足的根本前提。

3)学科的范式

学科的范式是学科科学观和方法论的有机整体。学科的范式从宏观整体上既回答了这个学科"是什么"的问题，又回答了"怎么做"的问题，因此从宏观高度上全面规范了这个学科的内涵和研究方式，简称范式。

3. 框架(落实定位)

学科的框架，是建构和表征一个学科所必需的另一个建构模块。它的任务是，根据学科的定义明确学科的全局模型(是什么)和研究的路径(怎么做)，从而明确它在学科体系中的基本定位。学科框架是对学科定义的具体化。

1)学科模型

学科模型，实际上是表现学科内涵的全局蓝图，是对学科定义中科学观所回答的"是什么"的具体描绘。毫无疑问，学科模型的质量直接决定学科研究的质量，因此要求学科模型既简洁明了又准确无误地体现学科的内涵(是什么)。

2)研究路径

研究路径，是根据学科定义的方法论，针对学科的全局模型而确定的宏观研究方法，是对学科定义中的方法论所回答的"怎么做"的具体落实。研究路径确定的正确与否将决定学科研究的成败。

3)学科的框架

学科的框架，是学科模型与研究路径的有机整体。学科框架模块既可以描绘学科的全局研究模型，又可以阐明应当通过什么样的研究路径来研究这个模型，因此就从整体框架上清晰地阐明了这个学科的定位，简称为框架。

4. 规格(精准定格)

学科的规格，是建构和表征一个学科所必需的又一个模块。它的任务是，在学科定义和学科定位的基础上，对学科的全局模型和研究路径进一步明确与这个学科内涵相适应的基本学术规格，是对学科定义和定位的进一步精准化。这就是学科的定格。

1) 学术结构

学术结构，是学科在学术内涵广度范畴的规格。在实际情况下，特别是在复杂学科的情况下，任何学科都不可能单纯孤立地存在，必然与诸多学科相互交叉。因此，必需根据本学科的全局研究模型和研究路径，科学地界定学科研究内涵所覆盖的主要交叉学科的合理结构。这就是学科的学术广度规格。

2) 基础特色

基础特色，是学科在学术内涵深度范畴的规格。任何学科都需要与其内涵相适应的数学基础、逻辑基础和物理基础。因此，必需根据学科研究模型和研究路径的特点，科学地确定学科所需的数学、逻辑和物理的深度与特色要求。这就是学科的深度规格。

3) 学科的规格

学科的规格，是学科结构和基础特色的有机整体。学科的规格既界定了学科学术结构方面的广度容限，又确定了数理基础方面的深度特色，因此就从学科整体规格方面表征了学科的状况，简称为规格。

5. 理论(完整定论)

学科的理论，是建构和表征一个学科所必需的最终模块。它的任务是，在明确学科的定义、定位和定格的基础上，最终形成学科的基本理论(这就是“定论”的意思)。它包括研究和阐明学科所必需的基本概念体系和基本原理体系。

1) 基本概念

基本概念，是描述和支撑学科的学术内涵所需要的全部知识点。它们将包含本学科各个分支的知识点，以及各个分支不同抽象层次的知识点，从而形成一个多维度、多层次的知识点体系，其中最高层次的唯一节点就是学科名。应当指出，学科的基本概念是一个开放的体系，随着研究的不断深入，将不断挖掘出新的概念。

2) 基本原理

基本原理，是沟通学科基本概念之间相互联系的转换原理和算法。如果把学科基本概念体系看作多维度、多层次概念网络体系内的全部节点，那么基本原理的体系就是上述网络体系中各个节点之间的连线。同样，基本原理也是一个开放的体系，随着研究的深入，将不断有新的概念被认识，因此也必定有新的原理被建立。

3) 学科的理论

学科的理论，是学科基本概念与基本原理的有机整体。在上述四个模块中，学科理论模块是人们能够直接接触到的内容，因此是人们最熟悉的内容。学科的理论模块既阐明了学科所需要的全部知识点，又建立了这些知识点之间的相互联系，因此形成学科的知识理论体系，从整体上构建了学科的基本理论，简称理论。

以上的讨论清楚地表明，学科理论不是独立(或孤立)存在的，相反，它是由学科定义(学科范式)、学科定位(学科框架)、学科定格(学科规格)的共同描述和限定决定的。学科范式、学科框架、学科规格是学科理论的生命根基。

需要指出，一切事物都在不断变化发展，因此学科的理论必然是开放的知识体系和动态的知识体系。随着研究的不断深入，新的概念、新的原理，以及新的学科关系，甚至整个学科的理论都会不断得到完善。

以上讨论的学科建构的四个模块，即学科范式(定义)、学科框架(定位)、学科规格(定格)、学科理论(定论)，以及与之相应的八个要素，即科学观、方法论、全局模型、研究路径、学术结构、数理基础、基本概念、基本原理，各有各的地位，各有各的功能，是任何学科建构都不能缺少的有机组成部分。它们之间相互联系、相辅相成，形成一个相对完备且缺一不可的体系。

这四个模块和八个要素在学科建构过程中所扮演的角色各不相同，有的是基础性或前提性的，有的是中间性或支撑性的，有的是结果性或表征性的。在学科建构的过程中，各个模块和要素发挥作用的逻辑顺序也是颇有讲究的，不能随意颠倒。

2.1.3 定义→定位→定格→定论：学科建构的生长逻辑

如表 2.1.1 所示，从最高层的学科定义到学科定位，再到学科定格最后到最底层落地的学科定论，一环紧扣一环。从学科建构的研究角度来说，它就是一个自上而下的科学研究纲领，表现出通用的学科建构生长逻辑和阶段性。

下面解释这个建构过程的生长逻辑和阶段。

1) 范式(宏观定义)是学科建构的首要模块

作为通用的术语，范式概念的基本含义是世界观与行为方式。世界观在宏观高度上回答的问题是，世界是什么？行为方式在宏观高度上回答的问题是，应当怎样和这个世界打交道？世界观与行为方式两者的辩证统一体，既回答了“是什么”的问题，又回答了“怎么做”的问题，因此构成指导人们认识世界(是什么)与改造世界(怎么做)的规范方式。

在科学研究领域，世界观就是科学观，行为方式就是方法论。科学观回答的问题是，从宏观高度上看，学科的本质是什么？相应的方法论回答的问题是，从宏观的高度上看，学科研究怎么做？因此，科学观和方法论两者的辩证统一体，就在宏观高度上既回答学科“是什么”的问题，又回答学科“怎么做”的问题，在宏观高度上规范研究者应当遵循的研究方式(包括研究的思维方式和行为方式)。

当然，作为思维(认识)和行为(实践)的范式，一个学科的科学观和方法论只能在本学科的研究实践过程中逐步形成。因此，在一个学科发展的初期阶段，学科的研究者和构建者不可能具有清晰准确的关于本学科的科学观和方法论，只能在研究实践中试探摸索。在这个摸索的阶段，极有可能会套用(实际上就是误用)别的成熟学科的科学观和方法论，造成科学范式的张冠李戴。只有经过长期的失败教训和成功经验的不断积累、提炼和总结，才能逐渐形成本学科的科学观和方法论。这时，也只有到了这时，学科理论的清醒建构才具备了必要的条件。我们把学科研究的试探摸索和学科范式的张冠李戴阶段称为学科研究的初级阶段，把学科研究的清醒建构和学科范式的有序落地阶段称为学科研究的高级阶段。

可见，范式(宏观定义)是构建学科的第一模块。正是范式模块才系统而明确地定义了学科领域的性质(是什么)和研究方法(怎么做)，为学科的立足和发展提供明确的指南。正是范式/定义进程从宏观高度上统领着科学研究和学科建构的全局，并且无时无刻不引领、规范和支配人们的研究工作。因此，范式(宏观定义)模块拥有至高无上的地位和作用，是科学研究和学科建构的最高规范，是指导科学研究和学科建构“看不见的手”，是科学研究纲领的“顶天”模块。

需要强调的是，正是由于范式模块科学观和方法论的高度抽象，因此往往不容易为人们所熟悉，特别是不为从事应用研究的科技工作者所熟悉。然而，如果真的忽视了科学观和方法论的导向作用，就会丢掉科学研究和学科建构的“头脑和灵魂”，在科学研究的实践中走弯路、走错路。

2)框架(落实定位)是学科建构的第二模块

按照学科建构的基本逻辑，当学科的范式模块从科学观和方法论的高度上宏观地定义了学科本质是什么(认识学科)和学科应当怎么做(研究学科)之后，接下来要完成的任务就是把宏观的“是什么”和“怎么做”落实下来，成为学科的定位框架。更具体地说，就是通过构建学科全局模型来落实科学观定义的学科是什么，通过确定研究路径落实方法论所定义的学科怎么做。

需要指出的是，全局研究模型是否能够准确体现科学观阐述的“是什么”，研究路径是否能够准确体现方法论阐述的“怎么做”，是极其关键的事项。如果建构的全局模型不能准确体现科学观阐述的“是什么”，学科的定位就会发生偏差，学科的研究就会失去原有的意义；如果研究路径不能准确体现方法论阐述的“怎么做”，学科的研究就必定会走错路，遭遇挫折，无法完成研究的任务。

显然，在学科研究的初期阶段，由于缺乏清晰准确的科学观和方法论的指导，人们可能会构建不确切的学科模型，选择或跟随不恰当的研究路径。这种定位的偏差，在人工智能学科的研究实践中屡见不鲜。今天的研究者应当引以为戒。

总之，范式模块给出的学科定义是学科建构的第一步；框架模块做出的学科定位就是学科建构的第二步。这个逻辑顺序非常明确，不能任意颠倒。如果没有学科的定义在先，学科的定位就不可能有明确的前提和导向；反之，如果只有学科的定义而没有学科定位的跟进，那么学科的定义就会沦为空谈，而无法落实。

3) 规格(精准定格)是学科建构的第三模块

有了学科的定位，就明确了应该研究什么(应当体现在学科的全局模型中)，也知道了应该怎么研究(应当遵循的研究路径)。但是，这还不够精准，还要有新的模块对学科做出进一步地刻画和界定。这就是学科的规格模块，它的作用是为学科精准定格。

学科的定格可以包含多方面的内容，最主要的是两个方面的规格。一方面是学科学术内涵结构的定格，这是对学科的广度定格(由多少个学科构成的交叉融合)；另一方面是学科基础特色要求的定格，这是对学科的深度定格应当具有(什么深度和特色的学科基础)。

以前，人们信仰“分而治之”的方法，认为一个学科就是复杂的学科体系分解到不可再分程度的产物，因此认为，一个学科就已经是一个纯粹的学科，不存在多学科之间互相交叉的情况。这其实是一种误解。世界是复杂的，学科是复杂的。实际的学科通常都是多个学科相互交叉在一起，不可能是纯粹的单一学科内容。因此，学科定格的进程要根据实际情况界定其间交叉学科的合理结构。这样才能全面而准确地刻画学科的学术内涵。

学科基础，是指为了研究学科的问题所需要具备的数学、逻辑、物理等方面的基础知识。它们属于科学研究的基础工具。究竟学科的研究需要哪些基础工具？需要怎样的基础工具？这取决于学科的学术内涵和研究的实际需要，而不能随意照搬。

特别要指出的是，对于新发展起来的学科，由于学科的新颖性，很可能出现原有的数学和逻辑等基础工具不能满足需要的情况。在这种情况下，改造原有的数学和逻辑工具，甚至创造新的数学和逻辑工具，就成了新学科研究和新学科建构不可回避的任务。

无论如何，在学科的定义(范式)和定位(框架)的基础上，学科的定格(规格)便顺理成章成为必须解决的课题。

4) 理论(完整定论)是学科建构的第四模块

对于学科建构来说，首先必须具有明确的学科定义(科学观和方法论)，否则便没有学科立足的前提；接着必须具有清晰的学科定位(全局模型和研究路径)，否则学科的定义便得不到落实。在此基础上，进一步要求有精准的学科定格(学术结构和学科基础)，否则会大大影响学科研究的质量和效率。在这些前提条件具备之后，最终要由学科定论(基本概念和基本原理)来形成学科的理论，使科学研究和学科建构的任务最终落到实处(落地)。

可见，定义(范式)→定位(框架)→定格(规格)→定论(理论)是学科研究和学科建构的天然合理的生长逻辑，也可以称为学科生长的生态链。其中，学科的定义（范式）、定位（框架）、定格（规格）属于“学科生态链的基础模块群”，学科的定论（理论）是“学科生态链的结果模块”。

然而，在学科建构和科学研究的实践中，人们往往只看到学科理论这个最后呈现出来的结果模块，却忽视学科定义、学科定位、学科定格这些更为基础、更为重要、却“不显山露水”的基础模块群。实际上，如果没有学科定义、学科定位、学科定格做基础，那么这样的学科理论就只能是“无源之水”和“无本之木”。从认识论的根源上说，这种表面化和浅层化的认识，就是“只见花草（表层认识），无视根苗（深层认识）”。

对于从事科学研究的人员来说，如果想要获得任何创造性的科学研究成果，原则上都应当深入研究和深刻理解科学研究的认识论规律，包括学科定义、学科定位、学科定格、学科定论之间的关系。至于那些从事应用性、局部性和底层性研究的科技人员，由于他们的研究工作基本上都是被别人分配好了的，或许可以不必专门关注科学研究的学科定义、定位、定格这些深层次的问题。不过，即使对于这些人员，如果他们能够认真关注和深刻理解本学科的深层次问题，那么他们也肯定能够站得更高、看得更深，把自己的工作做得更加有效，更加富有创新性。

在结束学科建构理论的讨论之前，值得着重指出，学科建构的完整过程应当包含以下阶段。

（1）社会需求和学术兴趣展现的孕育和萌芽阶段。

（2）自底向上研究的摸索和试探阶段。

（3）自觉的学科建构的理性建构阶段。

本节讨论的学科建构理论属于整个学科建构的第 3 阶段。

考虑学科的定义（范式）、定位（框架）、定格（规格）具有的基础性、先决性、规约性和重要性，以及人们对这些模块的陌生性；学科的定论（理论）内容的宏大性和丰富性，为了避免与专门学科理论的重复，下面讨论经典物质学科和现代信息学科的学科建构理论时，将只讨论学科的定义、定位、定格这些基础性模块。因此，下面的讨论分别称为“经典物质学科的学科建构基础”和“现代信息学科的学科建构基础”，而不是学科建构的完整生态链。

2.2　经典物质学科的学科建构基础

在讨论学科基础的时候，不难注意到，当前存在两种不同类型的学科领域。

一种类型是，现存的既有学科领域，例如经典物质学科领域和能量学科领域。这些学科领域的科学研究已经持续了数百年之久，是一种相对成熟的科学研究。

虽然这些学科领域的科学研究仍在不断向前推进，但是它们在长期的实践中已经形成一套符合自己学科特色的学科建构基础，因此原则上它们就可以沿着既有的学科建构基础继续展开新的研究。

另一种类型是，新兴学科领域，例如信息学科领域的科学研究，特别是人工智能的科学研究。它们基本上是20世纪中叶才迅速崛起的崭新研究领域，目前还处在发展的初级阶段，还没有形成一套适合信息学科（含人工智能学科）特点的学科建构基础。对于这类学科，需要从头研究，并且系统总结出符合这一学科特色的学科建构基础。

有鉴于此，我们就来分析一下这两类学科的学科建构基础。通过这样的对比分析，人们可以清晰、深刻地认识到，以往的信息学科（含人工智能）研究是否存在缺陷？存在什么样的缺陷？应当怎样治理这些缺陷，使研究走上正确的轨道？

还要说明的是，经典物质学科的内容极为丰富，体系极为庞大复杂，这节短小的篇幅对它的学科建构基础做出的分析肯定很不充分。之所以要设立这节的内容，主要是与现代信息学科的学科建构分析做对比。

2.2.1 经典物质学科的学科范式（宏观定义）：科学观与方法论

按照定义，经典物质学科是研究物质性质及其加工转换规律的学科。具体来说，经典物质学科以物质资源为研究对象，以物质资源的基本性质及其加工转换（成为各种材料产品）的规律为研究内容，以增强人的体质能力为研究目标。

根据科学技术发展的辅人律、拟人律和共生律的分析，经典物质学科研究的活动最早可以追溯到人类社会的原始时代。那时，人类为了扩展自己的体质能力，开始尝试制作石刀、石斧、木棍、弓箭等原始工具，并不断探索各种不同质料的性质，制作不同性能水平的人力工具。因此，经典物质科学孕育和形成的科学观和方法论渊源久远，大体孕育于原始社会时代，摸索于农业时代，明确于工业时代。由此可以体会到，作为科学研究领域社会意识形态的学科范式（科学观和方法论）的孕育、摸索、明确是在科学研究社会实践的漫长过程中逐渐完成的。

按照科学辅人律、拟人律和共生律的原理，根据扩展人类能力的社会需求，科学技术的使命从农牧业时代的“加工物质资源，制造人力工具，扩展人类的体质能力”，发展到工业时代的“同时加工物质资源和能量资源，制造动力工具，扩展人类的体力能力”，再进一步发展到信息时代的“综合加工物质资源、能量资源和信息资源，制造智能工具，扩展人类的智力能力”，科学研究的社会实践活动不断向着新的深度、广度、高度、复杂度向前推进。因此，科学研究的社会实践活动形成的科学观和方法论也在不断地改变自己的内容和形式。

在农业时代和工业时代的前期，人类的科学研究活动总体上还处在科学研究发展的初级阶段。在这一阶段的科学研究实践基础上形成的经典物质学科的科学观，具有比较明显的机械唯物论特征。

经典物质学科的科学观是机械唯物的科学观，认为自己的研究对象——物质客体具有如下基本特性。

(1)研究的对象是物质客体，要排除主观因素的干扰。

(2)研究的关注点是物质的结构与功能。

(3)物质客体遵循确定性演化。

(4)物质客体之间相互独立。

(5)物质无限可分。

科学观解决“是什么”的问题，方法论解决“怎么做”的问题。究竟应当怎么做？显然，不能随心所欲，应当根据研究对象的性质来分析和确定。换言之，方法论的确立必须从科学观的基本观念中获得启示。正是上述经典物质学科的科学观，导致具有如下特征的经典物质学科的方法论。

(1)对象是客观存在，可通过观察的方法进行研究。

(2)对象是客观存在，可通过设计实验的方法进行实验研究。

(3)对象是客观存在，可通过构筑模型的方法进行模拟研究。

(4)关注结构，可通过形式化的方法进行描述和分析。

(5)物质可分，可通过分而治之的方法化繁为简。

这里有必要强调指出，经典物质学科方法论中分而治之的方法更为完整的表述是分而治之、各个击破、合成还原。这是经典物质学科处理复杂系统(复杂问题)的通用方法，称为机械还原论方法。它在整个科学发展过程中发挥了巨大的作用，做出了巨大的贡献，以至人们把整个经典物质科学的方法论都称为机械还原方法论。在一定程度上可以认为，正是因为借助机械还原方法论，把原本复杂的科学研究领域通过分解的方法变成一组比较简单的子领域，所以可以对这些子领域进行深入的研究。由于领域越分越细，科学的研究就能够越做越深入，因此近代和现代科学的研究领域一方面不断扩展，另一方面不断细分，研究内容不断深入。

当然，随着近代科学的不断进步，人们对于物质对象的认识不断深化，经典物质学科的科学观，特别是其中的“孤立性”和“静止性”逐步被修正为“相互联系性”和“动态变化性”，甚至“量子态的纠缠性”。与此相应，经典物质学科的方法论也随之逐步得到新的补充，如计算方法、仿真模拟方法等。不过，作为历史走过的痕迹，还可以把上面列出的各点看作经典物质学科科学观和方法论的基本特征。

2.2.2　经典物质学科的学科框架(落实定位)：研究模型与研究途径

经过长期经典物质学科研究的社会实践和探索，人们终于总结和形成经典物质学科的科学观和方法论。在此启发下，经典物质学科的研究从朦胧的试探摸索逐渐总结和形成各种研究模型和路径。

就研究模型而言，根据经典物质学科的科学观(与主体无关性，关注结构、孤立性、静止性、形式性、可分性)和经典物质科学的方法论(实验法、模型法、形式分析法、分而治之法)的启示，针对经典物质学科的研究对象种类异常繁多的事实，人们对经典物质学科不同的分领域构筑了各种不同的分领域研究模型，如力学系统的研究模型、热学系统的研究模型、电磁学系统的研究模型、生物学系统的研究模型等。同时，针对经典物质学科不同层次的研究也构建了各种不同层次的研究模型，如物体的宏观模型、中观模型、微观模型等。

虽然并不存在统一的经典物质学科研究模型，但是所有这些研究模型的构建都遵循如下基本建模规则。

(1)研究模型必须能够反映原型的基本结构、功能、性质、关系和工作过程。

(2)研究模型必须在符合研究目的和满足某些假设的条件下对原型进行某种简化。

(3)研究模型必须易于物理实现或仿真实现。

(4)研究模型必须便于数学方法或逻辑方法的描述。

(5)研究模型的性能和特征参数必须易于测量、调节、控制等。

依据这些原则建构的各种研究模型，可以大大方便经典物质学科各个分领域和各个研究层次的科学研究,有力地促进经典物质学科的研究向深度和广度发展。

至于经典物质学科的研究途径，受经典物质学科的科学观和方法论的启示，根据经典物质学科主要关心各种物质的结构及由此产生的性质和功能的研究思想，人们采取结构分析和功能分析的研究途径。

利用结构分析和功能分析的途径，通过分析各种研究子领域和不同研究层次的物质客体的结构、性质和功能，一方面可以了解各种物体本身的性能和用途，以及怎样把它们加工成为各种有用的材料产品；另一方面可以了解怎样通过改变物体的结构来获得更加优秀的性质和功能，从而开拓更多、更好的应用。

人们不但利用经典物质学科的研究模型和研究途径认识现存的各种物质的结构、功能和性质，而且利用它们探索通过各种更为复杂的手段和方法(如物质的合成)来创造新的、具有更加优秀性能的新型物质(如各种各样的合金等)。

2.2.3　经典物质学科的学科规格(精准定格)：学术结构与数理基础

正是由于经典物质学科的科学观是机械唯物论，而它的方法论是纯粹形式化和分而治之的机械还原方法，这就决定了经典物质学科关注的每个学科都已经分解到纯粹的单一性学科，而不考虑科学之间互相交叉的问题。这就是经典物质学科中每个学科学术结构的广度。

也正是因为如此，决定了它的数学基础是以微积分为代表的“确定性的、线性运算的经典数学理论”，逻辑基础是以数理逻辑为标志的“形式化和刚性的逻辑理论”，物理基础则是以牛顿力学和爱因斯坦相对论为标志的“经典物理学”。后者的学术观念认为，空间无限且确定不变、时间无限且对称可逆、精度无限且无限可分等。

基于学科建构的这些基础模块，经典物质学科建立了丰富多彩、规模宏大、内容深刻的物质学科的体系，构成了近代物质学科的宏伟大厦，为现代科学的进一步发展奠定了坚实、深厚的基础。

事实上，经典物质学科的发展不但为物质学科本身的发展奠定了基础，而且为现代信息学科初级阶段的发展开辟了道路，即信息学科的初级阶段就是在物质学科范式统领下展开摸索的。

2.3　现代信息学科的学科建构基础

物质学科是工业时代的标志性科学，信息学科是信息时代的标志性学科。因此，信息学科有自己独特的性质、特点、科学范式、科学观、方法论，以及学科定位和学科规格。

人工智能是信息科学的核心、前沿、制高点，是信息科学的高级篇章。因此，人工智能的学科建构基础其实就是信息学科的学科建构基础。下面重点讨论信息学科的学科建构基础，包括科学观、方法论、研究模型、研究路径、学术结构和数理基础。

需要说明，由于经典物质学科是成熟学科，因此对它的学科建构基础的说明就非常概略。与此不同，现代信息学科是成长中的学科，人们对它的学科建构基础关注不多，认识也很不够。因此，这里需要对它的学科建构基础做详细地分析。

2.3.1　现代信息学科的学科范式（宏观定义）：科学观与方法论

认识论告诉我们，人类认识能力的发展通常都是由认识具体的事物开始，然后逐渐走向比较抽象的事物。随着以比较直观的物质资源为研究对象的物质学科的研究不断取得进展，一门新的，以比较抽象的信息资源为研究对象的学科（信息学科）应运而生。

信息学科关注的不是物质对象本身（物质对象本身的理论和规律已经由物质学科研究过了），而是比它更为抽象的信息对象。因此，信息学科的研究对象、研究内容、研究方法和研究目标都会表现出人类认识能力的进步与提升，并鲜明地体现出 20 世纪中叶以后人类认识世界和改造世界的新需求、新进程、新能力、新特点。

定义 2.3.1 事物的信息，是指该事物呈现的自身状态及其变化方式[19]。

世间一切事物都在运动，都有自己的运动状态。这种运动状态又会随着时间的推移不断变化，而且会随时被呈现出来。因此，一切事物都在产生信息。事物是一种普遍的存在。哪里有事物存在，那里就会有相应的信息被呈现出来。这就意味着，信息也是一种普遍存在的研究对象。

定义表明，了解事物的信息(自身状态及其变化方式)是人类认识事物的必经途径。信息是人类认识世界所需要的中介。一方面，人类可以通过自己的感觉器官获得事物所呈现的信息来了解事物的外部形态。另一方面，人类可以通过思维器官对事物的信息进行处理，生成知识来深入认识事物的性质。此外，还可以在目的引导下把知识激活为策略来改变事物。因此，信息是人类认识事物、改变事物、认识世界、改变世界，从而实现自身生存和发展所需要的战略资源。

定义还表明，事物客体的信息只取决于事物客体本身的状况，而与人类观察者的主观意志无关，甚至与是否存在观察者无关。例如，在遥远的宇宙深空，虽然那里没有人类观察者(至少目前看来是如此)，但是那里也存在事物，因此也存在事物所呈现的状态及其变化方式——信息，只是人类暂时无法对它进行观察、研究和利用而已。

进一步，信息与人类存在什么关系？人类为什么要关注信息的研究？

人类作为有智慧的认识主体，为了满足自己生存与发展的需要，必须通过信息来认识自己的环境，同时通过自己生成的策略信息来改造环境，并在改造客观世界的过程中不断完善自己。主体客体相互作用的宏观模型如图 2.3.1 所示[19]。

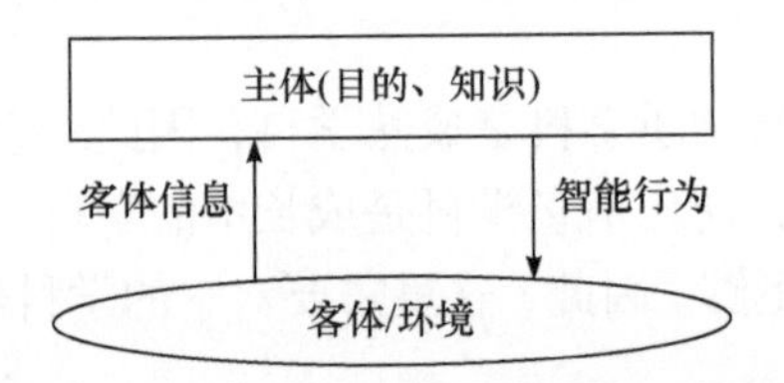

图 2.3.1 主体客体相互作用的宏观模型

模型中的主体可以是有目的、有(先验)知识的人类，也可以是其他有生命的物体，包括高等动物、低等动物和植物，还可以是人类制造的智能机器。不过，最典型、最复杂的主体是人类。正因如此，我们通常把人类作为模型中主体的代表。如果实际系统中的主体是其他生物，就可以在人类主体的基础上进行适当的简化和特化。

如果把图 2.3.1 详细展开，就可以得到主体客体相互作用的标准模型，如图 2.3.2 所示[20]。

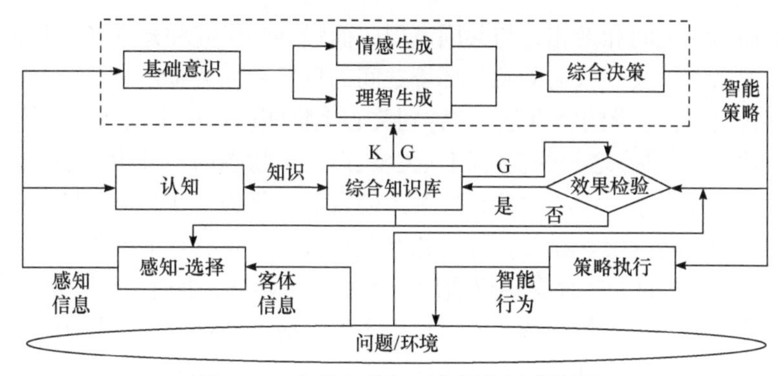

图 2.3.2　主体客体相互作用的标准模型

图 2.3.2 的标准模型显示，主体一旦受到客体信息的作用，为了实现自己生存与发展的目的(G)，就会运用自己的知识(K)，针对这个客体信息产生自己的智能行为来反作用于客体，从而形成主体与客体之间的相互作用。图中还详细表现了“从接受客体信息的作用到产生智能行为反作用于客体”的主体客体相互作用基本回合的具体过程。如果图中的主体是人，图 2.3.2 就是人类的智能模型；如果图中的主体是机器，G 和 K 就需要由人类设计者赋予，图 2.3.2 就是人工智能的模型。

主体产生智能行为的过程需要经过四种转换环节。

(1)由客体信息到感知信息的转换(感知与注意)。

(2)由感知信息到知识的转换(认知)。

(3)由感知信息到智能策略的转换(谋划主体的行为策略，简称谋行)。

(4)由智能策略到智能行为的转换(执行)。

这里需要特别强调的是，主体产生的行为必须是智能行为，否则就会引起两方面的不良后果。一方面，因为行为不智能，主体就不可能在主客体相互作用的过程中达到自己的目的，它的行为就成为失败的行为。另一方面，因为行为不智能，这种行为就可能破坏环境运行的客观规律，引起环境的恶化，从而给主体的生存发展带来风险。

可见，在主体目的引导下，通过主客相互作用的过程产生智能行为，保障主体与客体之间实现合作双赢——主体能够实现自己的目标，环境规律能够得到维护。这才是信息学科，特别是人工智能研究的根本目的。

问题是，怎样才能保证主体在主客相互作用的过程中产生智能行为，避免出现那些不良的后果，实现主体与客体/环境之间的和谐相处共同发展和合作双赢呢？这便涉及一个新颖的、具有普遍性，而且具有重大意义的研究课题——信息生态学。

定义 2.3.2　生态学是指这样一门学科，即为了保证在一定生物圈范围内实现各有关生物物种之间和谐相处与共同发展，而强调要研究和建立各个物种之间的良好相互关系，以及这些物种及其环境之间的良好相互关系。

可以看出，生态学的特点是，它特别关心生物圈内各种生物物种(而不是某一种或某几种生物物种)之间的良好相互关系，以及生物圈内各种生物物种及其环境之间的良好相互关系。关心这些良好关系的目的，是为了实现生物圈内生物物种的和谐相处与共同发展。显然，这种相互关系就应当是有智能的相互关系。

其实，生态学的上述理念不仅适用于生物学的领域，也适用于一切具有竞争、合作关系特点的复杂事物领域。所以，生态关系应当是在复杂世界中求得公平竞争、合作共赢的普遍法则。

把生物学领域生态学的理念和方法应用到信息领域，把主客相互作用标准模型中的各个信息单元看作生态学的各个生物物种，就产生了一种特殊的生态学，称为信息生态学。它关注的领域是信息领域，但是保持和运用了生物学领域生态学的研究理念。

定义 2.3.3 信息生态学是指，为了保证信息过程中各有关信息单元之间能够和谐相处、共同发展，强调要研究和建立各个信息单元之间的良好相互关系，以及这些信息单元与它们环境之间的良好相互关系。

以信息生态学为指导原则的方法论，称为信息生态方法论。

由定义 2.3.3 又可以引出两个新的概念，即信息生态过程和信息生态链。

定义 2.3.4 信息生态过程是指，在主体客体相互作用的框架下，为实现主体与客体及环境之间的多赢而由信息转换成智能行为的过程。

信息生态链是指，信息生态过程中信息转换生成的产物链，即客体信息→感知信息→知识→智能策略→智能行为。

并非所有的客体信息都能进入主体与客体相互作用的系统，只有那些能够直接作用于主体的客体信息才能进入这个系统。换言之，只有那些能够直接作用于主体的客体信息才会参与信息生态过程，引起主体的关注和研究。其他客体信息则不会受到主体的关注，因此不可能成为信息学科研究的对象。

这样的情况很正常，世间的客体信息是无穷无尽的，信息学科应当研究的客体信息则是有限制的，取决于这些客体信息是否能够作用于主体。如果某些客体信息不能作用于主体，那么即使主体想要研究它也不可能。同时，也取决于这些客体信息是否与主体的目的有关联，如果不相关，即使主体对它进行研究也毫无意义。

注意到，图 2.3.1 和图 2.3.2 表示的主体客体相互作用过程其实正是人类认识世界和改造世界的过程。人类正是利用模型表示的信息转换作用来认识客体(认识世界)和反作用于客体(改造世界)，从而达到不断改善人类生存与发展水平的目的，而又不会破坏环境的运行规律。可见，这正是人类进步与社会发展的本质过程，因此就成为信息学科研究的合理模型。

定义 2.3.5　(作为信息学科整体理论的)信息科学，是以信息及其生态过程为研究对象、以信息的性质和信息生态过程的规律为研究内容、以信息生态方法论为宏观研究方法、以扩展人类的全部信息功能(也就是扩展人类智能)为研究目标的科学理论。

在定义 2.3.5 中，信息、信息生态过程、信息生态方法论的概念已经在上面做了初步的阐述，那么什么是人类的全部信息功能呢?

这可以从图 2.3.2 中清晰地说明，主要包括把客体信息转换为感知信息的感知与注意功能，把感知信息转换为知识的认知功能，把感知信息、知识和目的转换为智能策略的谋行功能(包括基础意识、情感、理智的生成功能及其综合决策功能)，把智能策略转换为智能行为的执行功能。人类和人工智能机器就是通过这些信息功能的有机整体，生成自己的智能策略和智能行为，从而实现认识问题(认识世界)和解决问题(改造世界)，实现生存与发展的目的。

由此可知，前面所说的信息学科泛指一切以信息为研究对象的各种学科，包括传感、通信、计算机、自动控制、人工智能等。它们都是以信息为研究对象的学科，都属于信息学科。但是，传感只扩展人类获取信息的功能，通信只扩展人类传递信息的功能，计算机只扩展人类处理信息的功能，控制只扩展人类执行策略信息的功能。因此，准确地说，它们都属于局部(初级)性质的信息学科。另外，人工智能不但以信息为研究对象，而且以整个信息生态过程为研究对象；不但以信息的性质为研究内容，而且以信息生态过程的规律为研究内容，因此它必须明确地以信息生态方法论为研究的宏观指南，以扩展人类全部信息功能为研究目标，即除了要扩展上述各项信息功能，还要扩展人类的感知、认知、谋行、优化等各项复杂的信息功能(图 2.3.2)。因此，人工智能这个信息学科是完全符合定义 2.3.5 要求的信息学科，是完整(高级)的信息学科，是信息学科的高级篇章。正是考虑这个事实，图 2.3.2 既可以看作信息科学的理论模型，也可以看作人工智能的系统模型。因此，可以把人工智能理解为信息学科的整体代表。

根据以上分析，我们就可以总结和提炼信息学科的科学观和方法论。

现代信息学科的科学观是整体意义上的科学观。这里，整体的含义指必须包含主体与客体相互作用所包含的全部信息功能，同时也指信息的内涵必须包含它的形式、内容和价值(而不能仅仅包含形式)。在这个前提下，现代信息学科的科学观认为，其研究对象应具有如下基本宏观特性。

(1)信息是事物呈现的自身状态及其变化方式。

(2)信息学科整体研究的对象是主体驾驭下主客相互作用生成的信息生态过程。

(3)研究的关注点是实现主客相互作用过程中主客双赢的目标。

(4) 主客相互作用框架下的信息是形式、内容、价值的三位一体。

(5) 信息生态过程中存在不确定性。

可见，现代信息学科的科学观与经典物质学科的科学观之间不但颇不相同，而且近乎相反。如果从更深刻的角度看，两者之间的关系并非水火不容，而是对立的统一，相辅相成，反映人类在认识世界和改造世界过程中认识深度的逐渐进步，由只研究客观对象，发展到研究主观对象与客观对象的相互作用。

我们说，物质与信息之间的关系看似水火不容，实则对立统一。这是因为，一切信息都是由物质呈现的，人类的感觉器官得到的是客体信息，而不是客体本身，所以人们只能通过物质呈现的信息来认识物质和改变客体物质。这就是为什么美国著名的物理学家 Wheeler 做出 It from bit（万物源于信息）的论断。反过来说，任何信息的运动（生态演化）过程都必须有相应的物质作为载体，有相应的能量来推动才能真正实现，世界上不存在没有载体和动力的信息。

基于信息科学观的五点基本观念，可以得出现代信息学科的方法论就是信息生态方法论的结论。它具有如下辩证论特征。

① 主客互动过程通过信息-知识-智能（策略）生态链来实现主客双赢。

② 这个生态链中的信息要保持形式、内容、价值的完整性与和谐性。

③ 主客相互作用的演化过程充满不确定性。

④ 信息生态链各个环节之间要形成生态演化关系。

⑤ 信息生态链与其环境之间要形成良好的相互关系。

可见，人们在研究解决经典物质学科问题的时候，一方面，应当坚持机械还原方法论的“纯粹形式化”原则来描述和分析物质客体的结构与功能；另一方面，应当在机械还原方法论分而治之原则的指导下，把复杂的问题分解为若干复杂度较低的子问题，在逐一解决这些子问题的基础上，把它们的解答合成原问题的解答。

但是，人们在研究解决现代信息学科问题的时候，则不应当继续沿用机械还原方法论的纯粹形式化和分而治之的原则，而应当在信息生态方法论的指导下，通过信息生态演化过程来求得最终的优化解答。

这是因为，一方面，这里的信息应当既具有主体感觉到的形式分量（称为语法信息），又具有主体所检验到的效用分量（称为语用信息），以及主体由此提炼出的内容分量（称为语义信息），是形式、价值、内容的三位一体，一旦实施纯粹形式化，信息的效用和内容要素就被彻底抛弃了，信息就空心化了，这就势必失去对智能的理解基础，达不到主客双赢的目标。另一方面。信息学科的研究对象虽然都是复杂系统，但是如果实施分而治之，把复杂信息系统分解为若干子系统，就必然丢失各个子系统之间复杂而隐蔽的信息联系，后者正是复杂信息系统的生命线，丢掉生命线，就不再可能把这些子系统还原为原来的复杂信息系统。

总之，经典物质学科的科学观和方法论着眼于研究与主体无关的客观物质的结构与功能；现代信息学科的科学观与方法论则着眼于研究在主体客体相互作用过程中实现主客合作双赢的信息生态规律。因此，在现代信息学科的研究中，经典物质学科引以为傲且几乎放之四海皆准的方法论法宝——纯粹形式化的分析方法和分而治之的确定性处置原则 ——在现代信息学科研究中都暴露出致命性的缺陷。与此相应，现代信息学科的信息生态方法论则必须采取形式、内容、价值三位一体的分析方法和存在不确定性的整体演化处置原则。

之所以会造成这样重大的区别，根本的原因在于，经典物质学科的研究严格排除认识主体的主观因素，关注确定性演化的物质客体的结构与功能；现代信息学科的研究不但承认主体因素，而且承认主体的主导地位，关注在主体与客体相互作用过程中实现主客双赢的规律。换句话说，经典物质学科是纯粹的自然科学，而现代信息学科则是整体意义上自然科学与人文社会科学的辩证综合。两者之间的这种区别，表现了科学研究的历史性进步。

2.3.2　现代信息学科的学科框架(落实定位)：研究模型与研究路径

遵循现代信息学科的辩证唯物(对立统一)科学观和信息生态方法论，信息学科的全局研究模型表现为图 2.3.1(最简模型)和图 2.3.2(标准模型)所示的在主体主导下和环境约束下的主体与客体相互作用信息生态模型。其中，主体可以是人类，也可以是一切有生命的生物主体，还可以是人类主体或生物主体的代理——人造机器。

按照信息学科的定义，信息学科以信息及其生态过程为研究对象，似乎应当对宇宙中的一切信息现象进行深入研究。实际上，限于人类的观察与掌控能力，对于那些在时间空间上与人类相距过于遥远或者人类无法感知的信息现象，人类无论如何也不可能对它们进行任何有效的观察处理和控制。因此，作为信息学科的研究内容，它关注的只能是能够进入主体客体相互作用框架之内的信息对象。当然，随着科学技术的不断进步，人类的观察和控制能力将不断增强，能够进入主体客体相互作用框架之内的信息对象将越来越丰富。然而，“主体客体相互作用框架之内”这个修饰词将仍然有效。

注意到主体与客体相互作用这个前提就不难理解，一切生物主体(包括人类和各种生物)都生活在一定的环境之中，都必须与环境中的客体打交道。一切生物主体都拥有求生避险的本能目的；人类主体不仅要善于求生避险，更要努力实现不断发展的目的。为了实现求生避险的目的，就必须具有感知环境信息(获得客体信息、了解客体信息的形式、内容及其对于自身生存的利害价值)的能力，同时具有在这种利害关系面前采取有利于生存和规避风险的行为能力。这便是初级水平的智能。对于人类主体来说，为了实现生存与发展的目的，不仅必须具有感知环境的能力，在信息的层次上实现趋利避害，更要具有认知环境的能力(在感知环境的基础上，抽象概括出关于环境的理性知识，在知识层次上认识环境的运行规律)，以及在理性知识基础上生成实现不断发展需要的智能策略和智能行为，进而对生成的智能行为的效果和质量进行评估和改进的能力。这便是标准的智能(对照图 2.3.2 的模型)。只有实现这种水平的智能，主体客体相互作用框架下的信息-知识-智能的生态过程才能成功运行，人类主体认识世界和改造世界，并在改造客观世界的同时不断改造人类自己的任务才能成功实现。

可见，图 2.3.1 和图 2.3.2 的确是研究信息学科的普适模型，适用于人类，也适用于各种生物。在后者的情况下，图 2.3.2 模型中的各种能力指标(感知与注意的能力、认知的能力、谋行能力、策略执行的能力，以及智能行为执行效果评估和优化的能力)都将相应地简化、特化，甚至消失。

需要指出，在了解信息学科全局研究模型之后，如果需要研究其中的某个具体单元(具体的信息转换过程)，那么就不应当对它进行孤立的研究，而应当把这个具体的单元放在它的工作环境中、在信息生态链的约束条件下进行研究。这样才能真正体现信息学科的科学观和信息生态方法论的思想，研究得到的结果才能支持整个信息生态过程的要求。

可见，信息学科的辩证唯物(对立统一)科学观和信息生态方法论是构筑和论证信息学科全局研究模型的根本性指导原则。但是，有了正确的全局研究模型还远远不够，同样必须有正确的研究路径。那么，在信息学科全局研究模型的基础上，又应当怎样开辟信息学科的研究路径呢?

我们知道，物质学科研究的对象是具体的物质客体，研究的目的是阐明某种具体物质客体的性质、结构和功能。因此，物质学科的研究途径首先就是要了解这种具体物质的结构，包括宏观的结构形态，甚至微观的分子结构形式；然后基于这些结构的知识来考察这种具体物质的功能，以及基于这种结构和功能的潜在能力。

对于信息学科的研究来说，结构观察的研究路径和功能分析的研究路径显然不足以揭示信息过程的深层本质和主客双赢的规律。正确的答案仍然是，必须遵循信息学科的辩证唯物科学观和信息生态方法论的指导原则。更具体地说，信息学科的研究路径虽然存在多种多样的可能性，但是真正有效的研究路径必须能够满足信息学科的辩证唯物科学观理念和信息生态方法论的原则；否则，就会事与愿违。

如图 2.3.2 所示，在主体与客体相互作用的框架下，信息过程首先要把与主体目的相关的客体信息转换为主体的感知信息(感知)，然后把感知信息提炼为知识(认知)，进一步把知识激活为能够解决问题，达到主客双赢目的的智能策略(谋行-谋划解决问题的行为策略)，并把智能策略转换为主体反作用于客体的智能行为

(执行)。如果这样生成的智能策略和智能行为不能准确地解决问题，就要把智能行为反作用于客体产生的结果与预期目标之间所存在的误差作为一种新的补充性客体信息反馈到过程的输入端，通过学习增加新的知识，优化智能策略和智能行为，直到满意地达到目的。

分析表明，由客体信息转换为感知信息(感知)、由感知信息转换为知识(认知)、由知识转换为智能策略(谋行)，进而转换为智能行为(执行)的转换过程，正好就是生成智能策略和智能行为的共性工作机制。因此，信息学科的研究路径可以实至名归地称为机制主义研究路径[20]。

总之，与物质学科的情形截然不同，物质学科的研究模型是物质个体的模型，信息学科的研究模型是信息生态过程的全局模型。物质学科的研究路径是关注结构分析的结构主义路径，信息学科的研究路径是关注普适性智能生长机制的机制主义路径。

更有意义的是，信息学科的整体理论开辟的机制主义研究路径，是一种形式、内容、价值一体化的整体化研究路径(而不是纯粹形式化的研究路径)，是整体生态演化的研究路径(而不是分而治之的研究路径)，是充分体现信息学科理念(而不是体现物质学科理念)的研究路径。

后续章节将证明，在信息学科研究的高级篇章——人工智能研究领域，现行的结构主义研究路径(人工神经网络)、功能主义研究路径(专家系统)和行为主义研究路径(感知动作系统)的研究路径，都是机制主义研究路径在一定知识条件下的特例(而不再是互不相容、分道扬镳的多种路径)。

2.3.3　现代信息学科的学科规格(精准定格)：学术结构与数理基础

信息学科的整体理论——信息科学——表征性定义是，以信息及其生态过程为研究对象，以信息的性质和信息生态过程的演化规律为研究内容，以信息生态方法论为研究方法，以扩展人类的智力能力为研究目标。信息科学的整体定义清楚地表明，信息学科确实是一个以信息为主导标志的多学科交叉的新兴学科。

如果具体到信息学科的高端产物——人工智能，它的交叉学科特色就更加鲜明，至少应当包括原型学科(人类学、神经科学、认知科学、人文和社会科学等)、核心学科(信息科学、系统科学、控制科学)、基础学科(数学、逻辑学、哲学)、技术学科(信息技术、微电子基础、机械技术、新能源技术、新材料技术等)。

至于信息学科对学科基础的要求，需要考虑两个方面的情况。一方面，由于分而治之方法论的影响，目前的数学理论和逻辑理论都是分支林立，缺乏统一面向信息学科研究的理论和方法。另一方面，由于纯粹形式化方法的影响，目前的数学方法和逻辑方法都没有提供有效的方法来描述和分析信息、知识、智能的内容要素。

鉴于此，信息学科(特别是人工智能)对数学基础和逻辑基础的特别要求就表现为，建立面向信息学科研究需要的、和谐完整的(而不是孤岛式的)，而且能够表现形式、内容、效用一体化和生态演化的数学理论和逻辑理论。

2.3.4 现代信息学科研究的当务之急：范式革命

当今时代正是由信息学科的初级发展阶段(以传感、通信、计算、控制，特别是互联网、物联网和自动化为标志)向高级阶段(以人工智能为主要标志)升级转变的时期。在这个重要的变革时期，应当用什么样的科学观、方法论、研究模型、研究路径、学术结构和学术基础来准确地构建信息学科的科学基础(学科的定义、定位、定格)，显然是需要深入思考和科学分析的重大问题。

本节前面的分析和总结表明，信息学科整体理论应当遵循的是信息学科的范式。这个范式引领下的信息学科全局研究模型是主体主导下和环境约束下的主体与客体相互作用的信息生态学模型。它的研究路径应当是基于普适性智能生成机制(即客体信息→感知信息→知识→智能策略→智能行为转换)的机制主义研究路径，学术规格应当是符合信息学科范式和框架要求的学术结构和学术基础，包括数学基础与逻辑基础[21-24]。

从实际的发展情况来看，在长期孕育的基础上，特别在第二次世界大战的超强刺激下，交战双方对信息的获取(雷达技术)、信息的传递(无线电通信技术)、信息的处理(计算机技术)、信息的利用(自动控制技术)的需求都达到前所未有的程度。除了上述信息技术的快速进步，崭新的信息理论研究也发生了历史性的突破。Bell 研究所的 Shannon 信息论、MIT 的 Wiener 控制论、Bertalanffy 的系统论等科学理论自 1948 年相继登上科学舞台。从此，便开启了信息学科迅速发展的新时代。

从 20 世纪中叶到 21 世纪初的这一历史时期，信息科学技术的初级阶段获得了巨大的发展，各种传感技术、通信技术、存储技术、计算技术、控制技术突飞猛进，特别是互联网、物联网技术的发展，使原先各自独立发展起来的传感、通信、计算和控制技术实现了历史性的部分功能复合，成为初级信息技术的集成网络平台，为初级信息技术的进一步发展创造了良好的基础，并在经济和社会的各个领域获得非常广泛的应用，有效地促进了经济和社会的发展。

由于多方面的原因，这一阶段的信息科学技术研究与应用仍然处在摸索的阶段，并没有在学术共同体形成与自己相适应的信息学科的范式，也没有形成自己特有的全局研究模型和研究路径，没有对数学理论和逻辑理论提出明确的要求。因此，就习惯性地沿用了当时已成熟的经典物质学科的科学观和方法论，造成信息学科，特别是人工智能范式的张冠李戴。

信息学科范式张冠李戴的具体的表现是，人们把信息学科的研究当作物质学科的研究来看待，把开放复杂的信息系统的研究像复杂物质系统的研究那样沿用分而治之的方法论来处理，对信息的研究像对物质的研究那样沿用纯粹形式化的方法来描述和分析。因此，信息学科研究领域被分解为功能单一、纯粹形式化的传感、通信、存储、计算、控制等一系列互相独立的子学科。直到 20 世纪 90 年代，通信技术与计算机技术之间仍各不相关，通信技术与控制技术之间也毫无沟通。在信息学科的理论研究中，信息本身也被分解，Shannon 信息理论只研究了信息的形式因素，而没有考虑信息的内容和价值因素。

人工智能范式张冠李戴的表现同样十分明显，这一时期孕育发展起来的人工智能研究被分而治之的机械还原方法论分解为纯粹形式化的人工神经网络研究、纯粹形式化的物理符号系统、专家系统研究，以及纯粹形式化的感知动作系统研究。代表性的研究模型是孤立的脑结构模型和脑功能模型，研究路径是结构模拟、功能模拟、行为模拟三者分道杨镳的路径。

总之，在长达半个多世纪的历史发展时期，无论是信息科学技术还是人工智能理论与技术的发展，都一直处在不自觉地沿用物质学科的科学观和方法论的状态。换言之，在学科的范式上，都处在张冠李戴的不正常状态。

为了说明这个问题，我们总结了传统物质学科的范式、现代信息学科的范式，以及现行人工智能遵循的范式。学科范式的比较如表 2.3.1 所示。

表 2.3.1　学科范式的比较

事项	科学观	方法论
经典物质学科	机械唯物论的科学观 对象：物质客体，排除主体因素 目的：对象的结构与功能 遵守：确定性演化，可分性	机械还原论的方法论 分析方法：纯粹形式化 判断方法：形式的匹配 宏观处置：分而治之
现行人工智能	准机械唯物科学观 对象：脑物质，忽视主体因素 目的：脑物质的结构与功能 遵守：准确定性演化，可分性	真机械还原方法论 分析方法：纯粹形式化 判断方法：形式的匹配 宏观处置：分而治之
现代信息学科	整体观：主客互动的科学观 对象：主客互动的信息过程 目的：主体客体的合作双赢 遵守：不确定性演化，整体性	辩证论：信息生态方法论 分析方法：形式-内容-价值整体化 判断方法：内容理解 宏观处置：生态演化

表 2.3.1 表明，现行人工智能实际遵循的范式确实不是信息学科的范式，而是物质学科的范式。从方法论方面看，人工智能实行的方法论与传统物质学科范式的方法论完全一致，在科学观方面也几乎与物质学科范式的科学观无二。

人工智能范式的张冠李戴显然是学科研究的大忌。但这种现象的发生其实有它的必然性或不可避免性。这是因为，虽然信息学科的具体研究活动已经是一种广泛的社会存在，迟早会产生与它相适应的意识形态——信息学科的范式，但是意识形态通常总是滞后于它的社会存在。因此，从20世纪中叶到21世纪初的这半个多世纪，信息学科的范式一直没有形成，于是人们便沿用已经存在且非常熟悉的经典物质学科的范式。换言之，信息学科（含人工智能）范式的张冠李戴是社会法则注定的，是不可避免的。

沿用物质学科的科学观（机械唯物论的物质科学观）和方法论（机械还原论的方法论）的结果，使信息学科（特别是人工智能）只能摸索出一些局部性（子学科）的学科理论，而无法建立起关于信息学科（特别是人工智能）的整体理论（统一理论）。这就是当今信息科学（特别是人工智能）发展所面临的最为严重的问题。

严格来说，这种状况显然不符合信息学科（特别是智能科学）的要求。不过，在信息学科发展的初级阶段，这种子学科互相割裂和智能水平低下的状况虽然不合理，但是幸好没有造成太过严重的危害，因为这是信息学科研究的初级阶段必然要经历的。毕竟，这也为信息学科发展的高级阶段提供了一些孤立化、碎片化的研究成果。

问题是，当信息学科走向高级阶段的时候，一群子学科互相割裂的碎片化研究和空心化的信息、知识与智能这种状况便不再能够继续被接受。因为这种割裂和空心化的继续存在会堵塞信息学科（特别是智能科学）统一理论探索的道路，而没有统一理论和空心化的信息科学和智能科学离真正的信息科学和智能科学相距遥远。

按照学科建构的普遍规律，科学观和方法论（范式/定义）的张冠李戴（信息学科的研究遵循物质学科的范式）必然导致全局模型和研究路径（框架/定位）的严重曲解和错误导向，进而使学术结构和数理基础（规格/定格）产生盲区和局限。对于任何学科，科学观和方法论（范式/定义）都是至高无上的支配力量，因此信息学科，特别是人工智能范式的变革就成为必须解决的首要矛盾和当务之急。

这便对当今信息学科的发展提出了变革学科范式的紧迫任务，也就是所谓的范式变革的任务。根据表2.1.1的学科建构理论，范式是整个学科建构理论的“统帅”。如果没有学科范式的变革，便不会有信息学科由初级阶段向高级阶段的发展，不会有主体与客体相互作用的全局模型，也不会有机制主义的研究路径，最终就不可能有信息学科及其高级阶段全局统一理论的问世。

对于当今的信息学科研究而言，范式变革就是要完成由信息学科的辩证唯物科学观取代物质学科的机械唯物科学观，以及由信息学科的信息生态方法论取代物质学科的机械还原方法论。

当科学观和方法论（两者的整体就是学科范式）变革实施之后，势必会带动它的研究模型和研究路径也随之发生相应的变革，变为适用于信息学科的主体主导下和环境约束下的主体与客体相互作用的全局研究模型和机制主义的研究路径，从而形成真正适用于信息学科(特别是人工智能)研究的学科建构基础。

总之，信息学科(特别是人工智能)研究范式的变革，是信息学科由初级阶段向高级阶段发展所要求，也是物质学科主导的时代向信息学科主导的时代转变所要求的划时代的伟大变革。

2.4　本章小结

本章主要包括以下创新理论。

(1)学科建构的普遍规律，首先经过自下而上的长期摸索，积累经验教训，通过总结提炼形成明确的学科范式(科学观和方法论)，然后才能自上而下完成学科建构。

(2)学科建构包括学科定义(范式)、学科定位(框架)、学科定格(规格)和学科定论(理论)四个基本进程，缺一不可。

(3)定义(学科范式)→定位(学科框架)→定格(学科规格)→定论(学科理论)是学科建构的生态链逻辑。其中，由学科范式阐明的学科定义是整个学科建构生态链的源头和基础，而且贯穿学科建构的全局全程。

(4)本章首先总结了信息学科的范式(科学观和方法论)，然后阐明了信息学科的定义(学科范式)、定位(学科框架)、定格(学科规格)的内涵。

(5)信息学科的学科范式与物质学科的学科范式之间近乎“相反相成(对立统一)”，而迄今信息科学(含人工智能)的研究范式犯了张冠李戴的大忌，因此信息科学的研究必须实行范式的大变革。

参考文献

[1] McCulloch W C，Pitts W. A logic calculus of the ideas immanent in nervous activity. Bulletin of Mathematical Biophysics, 1943, 5: 115-133

[2] Widrow B. Adaptive Signal Processing. Englewood Cliffs: Prentice-Hall, 1985

[3] Rosenblatt F. The perceptron: a probabilistic model for information storage and organization in the brain. Psychological Review,1958, 65: 386-408

[4] Hopfield J J. Neural networks and physical systems with emergent collective computational abilities.Proceedings of the National Academy of Sciences, 1982 ,79: 2554-2558

[5] Grossberg S. Studies of Mind and Brain: Neural Principles of Learning Perception, Development, Cognition, and Motor Control. Boston: Reidel Press, 1982

[6] Rumelhart D E. Parallel Distributed Processing. Cambridge: MIT Press, 1986

[7] Kosko B. Adaptive bidirectional associative memories, applied optics. Applied Optics, 1987, 26(23): 4947-4960

[8] Kohonen T. The self-organizing map. Proc. IEEE, 1990, 78(9): 1464-1480
[9] Turing A M. Can Machine Think. New York: McGraw-Hill, 1963
[10] Wiener N. Cybernetics. 2nd ed. New York: John Wiley, 1961
[11] Newell A, Simon H A. GPS, A Program That Simulates Human Thought. New York: McGraw-Hill, 1963
[12] Feigenbaum E A, Feldman J. Computers and Thought. New York: McGraw-Hill, 1963
[13] Simon H A. The Sciences of Artificial. Cambridge: MIT Press, 1969
[14] Newell A, Simon H A. Human Problem Solving. Englewood Cliffs: Prentice-Hall, 1972
[15] Minsky M L. The Society of Mind. New York: Simon and Schuster, 1986
[16] Brooks R A. Intelligence without Representation. Artificial Intelligence, 1991, 47: 139-159
[17] Russell S J, Norvig P. Artificial Intelligence: A Modern Approach. Englewood Cliffs: Prentice-Hall,2006
[18] Nilsson N J. Artificial Intelligence: A New Synthesis. New York: Morgan Kaufmann, 1998
[19] 钟义信. 信息科学原理. 北京: 北京邮电大学出版社, 2013
[20] 钟义信. 机器知行学原理: 信息、知识、智能的转换与统一理论. 北京: 科学出版社, 2007
[21] 钟义信. 高等人工智能原理: 观念·方法·模型·理论. 北京: 科学出版社, 2014
[22] 钟义信. 从机械还原方法论到信息生态方法论. 哲学分析, 2017, 5: 133-144
[23] 钟义信. 机制主义人工智能理论：一种通用的人工智能理论. 智能系统学报, 2018, 1: 2-18
[24] 钟义信. 机制主义人工智能理论. 北京: 北京邮电大学出版社, 2021

第二篇(溯源篇) 历史上的智能研究

探寻事物深层本质的有效途径，莫过于溯本求源。这是因为，事物的深层本质必然潜藏在它的发生机缘和发展轨迹之中。把握事物未来走向的重要方法，也应当是温故而知新。事物未来走向必然与它的既有状况关联，即使可能发生质的飞跃，也不会是无端的飞跃。

本篇的目的是追溯和梳理历史上智能科学技术研究的成果，继承前人在人类智能和人工智能研究中取得的主要成就，同时吸取他们研究失误的教训。在此基础上，探求智能科学技术研究的新理念和新路径。

我们认为，历史上的智能研究成果是今日研究的宝贵起点。一方面，这些历史成就代表了在当时条件下人类在人类智能和人工智能领域获得的先进认识，应当得到后来者的尊重。另一方面，随着时代的进步，科学技术的发展和人类认识的深化，历史上的先进认识会不断接受时代的检验，有的先进认识得到肯定，成为今日研究的基础；有的先进认识会显露出不足，甚至错误，成为今日研究的突破内容和创新机会。因此，秉持学习与批判、继承与发展的理念来温故，才能达到知新的目的。

第3章　自然智能理论研究
——简介与评述

人工智能与人类智能之间既有本质的联系(前者是由后者启迪出来的，两者都关注显性智慧能力)，又有原则的区别(后者是前者的原型，前者只是原型的部分技术实现)。因此，如果不了解人类智能，便不可能(至少是很难)深刻理解人工智能。

既然如此，为了深入研究人工智能，便不能不在展开实际的研究前了解自然智能的研究状况，从中领悟智能科学技术研究需要的科学思想，为即将展开的人工智能研究奠定良好的学术基础。

自然智能是自然创造物的智能，包括人类的智能、动物的智能、植物的智能。不过，人是万物之灵，灵就灵在它具有最高水平的智能。因此，我们将以人类智能作为自然智能的代表加以考察。

人类智能是一个极其复杂的研究对象，涉及诸多方面的研究。这里选择两个代表性的研究领域加以追溯和分析，一个是脑神经科学的研究，另一个是认知科学的研究。前者试图展现人类智能的物质结构基础，后者试图揭示人类智能工作机制的奥秘。对于人工智能的研究来说，前者启迪了人工神经网络的研究，后者是物理符号系统(狭义人工智能)的原型。按照由直观至抽象的普遍认识规律，这里从脑神经科学的研究开始。

3.1　脑神经科学研究简介

为了给人工智能的研究提供必要的学术背景和基础，本节回顾有关脑神经科学的一些重要研究成果，着重了解有关人类大脑结构与功能方面的研究进展。鉴于人类大脑非常复杂，而且已经有相当丰富的资料积累，这里的考察只能是概览。对此有专门研究兴趣，希望深入探究的读者可以参考相关文献[1-9]。

3.1.1　人类大脑与智能系统

现代生物学、生理学、神经科学的研究都认为，人类的思维、认知、智力功能主要定位于人类的大脑，特别是大脑新皮层。这大体是现代国际相关学术界的共识。

这并非自古就有的共识。事实上，我国古代哲人就曾经认为人类的智慧源于心。所以，用来表达诸如思维、思考、思想、思虑、智慧的汉文字都以心为基础，而且留下了许多，如心之官则思、心想事成、心生一计、心有灵犀一点通等耳熟能详的成语和谚语。

西方古代哲人也曾有过类似的认识，所以存在心灵之说。不过，古希腊的哲学家却一直认为，人的智慧不是来源于心，而是来源于大脑的活动。

考察发现，生物进化论对于整个生物进化发展历史，随着物种由低级到高级的进化发展，生物的脑容量和复杂性不断增加。近代和现代的医学研究则证明，人类心脏的功能主要是为整个人体提供血液和营养，维持人的生命活力；人类的智力功能主要定位在大脑。

人们也发现，仅有孤立的大脑本身并不能产生智慧能力。这是因为，一方面，如果没有办法从外部世界源源不断地输入各种各样鲜活的信息刺激，大脑就没有可供加工的具体材料和实际内容，就不可能形成任何有价值的智能策略产物；另一方面，如果大脑没有办法把智能策略转变成为智能行为，并反作用于外部世界的客体，那么就不可能对现实世界产生任何有智能的实际影响，也不能在实践中检验智能行为的实际效果。"狼孩实验"很好地说明了，人与环境之间的相互作用对于人类智慧的形成具有至关重要的作用。

为了真正担负起智能的功能,大脑需要有各种感觉器官从外部世界获取信息，需要有相应的传导神经系统把信息传递到脑的相应部位，需要有各种记忆系统把信息保存起来备用，需要有各种相关的脑组织对信息进行必要的加工，需要有各种皮层组织把信息转换成为知识，进而把知识转换成为有智能水平的行动策略，需要有相关的脑组织把智能策略表达为适当的形式，以便通过传导神经系统把它们传送到效应器官(也称执行器官)，并通过它们把智能策略转化为智能行为反作用于外部世界的客体，以产生智能行为的实际效果。这种实际效果本身又成为一种新的信息，通过感觉器官和输入传导神经系统反馈给大脑皮层，使大脑能够判断此前产生的智能策略是否真正有效,并且在多大的程度上可以实现预期的目标，从而确定是否需要改进原先形成的策略，以及如何改进这些策略。

可见，人类的智能活动是通过一个复杂而完善的系统——智能系统——来完成的。在智能系统中，大脑处于核心的地位；感觉器官和效应器官位于大脑的两侧，是大脑与外部世界的接口(感觉器官把外部世界的信息输入大脑，效应器官把大脑生成的智能策略反作用于外部世界的客体)；输入传导神经系统负责沟通大脑与感觉器官之间的联系，输出传导神经系统负责大脑与效应器官之间的联系。

脑与智能系统的示意功能结构如图 3.1.1 所示。

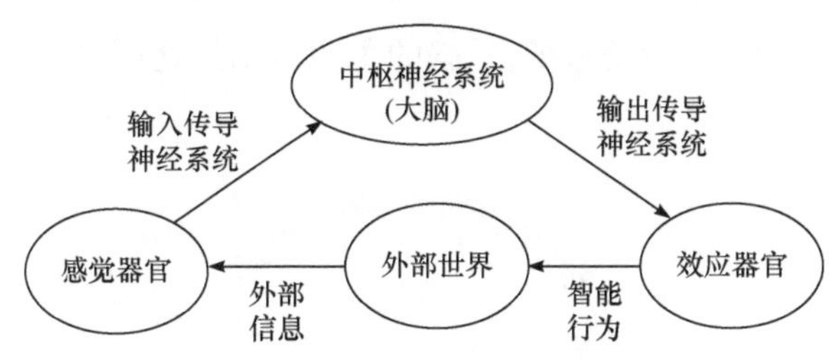

图 3.1.1　脑与智能系统的示意功能结构

图 3.1.1 表明，在整个智能系统中，感觉器官、输入和输出传导神经系统、大脑(中枢神经系统)和效应器官(行动器官)各司其职、各尽其能、协调合作，形成一个相辅相成的有机且完美的整体。与外部世界相互作用，使人的主观认识逐步接近客观规律，从而完成认识世界和优化世界，并在此过程中优化主观世界的任务。在这个复杂而完整的智能系统中，缺少任何一个环节都会使智能系统的整体功能受到破坏，使认识世界和优化世界的同时优化主观世界的任务归于失败。

另外，智能系统中各种组织器官的作用又非绝对均等同一，而是错落有致、井然有序，即大脑处于核心地位；其他组织器官围绕大脑核心功能展开工作。首先，感觉器官从外部世界获取信息；其次，输入传导神经系统把信息传递到大脑；再次，大脑在对输入的信息进行必要的预处理之后，主要的任务是把信息转换成为知识，并把知识转换成为智能策略(我们有时会把这部分功能称为核心智能、狭义智能)；然后，输出传导神经系统把智能策略传递到效应器官；最后，效应器官把智能策略转换成为智能行为反作用于外部世界。

因此，如果把关注的重点放在核心智能(人工智能的研究任务虽然是模拟整个智力系统，但它的外周系统，如感觉器官系统和行动器官系统已在先期由其他学科研究了，那么就可以把考察的重点聚焦到大脑(中枢神经系统)本身。

不过，读者需要谨记，如果没有感知系统输入外部世界的信息，大脑再完善也不可能产生智能；如果没有效应器官把智能策略转变为智能行为反作用于外部世界，再完善的大脑对外部世界的作用也等于零。这就是整体与部分的关系。

3.1.2　脑的组织学

如图 3.1.2 所示，中枢神经系统自下而上包括脊髓、延髓、小脑、脑桥、中脑、大脑皮层等部分。其中，脊髓的主要作用是中转大脑与躯体之间的神经信息和控制简单的反射；延髓的主要功能是调节心跳与呼吸；小脑的主要功能是协调运动平衡；脑桥的主要作用是沟通大脑皮质与小脑间的信息；中脑的主要作用是网状激活系统并传导和转换其间的信息；大脑皮层承担的主要功能是自主运动感觉、学习、记忆、思维、情绪和意识[10]。正是这些功能的联合作用，完成把信息转换为知识和把知识转换为智能策略的任务。此外，颅骨的主要作用是保护大脑皮层，垂体所起的主要作用是内分泌系统，丘脑的主要作用是处理感觉器官输出的信息，并中转到皮层。

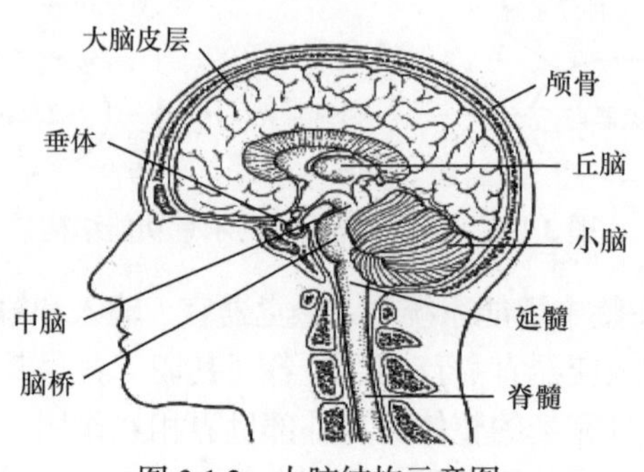

图 3.1.2 大脑结构示意图

由于这里的主要关注点是大脑皮层担负的把信息转换为知识(称为知识生成)，并把知识转换为智能策略(称为策略制定)的核心智能，因此后面着重考察大脑皮层的结构与功能。

脑科学研究指出[11]，大脑皮层有古皮层、旧皮层、新皮层之分，这是依据大脑皮层进化过程的早晚所做的划分。最古老的低等动物(如腔肠类动物)就已经拥有古皮层，主要任务是嗅觉信息的处理和记忆，是支持低等动物生存发展的最早脑组织。旧皮层是低等动物进化到比较高等的动物(如爬行类动物)的时期逐渐发展起来的，负责更多的信息处理与存储功能，因此支持这些物种获得更多的生存与发展机会。新皮层是高等动物(如哺乳类动物、灵长类动物，特别是人类)才拥有的高级皮层组织，在物种进化过程的后期才发育起来。新皮层发展起来以后，也担负了一部分旧皮层的功能，因此旧皮层和古皮层就逐渐退化。新皮层主要担负执行高级智力功能的任务，是考察的重点。为了叙述的简便，后面把新大脑皮层简称为大脑皮层或皮层。

大脑由左右两个半球构成，大脑半球表面覆盖一层灰质，即大脑皮质(因此这一层叫大脑皮层)，覆盖着间脑、中脑、小脑。左右半球之间有大脑纵向裂隙，后者底部是连接两半球的横行纤维束，称为胼胝体。大脑皮质的表面凹凸不平，布满深浅不同的沟。沟与沟之间的隆起部分称为回。这种凹凸不平的沟回结构有利于最大限度地扩展大脑皮层的总面积。正是这个总面积决定着人类智力功能的水平。

在这些众多的脑沟之中，有三条沟最为重要，即中央沟、外侧沟、顶枕沟。图 3.1.3 虽然没有直接标出这些脑沟的名称，但是却用不同颜色之间的边界标示了它们的位置。

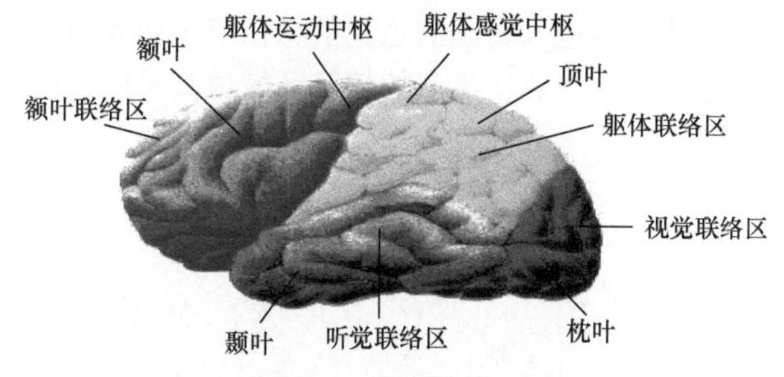

图 3.1.3　脑沟与脑叶

如图 3.1.3 所示，两个大脑半球都以中央沟、外侧沟、顶枕沟为界，划分出 6 个不同的区域，称为脑叶。这些脑叶在结构与功能上的特点如下。

(1)额叶，位于外侧沟之上和中央沟之前，主要功能是负责规划与运动。

(2)顶叶，位于中央沟与顶枕沟之间，主要功能是负责躯体的感觉。

(3)枕叶，位于顶枕沟之后，主要功能是视觉。

(4)颞叶，位于外侧沟以下，主要功能包括听觉、学习、记忆、情感。

(5)岛叶，位于外侧沟的深处，不能直接看到，功能还不太清楚。

(6)边缘叶，位于半球内侧面，包括额叶、颞叶、顶叶的下缘部分皮质区域，主要功能与情绪相关。

可见，人类的高级认知功能，包括信息输入的感觉功能(含视觉功能、听觉功能、躯体感觉功能)、记忆功能、信息处理功能、信息整合功能、学习功能、行为规划功能、输出运动功能，以及情绪调节功能，主要由大脑皮层承担。

进一步的研究发现，上述大脑皮层的功能还有更加细致的分区定位。不过，由于大脑功能分区的研究非常复杂，现在还没有获得最终的结果。目前比较公认的是 Brodmann 的大脑皮层功能分区，如图 3.1.4 所示[9,10]。

Brodmann 的研究把大脑分为 52 个功能区，3-1-2 区是初级躯体感觉运动区(Sm-1)；4 区是初级躯体运动感觉区；6 区部分是初级躯体运动感觉区，部分是前运动区；5、7 区接受来自皮肤、肌肉、关节的各种感觉，进行高级整合，产生运动方向和肢体空间位置等感觉；17 区是初级视觉皮层(V-1)；18 区是视觉联络区(V-2)；19 区是视觉联络区(V-3)，感知和整合视觉信息；41 区是初级听觉皮层(A-1)；42 区是听觉联络皮层(A-2)；22 区是高级听觉联络皮层(A-3)；39-40 区是 Wernicke 感觉语言区；43 区是味觉的高级皮层；44 区是 Broca 运动语言区。

需要说明的是，大脑皮层的这些功能定位并不是绝对的、机械的，而是高度灵活的。至少，现在已经发现以下几个重要的特点。

第一个特点是交叉性。每个半球都处理对侧(而不是同侧)躯体的感觉与运动。从身体左侧进入脊髓的感觉信息在传送到大脑皮质之前在脊髓和脑干区交叉到神经系统的右侧；从身体右侧进入脊髓的感觉信息在传送到大脑皮质之前在脊髓和脑干区则交叉到神经系统的左侧；半球的控制区域也交叉控制对侧身体的运动。

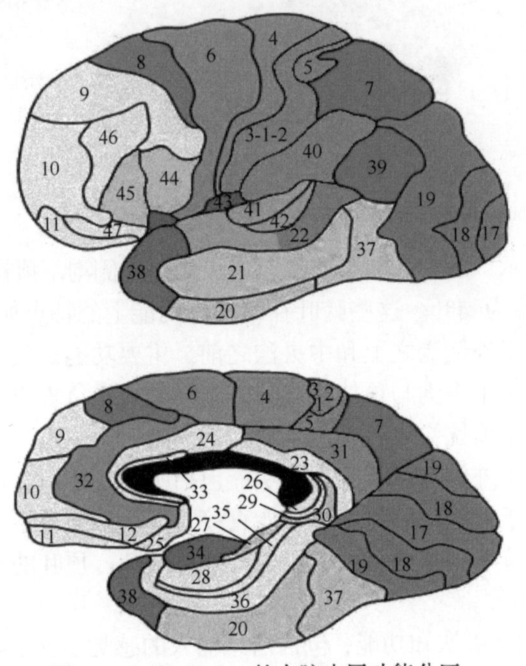

图 3.1.4　Brodmann 的大脑皮层功能分区

第二个特点是非对称性。两个半球虽然在结构上十分相似，但并非完全对称，两个半球的功能也不完全相同。例如，语言的认知和表达功能主要定位在大脑的左半球，语言的情感因素却与大脑的右半球有关。

第三个特点是分布性和补偿性。许多功能特别是高级思维功能通常都可以分解为若干子功能，这些子功能之间不仅存在串序关系，也存在并序关系。因此，对于某个特定功能的神经加工往往是在大脑的许多部位分布式进行的。某一部位的损伤不一定会导致整个功能的完全丧失，或者即使暂时丧失了，也可能逐步得到恢复，就是因为其他组织也可以承担受损伤的那个组织的任务。事实上，大脑各部位的功能并不是完全互相独立的，只是某个功能以某个部位为主。

3.1.3　脑组织的细胞学

大脑皮质由数量巨大而大小不等的神经细胞(称为神经元)、神经胶质细胞，以及神经纤维构成。其中，神经细胞是皮质功能的基本单元；胶质细胞的主要作用是支持、维护、隔离和清扫(近来的研究发现了神经胶质细胞的一些新功能，但是目前还没有得到完全的澄清)；神经纤维的主要作用是实现各种神经连接。因此，这里主要关注神经(皮层)细胞。

皮层细胞的数量虽然十分巨大，但是它们却只有以下几种类型(图 3.1.5)。

(1)锥体细胞，最重要的传出神经元。

(2)颗粒细胞，包括星形细胞和篮状细胞等，大部分属于中间神经元。

(3)梭形细胞，多聚于皮层的深层，轴突可成为投射和联络纤维。

(4)水平细胞，仅见于皮层的浅层，是皮层内的联络神经元。

(5)上行轴突细胞，多居皮层深层，但是轴突长且垂直上行，是皮层内的联络神经元。

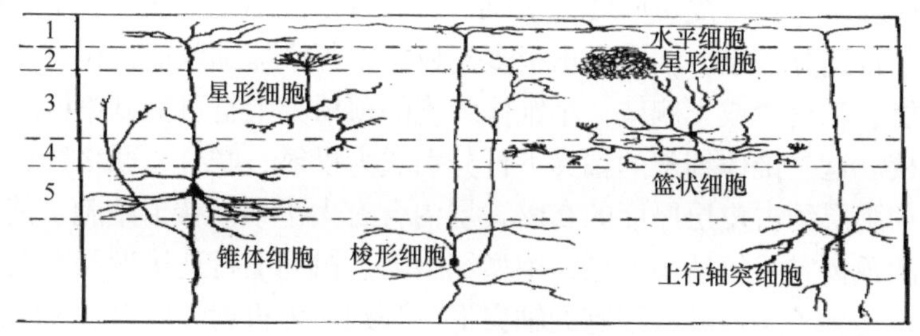

图 3.1.5　皮层细胞的分类

大脑皮层拥有巨量的神经元和神经纤维，但是皮层各处的厚度却只有大约 2mm。皮层内的神经元和神经纤维一般都呈层状排列，按照神经细胞和神经纤维沿皮层纵深分布的种类、密度和排列规律，大部分皮层区可分为自上而下的六层(图 3.1.6)。

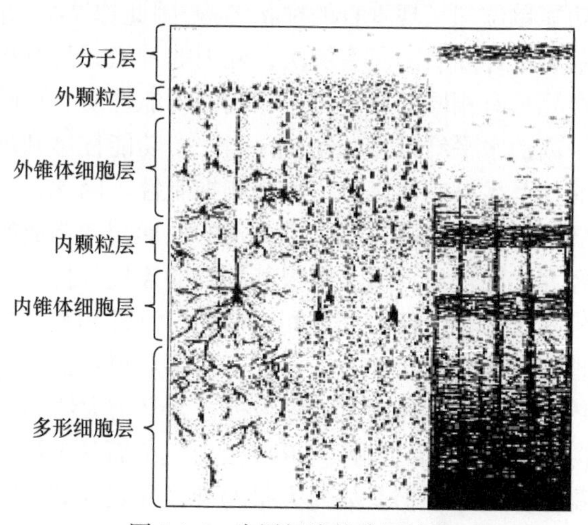

图 3.1.6　皮层细胞的分层结构

分子层约占皮层厚度的 10%，内含水平细胞和较小的颗粒细胞。其中，到达此层的锥体细胞的顶树突、梭形细胞的顶树突、上行轴突细胞的轴突分支和传入纤维的末梢组成此层的切线纤维，因此又称切线纤维层。

外颗粒层约占皮层厚度的 9%，主要是小颗粒细胞和小锥体细胞。此层纤维少，因此称为无纤维层。

外锥体细胞层约占皮层厚度的 30%，含大量锥体细胞，其轴突下行构成大脑半球的联合和联络纤维。

内颗粒层约占皮层厚度的 10%，含密集的颗粒细胞，其中的大颗粒细胞的轴突可达深部或成为联络纤维。

内锥体细胞层约占皮层厚度的 20%，由大量锥体细胞构成，其中大锥体细胞的顶树突上行达分子层，轴突发出很多侧枝。中等锥体细胞的顶树突上行达第四层或分子层，轴突少或无侧枝。小锥体细胞的顶树突上行可能到第四层，轴突一般没有侧枝。这些锥体细胞的轴突下行分别成为投射、联合、联络纤维。

多形细胞层约占皮层厚度的 20%，层内含有大小不同梭形细胞。其中，小型梭形细胞的顶树突上行达第五层，中型细胞的顶树突上行达第四层，大型细胞的顶树突上行达分子层；各型细胞的轴突下行分别成为投射、联合、联络纤维。

新大脑皮层的 6 层结构是由古皮层的 3 层结构衍生而来的，其中第 2、3 层进化较晚较新，分化程度最高，属于联络性层次，主要发出和接收皮层间的联络纤维，古皮层没有这些层次。第 4 层接受特异性的传入纤维，属于传入性层次。第 5、6 层为传出层次，发出下行纤维与皮层下联系。

特别指出的是，虽然大脑皮层的神经细胞和神经纤维形成明显的层状结构，但是大脑皮层的功能单位却呈现垂直的柱状结构，因此称这些功能单位为功能柱。一个功能柱通常垂直贯穿皮层的所有层次，柱内的神经元具有相似的反应性质，即同一柱中的神经元具有相同的感受野，相同的功能性质、相同的运动反应。不同的柱之间由短距离的水平纤维相互连接。当一个功能柱达到足够强的兴奋时，就会对邻近的功能柱产生抑制性影响，称为侧抑制性。因此，可以认为，柱形结构是大脑皮层的功能单位，大脑皮层是由大量的柱形结构构成的。

大脑皮质神经元之间形成纵横交错极其复杂的连接，构成大规模的神经元网络(简称神经网络)。正是由于神经元之间连接的广泛性和复杂性，大脑皮质具有高度的表达、处理、分析与综合能力，构成丰富多彩思维活动的物质基础。

人的大脑大约包含 10^{12} 个神经元，每个神经元又与大约 10^3～10^4 个其他神经元相连接(这些连接的机制称为突触)，形成极为复杂而又灵活多样的神经网络。虽然每个神经元都十分简单，但是如此大量的神经元之间如此复杂的连接却足以表达变化多端的运动方式。同时，神经元与外部感受器之间多种多样的连接方式也蕴含了变化莫测的反应方式。总之，神经元之间联结方式的高度多样化，导致表达能力的高度多样化，这是连接主义理论的基础。

按照各自功能的不同，神经元分为感觉神经元（也称输入神经元，用来传导感觉冲动）、运动神经元（也称输出神经元，用来传导运动冲动），以及中间神经元（也称联合神经元，在神经元之间担负联络功能）。

每个神经元在结构上由胞体（细胞的中央主体）、树突（分布在细胞体的外周）和轴突（细胞体深处发出的主轴）构成。神经元结构示意图如图 3.1.7 所示。

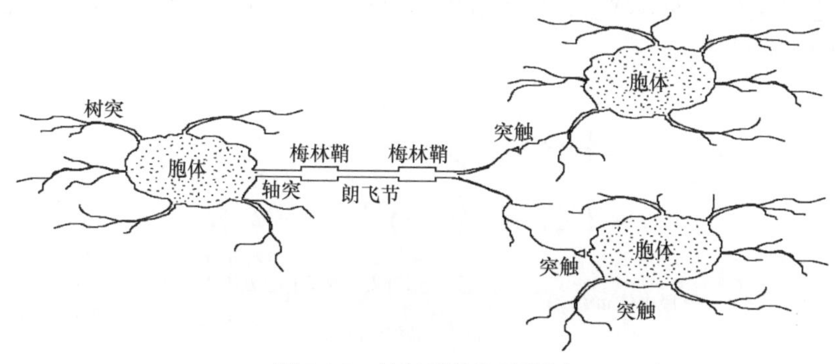

图 3.1.7　神经元结构示意图

细胞体一般位于神经细胞的中央，是神经元的营养中心和代谢中心。它本身又由细胞核、细胞质、细胞膜组成。细胞核内含有核糖核酸和有关蛋白质组成的遗传物质。细胞质由内质网和高尔基体构成。其中，内质网是合成膜和蛋白质的基础，高尔基体的主要作用是加工合成物、分泌糖类物质。作为神经元的胞衣，细胞膜以液态脂质双分子层为基底，并镶嵌着具有各种生理功能的蛋白质分子。

细胞体的外周通常生长有许多树状突起，称为树突。它们是神经元的主要信息接收器。

细胞体还延伸出一条主要的细长管状的纤维组织，称为轴突。在轴突外面，可能包裹有一层厚的绝缘组织，称为髓鞘，也称梅林鞘。它可以保护轴突免受其他神经元信息的干扰。具有髓鞘的轴突称为有鞘轴突。通常，髓鞘被分为许多更短的段，各段之间的部分称为朗飞节。没有髓鞘的那些轴突就称为无鞘轴突。

轴突的主要作用是在神经元之间传导信息。传导由轴突的细胞体作为起点传向它的末端。通常，轴突的末端会分出许多末梢。这些末梢与其后的神经元树突（或者细胞体，或者轴突）构成一个个特别的联络机构，称为突触。正是通过大量这样的特殊连接，构成复杂的神经元网络，称为生物神经网络。

突触的结构很复杂，每个突触的前一个神经元轴突末梢称为突触前膜，后一个神经元的树突（或细胞体或轴突）称为突触后膜。它们之间的窄缝空间称为突触间隙。依据突触前膜和后膜之间通信媒质性质的不同，突触分为化学突触和电突触两种类型。前者以化学物质（称为神经递质）作为通信的媒质，后者以电信号作为通信的媒质。哺乳动物神经系统多为化学突触，因此通常所说的突触多指化学突触。作为通信媒质的神经递质种类很多，这里不做详细考察。

在静息状态下，神经细胞膜的电位具有“内负外正”的分布，即细胞膜外的电位比膜内的电位大约高出 70mV。如果由于某种过程使这个电位差大大缩小(例如变为 40 mV)，神经细胞就会处于兴奋状态并输出电信号(称为动作电位)，这个过程称为去极化。如果由于某个过程，这个电位差变得更大(例如变为 100 mV)，神经细胞就会处于抑制状态，这个过程称为超极化。神经细胞发放动作电位的机理如图 3.1.8 所示。

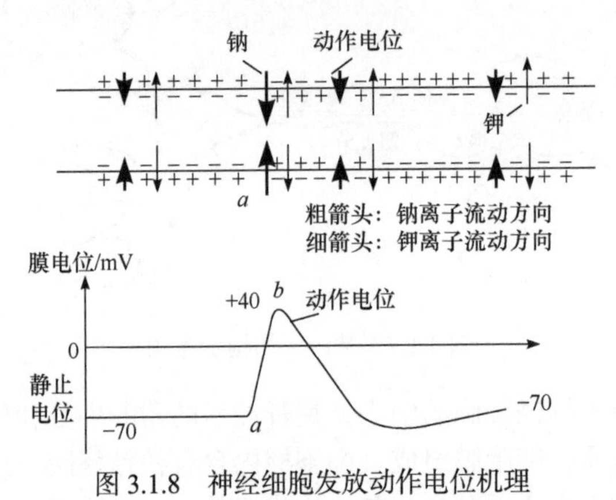

图 3.1.8　神经细胞发放动作电位机理

神经细胞产生的动作电位(神经信息)是怎样传递给其他神经细胞的呢？神经细胞产生的电位信号可以沿着轴突进行无衰减的传输，但是传到突触间隙之后，电位信号就不能继续传递了。这时，受到这个电位信号的作用，存储在突触前膜众多小泡内的化学递质就会释放到间隙中并扩散到后膜。后膜的受体与递质结合使后膜电位变化，产生各种突触后效应。其中，一种效应是使后神经元兴奋，称为兴奋性突触后电位；另一种效应是使后神经元抑制，称为抑制性突触后电位。通过这样的生物电化学过程，可以完成信息的传递。

大脑皮层的每个神经元都与为数众多的其他神经元形成各种突触连接，有兴奋性的也有抑制性的，有强的也有弱的，有远的也有近的，有略早的也有略迟的。每个神经元每时每刻都要对所有这些突触后电位在时间上和空间上进行综合，然后决定是否输出动作电位。这个过程称为神经元突触的整合过程。每个神经元都在进行突触的整合，而大脑皮层中数以千亿计的神经元都在时时刻刻地进行着突触整合。大脑皮层就是以这种方式处理变化无穷的信息，产生丰富多彩的决策。

到这里，我们从研究智能理论，特别是人工智能理论的需要出发，对脑神经科学的研究成果作了一个简略的回顾，主要包括智能系统与大脑的关系、大脑的组织理论，以及大脑皮层的细胞理论。正是这样复杂的大脑结构，支持了人类大脑千姿百态变化无穷的智慧能力。这些研究成果显然成为人工神经网络的原型基础。

应当指出，随着科学技术的进步，人类观察和分析大脑物质结构的技术手段越来越先进，对脑组织的观察越来越细致。分子生物学的建立，更对脑组织活动的分子离子过程得到前所未有的认识。新近问世的功能核磁共振设备不但可以观察大脑的静态组织结构，而且可以观察大脑工作的动态过程。所有这些都为脑神经科学带来新的研究成果。从目前人工智能研究的需要来考虑，我们的考察暂且到此为止。

3.1.4 脑神经科学研究的简评：范式需要转变

需要说明，脑科学研究的进展和成果当然远不止以上所述。总体来说，脑科学的研究进展和成果已经使人们对人脑的结构和功能有了越来越深入和越来越清晰的了解。我们相信，随着研究的不断深入，脑科学的研究还会有更大的进展空间，脑科学对于人工智能的研究将提供越来越深刻的启发。

从理解脑的思维机制或智力生长的机制来说，人们对脑科学的进展确实抱有更大的期待。我们认为，脑组织结构的研究肯定是脑科学的基础目标。不过，脑科学的研究目标最终是要阐明脑的思维和认知机制，脑的组织结构则是为脑的智力生成机制服务的。因此，我们希望，脑科学的研究不局限于脑组织结构的研究，而应当把研究的重心逐渐转移到脑的智力生成机制的方向上。

为了完成脑科学研究重心的这种转变，关键在于脑科学研究的基本观念和方法的转变，也就是科学观和方法论(范式)的转变。这就是要注意到，不应当把脑科学的研究当作纯粹的“生物物质科学”的研究，而应当是以“脑的智力生成机制”为纲领的生物信息科学的研究。事实上，关于“脑的智力生成机制”的研究，在本质上更多地属于脑的信息科学研究的范畴。

因此，脑科学的研究面临着转型的任务，即从纯粹的物质科学研究转变为基于脑物质的信息科学研究。其中的核心课题是，脑物质支持的智力生成机制。可以认为，脑物质结构的研究是脑科学研究的基础手段，而脑认知机制(智力生成机制)的研究才是脑科学研究的根本目的。这表明，脑科学的研究需要经历一个研究范式的重大转变。

3.2 认知科学研究简介

一般认为，脑神经系统的组织结构是人类智力功能的物质基础。但是，有了这样的物质基础不等于就必然能够产生智力能力。这里还需要有恰当的工作机制来组织调度，从而发挥这个物质系统的作用。因此，人们就要进一步追问：这样的物质系统究竟是通过怎样的机制形成智力功能的？认知科学研究的任务就是回答这样的问题。

与脑神经科学研究的情况颇为不同，由于大脑物质结构的客观存在，人们对于脑神经科学的界定相对而言比较明确。正是由于认知科学研究的是看不见的智力生成机制，因此它的研究，甚至要比脑神经科学更加困难。

不仅如此，学术界对于认知科学本身的认识至今仍然呈现着仁者见仁、智者见智的状态。其中，最狭义的观点是把认知科学定义为认知心理学，广义的观点则是把它理解为心理学、认知神经科学、神经生理学、信息学、人工智能、计算机科学、语言学、人类学、社会学、哲学的交叉与综合学科[12]。

这样一种多样化的认识状态给我们的考察带来很大的困难，即究竟应当按照什么观念来介绍和总结认知科学的成果(狭义的、广义的，还是介于两者之间的)。

显然，任何一种实际的决策都不可能生成万全之策。决策本身就意味着选择和舍去。按照本书确立的宗旨，这里只能根据人工智能研究的需要，选取认知科学最为基本和最为核心，而且与人工智能研究最为相关的那些部分来加以综述[7-13]。

20 世纪 70 年代以来，无论是哪一种认知科学的理解，它们之间主要的共同之处都在于，把人类的认知系统看作一种物理符号系统，把人类的认知过程看作信息处理的过程。因此，各种认知科学的共同关注点都集中在：这样的物理符号系统是如何进行认知的信息处理的？其中，核心问题包括两个基本方面，一方面是认知过程的表达方法;另一方面是基于这种表达方法的认知计算(或处理)模型。

从这种认识出发，本节着重关注处理信息的物理符号系统中有关感知、注意、记忆、思维、语言、情绪等基本环节的概念理解和计算模型。这些都是与人工智能的研究紧密相关的内容。

3.2.1 感知

按照认知科学的理论，一切认知过程都发端于感知，它是认知过程的第一环节。所谓感知，就是通过感觉器官获知事物(外部世界的客体和认识主体的内部工作机构)的状态及其相互关系。这是整个认知过程的起始步骤。没有感知就不会有认知的后续过程。

进一步分析认为，感知阶段又可以细分为感觉、知觉、表象三个相互联系和逐层递进的基本过程。

1. 感觉

一般来说，外部世界的任何事物都具有一定的物理、化学性质和能力，例如发光或反射光线的能力、发声或者反射声能的能力、产生某种气味的能力等。这些物理、化学性质对主体产生的作用称为刺激。主体感觉器官的感受神经元(感受器)群体具有对一定物理、化学性质敏感从而产生反应的能力。这种反应称为响应。因此，只要有某种事物出现，它的刺激量达到一定的程度，对它敏感的感受神经元群体就会产生反应(响应)，使相应的感受器产生兴奋，形成神经冲动(动作电位)，并沿着由轴突等神经纤维组成的特定神经通道，传入中枢系统的相应部位，形成感觉。

需要注意，感觉通常是指事物的个别特性在人脑中引起的反应，尚未进行综合分析和加工，因此是初步和简单的心理过程。换言之，感觉是零星的反应而不是系统的反应，是局部的反应而不是整体的反应，是表面的反应而不是深刻的反应。

2. 知觉

神经系统对于相关外部刺激做出的初级反应到达大脑皮层之后，经过综合分析和加工，完成神经冲动时空序列的分类，形成特定类型的模式。这类模式在中枢的反应称为知觉。

因此，知觉是反映事物整体形象和表面联系的心理过程。知觉是在感觉的基础上形成的，比感觉更复杂、更完整。人们所感觉的是局部零星的信息，是模式的元素；人们所知觉的则是相对完整的模式。

当然，模式有简单与复杂之分，知觉也有简单与复杂之别。但是，无论简单还是复杂，模式总是对应于某个完整的结构，知觉总是对应于某个完整的印象。因此，对于知觉而言，结构关系是它的表征性特性，也是它与感觉不同的固有特性。

目前，认知学界对于知觉的形成尚有不同的认识。例如，构造理论学派认为，人们的经验和期望对于知觉的生成具有重要的影响，在同样的刺激条件下，具有不同经验和期望的人生成的知觉可能不完全相同。但是，吉布森生态学理论却认为，经验对于知觉的生成不起作用，因为知觉是直接的，不需要推理或联想。对此，格式塔理论提出简单性知觉原则。它认为，如果一个构造(知觉模式)存在多个不同的表现形式，其中比较简单的形式会更容易被接受。当然，这些理论尚待进一步的检验。

3. 表象

表象指经过感知的事物在脑中再现的形象,是客观对象不在主体面前呈现时，在观念中保持的客观对象的形象的复现。表象是刺激在大脑皮层中建立的稳定模式表征，是相关神经元冲动形成的相对稳定的时间空间序列。

认知科学认为，表象是由感知到概念的过渡。表象具有如下特征。

(1) 直观性。表象是在知觉的基础上产生的，是直观的感性反应。

(2) 概括性。表象是多次知觉概括的结果，是知觉的概略再现。

(3) 综合性。表象可以是多种感觉(如视觉和听觉等)的综合映像。

(4) 思维性。形象思维就是凭借表象进行的思维操作。

表象又可以分为记忆表象和想象表象。记忆表象可以具有模糊性、不稳定性和片断性；记忆表象不受当前知觉的限制，可以经过复合融合达到比感知更丰富更深刻的水平。想象表象是对原有表象进行加工而形成的新表象、想象表象来源于具体的感知，也会受到语言的影响；想象表象有无意想象、有意想象、再造想象、创造想象之分。由于想象表象的研究比较复杂，目前还在不断深入。

3.2.2 注意

注意是认知心理活动在某一时刻所处的特殊状态，表现为对一定对象的指向(朝向什么对象)与集中(在一定方向上活动的强度)。注意在认知活动中扮演着重要的角色，因为如果没有注意的能力，感知就会变得盲目，变得漫无目标，就可能一事无成。

注意在感知过程中实现了三项重要的功能。

(1) 选择功能，即选择所关注的对象，而不再是漫不经心。

(2) 维持功能，即维持在所关注的对象上，从而可能有所深入。

(3) 调节功能，即当主观和客观情况发生变化时，适应这种变化。

那么，注意功能是怎样实现的呢？它的工作过程是怎样进行的呢？对此，认知科学尚未得出统一的解释。按照注意选择功能发生深度的不同，人们先后提出以下多种可能的工作模型来解释。

1. 过滤器模型

这种模型认为来自外界的信息是大量的，而高级中枢的加工能力是有限的。为了避免高级中枢系统的过载，需要用过滤器对输入信息加以调节，选择其中一些信息进入高级分析阶段，其余信息则被过滤。注意的过滤器模型如图 3.2.1 所示。

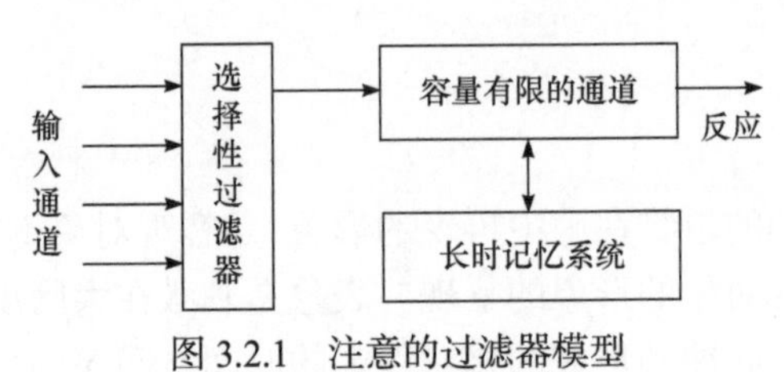

图 3.2.1　注意的过滤器模型

2. 衰减模型

认知科学研究人员设计过一种双耳分听实验，即给被试的两个耳朵同时呈现两种材料，让被试大声追随从一个耳朵听到的材料，并检查被试从另一个耳朵获得的信息。前者称为追随耳，后者称为非追随耳。结果发现，被试从非追随耳获得的信息很少。

研究者认为，追随耳的信息加工方式可以用过滤器模型解释，非追随耳的信息可能通过过滤器加工，只是在通过过滤器时会被衰减(图 3.2.2 中以虚线表示)，在意义分析过程中有可能被过滤。在衰减模型中引入阈值的概念，认为已经存储在大脑中的信息在高级分析水平上的兴奋阈值各不相同，因此影响过滤器的选择结果。

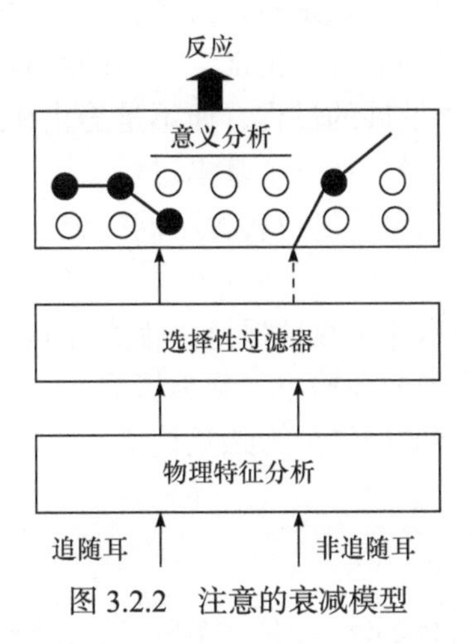

图 3.2.2　注意的衰减模型

3. 反应选择模型

也有认知科学研究者认为，注意并不在于选择知觉模式，而在于选择对刺激的反应。注意的反应选择模型如图 3.2.3 所示。感觉器官感受到的所有刺激都会进入高级分析过程，中枢则根据一定的法则进行加工，对重要的信息才做出反应，不重要的信息可能很快被新的内容冲掉。

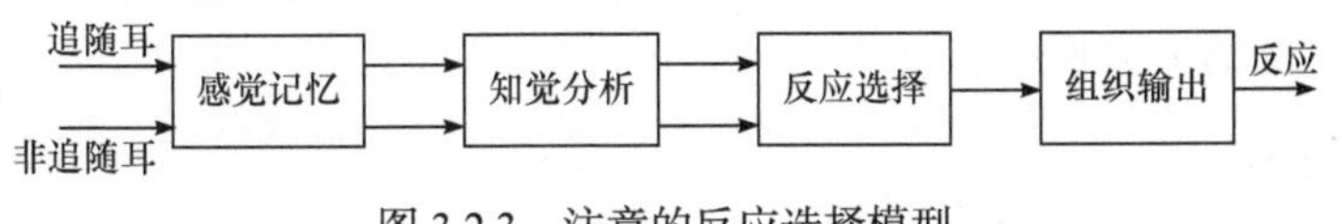

图 3.2.3　注意的反应选择模型

此外，人们还提出过更多的模型来解释注意的工作机制。可以看出，这些模型都表明，注意的基本功能就是一种选择，这是基本的共识。但是，这种选择功能究竟发生在认知的什么阶段，却有不同的认识。它们可能发生在感觉阶段，也可能发生在知觉阶段，还可能发生在更高级的中枢处理阶段。除了上面提到的这些模型，研究人员仍然在不断地提出一些关于注意机制的新模型。这些不同的模型表明，人们对于注意功能机制的认识还需要进一步深入研究。

总之，注意是认知过程的第一道“关口”，即什么刺激值得关注，什么刺激应当被抑制。这是一个非常基础的功能，目前认知科学对于它的研究还在不断深化的过程之中。

3.2.3 记忆

记忆是认知过程的重要环节，包括“记”和“忆”两个方面。前者是在头脑中积累和保存个体经验的心理过程，后者是从头脑中提取个体经验的心理过程。记是人脑对新获得行为的保持，忆是对过去经验中发生过的事物的回想。有了记忆，人们才能积累和增长经验。有了记忆，先后的经验才能互相联系起来，使心理活动成为一个不断增进和发展的过程，而不是静止和孤立的过程。

认知科学认为，记忆本身包括三个基本过程。

⑴把感官获得的外界信息转换成各种不同的记忆代码，进入记忆系统，称为编码。

⑵信息在记忆系统中有序可靠地保持，称为存储。

⑶信息从记忆系统中唤醒和输出，称为提取。

认知科学还认为，人类的记忆分为感觉记忆、短期记忆、长期记忆。记忆的模型如图 3.2.4 所示。

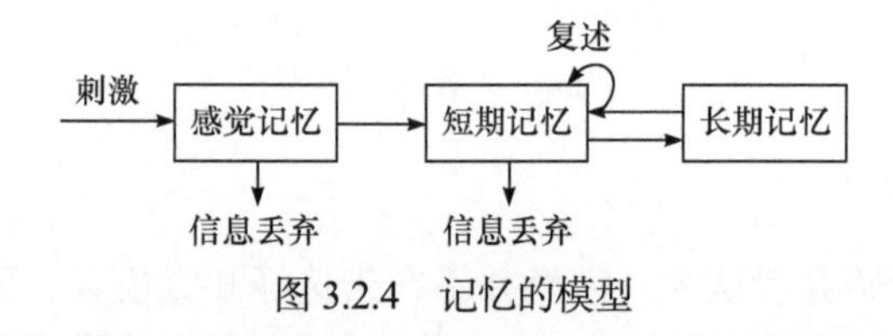

图 3.2.4　记忆的模型

模型表明，环境的各种刺激都可以进入感觉记忆，但是只有被注意的刺激才能进入短期记忆，其他未被注意的信息则被丢失；进入短期记忆的信息经过复述可以进入长期记忆，其他信息也被丢失；进入长期记忆的信息将永久保存，而且是按照信息的语义来保存。

1. 感觉记忆

感觉记忆又称为瞬时记忆，各种感觉信息在这里是以“视像”和“声像”的形式保持一段时间(几十到几百毫秒)。这种表象是最直接的原始记忆。感觉记忆的特征是，记忆非常短暂，可以处理与感受器同样多的物质刺激能量，以相当直接的方式对信息进行编码。

2. 短期记忆

被注意到的信息才可以进入短期记忆。短期记忆由若干个记忆槽组成，来自感觉记忆的信息单元分别进入不同的槽。短期记忆一般只保持 20～30s，如果加以复述，则可以继续保持，延缓丧失。如果复述的间隔太长(例如大于 30s)，就起不到延缓的作用。与感觉记忆中可以处理大量信息的情况相比，短期记忆的记忆能力相当有限。经验表明，短期记忆的容量为 5～9 个组块。

短期记忆扮演缓冲存储器的角色，它存储的信息是正在加工使用的信息，可以将许多来自感觉的信息加以整合。因此，短期记忆也被称为工作记忆。工作记忆模型如图 3.2.5 所示。

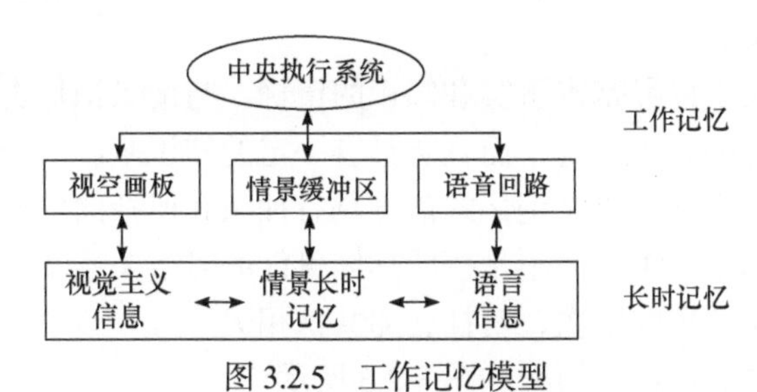

图 3.2.5　工作记忆模型

图 3.2.5 表明，工作记忆负责对感觉系统送来的视听信息进行加工，其中语音回路负责声像信息的加工；视觉空间画板负责视像信息的加工；情景缓冲区为语音回路、视觉空间画板和长时记忆之间提供暂时信息整合空间；中央执行系统负责各子系统之间，以及它们与长期记忆的联系，注意资源的协调和策略的选择与计划，将不同来源的信息整合成完整连贯的情景。

目前，人们对于短期记忆的信息提取机制的理解有多种，有的认为是通过系列扫描实现的，有的认为是在所要提取信息的位置上直接提取的，也有的认为是通过上述两种方式的混合方式实现的。但是，每种方式都有一些问题没有澄清，原因是对于工作记忆的编码过程还存在盲区。

3. 长期记忆

经过短期记忆(工作记忆)处理的信息才会进入长期记忆，后者有巨大的容量，是一个真正的信息存储库，可以长时间保存信息。在这里，信息(特指陈述性信息)是按照信息的语义(内容)来保存的。但是，关于长期记忆系统中的信息形式(感觉器官只能感受到客体的形式)是怎样转换为信息内容的，目前还没有见到认知科学的论述。

认知科学认为，长期记忆可以分为程序性记忆(或技能性记忆)和非程序性记忆(或陈述记忆)两种类型,后者又可分为情景记忆(事件性记忆)和语义记忆(事实性记忆或陈述记忆)。

程序性记忆是对已经习得的行为和技能的回忆。某种程序性记忆一旦被启动，这种习得行为或技能便会下意识地按程序展开和完成。典型的程序性记忆事例，如人们对骑车、打字、体育运动技巧的记忆等，一旦掌握骑车的技巧，当需要骑车的时候相关的技巧就会自动展开和完成。

情景记忆是个体对某些人物(可能包含自己，也可能不包含)在一定时间和地点所发生的具体事件(包括事件的过程)的记忆。它的特点是，要有清醒意识的参与(而不是像程序性记忆那样下意识地进行)，而且事件发生时间、地点、人物和过程都是非常具体化、个性化的。情景记忆属于认知过程的感觉和经验的层次，与个人的信念相关。

语义记忆是关于世界基本事实和知识的记忆。与情景记忆类似，语义记忆的特点也是要有清醒的意识参与，而且要具有一定的知识基础。与情景记忆中信息的具体性和个别性不同，语义记忆的信息具有抽象和概括的性质，并且是按照知识语义关系的方式来组织，而不是按照具体事件的时空关系和过程来组织。语义记忆属于认知过程的理解层次，与社会的共识相关。

作为例子，语义记忆的模型如图 3.2.6 所示。

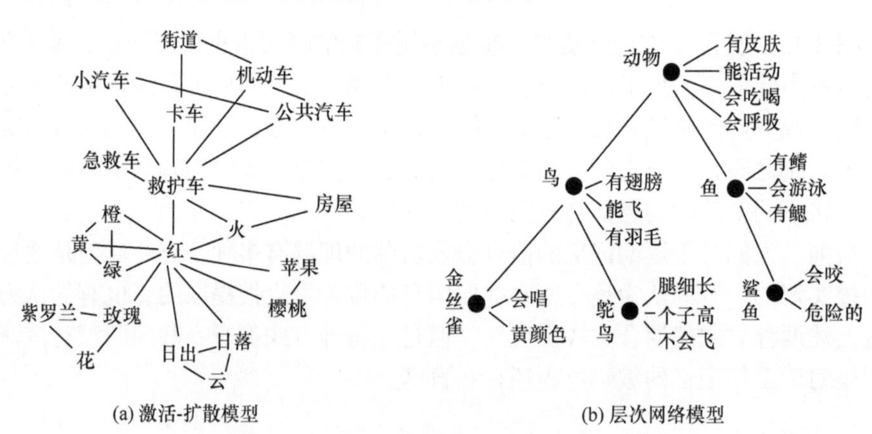

图 3.2.6　语义记忆的模型

可以看出，语义记忆系统是以事物的语义(内容)来组织信息和知识的，而不是按照事物的外部形态或其他特征来组织。在图 3.2.6(a)中，各个概念之间依照语义的关联程度，互相连接成网络结构，连线的长度越短，表示关联程度越紧密。在图 3.2.6(b)中，各个概念按照语义的抽象层次组织成网络结构，层次越高，对应的概念越抽象。语义记忆的这种知识组织方式，十分有利于实现按照事物的语义(内容)进行检索和提取。

总的来说，认知科学关于记忆的三个要素(编码、保存、提取)的研究都取得了一些进展，但是对于编码、提取的具体工作机制的揭示还不具体和深入，特别是对于语义记忆(包括语义编码、语义存储、语义提取)的工作机制还没有可用的成果。

3.2.4 思维

目前，人们对于思维这一概念还存在不同的理解。一种理解是，把思维仅仅看作“从现象中求得真知”的过程，以获得知识作为思维活动完成的标志。另一种理解是，把思维看作“获得知识和解决问题”的过程，以正确解决问题作为思维活动完成的标志。两种理解的不同只是概念内涵界定的不同，并不妨碍研究的实质。这里，暂时采取后一种理解。

按照这种理解，可以认为思维过程是认知活动的中心环节，是在面对特定实际问题、约束条件和预设目标的情况下，获得信息和知识，进而寻求能够满足约束、解决问题、达到目标策略的整体能力。

事实上，感知、注意、记忆等认知环节都是基础性和预备性的环节，是为思维过程服务的。感知和注意这两个环节的联合作用可以获得所需要的信息，记忆环节则对这些信息(和知识)进行初步的处理并加以保存，供思维环节使用。

根据目前的认识，思维有形象思维、抽象思维(也称逻辑思维)、灵感思维、创造性思维等不同的类型。不过，这里只简述形象思维和抽象思维两种思维形式的主要结果。至于灵感思维和创造性思维的情况，由于目前的研究还处在发展过程中，成果不系统，因此从略。

1. 形象思维

认知科学认为，形象思维是在感知、注意、记忆的基础上展开的最基本的思维形式。它的特点是，以事物的形象特征信息为思维材料，通过比较、分类、聚类、类比、归纳和抽象概括等各种处理方法，形成对事物的某种规律性判断与认识。模式识别就是形象思维的典型例子。

形象思维是形成概念的一种基本途径。它的具体过程是，通过对某类事物的大量样本进行观察、分析、归纳，提取该类事物的各种典型性特征，构成该类事物的特征集合。该集合称为这类事物的模板特征。为模板命名，就可以得到一个概念。这个模板特征就是这个概念的内涵，而具备这个模板特征的所有事物就是这个概念的外延。可见，形象思维包含由具体的形象到抽象的概念的升华，也就是由形式到内容的升华。这是非常重要的思维过程。

当然，形象思维并不是以形成概念为自己的终点。实际上，形象思维的结果提供了各种概念作为抽象思维的基础，同时形象思维又可以运用以形象信息为基础的类比、联想、想象，产生出创造性的思维成果。

在由大量样本形成模板的过程中，如何提取样本的特征是一项十分微妙，而且复杂的工作。任何样本都具有大量各色各样的特征，那么什么样的特征才是样本的典型性特征？需要多少特征才能构成模板的特征？在实际的形象思维过程中，这往往成为一种经验性的处置。

由于形象思维的关键步骤是归纳算法，通过归纳建立的概念是否具有普遍意义取决于观察的样本是否具有足够好的遍历性。一般而言，在许多实际观察的情形下，样本的遍历性很难得到严格的验证。因此，形象思维获得的认识很可能具有局限性，即当出现新观察样本的时候，得到的认识可能需要做出调整和改变，以便不断改善形象思维的质量。

当形象思维得到的某个概念和其他相关概念(包括同级的概念、上级的概念，以及下级的概念)相联系的时候，或者说，当形象思维不断向深度和广度展开的时候，当形象思维获得的结果成为大规模概念网络的时候，仍然有可能需要对原来获得的概念做出必要的调整。这是因为，在形成某个概念的时候，由于实际条件的限制，人们未必能够全面考虑与这个概念相联系的种种因素。

2. 抽象思维

抽象思维是以概念为原料的思维形式，因此也可以说抽象思维是概念思维。概念是形象思维的产物，因此可以说，抽象思维是形象思维的继续和深化。抽象思维的主要方法是运用规范的逻辑规则进行演绎推理，所以也常常称为逻辑思维。可以看出，抽象思维的特点是，从已有的认识推论出新的认识。显然，这是一种非常重要的思维形式。

既然抽象思维是以概念为基础的思维形式，而概念是具有明确内涵的，因此抽象思维是一种基于内容的思维，不可能是基于纯粹形式的思维。同时，抽象思维的方法是逻辑推理。无论是逻辑规则还是数学公式，本质上都是以内容为依据的关系规定或数量规定，因此抽象思维的逻辑推理也必然是基于内容的推理，不可能是基于纯粹形式的推理。

需要说明的是，前面提到形象思维的主要方法是归纳，而抽象思维的主要方法是演绎，这当然是一个相对的说法。事实上，在复杂的思维情形下，以归纳为主要方法的形象思维常常也需要演绎来支持；以演绎为主要方法的抽象思维也常常需要归纳来补充。因此，不能把形象思维仅仅看作抽象思维服务的初级思维形式，也不能把抽象思维简单地看作在形象思维基础上进一步展开的高级思维形式。实际上，这两种思维形式之间的关系是互相补充、相辅相成的。

3.2.5　语言

语言是人类建立的关于世界各种事物、信息、知识的有序表示系统。

如果一个表示系统得到一群人的公认，他们就可以用它表达对世界的认识，以及自己的思想，在此基础上互相交流认识和交流思想，进而成为他们的共同语言。借助语言，人们的个体活动就可以转变为集体的社会活动。

人类的自然语言主要指，口语和文字两种基本语言形式。无论是口语还是文字，都是人们不可见的内部思维的外在(可听见或可看见)表达形式。这就是为什么语言可以使人类个体活动转变为集体社会活动。

语言的基本问题主要包含两个方面。一方面是，如何用语言来表达世界和思想，这是语言的表达问题。另一方面是，如何理解语言所表达的内容，这是语言的理解问题。语言学就是研究语言表达和理解的基本规律的科学。认知语言学就是以认知科学的观点研究语言的表达和理解的共同规律的科学。在这里，认知是指人们感知世界和对世界万物形成概念的方式。

认知语言学把语言的运用(理解)看作一种认知活动。认知语言学的任务是研究与认知有关语言的产生、获得、使用、理解过程中的共同规律，以及语言的知识结构。因此，认知语言学的内容主要包括，关于语言概念形成的认知问题，即人是怎样运用符号对事物进行概念化表达的；关于语言使用和理解的认知过程，即人是怎样运用语言结构实现交际(理解)功能的。

认知语言学有三个基本特征，它们都与语义有关，即语义在语言分析中的首要地位、语义的普遍一致性、语义的经验性。

由此，认知语言学形成了如下基本观点。

(1)语言是对客观世界认知的结果，是对现实世界进行概念化后的符号表达。

(2)认知语言学以意义为中心,认为人类在对客观现实进行体验和规范化的基础上形成了范畴。每个范畴对应一个概念，同时形成语义，逐步形成概念结构和语义系统。

(3)用有规则的认知方式和有组织的词语来描述世界纷繁的事物,这些认知方式包括体验、原型、范畴化(概念化)、意向图式、识解、隐喻、概念整合等。

(4)追求对语言现象，以及语言与认知的关系做出统一的解释。

(5)认为语言不是独立系统，而是客观现实、生理基础、心智作用、社会文化等多种因素综合作用的结果，因此对语言的解释必须参照人的一般认知规律。

3.2.6　情绪

情绪，是人类个体在情景交互作用过程中的一种心理表现，对人的活动具有重要的影响。情绪具有明显的激动性、情景性、暂时性特征。与情绪密切相关的概念是情感，它是人们内心的体验和感受，是构成个性心理品质的稳定成分。与情绪不同，情感具有稳定性、深刻性、持久性的特点。情绪和情感两者的合称就是感情。但是，有时也把情绪和情感的合称叫作情感。

认知科学认为，情绪是影响认知功能的重要因素，认知与情绪之间经常存在相互作用，因此忽略情绪作用的认知理论是不完全的。

一方面，情绪会对认知能力产生影响。兴奋和欢乐的情绪会使人的认知能力得到正常的，甚至超常的发挥，而悲伤和忧郁的情绪则会压抑人们的认知能力。另一方面，认知水平也会对人的情绪状况产生影响。具有较高认知能力和水平的人能够在困难或危险的情境中保持沉着和冷静的情绪，而认知能力和水平较差的人则可能在这些情景中产生恐惧和绝望的情绪。

认知科学的研究发现，对当前情景的估计和过去经验的回忆在情绪的形成中有重要的影响。例如，当面对某种危险情景的时候，如果某人根据自己过去的经验，估计这种危险情景是可以控制的，那么他就可能产生镇定从容的沉着情绪；反之，如果根据过去的经验，估计这种危险情景难以对付，那么他就可能产生惊慌失措的恐惧情绪。

认知科学还认为，情绪的问题包含三个不同的层次，即生理层次上的生理唤醒、认知层次上的主观体验、表达层次上的外部行为。总的来说，情绪的产生不是单纯地取决于外界刺激和机体内部的生理变化，而是刺激因素、生理因素、认知因素三者综合作用的结果。

为了比较不同人的认知能力和情绪因素，对人们的认知能力和情绪素养进行培养和引导，学术界提出智商和情商的测试方法。不过，考虑认知与情绪的高度复杂性，以及现有智商与情商测试方法过于简单，这里暂不介绍。

此外，认知科学还有其他一些研究成果，尤其是在意识方面。最近 20 年来，又重新引起心理学，特别是认知心理学学术界对意识问题的关注。一些诺贝尔奖获得者相继加入研究，使意识问题的研究出现了新的热潮。不过，目前获得的成果还不是十分显著，因此不在此专门介绍。

3.3 脑神经科学与认知科学：联合评述

温故的目的是知新，溯源的目的是求真，青出于蓝而胜于蓝。如果人工智能的研究希望能够在某些方面实现胜于“蓝”，首先就应当尽可能地了解“蓝”。只有了解人工智能的主要理论基础——脑神经科学和认知科学——的研究状况，包括成功的经验和失败的教训，才能从中找到进一步发展的方向。

本章前两节概略地介绍了作为人类智力功能物质基础的脑神经科学和作为人

类智力功能机理的认知科学的相关研究现状。正是脑神经科学和认知科学的研究为人工智能理论的研究提供了重要的思想源泉。事实上，人工智能的两个重要分支(人工神经网络和物理符号系统)就是在脑神经科学和认知科学的借鉴和启发下发展起来的。通过对脑神经科学和认知科学研究状况的回顾，人们既看到了已有的研究进展，也看到了研究中存在的不足。

众所公认，人类大脑系统及其产生的智力功能是一类极其复杂的研究对象。一方面，它的复杂程度，甚至不亚于宇宙演化和生命起源。另一方面，人类对于智能基础理论(包括脑神经科学与认知科学)的科学研究历史还太短促(不超过两个世纪)，关于复杂系统研究的观念、理论、方法和手段也还在逐步完善之中。因此，在温习脑神经科学和认知科学研究状况的过程中，人们在学习的同时也会注意到，现存的理论还有许多不足。

正是这些不足与期待，成为脑科学和认知科学研究工作者继续努力的重要方向。同时，也正是这些不足与期待，启迪和促使人工智能理论研究工作者不断展开新的思考和探索，从而在理论上发现新观念和新方法，使人工智能的研究实现继往开来。

3.3.1　脑神经科学与认知科学：存在“理论断裂”

颇为有趣也发人深思的是，如果仔细回味本章前两节考察的内容，人们就不难发现：虽然脑神经科学的研究结果和认知科学的研究结果都能自圆其说，但是它们之间却存在巨大的基本理论断裂，使两者互相不能圆满搭界沟通。这就不能不引起我们的高度关注。

这里所说的理论断裂，主要表现在信息理论上。脑神经科学和认知科学之所以会在信息理论方面出现不搭界的断裂现象，主要有以下两方面的原因。

一方面，人类大脑是处理信息的复杂系统，认知更是涉及大脑信息处理机理和探索思维奥秘的复杂理论，因此脑神经科学和认知科学两者都必然与信息理论结下不解之缘，需要信息理论的支持。

另一方面，在脑神经科学和心理学(认知科学的前身)的早期研究阶段(大约可追溯到100多年以前)，学术界还没有清晰的信息理论可用。虽然后来出现Shannon信息论，但其本质是通信的数学理论[14]，只关注信息的形式因素(即语法信息)，没有涉及信息的内容和价值因素(即语义信息和语用信息)。在这种情况下，脑神经科学和认知科学领域的研究者就把 Shannon 信息论当作完整的信息理论来使用，无暇深入探究脑和认知过程中信息问题的深刻内涵(涉及语法信息、语义信息和语用信息)。这样就难免发生不搭界问题。

脑神经科学的研究表明，感觉器官通过它们各自神经元的树突接受外部世界各种事物的刺激，产生相应的神经冲动，发出生物电脉冲信号，再由轴突和突触机构传递到后续神经元和相关区域，成为感觉系统输出的信息。这些信息沿着神经纤维进入短时记忆系统，并在这里进行编码和相关处理。处理得到的有用结果则进入长期记忆系统保存。

脑神经科学研究的这个重要结果认为，无论何种性质的(视觉的、听觉的、嗅觉的、味觉的、触觉的)感觉神经元，它们都只能对外界刺激的某种或某些物理、化学性质的形式参量(例如，外界物体发出的光强度、光波长、发光的起始和持续时间、声音的振动频率、声音的强度、声音的起始和持续时间、化学物质的成分及其浓度、物体的外部形态、物体的质地、物体的重量，以及物体运动的速度及其变化情况等)产生相应的反应。但是，这些感觉神经元却不可能感受到这些物理、化学参量的内在含义(内容)，因为事物的形式参量是有形的，所以可以被感觉器官感知；事物的内容含义却是无形的、抽象的，无法被感觉器官感知。

脑神经科学提供的这类研究结果已经被人们普遍接受，因为这种感觉的能力和性质可以通过各种实验得到证实。不仅如此，人工制造的“感觉器官”——各种各样的传感器(如声音传感器、光传感器、化学传感器、压力传感器等)，它们也只能对外部刺激的某种或某些物理、化学性质的形式参量敏感，但是不可能对外部刺激的内在含义(抽象的内容)具有感知能力。

如果用信息科学的术语来说，脑神经科学的结论可以表述为，感觉神经系统(包括人造的传感系统)只能感受到各种刺激的语法信息(关于事物外部形态的信息)，而不能感受到各种刺激的语义信息(关于事物的内容信息)和语用信息(关于事物的价值信息)。目前，人们普遍接受脑神经科学的这个研究结论。

在信息科学术语中，由语法信息、语义信息、语用信息三种分量组成的有机整体称为全信息。因此，脑神经科学的这个研究结果也可以更简明地表述为，人类感觉系统只能感受事物的语法信息，而不能感受事物的全信息。人造感觉系统(各种用途的传感器)也是如此。

另外，认知科学的研究结果认为，在人类认知活动的整个过程中，反映各种事物内容因素的语义信息和价值因素的语用信息发挥着关键性的作用。这种作用是如此之关键，以至认为，正是语义信息与语法信息的共同作用，人类认知的任务才得以完成。换言之，认知科学的研究结果表明，人类是不可能仅停留在不知内容为何物的“形式”层面来实现认知的。实际上，认知科学关于语义信息作用的论述贯穿于认知研究的全过程。

首先，感知阶段的注意功能就深刻地表现了语义信息和语用信息的作用。

人们为什么具有注意的功能？认知科学的回答是，由于后续各个认知环节的存储能力与处理能力有限，因此要通过注意功能对感觉到的信息有所选择和有所舍弃。这个回答解释了注意功能的必要性问题。但是，更为要紧的是，应当阐明注意的工作机理，即回答注意系统究竟根据什么准则来决定选择或舍弃一个外部刺激的？显然，在一般情形下，人们会说，选择那些新颖而利害攸关的刺激；舍弃那些陈旧且无关的信息。那么，什么是新颖而利害攸关的刺激？这就关系到当事者的目的，只有那些新鲜且有利于(或者有害于)当事者追求的信息才会显得新颖而利害攸关，因此就会选择那些与其目的直接相关的新颖刺激，舍弃那些与其目的不相关(或相关程度较小)的刺激。换言之，人们肯定要关注那些对他们的目的而言具有重要语用信息的刺激，舍弃那些语用信息较小的刺激。可见，注意的主宰者是语用信息。如果进一步问，什么事物具有或不具有重要的语用信息呢？这就涉及系统主体的目的因素。对于确定的主体而言，一个事物是否具有或者具有什么样的语用信息，是与这个事物相对于系统主体目的的关系和性质来决定的。

现有的认知科学研究了注意功能的各种可能的实现模型(过滤器模型、衰减器模型等)，但是没有深入追究注意功能内在的工作机制。一旦分析注意的工作机制，就会发现，系统的目的和语用信息在注意环节发挥着多么关键的作用——如果没有系统的目的和语用信息，就不可能实现注意的功能。

其次，在记忆阶段，认知科学指出，在长期记忆系统中，信息是按照语义关系来组织的。也许，程序性记忆与信息的语义因素的关系还不太明显。但是，陈述性记忆(包括情景记忆和语义记忆)就直接依赖信息的语义因素了。特别是，语义记忆，不管是激活-扩散模型，还是层次网络模型或者其他语义网络模型，信息的存储方式都是依据语义因素来组织的。我们有理由认为，即使在短期记忆或工作记忆系统，语义信息也发挥着关键的作用，即从感觉系统输入的信息(特别是，听觉的信息和视觉的信息)一旦进入工作记忆系统，就要把输入信息的语法、语义、语用因素(即全信息)通过编码表达出来。否则，其后的长期记忆系统怎么能够按照语义来组织信息的存储结构呢？同时，有理由认为，长期记忆系统不但必须按照语义因素来组织信息的存储结构，而且必须按照语用的因素来组织信息的存储结构。因此，比较合理的判断是，长期记忆系统是按照全信息来组织信息的存储结构。可见，工作记忆系统的编码远比目前想象的情况要复杂；长期记忆系统的信息组织方式也比目前的认识要复杂。正是有了这样复杂的编码和长期记忆系统信息存储结构，才使信息提取(检索)变得合理和方便。

在思维阶段，形象思维虽然必须从事物的形象(语法信息)出发，但是要形成概念则无论如何也离不开事物的内涵(语义信息)和价值(语用信息)因素的支持。因此，形象思维的过程正是从语法信息出发，经过语用信息和语义信息的提炼到达概念的过程。抽象思维的逻辑演绎推理和决策，更是语法信息、语义信息、语用信息综合作用的结果，因为任何逻辑规则都不应当是纯粹的形式关系。至于语言的理解，没有语义信息和语用信息因素的语言就失去了语言的实际意义，就谈不上对语言的理解问题。同样可以证明，人的情绪和意识也与全信息密切相关。

人类认知的决策过程，更是语用信息最大化的过程。如果只有语法信息而没有语义信息和语用信息的参与，那么这种决策只能是某种形式化的推测过程，而不是在利用语义信息和语用信息实现理解的基础上做出合理的判断。

综上所述，一方面，脑神经科学的研究表明，作为认知系统的信息输入门户，感觉神经组织只能感知外部事物的语法信息，不能感知它们的语义信息和语用信息；另一方面，认知科学的研究表明，语义信息和语用信息在认知的整个过程(包括注意、记忆、思维、语言、决策等)都扮演着十分关键的角色。

因此，脑神经科学理论与认知科学理论之间，就显露了一个十分明显的理论断裂。一方面，脑神经科学断言，感觉器官提供给认知系统的只是事物的语法信息，而没有提供认知科学需要的语义信息和语用信息。另一方面，认知科学表明，整个认知过程都需要语义信息和语用信息的支持。供应者给出的只是语法信息，消费者需要的还有语义信息和语用信息。这是显然的理论疏漏。

这样，人们就要问，既然认知过程需要的外部事物的语义信息和语用信息不能通过感觉器官对外部事物的感知得到，那么语义信息和语用信息究竟是从何而来的呢？难道是从天上掉下来的？当然不是。是在认知过程内部产生出来的？看来只有这种出路。如果是这样，那么它们又是在认知过程的什么环节、按照怎样的工作机制和原理产生的呢？对于这个重要的问题，无论是脑神经科学，还是认知科学都没有给出任何解答，甚至一直就没有关注过。

然而，对于人工智能理论的研究来说，这是一个具有根本性意义的问题，而且是不能回避的问题，脑神经科学与认知科学之间出现的这个理论断裂应当得到科学合理的解决。

3.3.2 认知科学研究需要“全信息理论”

由脑神经科学理论与认知科学理论之间互不搭界的情况，至少可以引出以下两个非常重要的结论。

(1)虽然认知科学的文献从来都不曾言明，但是在以信息加工理论为重要理论支柱的认知科学研究工作中，它所研究的信息概念实际上是语法信息、语义信息和语用信息三位一体(即全信息)的概念，而目前信息科学技术学术界流行的是Shannon 信息概念。它的实质是，只考虑形式而不关注内容和价值因素的统计型语法信息，不能满足认知科学的要求。

(2)认知过程中关于事物的语义信息和语用信息不能从感觉系统输入，只能在认知过程内部通过一定的机制产生。认知科学的研究目前已经用到语义信息和语用信息的术语，但是还没有真正研究和揭示它们是在认知过程的哪个环节产生，以及如何在这个认知环节中产生的。

这两个结论之所以非常重要，一方面，它是认知科学(因此也是人工智能理论)必须面对而又还没有被阐明的重要理论问题。如果能够得到解决，将极大地有利于认知科学和人工智能理论研究工作的深化。另一方面，信息科学技术领域普遍认识的信息概念都是 Shannon 信息理论所阐述的统计型语法信息概念，是一种不完全的信息概念。阐明全信息概念将导致整个信息科学的基本观念和信息技术的基本面貌发生革命性的进步。

1. 全信息：认知科学真正需要的信息观

前面讨论了全信息在注意、记忆、思维、语言、情绪、意识、决策等各环节中的具体作用，这些都是不难接受的结论。下面从理论上阐明，为什么认知过程需要的信息是全信息理论，而不是传统观念中的 Shannon 信息理论。

众所周知，现有信息科学技术领域的信息概念是 Shannon 为了研究通信的数学理论而建立的[14]。在这里，信息的含义是消除随机不确定性的东西，因此信息的量就可以用“所消除的随机不确定性的数量来度量”。

若有随机变量 X，假设它有 N 种可能的状态 $\{x_1,\cdots,x_n,\cdots,x_N\}$，这些状态出现的概率分布为 $\{p_1,\cdots,p_n,\cdots,p_N\}$，则它的随机不确定性可以用 $H(X)$ 度量。$H(X)$ 称为 X 的概率熵，是概率分布的泛函，即

$$H(X) = -\sum_n p_n \log p_n \tag{3.3.1}$$

在理想观察(即观察的结果可以完全消除不确定性)条件下，式(3.3.1)也可以表示 X 所能提供的信息量。

可见，Shannon 理论中的信息概念是一个统计量，只有在满足概率统计条件的场合才能应用这种意义下的信息概念。如果考虑的问题不满足这些统计的条件，就不可能存在概率分布，无法利用式(1.3.1)来计算它的信息量。换句话说，在传统信息理论的场合，所有信息问题的解答都是一种统计分析的结果，而不是理性理解的结果。这样计算得到的结果只具有形式的因素，不涉及内容(语义信息)的因素，也不反映价值(语用信息)的因素。

显然，这样的信息理论不能满足认知科学的要求。事实上，早在 1956 年，Shannon 就曾郑重指出[15]，作为一个严格的统计数学分支，Shannon 信息论不宜应用于心理学和经济学的研究。遗憾的是，人们忽视了 Shannon 的忠告。

研究表明，作为认知活动的主体，正常的人类都具有三种基本认知能力，即感觉的能力、判断“合目的性”的能力，以及在此基础上的理解能力。这三种认知能力构成缺一不可的整体。因此，在与外部世界打交道(认知外部世界各种事物)的时候，人类认知活动的第一个步骤必然是利用自己的感觉能力感知外部事物的外部形态，获得语法信息。同时，利用先验知识和经验进行“合目的性”的判断，判断外部事物是否符合自己追求的目的，从而获得语用信息。进而，在此基础上，利用自己的抽象能力理解外部事物的内涵，获得语义信息。主体在获得事物的语

法信息之后，就可以了解事物的外部形态，获得事物的语用信息之后，就可以了解事物的效用价值，获得事物的语义信息之后，就可以了解事物的内在含义。因此，只有获得事物的语法信息、语用信息和语义信息，才算获得事物的全部信息（称为全信息）。只有获得事物的全信息之后，认识主体才能具备决策的能力，确定对待这个事物的态度，即支持、反对、忽略。这是人类认知活动的第一道关口——注意，也是在信息层面进行决策的基本方式。

从人类个体发育的角度来看，人的认知活动确实存在如下几种不同的方式。

(1)最原始的方式是幼儿阶段信赖权威（父母）的“人云亦云”式的盲从认知，父母怎么说，他就怎么接受。

(2)随后的方式是成长之中的少年时期众说纷纭的“多者为尊”式的从众认知，多数人怎么说，他就怎么接受。

(3)最高级的方式是成年以后独立思考的“理性理解”式的自主认知，什么符合道理，他就接受什么。

盲从认知、从众认知、自主认知，是人类个体认知能力发展的三个自然阶段。

显而易见，盲从认知最简单易行，因此是最轻松省事、最容易被接受的认知方式，但是孕育着“万一权威出错”的巨大风险；从众认知也是比较方便快捷，因此也是容易被接受的认知方式，它的风险在于，统计的样本不满足遍历条件，因此结论的可信度受到质疑，而且即使样本满足遍历条件，统计的结果也只是一种平均的行为，并不保证每一次实现的结果都正确；而且，统计方法本身只关心形式，而不关心内容。自主认知是最费劲、最不容易被接受的认知方式，但只有基于理解的自主认知才是最科学、最可信、最安全的认知方式。

统计，就是上面所说的“多者为尊”的从众认知方式。在当今的信息时代，统计需要的工具（计算机）极其强大，而且方便可用。互联网络上的统计样本异常丰富且容易获得，因此受到人们的广泛喜爱。从本质上说，统计不是建立在（利用语用信息）判明是否符合目的和（利用语义信息）理解内容基础上的认知，因此利用遍历统计样本去“探索新知”的认知情况下，统计方法将不保证能够正确地解决认知的问题。

当然，盲从认知、从众认知、自主认知都是人类认知的重要方式。从个体发育的过程来看，在幼儿发育阶段，盲从认知是必然的选择；否则，如果在幼儿阶段拒绝盲从认知方式，而其他认知方式的能力又没有建立起来，就会出现认知的空白。在初入社会的少年阶段，从众认知也是一种必然的选择，因为那时盲从认知已经不能满足他的认知要求，而自主认知的条件还不具备，因此如果拒绝从众认知方式，也会造成认知的缺位。随着发育逐渐走向成熟，随着盲从认知和从众认知阶段所积累的经验和知识的不断丰富，特别是随着认知主体的理解能力和追求目标能力的不断增强，自主认知就会逐渐成为主导的认知方式。盲从认知阶段获得的正确知识(虽然不一定理解)可以继承下来，成为从众认知的知识基础。其中，一些错误的知识则会在从众认知阶段得到纠正。同样，从众认知阶段获得的正确知识(虽然不一定完全理解)也会得到继承，成为其后自主认知阶段的知识基础，一些错误知识则会在自主认知阶段得到纠正。可见，盲从认知、从众认知、自主认知这三种方式不是互相矛盾的，而是承前启后和互相支持的。

从人类的群体发育过程来看，同样要经历蒙昧时期的盲从认知、成长时期的从众认知、成熟时期的自主认知这三个历史性发育阶段。只不过，蒙昧时期盲从认知所信赖(盲从)的权威不一定是家中的父母，也可能是一些先知先觉分子、某种英雄人物，甚至是神仙和皇帝。成长时期从众认知的“众”通常是一定地域内的人群，随着社会的发展，这种地域的范围可以不断扩大，“众”的成员也会越来越多；从众认知的基本方式是投票表决，但是这种投票方式也有可能被某些人物操纵。成熟时期自主认知的理解力既来自自身的经验也来自社会的教育，由于知识本身具有的客观性规律性，基于知识的自主认知应当是符合科学规律的。

无论如何，在探索未知的场合，基于理性理解的自主认知应当是解决问题的根本方法。自然智能的研究、人工智能的研究，以及其他学科的研究，都是典型的探索未知的活动。这里既不存在绝对的权威，也不存在遍历的样本。因此，基于人云亦云的盲从认知和基于多者为尊的从众认知都不足以解决问题，而基于理性理解的自主认知才是解决问题的基本方法。

鉴于此，认知科学应当特别重视理性的自主认知。这就需要高度重视作为语法信息、语义信息、语用信息三位一体的全信息的研究，而不能满足于统计语法信息的 Shannon 信息理论。

当然，有必要再次强调，这里所说要重视基于理性理解的自主认知，并不等于要排斥盲从认知与从众认知的成果，而应当是继承盲从认知和从众认知所积累的有益成果。自主认知是在盲从认知与从众认知的基础上发展起来的认知能力。这才是全面准确的理解。

如上所述，基于理解的自主认知就是充分利用全信息实现的认知。这是因为，如果获得事物的语法信息，就可以了解它的外部形态，从而实现形式分类。进一步，如果获得事物的语用信息，就可以了解它的效用价值，从而决定取舍，产生注意能力。最后，如果获得事物的语义信息，就可以了解它的内容含义，从而做出理解。这就意味着，全信息概念和方法在认知科学和人工智能理论研究中可以，也应当扮演关键性的角色。

总之，改造 Shannon 信息论的形式化信息观，建立新的以全信息为标志的全信息观，就是追溯脑神经科学和认知科学研究成果的源头，并通过对它们的研究成果进行系统“温故”而启迪出来的重要“知新”。

2. 人类大脑生成全信息的猜想

认知科学需要全信息，这已经是不争的结论。接下来的问题就变为，认知系统能不能自主生成全信息？

答案是完全肯定的。本书将在第 7 章阐明，通过感觉器官虽然只可以从外部事物直接获得它的语法信息，不能获得它的语义信息和语用信息，但是利用得到的语法信息，却可以在人类大脑内部生成相应的语用信息和语义信息，从而生成全信息。这就是后面将要阐述的第一类信息转换原理。

为了避免重复，关于第一类信息转换原理的详细情况，将在第 7 章具体阐释，这里不再叙述。

这样，有了第一类信息转换原理阐明的大脑内部生成语义信息和语用信息的机制，就可以支持认知科学关于注意、记忆、情感、理智、语言、决策等认知活动。换言之，脑神经科学关于感觉器官只能获得外部事物的语法信息的论断，认知科学关于认知过程需要语义和语用信息的论断，看起来互相不能搭界，但是通过第一类信息转换原理却可以使这两个论断顺利沟通了。

第一类信息转换原理不但可以消除脑神经科学理论与认知科学理论之间久已存在的不搭界问题，实现两者的无缝搭界，而且已经证实，认知科学需要的确实是全信息的科学观，认知科学也确实可以拥有全信息的科学观。这是一个重要的最新成果。

3. 全信息：信息科学技术应当接纳的信息观

虽然人类的感觉系统只能从外部事物获得它的语法信息，但是通过第一类信息转换原理，人类大脑内部可以利用已经得到的语法信息自主生成相应的全信息，使认知过程可以顺利完成。

这样能够利用语法信息生成全信息的第一类信息转换原理，一方面使脑神经科学和认知科学之间在信息理论上的“鸿沟”得以填平，使两者可以实现互相搭界；另一方面也由此宣示：全信息是脑神经科学和认知科学理论得以和谐沟通的正确信息观。

信息科学技术是以信息问题为研究对象、以信息生态过程的规律为研究内容、以信息生态方法论为研究指南、以扩展人类的全部信息功能(智能)为研究目标的科学技术[16,17]。那么，为什么迄今的信息科学技术接纳的却是 Shannon 理论的信息观呢？信息科学技术究竟要不要接纳全信息的科学观呢？

作为信息科学技术的研究内容，信息运动的全过程主要包含信息获取、信息传递、信息处理、知识生成、策略制定(知识生成就是从信息中提炼知识，把信息转换为知识；策略制定就是把知识转换为智能策略，这两者的整体就是人工智能的核心)，以及策略执行。信息科学技术体系模型如图 3.3.1 所示。

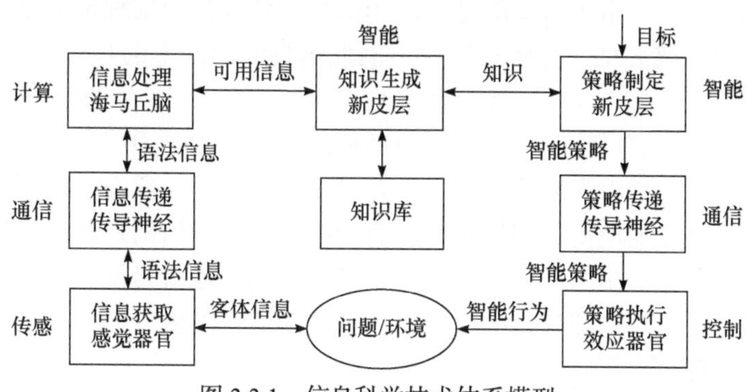

图 3.3.1　信息科学技术体系模型

图 3.3.1 表明,传感科学技术的主要任务是扩展人类感觉器官从外部世界获取语法信息的功能；通信科学技术的主要任务是扩展人类传导神经系统在人体内部传递语法信息的功能；计算科学技术的主要任务是扩展大脑的海马和丘脑存储、处理来自感觉器官的语法信息的功能；人工智能科学技术的主要任务是扩展人类大脑新皮层转换信息(首先把语法信息转换为全信息，把全信息转换为知识，进而把知识转换为智能策略)的功能；控制科学技术的主要任务是扩展人类执行器官执行智能策略，从而改变外部事物状态的功能。

可以看出，在信息科学技术的这些分支学科中，人工智能科学技术处在核心地位。其中，信息获取、信息传递、信息处理都是为了使人工智能系统可以生成智能策略(把全信息转换为知识，进而把知识转换为智能策略)；策略执行则是为了把人工智能系统生成的智能策略在现实世界中发生实际效用。既然全信息是由脑神经科学与认知科学启迪的新信息观，那么作为扩展人类智力功能的人工智能科学技术，以及整个信息科学技术，就应当在科学观念上与脑神经科学和认知科学保持一致。这就是说，信息科学技术也应当接受全信息的信息观。

目前，信息科学技术秉持的信息观却是 Shannon 信息理论的信息观，即统计型语法信息意义下的信息观——一种排除信息的语义和语用因素的信息观，一种不完全的信息观，一种不能满足现代科学和现代社会需要的信息观。

那么，为什么信息科学技术会接受并应用统计型语法信息意义下的信息观呢？道理很简单，因为在信息科学技术的所有分支学科中，最先引入信息概念和信息理论的是通信科学技术，它的雏形是 1928 年 Hartley 的信息传输理论，标准理论是 1948 年 Shannon 建立的信息论，即通信的数学理论。Shannon 十分明确地指出[14]，通信工程的任务就是把发送端发送的、经过信道噪声干扰的信息波形在接收端尽可能精确地恢复出来(即干扰背景下的波形复制)，至于这些波形的含义(语义信息)和价值(语用信息)因素，都与通信工程无关，因此可以略而不计，把它们留给信息的接收者(人类用户)去处理。因此，尽可能精确地复制通信的波形(即保留语法信息)、略去语义信息和语用信息，就成为通信理论的基本特色。由于通信系统中的波形是一种随机现象，因此这种波形携带的是一种随机型(统计型)语法信息。

应当指出，通信理论之所以可以忽略信息的语义和语用因素，这是因为通信系统传递的信息总是由人来使用的，人是最终的用户；只要发送端能把负载信息的信号波形足够准确地传输到接收端，有智能的人类通信用户就可以把通信系统丢弃的语义信息和语用信息从信号波形中还原出来。也就是说，通信理论事实上把人作为通信系统的一部分，把语义信息和语用信息的恢复任务交给人类用户，而不是通信系统。

正因为通信理论的统计型语法信息概念建立得比较早(1928～1948年)，这个概念在通信、信号检测、随机控制等场合的应用也确实有效，而真正需要考虑语义信息和语用信息因素的学科(如人工智能、认知科学等)又出现得比较晚(1956年以后)，所以Shannon信息论的信息观念自然就先入为主了。不仅如此，描述和处理语义信息和语用信息需要的数学工具——模糊集合理论[17]和模糊逻辑理论[18]也是在1965年后才陆续问世。因此，在此之前，人们自然就把已经先入为主的统计型语法信息当作真正全面的信息概念，而在各个领域广泛使用了。

Shannon 信息论的信息观念已经广泛渗透到整个信息科学技术领域，甚至被牵强附会地应用到心理学、经济学、社会学、文学、艺术学等众多学科。这些滥用虽然也导致一些负面的结果，但令人奇怪的是，人们不认为这是滥用信息观念的结果，反而认为这是自己没有理解信息的“神秘性质”的结果。

值得指出，Shannon本人曾对这种广泛的滥用提出过警告。他说[15]：近年来，信息论简直成了最时髦的学科。它本来只是通信工程师的一种技术工具，但现在无论在普通杂志，还是在科学刊物都占据了重要的地位。这一方面是因为它与计算机、控制论，以及自动化这样一些新兴学科关系密切，同时也因为它本身的题材新颖。结果，它已经是名过其实。许多不同学科的同事或者因为慕其名，或者希望寻求科学分析的新途径，都把信息论引入各自的领域。总之，现在信息论已经名声在外。这种声誉固然使我们本学科的人感到愉快和兴奋，但是也孕育着一种危险。诚然，在理解和探讨通信问题的本质方面，信息论是一种有力的工具，而且它的重要性还将与日俱增。但它却肯定不是通信工作者的万灵药。对于其他领域的人更是如此。要知道，一次就打开全部自然奥秘的事情是罕见的；否则，人们一旦认识到仅仅用几个像信息、熵、冗余度这样一些动人的字眼不能解决全部问题的时候，就会灰心失望，而那种人为的繁荣就会在一夜之间崩溃。信息论的基本结果都是针对某些非常特殊的问题的。它们未必适合心理学、经济学，以及其他一些社会科学领域。实际上，信息论的核心是一个数学分支，是一个严密的演绎系统。因此，透彻理解它的数学基础及其在通信方面的应用，是在其他领域应用信息论的先决条件。对于上述那些领域，信息论的许多概念是有用的(有些也已经显示出光明的前景)。但是，这些应用的成功，绝不是简单地生搬硬套所能奏效的。相反，它应当是一个不断研究、实验的过程。

令人遗憾的是，人们没有耐心研究 Shannon 这些中肯的分析和劝告，仍然在粗枝大叶、囫囵吞枣地把 Shannon 的统计信息理论应用于那些非统计的场合。

当然，由于语义信息和语用信息的问题比语法信息的问题更复杂，对它们的研究存在一定的困难。不过，我们也注意到，需要利用语义信息和语用信息的认知科学、人工智能科学，以及后来进入逻辑运算阶段的计算机科学、语言学、经济学等学科在其发展中已经明确表示不满足 Shannon 的信息概念。著名信息论学者 Brillouin 在 1962 年就曾明确地指出：Shannon 信息论忽略信息的意义(语义信息)和价值(语用信息)是因为通信工程的特殊需要，但是这并不意味着人们永远都应这样做[16]。

早在 20 世纪 50 年代就已经有人研究语义信息的理论。不过，直到后来先后出现模糊集合理论[17]和模糊逻辑理论[18]，语义信息以至全信息理论的研究[19,20]才取得进展。进入 21 世纪以来，在自然语言理解和信息检索的研究中，语义网络已经成为国际学术界主要的研究方向。特别是，随着高等人工智能理论[21]和机制主义人工智能理论[22]研究的发展，人们对全信息理论的认识日臻成熟。

以上简要讨论可以引出这样的结论，作为信息科学技术发展的初期阶段，人们把统计型语法信息当作真正全面的信息概念，这是难以避免的认识发展过程。但是，信息科学技术发展到今天这个阶段，匡正信息概念的必要性和可能性都已经具备。因此，全面理解信息的概念，阐明信息的语法、语义、语用三位一体(全信息)的时机已经到来。

何况，作为信息科学技术源头的脑神经科学和认知科学已经确证了全信息的科学观，那么信息科学技术本身还有什么理由拒绝或者无视全信息的科学观呢。

虽然在信息科学技术领域采纳全信息的观念和理论并不是一件容易的事情，特别是需要对现行的信息技术做出重大的调整和更新，但是可以预期，只要接纳和利用全信息的理论，现有的初级信息科学技术就有希望走向高级的、智能化的信息科学技术新阶段。这种新的信息观，将为信息科学技术，以及整个人类社会带来的巨大裨益。

3.4　本 章 小 结

(1)脑神经科学的研究进展和成果阐明了人类智能生长过程的生物物理基础，

基本属于思维过程的语法信息分析。

(2)认知科学的研究解释了人类智能生长过程的信息机制，分析的方法依赖语法信息、语义信息和语用信息。

(3)脑神经科学研究与认知科学的研究两者为人类智能的研究提供了非常重要的基础，但是认知科学所倚重的语义信息和语用信息概念未能在脑神经科学的研究中找到支持，两者的研究思路，互相不能搭界。

(4)引入本书作者的全信息概念及其生成理论，才能成功弥合脑神经科学研究与认知科学研究两者之间断裂的鸿沟。

(5)全信息理论是信息科学与人工智能的理论基础。

参 考 文 献

[1] Gazzaniga M S, Ivry R B, Mangun G R. 认知神经科学: 关于新质的生物学. 周晓林, 高定国, 译. 北京: 中国轻工业出版社, 2011
[2] Frackowiak R S J,Friston K J, Frith C D, et al. Human Brain Function. Amsterdam: Academic, 2004
[3] Baars B J. When brain proves mind.Journal of Consciousness Studies, 2003, 8: 112-123
[4] Baars B J, Gage N M. Cognition, Brain, and Consciousness. Amsterdam: Elsevier, 2007
[5] Fischbach G D. Mind and Brain. Scientific American, 1992, 267: 3
[6] Marcus A. The Birth of the Mind: How A Tiny Number of Genes Creates the Complexities of Human Thought. New York: Basic Books, 2003
[7] Johnson H M. Brain Development and Cognition: A Reader. New York: Wiley-Blackwell, 2002
[8] Wilson R A. The MIT Encyclopedia of the Cognitive Science. Cambridge: MIT Press, 1999
[9] Posner M I. Foundations of Cognitive Science. Cambridge: MIT Press, 1998
[10] 孙久荣. 脑科学导论. 北京: 北京大学出版社, 2001
[11] 罗跃嘉. 认知神经科学教程. 北京: 北京大学出版社, 2006
[12] 武秀波, 苗霖, 黄丽娟, 等. 认知科学概论. 北京: 科学出版社, 2007
[13] 丁锦红, 张钦, 郭春彦. 认知心理学. 北京: 中国人民大学出版社, 2010
[14] Shannon C E. Mathematical Theory of Communication. BSTJ, 1948, 379: 632-656
[15] Shannon C E. The Bandwagon. IRE Transactions on Information Theory, 1956, 4: 3
[16] Brillouin L. Science and Information Theory. 2nd ed. New York: Academic Press, 1962
[17] Zadeh L A. Fuzzy sets theory. Information and Control, 1965, 8: 338-353
[18] Zadeh L A. Toward a generalized theory of uncertainty. Information Science, 2005, 172: 1-40
[19] 钟义信. 信息科学原理. 北京: 北京邮电大学出版社, 1988
[20] 钟义信. 机器知行学原理: 信息、知识、智能的转换与统一理论. 北京: 科学出版社, 2007
[21] 钟义信. 高等人工智能原理: 观念·方法·模型·理论. 北京: 科学出版社, 2014
[22] 钟义信. 机制主义人工智能理论. 北京: 北京邮电大学出版社, 2021

第 4 章　历史上的人工智能研究
——简介与评述

任何事物都有一定的发端缘由和生长机理。如果仅仅看到事物的当前状况，而不能从头至尾了解其发生的动力机制和演进的法则，就很难准确地把握它的深层本质、发展规律和未来走向。

人工智能理论的研究，已经走过了半个多世纪的路程，取得许多有益的成果和宝贵的经验，也遭遇了不少巨大的困难和挑战，积累了不少值得汲取的教训和思索。上一章，我们回溯了两个主要的原型学科——脑神经科学和认知科学——发展的脉络轨迹，既获得了启迪，也发现了问题。本章的目的是系统地考察人工智能学科本身的历史经验与教训，为探讨人工智能理论未来研究的方向和方法提供指导。

4.1　基本概念的摸索

作为一个引人入胜的学科，人们对人工智能的期盼和向往实在是太长久了。曾经有这样的传说：早在春秋战国时期，能工巧匠们就曾经制作了能歌善舞的机械“歌舞伎”；东汉末年，诸葛亮就设计了能够翻山越岭为军队运送粮草的“木牛流马”。这些当然都只是传说，但也确实反映了人们对人工智能的期盼。

但是，真正的人工智能科学研究来到现实社会的时间，却又显得多少有点太过仓促[1-18]，以至人们还没有为它的问世在认识上做好充分而深入的准备。这就导致人工智能学科带有许多“早产儿”的痕迹——朦胧模糊的基本概念、盲人摸象的探索、难以通用的理论和技术。

本节回顾历史上的人工智能研究，目的是通过这样的回顾来认识人工智能取得的一些进步和存在的各种误区，以及面临的严峻挑战，找到应对挑战寻求发展的正确方法和途径。

人工智能的基础概念是智能，在此基础上才能定义人工智能。于是，首先遇到的问题就变成，人们对智能达成了怎样的认识?

1. 智能

迄今，智能科学和人工智能的研究还处在自底向上的试探摸索阶段。在研究实践中，人们主要关心的是如何在机器上实现一些常规的智能特征，例如尝试识别和分类一些物体，完成一些特定的系列动作等，却很少关注智能本质内涵的探究。因此，学术界至今都还没有关于智能的准确定义，只有一些辞书的解说在流传。例如，《韦氏英语大辞典》对智能的解释是 Ability for understanding and various types of adaptive behavior（理解和各种适应性行为的能力）。

这个说法无疑是可以接受的，因为要理解一个问题或理解一个事物确实需要有智能；要对不断变化的环境产生适应性的行为，具有随机应变的能力，也同样需要智能。事实上，任何成功的应变行为，都建立在对客观环境发生的变化的正确（至少是基本正确）理解的基础上。理解是比较、分析、归纳、推理、演绎的结果，是有理智的思索和思维的结果，通过思维到达认知，到达理解；有了正确的理解，才可能产生理智的策略，才可能产生恰到好处或大体恰当的应变行为。这一系列的思维活动，包括观察、比较、分析、分类、类比、归纳、演绎，确实是智能的一些表现。

同样，《牛津辞典》关于智能的说法也与此相似，不过更为具体。它认为，智能就是 Power of seeing，learning，understanding and reasoning（观察、学习、理解和论证的能力）。

这显然也可以接受。正如上面的分析，如果没有观察的能力，对任何实际情况的变化都视而不见、听而不闻，自然就无智能可言。但是，如果仅仅能察觉到事物的变化，而不能通过学习来理解和认识这种变化的含义，不能正确了解这种变化给自己的生存和发展会带来什么利害影响，因此不能面对这种变化采取正确和合理的行动来加以应对，那么这种情形也仍然不能认为是足够智能的。

此外，《遗产词典》第 4 版也对智能给出了更加简略的表述。它认为，Intelligence is the capacity to acquire and apply knowledge（智能是获取和运用知识的能力）。

此外，Resing 和 Drenth 在《智能：知识与测度》中表达的认识也与此类似。他们认为，The whole of cognitive or intellectual abilities required to obtain knowledge，and to use that knowledge in a good way to solve problems that have a well described goal and structure（认知或智能在整体上是要求获得知识，并恰当地利用这些知识来解决那些有明确目标与结构的问题）。

Forgel[19]则指出智能与知识概念之间的区别，The distinction between knowledge and intelligence became clear: knowledge being the useful information stored within the individual，and intelligence being the ability of the individual to utilize the stored information in goal-directed manner（知识与智能之间的区别很清楚：知识是存储在人们头脑中的有用信息，智能是人们在目标引导下利用那些存储信息的能力）。

著名的人工智能理论学者 Minsky 的说法是，Intelligence is the ability to solve hard problems(智能是解决困难问题的能力)。不言而喻，解决困难问题的能力当然少不了观察、学习、理解、推理、想象和适应等能力要素。因此，Minsky 的说法和上面的这些解释实际是异曲同工的。

总的来说，上述这些解释和说法都是可以接受的，因为观察、学习、理解、认识和适应能力确实是智能的基本要素。只是从研究智能科学和人工智能的要求来说，它们都没有提供必要的启示和帮助。这些解释都只是描述性的，用一组名词来描述另一组名词，在概念上没有进一步的深化。因此，虽然这些解释都没有错误，但是却远远不能满足需求。

换言之，学术界关于智能概念的认识，一直缺乏深入和系统的研究，基本上还停留在表面描述的水平。这种状况使智能科学和人工智能的研究处在“先天不足”和依旧“朦胧模糊”的境地。

2. 人工智能

建筑在如此朦胧的智能概念的基础上,人工智能的概念自然也难以清晰起来。于是，很多人工智能教科书采用的表述是，人工智能是研究如何使机器能够完成一些原本只有人类才能完成的工作的学科。这也是迄今学术界最流行的说法。

这种说法看似有理，其实存在不少问题。首先，它把智能看作只有人才能具有的能力，忽略了其他生物也具有不同程度智能的事实。其次，对于什么是只有人才能完成的工作，并没有给出任何清晰的解释。事实上，人能完成的工作是一个极其含糊的概念，有的极其复杂(复杂到机器根本不可能完成)，有的极其简单(简单到不需要任何智能)。因此，这种人工智能概念远远没有把问题说明白。

20 世纪与 21 世纪之交，加州大学伯克利分校的 Russell 和谷歌的 Norvig 两人合作出版和连续再版的 *Artificial Intelligence: A Modern Approach*，被 90 多个国家 1000 多所大学选作教材。它别开生面地引入了 agents(智能体)的概念取代人所能完成的工作这种别扭的表述。它说，We define AI as the study of agents that receive percepts from the environment and perform actions(我们把人工智能定义为关于智能体的研究，这种智能体能够感知环境，并对环境施加作用)。但是，在我看来，用智能体代替能做工作的人，虽有某些新颖之意，却只是主体的代换(人换成智能体)，并没有在概念的实质上实现任何有益的深化。

究竟什么是人工智能？怎样判别一部机器是否具有了智能？确实是一个很难定义的问题。就连被誉为“人工智能之父”的 Turing 也深感难以言说，于是设想了 Turing Test(图灵测试)来应对。

Turing 设计的测试方法是这样描述的，把要测试的机器 M 放在一个房间里，另一个房间安排一位作为测试参照系的人(H)，机器是否有智能？就是根据 M 与

H 的表现互相比较的结果来判定。测试要求，M 与 H 之间互相不能看见对方(双盲中的一盲)，同时主考人 E 也不知道哪个房间安排的是 M，哪个房间安排的是 H(双盲中的另一盲)。M 和 H 分别可以通过某种通信方式与 E 沟通。测试的时候，E 根据事先准备好的测试问题集，把问题提给 M 和 H；M 和 H 必须把自己的答案传送给 E。在测试完成之后，如果 E 不能分辨两组答案中的哪组答案是 H 给出的，哪组答案是 M 给出的，就认为这个机器的表现与人的表现不可区分，因此 M 就被认为具有智能。

显然，为了判断机器是否有智能，图灵测试看上去似乎是一种可行的方法，但是，图灵测试实际上是上述教科书的翻版，同样存在许多问题。

(1)图灵测试并没有从正面回答“什么是智能”和“什么是人工智能”等这些根本性的问题。

(2)如果机器的回答比人的回答更好，图灵测试会做出错误的判断，即认为机器没有智能(因为只要机器的回答与人的回答存在明显的差异，图灵测试就认为机器没有智能)。实际上，在某种条件下，例如作为参照者的人不是被测问题的专家，或者测试问题集存在有利于机器的偏向等，机器的回答优于人的回答，这种可能性是存在的。

(3)图灵测试只能做出绝对的判断，即机器有智能或机器没有智能，而不能判断机器具有什么等级的智能。这表明，图灵测试方法把智能绝对化了，不承认智能可以有不同的等级水平，如人的智能、高等动物的智能、低等动物的智能、植物的智能等。

实际上，衡量一个机器是否有智能，应当看这个机器是否能够“在给定问题-领域知识-预设目标的前提下，通过学习获得信息、知识、智能策略，从而在满足约束条件下解决问题达到目标”，而没有必要非同人的能力做比较。面对给定的问题(特别是复杂的问题)，机器的表现比人的表现强也罢、差也罢，只要能够在给定条件下成功地解决问题，就应当认为具有一定的智能。

(4)图灵测试的另一个缺点是，它完全没有从智能的生成过程和生成机制来考虑问题，只是单纯地从行为主义的观点来考虑问题。它的基本信念是，只要受试的机器与受试的人在表现上相同，就认为受试机器具有和人同样的智能。实际上，这个信念是不可靠的。行为的相似不一定能说明它们在智能上也相似(参看 Seale 的“中文屋”问题)。同时，测试的结果在很大程度上取决于测试的问题集是否设计得足够合理，即在某一组问题集的范围内，它们的行为可能相同；在另一组问题集范围内，则可能不完全相同，甚至完全不同。

(5)图灵测试表明，图灵认为只有人类才有智能，其他生物(无论高等动物、低等动物、植物)都没有智能。这与实际的情况完全不符。实际上，所有生物都具有智能，只是智能水平的高低有所不同。

3. 强人工智能和超强人工智能

正因为对智能和人工智能这些基础概念的理解太笼统、太模糊，因此难免会衍生出一些更加笼统、更加模糊的“新”概念。强人工智能和超强人工智能就是其中最有代表性，而且流传很广的例子。

所谓强人工智能，是指整体的智能水平与人类智慧(不仅是人类智能)相当的人工智能，既能够像人类一样去不断发现问题和提出问题，也能够像人类一样去解决问题。所谓超强人工智能，是指整体的智能水平不但能与人类智慧相当，而且能够远超人类智慧的人工智能。

由于强人工智能和超强人工智能概念的流传，一方面造成人工智能研究领域的概念变得混乱，另一方面引起社会的恐慌。一些人利用强人工智能和超强人工智能的概念引申和制造出“人类末日将至”和“机器即将统治人类和主宰地球”的流言。

需要指出，由于对智能和人工智能这些基础概念缺乏深入的分析和正确的理解，人们往往把智能和智慧这两个既互有联系，又互不相同的概念完全混为一谈。这是造成强人工智能和超强人工智能流传的认识根源。

我们在后面将会详细阐明，人类智能和人类智慧并不是一回事，前者只是后者的一个真子集。具体来说，人类的智慧能力，是人类独有的卓越能力，凭借这种卓越的能力，人类为了实现“不断地改善生存与发展水平”的目的而自觉地利用自己拥有的知识不断地去发现需要解决且能够解决的问题(探索未来)，进而解决问题(改变现实)，并在解决问题的过程中不断地升华自身。其中，发现问题(探索未来)的能力是隐性的智慧能力，解决问题(改变现实)的能力是显性的智慧能力。换言之，人类智慧能力是人类的隐性智慧能力和显性智慧能力相互作用、相互促进的结果，即隐性智慧能力根据改善生存发展水平的目的去发现问题；显性智慧能力则是针对发现的问题去解决问题，解决了老问题，又去发现新问题，不断前进。

不难注意到，发现问题的隐性智慧能力强烈地依赖人类不断改善生存与发展水平的目的，是人类专有的能力。机器没有生命，就不可能有它自己的目的，也不会有发现问题的动机和欲望，更谈不上发现问题的能力。而且，人类究竟是如何根据自己的目的去发现有意义的问题？发现问题的机制是什么？至今仍是悬而未决的问题，学术界对此也一直讳莫如深。

至于解决问题的显性智慧能力，主要依赖收集问题信息的能力、理解问题的能力、根据问题提取相关知识的能力，以及在目标引导下利用信息和知识生成求解问题的策略的能力。这些都是现代科学技术，特别是信息科学技术能够研究和解决的问题，因此是人工智能关注的问题。

术语“人类智能”，就是专指人类解决问题(改变现实)的显性智慧能力，完全不涉及人类发现问题(探索未来)的隐性智慧能力。因此，很明确，人类智能是人类智慧的真子集。

由于任何人工智能系统都是无生命的系统，而无生命的系统是没有目的的系统。它们没有发现问题的动机与欲望。一切人工智能系统执行和完成的，都是人类主体的意志。这种意志，集中表现为人类主体提出的待解问题、预设的求解目标、提供的相关知识。

人们所说的强人工智能和超强人工智能系统都是没有生命的机器系统，都没有发现问题的欲望，因此都不可能具有发现问题的隐性智慧能力。可见，强人工智能和超强人工智能的说法其实缺乏科学根据，徒增了人工智能概念的混乱。

总之，有关智能、人工智能、强人工智能、超强人工智能这些基本概念朦胧的“历史遗产”，使当今人工智能的研究面临非常艰巨复杂的任务。

4. 基本术语失准

按照字面含义，人工智能应当指一切人造系统的智能。但在人工智能文献中看到的实际情况却不是这样。

人工智能(artificial intelligence, AI)这一术语最早是由 McCarthy 在 1956 年筹备 Dartmouth 暑期学术研讨会期间提出的，旨在用它来表述利用电子计算机模拟人类智力能力的研究。但是，无论从当时研讨的问题来看，还是从后来实际研究的内容来看，人工智能这一术语实际表征的都是利用计算机模拟人类逻辑思维功能的研究。其中，利用电子计算机和人类逻辑思维功能是很强的限制词，使它与一般人工智能系统相距甚远。

为什么是这样呢？原因是显然的，一方面，当时计算机已经成为一种功能强大的研究工具，因此希望利用计算机来研究人工智能；另一方面，当时学术界只对人类智力功能中的逻辑思维最为推崇，因此只对模拟人类的逻辑思维能力产生兴趣。

事实上，学术界很早就认识到，人类的智力活动(思维活动)存在三种不同的思维形式，即形象思维、逻辑思维(也叫抽象思维)、创造性思维。当时人们普遍认为形象思维是初等的、次要的和不严密的思维，逻辑思维是高等的、重要的，而且是(建立在逻辑理论基础上)严密的思维。创造性思维虽然是最高等的思维，但也是最神秘、最困难的思维，因此人工智能研究没有考虑对形象思维和创造性思维的模拟问题，只对逻辑思维的模拟感兴趣。自此，人工智能的研究基本上都专注于通过巧妙的编程，利用计算机的逻辑推理能力来求解各种科学问题。这种传统一直发展到对后来盛行的人工智能专家系统的研究，成为一个激动人心又引人入胜的研究领域。

如上所述，人工智能的字面内涵及其实际表征的学术领域范围之间，并没有实现准确匹配。它的字面含义是一切人造系统的智能，实际指的是计算机模拟的逻辑思维所体现的智能。字面含义与实际所指存在两方面的差别，一方面，前者是指一切人造系统，后者是指利用计算机模拟的系统；另一方面，前者是指整个智能，后者是指逻辑思维体现的智能。

显然，这种字面含义远远大于实际学术命名的不当之处在于，以电子计算机模拟的逻辑思维智能代替了一切人造系统的智能，即以偏概全。这种以偏概全的情况，不可避免地会产生许多问题，为智能科学技术的研究带来许多麻烦和负面的影响。

实际发生的情况确证了这一点。其中一个明显的负面影响是，许多人误认为，人工智能只是计算机科学的一个分支。这种误解流传很广，而且一直持续到现在。这种误解使人工智能的研究思路局限在计算机(更准确地说是局限在冯 · 诺依曼串行处理计算机)学科的框架范围内，因此在一定程度上限制了人工智能自身学术思想的创新发展。另外，人工智能的研究长期局限于逻辑思维模拟，没有关注其他重要思维形式的模拟，也使自身的研究空间受到很大的局限。20 世纪 80 年代，雄心勃勃的日本第五代计算机的研究失败。失败的原因有很多，恪守计算机和逻辑思维的学术思路至少是主要原因之一。如果正本清源，人工智能就不应当被理解为计算机学科的一个分支，而应当是信息科学的高级研究领域。

另一个明显的负面影响是，妨碍了非计算机方式的人工智能研究的发展。这方面的一个典型案例是，人工神经网络研究遭到的境遇。显而易见，人工神经网络系统本质上也是一种人造的智能系统，因此是一种不折不扣的人工智能系统。但是，由于它不符合利用计算机模拟逻辑思维功能的学术定义，而是采用神经网络的连接主义并行处理的学术思想来模拟人脑的思维能力，结果便遭到人工智能学派的严厉批评和压制，被长期拒绝在人工智能的“大门”之外。人工神经网络的研究工作者只好被迫另外寻找自己的立足空间，于是把人工神经网络的研究与模糊逻辑和进化计算研究相结合，另立计算智能(computational intelligence，CI)的研究。在此后很长的一个时期，人工智能和计算智能之间便形成“井水不犯河水”，互不认可的格局。这种互不相容、互不合作的状态，实际上对双方的发展都造成不利的影响，妨碍和延缓整个人工智能研究的发展。

为了消除已经存在的负面影响，避免可能继续发生的新的负面影响，为了建立普遍有效的人工智能理论，促进人工智能研究的健康发展，使人工智能回归本真的内涵，符合多数人的直觉，本书将人工智能重新定义为“一切人造系统的智能”，以代替原来“用计算机模拟逻辑思维功能”的狭窄含义。此后，在论及原有人工智能这一术语的时候，采用狭义人工智能或传统人工智能来表述。

经过这样重新定义的人工智能就和机器智能的含义达成互相之间的完全等效。这是因为世间的一切机器都是人造的系统(人工的系统)，或者反过来说，一切人造的系统都是某种形式的机器(静态的机器或者动态的机器)。因此，机器的智能就是人工的智能，或者人工的智能就是机器的智能；与它们对应存在的原型智能，则是自然的智能(即生物的智能，其中最精彩的是人类的智能)。

可以认为，一切人工智能(或机器智能)系统都是对各种自然智能系统的某种模拟和扩展。更具体地说，自然智能是人工智能研究的原型，人工智能是自然智能在机器上实现的某种程度的模拟和扩展。本书坚持这样的理解，即人工智能和机器智能等效，而物理符号系统和专家系统则是狭义的人工智能或传统的人工智能。

在这样的约定下,基于功能模拟的狭义人工智能研究(物理符号系统和专家系统)和基于结构模拟的人工神经网络研究，以及基于行为模拟的感知-动作系统研究都是人工智能研究的不同路径。

4.2 技术路径的探索

人乃万物之灵，灵就灵在有卓越的智慧和智能。如果能在机器上实现人类的智能，让机器成为善解人意和得心应手的工具，甚至可以在某种场合代替人去完成各种体力劳动和智力劳动任务，人类就可以从体力劳动和智力劳动中逐步获得解放。这是人类的千古梦想，也是长期以来学术界追求的远大目标。

到 20 世纪中叶，那时的学术界已经形成比较明确的系统概念，而且认识到以下几点。

(1)任何系统首先必须具有一定的结构，否则，系统就不可能存在。

(2)具有良性结构的系统就会具有一定的功能,利用这些功能就可以实现某种能力。

(3)系统总能对外表现出一定的行为。

于是，系统的结构、系统的功能、系统的行为就成为认识系统的三大基本窗口和实现系统的三大途径。

模拟和扩展人类智能的人工智能是一种特殊的高级系统,同样具备系统结构、系统功能、系统行为三大实现途径。因此，既可以沿着系统结构的途径来研究和实现人工智能系统，也可以从系统功能的途径或系统行为的途径研究和实现人工智能系统。

这种认识就造成人工智能研究的历史发展逻辑，即最先出现的人工智能研究应当是结构模拟的人工神经网络研究(1943年)，然后才是功能模拟的物理符号系统/专家系统研究(1956年)，最后是行为模拟的感知动作系统研究(1990年)。

4.2.1　结构模拟：人工神经网络研究

古代的希腊哲人就认识到，人的智慧功能主要定位于大脑。长期以来，人类就一直梦想揭开大脑智慧的神秘面纱，甚至把人类大脑的智慧复制到机器上，为人类服务。但是，只有近代科学技术的发展，才使“用机器模拟人类智能”的梦想显露希望的曙光。生物学和生命科学的进步，特别是随着脑神经科学研究的进展，启发了人们对大脑皮层的关注。

19世纪末期，Golgi和Cajal发现大脑皮层的神经元，以及神经元之间的连接状况。后来James等发现，大脑皮层是一个规模巨大的神经网络。现代研究表明，大脑皮层神经网络大约有 10^{11} 个神经元，每个神经元又大约与 10^{3}～10^{4} 个其他神经元互相连接。正是这个规模巨大且高度复杂的神经网络支持了人的高级认知功能。

因此，人们很自然地设想，如果能够把人脑神经网络模拟出来，制造人工的智能系统岂不是大有希望？由此，便开启了通过模拟人类大脑生物神经网络的结构来实现人工智能的科学征程[1-8]。

1943年，神经生理学家McCulloch和数理逻辑学家Pitts合作发表了一篇研究论文，用数理逻辑的方法描述单个神经元的工作原理，并构造了一些基本的逻辑运算单元。后来，Hebb又发现神经元之间互相连接的规则，使单个神经元可以通过互相连接组成一定规模的神经网络。接着，Widrow等发现各种各样的神经网络模型，包括神经网络的连接方式和调整网络结构的学习方法，使人工神经网络显现出初步的智能表现。到20世纪50年代的末期，人们已经可以利用人工神经网络完成英文字母识别、模式分类、自适应性信号处理等任务，引起学术界浓厚的兴趣。

由于人脑神经网络的规模过于庞大，限于当时可实现的工艺发展水平，要在实验室，特别是在工业上制造这样规模巨大的人造神经网络存在极大的困难。同时，人脑神经网络的学习机制也过于复杂，人们还没有真正理解这种学习机制的奥妙。因此，只能用小规模的神经网络结构和简单的学习规则进行模拟。然而，由于人工神经网络规模的大幅度降低和网络学习规则的大幅度简化，而且与真实的生物神经元相比，人工神经元的结构和功能也都存在不少的差异。这一切就使大脑神经网络具有的神奇智力功能无法在人工神经网络中得到展现，使人工神经网络所能实现的智能被限制在虽然还算出色但并不惊人的水平。

20世纪80年代以后，Hopfield、Hinton、Grossberg、Rumelhart、Kohonen等先后提出许多新的神经网络模型和新的网络学习算法，使人工神经网络的研究出现令人耳目一新的进步，在诸如模式识别、联想记忆、故障诊断、组合问题优化求解等方面表现出优秀的性能。

随着技术的进步，大规模人工神经网络的实现成为可能。2006 年，Hinton 等提出深层神经网络的概念、模型和技术，得到优异的学习和分类性能。特别是 2016 年，深层神经网络帮助围棋专家系统 AlphaGo 接连战胜 61 位世界顶尖的围棋高手，使人工神经网络成为人工智能领域的新秀。一时间，基于深层神经网络的机器学习、基于深层神经网络的模式识别(包括语音识别、图形识别、文字识别、生物特征识别)、基于深层神经网络的机器翻译等刮起一阵又一阵深层神经网络的旋风，大大改变了人工智能研究领域的面貌。

据报道，21 世纪初，欧盟曾投资 10 亿欧元启动名为“Blue Brain”(蓝脑)的人工神经网络研究计划，试图研制一个规模与人类大脑相当的人工大脑系统，希望它能展现与人类大脑相当的智能水平。不过，蓝脑的软件系统(操作、调度和学习算法)还存在许多不确定的因素。因此，2019 年 7 月，有“蓝脑”系统研究人员认为，该计划难以实现预定的目标。

4.2.2　功能模拟：物理符号系统/专家系统研究[9-15]

20 世纪 40 年代末期和 50 年代初期，一些敏锐的研究者开始思考和探索模拟人脑智力能力的新出路。这时，人们欣喜地看到，1945 年问世的电子计算机已经显示出令人惊叹的计算能力和处理能力，它不但可以进行一般意义上的数值计算，而且可以进行带有逻辑推理的信息处理。此外，电子计算机还具有远超人类，甚至令人叹为观止的运算速度、运算精度、工作持久能力。正是因为电子计算机具有这样众多的优异性能，人们情不自禁地给它起了一个美丽动听的别名——电脑，所以利用电脑的功能来模拟“人脑”的想法，便成为一种自然的向往和选择。功能主义人工智能研究路径就此兴起[9-15]。

1956 年，McCarthy 发起和联络，邀请 Minsky、Shannon、Rochester、More、Samuel、Solomonoff、Selfridge、Newell 和 Simon 等十多位活跃在计算机、通信与控制等领域的科学工作者在美国麻省的 Dartmouth 举行了近两个月的学术研讨会，专门研讨如何利用电子计算机模拟人类抽象思维的问题。当时的学术界，把以逻辑推理为特征的抽象思维看作人类最重要的高级思维形式，而对形象思维、辩证思维和创造性思维则很少关注。因此，他们认为，如果能够用电子计算机模拟人类逻辑思维的功能，就等于在计算机上复现了人类的高级思维能力。基于这种认识，McCarthy 建议把这个研究领域命名为人工智能(artificial intelligence，AI)。

人们利用人工神经网络来模拟人类智能，是建筑在承担人类高级智力功能的大脑皮层是大规模神经网络这个学术信仰的基础上。那么，人们利用计算机来模拟人的智能，它的学术信仰又是什么呢？

Simon 和 Newell 等认为，虽然计算机和人脑的材质和构造不相同，但是面对问题求解的任务，他们在功能上是等效的物理符号系统，都是通过数值计算和逻辑符号推理来寻求问题的解答。这就是著名的物理符号假设。因此，人们认为，用计算机模拟人的逻辑思维功能应当不存在原理上的障碍。

有了这种新的学术思路，又有了电子计算机的研究手段，研究工作便迅速展开，研究成果也接踵而至。Simon 和 Newell 等研制的软件系统“Logic Theorist”（逻辑理论家），显示了“像人一样思考”的程序，能够证明罗素和怀特海德合著的《数学原理》第 2 章的大部分定理。Gelernter 也研制出几何定理的证明系统。Samuel 研制的具有学习功能的跳棋程序，居然通过学习战胜了它的设计者，显示出令人鼓舞的前景。不久，Simon 和 Newell 又推出通用问题求解系统的新的软件系统，以及手段目的分析方法，试图为求解问题提出一种通用的程序。

随着研究的逐步深入，人们发现，问题求解需要相应的知识做基础；问题的范围越广，需要的知识就得越丰富。因此，人工智能面临至少两方面严峻的挑战。一方面，如何获取求解通用问题所需要的无边无沿的知识，这是无穷知识的获取问题。另一方面，即使有了需要的无穷知识，在求解具体问题的时候，如何有效地从无穷知识中选取需要的具体知识，也是特定知识的选取问题。即使有了必要的知识，如何把它们恰当地表达出来使计算机能够理解并进行演绎推理，是知识表示与推理问题。这些问题都是通用问题求解要面对而又难以解决的科学难题，称为知识瓶颈。

为了回避这些难题，从 20 世纪 70 年代开始，人们便从通用问题求解转向专门问题求解，但是求解问题的基本方法没有改变。于是，催生了大批面向专门问题求解的专家系统，如医疗专家系统、地质探矿专家系统、数学专家系统、教学辅助系统、自然语言理解专家系统等。其中，最杰出的代表是 IBM（International Business Machines Corporation，国际商用机器公司）研制的专家系统 Deeper Blue，曾在 1997 年战胜国际象棋世界冠军卡斯帕罗夫，在学术界和公众中引起巨大的轰动。2011 年，IBM 研制的自然语言问答系统 Watson 战胜了两位问题抢答的全美冠军。2016 年，AlphaGo 借助深度学习战胜多位围棋世界冠军。这些都是在特定场景下专家系统取得的卓越成果。

专家系统的知识领域变窄了需要的知识比较有限，可以通过人工方法获取和编制。但是，无论如何，专家系统也仍然需要知识。因此，知识获取的困难原则上仍然存在。除此之外，知识的表示、处理、推理等都需要逻辑理论的支持，而现有逻辑理论（标准的、非标准的）的能力远不能满足应用的需求（称为逻辑瓶颈）。因此，专家系统研究也遭遇到许多困难，至今仍然横亘在物理符号系统研究的道路上。这是专家系统的研究需要应对的严峻挑战。

4.2.3 行为模拟：感知-动作系统研究

人工神经网络的研究途径遇到规模巨大、结构复杂和学习机制深奥的困难，物理符号系统的研究方法又面临知识瓶颈和逻辑瓶颈的困扰。人们在向智能进军的道路上，真是难关重重。不过，既然人们深知智能是最复杂的研究对象之一，而人工智能的研究对人类社会的进步又具有极为重大的意义，因此人们不会轻易放弃自己的努力。

20 世纪 70 年代以来，机器人的研究和应用在世界各地方兴未艾。但是，初期研制的机器人基本上是处理简单操作的机械式工业机器人。80 年代以后，智能机器人的研究开始在国际学术界受到越来越多的重视。在专家系统和人工神经网络的研究双双遇困的情况下，智能机器人的研究为人们寻求新的出路燃起了希望。

为了绕开专家系统遭遇的知识瓶颈和人工神经网络面临的结构复杂性，Brooks 领导的智能机器人研究队伍转向“黑箱方法”寻求出路[16]。他们认为，在给定问题、约束和目标的前提下，智能机器人不必像专家系统那样通过获取知识和演绎推理来产生行动策略。它们可以直接模拟智能原型（人或生物）在同样情况下的输入（刺激）与输出（响应）行为，也就是让智能机器人模拟智能原型在面对什么样的情况（输入）下应当产生什么样的动作（输出）。如果能够把这种输入（刺激）输出（响应）行为关系模拟成功，就意味着在给定问题的情况下，机器人能够和智能原型一样解决问题。换言之，在给定的任务下，这样的机器人就具有与原型一样的智能。

用这种思路研究智能机器人系统的原理很直接，首先明确给定的任务是什么，把完成给定任务所需的输入（情景）与输出（行为）的关系表达为，“若出现什么情景，则产生什么动作（If ... Then ...）”的规则形式，然后把这些规则存入智能机器人的规则库。当智能机器人面对给定任务的时候，只要能够感知和识别当前面对的情景模式，它就自动产生与之对应的动作，从而按部就班地完成任务。因此，这种智能系统也被称为感知-动作系统。

按照这种思路，Brooks 团队研制了一种爬行机器人，它能模拟“六脚虫”在高低不平的道路环境下行走，不会撞墙也不会跌倒。1990 年，他们在国际学术会议上成功演示了这个能行会走而不翻倒的智能机器人。同时，他们还在会议上发表了学术论文，介绍这种智能机器人的研究思路，宣传无须知识的智能（intelligence without knowledge）和无须表示的智能（intelligence without representation），给人们留下深刻的印象。行为主义的感知动作系统成功地回避了人工神经网络和物理符号系统遭遇的困难，成为研究人工智能的新方法。

Brooks 团队随后还研制了一系列基于行为主义的智能机器人产品，如 Allen、

Herbert、Genghis 等，引起学术界的高度关注。在这个方向上最为引人注目的是自然语言问答系统 Sophia，它对用户问题的回答表现了很高的逻辑性和精准度。

虽然这种无须知识也无须表示的感知-动作系统能够模拟比较简单的智能系统行为，但是也面临着新的挑战，即现实世界大多数科学技术问题都是复杂问题。对于众多复杂问题求解的智能系统的模拟，这种无须知识的行为主义的方法有效吗？

4.2.4　学派竞争：轮番沉浮

由于遵循分而治之的科学方法论，作为复杂信息系统的人工智能整体研究被分解成三大学派，即结构主义的人工神经网络学派、功能主义的物理符号系统与专家系统学派、行为主义的感知动作系统学派。这还只是问题的一个方面。

更为严重的问题是，既然三大学派的总体目标一致，都是要探索和研究如何用机器模拟实现人类智能，这在正常情况下就应当能够实现取长补短，从而做到殊途同归。但是，实际的情形却恰恰相反，三个学派之间鼎足而立，互不相容、互相竞争、互相压制，没有形成人工智能研究的整体理论。这也说明，分而治之的方法论在人工智能的研究领域不再能够达到合成还原的目标。

1969 年，正当以感知机(perceptron)为代表的早期人工神经网络研究取得进展的时候，功能主义人工智能的代表人物 Minsky 和他的同事 Papert 出版 *Perceptrons*，严厉批评了人工神经网络的研究方法没有科学性。书中写道：Most of this writing is without scientific value and it is therefore vacuous to cite a 'perceptron convergence theorem' as assurance that a learning process will eventually find a correct setting of its parameters（if one exists）. Our intuitive judgment is that the extension [to multilayer perceptrons with hidden layers] is sterile(人工神经网络研究的大部分内容没有科学价值，因此即使给出了一个感知器收敛定理来保证它的学习过程能够导致正确的参数配置，也是于事无补。我们的直觉断定，即使把感知器扩展为多层感知机也不能解决问题）。

由于 Minsky 在学术上享有的权威性，受这种严厉批评的影响，美国自然科学基金会、国防部高等研究政策局，以及其他一些科研资助机构几乎完全停止了对于人工神经网络研究的经费支持，使大量人工神经网络研究人员被迫转移到其他研究领域，造成人工神经网络研究历史上的黑暗年代。

甚至，到了人工神经网络复兴之后的 1988 年，Papert 还讥讽人工神经网络(连接主义)是建筑在流沙上的研究。他在 *One AI or Many*(一种人工智能还是多种人工智能)中这样写道：Minsky and I，in a more technical discussion of this history，suggest that the entire structure of recent connectionist theories might be built on quick-sands: it is all based on toy-sized problems with no theoretical analysis to show that performance will be maintained when the models are scaled up to realistic size（Minsky 和我在讨论人工神经网络的技术发展史之后认为，最近兴起的整个连接主义结构似乎建立在流沙上：它只停留在玩具的规模上，而且不能在理论上证明，当这些模型达到真实规模的时候，它们的性能是否能够保持）。

Papert 文章的题目也清楚地表明，他不承认人工神经网络的研究也是一种人工智能系统的研究。相反，他只承认物理符号系统学派的研究才是人工智能研究，而且认为这是唯一的人工智能研究。他不承认有多种人工智能研究，因此要把人工神经网络的研究拒斥在人工智能领域的大门之外。这显然是一种学术上很不公正的霸权主义和专断行为。

另外，当人工神经网络的研究在 20 世纪 80 年代中期取得新的进展（复兴），而狭义人工智能的研究遭遇知识瓶颈困扰的时候，人工神经网络研究者于 1987 年在美国举行了第一届神经网络国际会议，交流神经网络研究的新进展和新成就。会议期间一些人就神情激动地喊出“AI is dead. Long live Neural Networks（人工智能死了，神经网络万岁）”的口号，表现了他们对狭义人工智能研究者的幸灾乐祸情绪。虽然这只是一部分人的偏激表现，但是却反映了狭义人工智能研究者与人工神经网络研究者之间的不默契、不协调。此后，人工神经网络研究者于 20 世纪 90 年代初与模糊逻辑和进化算法的研究者合作，把他们的研究领域命名为 computational intelligence（计算智能），以此与狭义人工智能的研究分庭抗礼，平分秋色。

20 世纪 90 年代初期，取得进展的感知动作系统研究（黑箱智能）代表人物 Brooks 也对曾经“称王称霸”的功能主义人工智能发起抨击。针对狭义人工智能研究遭遇的知识瓶颈，他疾呼，人工智能系统的研究根本就不需要知识，也不需要知识表示的方法。为此，他发表 *Intelligence without knowledge*（无须知识的智能）和 *Intelligence without representation*（无须表示的智能）的主张，表示他对狭义人工智能研究方法的不赞同。现在看来，Brooks 的主张也有所偏颇，因为他的团队研制出来的那些感知动作系统（智能机器人）并不是真的不需要知识。实际上，它们利用的基本上是不需要演绎推理，而且不需要复杂表示方法的常识性知识。常识性知识也可以解决许多常识性问题。

总之，从 20 世纪中叶至今，每个时期的人工智能研究都只有一个学派独大，其他学派则受到压制。具体来说，1956～2016 年，功能主义的人工智能学派（物理符号系统/专家系统）一直处于统治地位，结构主义人工智能学派（人工神经网络）和行为主义人工智能学派（感知动作系统）则一直处于遭否定、受排挤和被压制的地位。这种排挤和压制是如此强烈，以至 1956～2016（特别是 1969～2016）年，一般人所能了解的人工智能就只有物理符号系统/专家系统，竟然不知道还存在人工神经网络系统。2016 年后，情形发生反转，由于深层神经网络在深度学习领域取得突出的成绩，说起人工智能，一般人就只知道深层神经网络和深度学习，不知道专家系统。这显然是不正常的竞争。三大学派竞争的历史如表 4.2.1 所示。

表 4.2.1　三大学派竞争的历史

时期	存在的学派	统治学派
1943～1956 年	结构主义	结构主义
1956～2016 年	结构主义、功能主义、行为主义	功能主义
2016 年至今	结构主义、功能主义、行为主义	结构主义

为了改变这种近乎恶性的竞争，使人工智能的研究走上健康发展的轨道，不少研究人员采取积极的行动，推动三大学派之间的联合。特别是，20 世纪末与 21 世纪初期，人工智能领域的研究就曾经出现一个引人注目的重要动向。这就是，人们不满足于功能主义人工智能、结构主义人工智能、行为主义人工智能三大学派分道扬镳各自独立发展的学术格局，希望在三者之间建立互相联系，形成相互合作的发展格局。这种愿望显然十分合理，反映了人工智能整体发展的需要，发出了人工智能研究的历史性呼唤。人们认为，尽管三大学派研究的角度和风格各不相同，但是共同的目标都是研究人造智能系统，因此至少应当能够互相沟通、互相补充，形成合力，推进人工智能的研究。这是一种自然且合理的愿望。

体现这种愿望和研究动向的两个突出事例包括 Nilsson 于 1998 年出版的 *Artificial Intelligence: A New Synthesis*（人工智能：一种新的集成方法）[17]、Russell 与 Norvig 于 1995 年出版的 *Artificial Intelligence: A Modern Approach*（人工智能的现代途径）[18]。两部专著的共同思想都是希望以 Agent 作为载体，以 Agent 智能水平扩展为轴线，把三大学派的研究内容串联起来，以期形成一个统一的人工智能理论。Agent 的原理如图 4.2.1 所示。

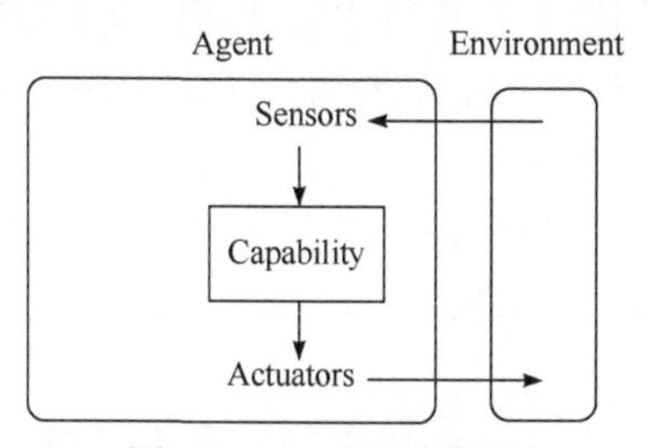

图 4.2.1　Agent 的原理

图中 Agent 与环境（Environment）通过传感器（Sensors）和效应器（Actuators 或 Motors）互相联系。传感器可以感知环境的状态，效应器可以给环境施加作用，如果 Capability（能力模块）提供的是“条件-动作规则”，这就会使 Agent 成为感知-

动作系统；如果能力模块提供有智力水平的能力，Agent 就会成为更高级的智能系统；如果能力模块提供人工神经网络的学习能力，Agent 就会成为具有学习功能的智能体等。

可以看出，这是一个相当自然的想法。这是因为结构主义、功能主义、行为主义正好就是从不同侧面模拟人类智能的三种理论和方法。如果把这三种理论内容都集成到 Agent 上，原则上应当是可以把它们串接起来的。不过，从这两部学术著作中可以看出，他们的“现代方法”基本上是站在功能主义人工智能的立场上进行集成的，只是把行为主义人工智能看作 Agent 的外部行为表现方法，把结构主义人工智能作为 Agent 分类学习能力的一种具体实现方法。因此，他们只是看到了三大学派之间一些外部的表面联系，并没有发现三者之间根本性的内在本质联系。因此，他们提出的“现代方法”和“新的集成”只是一种从表层进行黏合拼接的集成，没有触及本质。

无论如何，Nilsson 和 Russell 等希望对“三分天下”的人工智能研究成果进行集成的愿望是合理的。他们的集成方法未能从根本上得到解决也是可以理解的。大凡深刻的科学进步总是要在深层本质上有所突破，不可能通过表面的拼接来完成。

4.2.5 现有人工智能的简评

半个多世纪以来，人工智能的三大学派在各自的探索和激烈的竞争中都取得了一些精彩的，甚至是令人惊叹的研究成果。举例如下。

(1)结构主义神经网络学派的精彩成果，包括模式识别领域(人脸识别、语音识别、医学图像识别、自动驾驶的路况识别等)取得超过人类识别效果的成果、基于深层神经网络的深度学习在支持 Alpha 围棋系统竞赛方面取得远超人类的成果。

(2)功能主义专家系统学派的机器博弈成果，包括战胜国际象棋世界冠军的 DeepBlue 专家系统、在问题抢答竞赛中战胜两位全美冠军的 Watson 专家系统，特别是借助深度学习的算法，因此战胜 61 位世界围棋高手的 AlphaGo 专家系统(机器博弈是功能主义的研究分支)。

(3)行为主义感知动作系统学派的精彩成果，包括人机自然语言对话的机器人 Sophia、能在复杂地理环境下奔跑跳跃的 Boston Dynamics 机器人，以及一些服务机器人系统。

人工智能三大学派取得的这些成果确实令人震撼。但是，从关注科学技术不断进步和人工智能发展前景的角度来看，这些令人惊叹、震撼的精彩成果却又难以掩盖人工智能研究固有的严重弊病和面临的巨大危机。这使我们不能掉以轻心。

这些弊病和危机主要表现如下。

(1)这些成果都是个案性、孤立性、碎片化的应用，没有通用性。不但在不同学派的成果之间不能通用，即使在同一个学派内部也不具有通用性。例如，人脸识别系统、围棋系统、机器翻译系统等都是人工神经网络的研究成果，但它们之间很难互相通用，除非从头重新设计。个案性、孤立性、碎片化，这是人工智能所贯彻的分而治之方法论，使人工智能的整体遭到肢解的结果。

(2)这些成果的惊人性能其实都不是真正的、建立在理解基础上的智能表现，而是在精心选择的场景经过精心的设计，由超速计算转换过来的“以快换好”。因此，它们没有真正的理解能力，智能水平低下，工作的结论也不可解释。这是人工智能研究践行的纯粹形式化方法论把智能的真正内核(内容和价值因素)排除的结果。

(3)正因为这些成果的智能水平低下，它们只好通过大数据的统计途径来代替真正的理解，因此需要大量(最好满足统计的遍历性要求)的实验样本。这就导致所谓“大样本-大模型，小任务”的问题。这给人工智能研究的发展带来了不利的影响。

(4)正因为人工智能的研究遵循分而治之和纯粹形式化的方法论，这些成果完全没有人工意识，也少有人工情感。对于人类和人类社会用户来说，这样的成果显然与善解人意和得心应手的智能工具相距遥远。

总之，人工智能的研究现状是，局部有精彩，整体很无奈。人工智能研究之所以整体很无奈，是因为实行了分而治之，使得整体被肢解。另外，现有人工智能的智能水平之所以低下，是因为实行了纯粹形式化的方法，使得信息、知识、智能的内容被“阉割”。

对于一门学科来说，整体无奈是一个十分严重的问题。这是因为系统学的原理表明，整体远远大于部分的简单和(整体的作用远远大于部分的作用之和，局部的成果再多再精彩，都远远不如整体成果的精彩)，而且整体不等于部分的简单和(不是把所有局部的成果简单地加在一起就可以达到整体成果的效果)。这就是现行人工智能研究面临的严重危机与巨大挑战。

与此同时，如果人工智能产品的智能程度低下，那么这样的产品就不配称为人工智能产品，或者不能被称为真正的人工智能产品。显然，这也是当今人工智能研究面临的严重危机和巨大的挑战。

正如本书多次指出的，人工智能研究之所以出现结构主义人工智能、功能主义人工智能、行为主义人工智能三种不同的研究途径，之所以智能水平低下和不可解释，之所以需要大量实验样本而又无法实现人工意识、人工情感和人工理智，从本质上看是遵循了传统物质学科的研究范式——机械唯物的物质科学观和机械还原的方法论的结果。因此，只有从人工智能学科研究的最高支配力量——研究范式的高度实施重大的变革，才有可能解决问题。

如果继续按照现有的研究范式走下去，就只能得到一个一个局域化、个性化、孤立性、碎片性的初等应用，而没有人工智能的整体理论和高等的智能成果。这对人工智能的普遍应用和可持续发展是十分不利的。

4.3 学科范式的思索

本章前面两节分别对历史上人工智能研究的基础概念和技术系统两个重要方面作了简要的回顾。一方面，半个多世纪的人工智能研究获得不少局部性和个案性的精彩成果。另一方面，人工智能研究的基础概念不深入、不严谨；技术系统的研究不和谐、不相通。更重要的问题是，迄今人工智能还没有建立自己的统一理论，没有实现真正的智能。从科学技术进步的角度看，我们要肯定和发扬历史上人工智能所取得的成绩，但是更为重要的责任是，要认识人工智能研究存在的问题，并建立新的理念和方法来解决这些问题。

那么，究竟是什么原因造成人工智能的研究产生了这么严重的问题呢？是人工智能的算法不够优秀吗？是它的算力不够强大吗？是提供的数据不够充分吗？是人工智能机器的硬件不够先进吗？客观而论，它们都是人工智能研究工作中需要努力解决的问题。显然，这些中低层次的因素不可能是造成上述问题的根本原因。因此，即使改进算法、强化算力、丰富数据、优化硬件，也只能解决人工智能研究的中低层次问题，不可能从最高层次上解决人工智能研究与发展的根本问题。

为此，必须追根求源，从科学研究活动的源头——科学观和方法论——研究人工智能面临的问题的根源。科学观和方法论两者的统一名称是学科的研究范式，简称为学科的范式。它们是学科研究活动中“看不见的手”和最高的支配力量。学科的研究活动发生的一切重大成就和重大问题，都可以从学科的范式找到根源，然而它又是“看不见”的根源，因此非常容易被忽视。

4.3.1 范式的张冠李戴：人工智能痼疾顽症的总病根

回顾人工智能研究存在的问题，可以归结为两个主要方面。

(1) 由于遵循传统学科分而治之的方法论，人工智能领域的整体研究被肢解，分为结构主义、功能主义、行为主义三个不同的研究路径(三大学派)，而且三种路径无法实现殊途同归、无法形成合力、无法建立统一的理论、无法完成人工智能研究肩负的历史使命。

(2) 由于遵循传统学科单纯形式化的方法论，人工智能的描述方法和分析方法完全抛弃了内容和价值因素，“阉割”了智能的内核，即数据是形式化的、概念是形式化的、逻辑演绎也是形式化的，因此使人工智能失去理解的能力，无法实现智能的目标，同样也无法完成人工智能研究的历史使命。

上述两个方面暴露的都是同一个问题，即作为信息学科高级篇章的人工智能研究，没有遵循信息学科的研究范式，却遵循了物质学科的研究范式——物质学科的科学观和物质学科的方法论。如果说科学观十分抽象不容易体会，那么方法论就十分具体十分明显，包括分而治之和纯粹的形式化两大操作性准则。

有史以来，人工智能研究活动一直遵循着物质学科研究范式。这种研究范式与研究对象互相错位的扭曲的情形，就称为研究范式的张冠李戴。

现在需要深思的问题是，人工智能的研究活动为什么会在研究范式这样的重大问题上犯了张冠李戴的大忌——没有遵循信息学科的研究范式却遵循了物质学科的研究范式呢？只有彻底解开了这个症结，才有可能使人工智能的研究活动摆脱物质学科范式的桎梏，回到信息学科范式的轨道，走上健康的发展之路。

这里隐藏着一个“千年一遇”的历史命题——范式变革。

正如表2.1.1表明的那样，任何学科的建构过程都必须包含四个相互关联的逻辑步骤。

(1)根据学科的范式，从宏观上给出学科的基本定义。

(2)建立学科的框架，依据学科的定义，落实学科的定位。

(3)确定学科的规格，在学科定义和定位的基础上，进一步为学科精准定格。

(4)形成学科的理论，建构符合上述定义、定位、定格要求的学科基本概念体系和基本原理体系，称为定论。

现对上述逻辑步骤具体解释如下。

首先，学科的范式从宏观的高度阐明学科对象的本质是什么(科学观)和学科的研究应当怎么做(方法论)，从而在宏观高度上为整个学科规范明确的定义。因此，学科范式是整个学科建构的指南和起点，是整个学科生长的源头。

其次，学科的框架便把学科范式科学观阐明的“是什么”落实为学科的全局研究模型，把学科范式的方法论阐述的“怎么做”落实为学科的研究途径，使学科的建构具有明确的定位。

再次，学科的规格把学科框架更加精准地规格化，把全局研究模型涵盖的学术结构(交叉学科群)规格化，把研究路径要求的研究方法(特别是数理方法的水准和特色)规范化，使学科的建构更加严谨地“定格”。

最后，学科的理论在学科范式(定义)、学科的框架(定位)、学科规格(定格)的联合约束下，明确界定学科的基本概念集合(学科理论的知识点集合)及其之间相互联系的关系集合(学科理论的原理和算法集合)，共同构成学科的理论体系，就是学科的定论。

这就是学科建构的生态过程。可以看出，在整个学科建构的过程和研究过程中，范式处于至高无上且贯穿全局和全程的支配地位。学科的研究必须遵循学科的范式。如果偏离学科的范式，学科的研究和建构就必定会发生偏差，遭受挫折。这是任何学科的科学研究必须遵守的基本法则。

人工智能是开放复杂的高级信息系统，是信息学科的精彩篇章和高端产物。按照上述学科研究的基本法则，人工智能的研究显然必须遵循信息学科的范式。

那么,为什么迄今的人工智能研究却违反了这个基本法则呢？秘密就在下面，教训也在下面！这是因为，在科学研究领域存在一个重要的法则，即社会意识来源于社会存在又滞后于社会存在。学科的研究范式属于学科的社会意识范畴，学科的研究实践属于学科的社会存在范畴。换言之，学科的研究范式只能来源于学科的研究实践，而又必定滞后于学科的研究实践。

这就表明，学科的建构首先必须经历一个自下而上的摸索试探过程，取得大量成功的经验和失败的教训，然后才能在此基础上逐步总结形成清晰的学科研究范式。在一个学科的研究范式明确形成之前，该学科的研究实践会一直处在自下而上的摸索试探过程之中。但是，无论何时，不受任何范式指导的研究实践活动是不存在的，即不是接受了这种范式的指导，便是接受了那种范式的指导，不可能存在“范式真空”的情形。正像人类自身的活动不存在“世界观真空”和“方法论真空”的情形一样。于是，就必然要借用已经存在的其他学科的范式。

在了解了以上这些重要原理和基本法则之后，再来考察信息学科(含人工智能)实际的发展情况，它们必然导致范式张冠李戴就可以解释清楚了。

众所周知，信息学科(含人工智能)都是从 20 世纪 40 年代经过第二次世界大战的洗礼才匆匆来到这个世界。显然,只有通过相当长时间(例如半个世纪或更长)自下而上的摸索过程才有可能总结提炼形成自己的研究范式。既然从 20 世纪中叶到 21 世纪初期这一历史时期不存在清晰的信息科学研究范式,那么这个时期信息学科(含人工智能)的研究工作者便必然会沿用当时已经非常成熟、影响非常广泛，而且人们也已非常熟悉的物质学科的研究范式，从而无可避免地发生范式的张冠李戴。

特别值得指出的是，在信息学科(含人工智能)发展的初期阶段发生范式的张冠李戴，在整个科学发展史上是绝无仅有的事件。这是因为，在此前科学技术发展的千年历程之中，所有的学科都属于同一个大的学科体系——物质科学的学科体系。从原始时代石刀、石斧的打造到农业时代镰刀锄头的制作(材料科学)，再到近代机车、机床、汽车、轮船的制造(动力科学)，以至现代飞船、导弹的发明(新材料新能源科学)等，它们都属于物质科学的学科范畴，都遵从物质学科的范式。因此，在数千年科学技术历史上，从来没有发生过范式张冠李戴的事件，因为完全不存在发生研究范式张冠李戴的必要和可能。所以，没有范式变革的先例。

然而，信息学科(含人工智能)却不同往常，它不属于物质学科的范畴体系，不应遵循物质学科的范式，但是在它的初期发展阶段又没有来得及形成本学科的研究范式。因此，在信息学科(含人工智能)的初期发展阶段就沿用了物质学科范式，无可避免地承受了张冠李戴的现实。

这真是科学技术史上“千年未有之新事物”。

半个多世纪以来，人工智能的研究范式犯了张冠李戴的大忌，不是什么人愿意或不愿意的事情，而是学科时代大转变（由物质科学主导的学科时代向信息科学主导的学科时代的大转变)带来的不可抗拒的历史必然,是学科体系进入高级发展阶段所必然产生的要求和必须付出的代价。

这也是为什么现代社会的大多数人们对于范式的张冠李戴毫无印象、毫无体验、缺乏认识，因此缺乏准备的原因，也是值得人们特别警醒的原因。

4.3.2　范式革命：人工智能研究的根本出路

既然人工智能的研究因为遭受了传统物质学科研究范式的束缚而未能完成建立统一的高等理论的历史使命，那么，显而易见的结论就是，为了使人工智能的研究走上健康发展的道路，就需要从根本上寻求适合本学科性质和需要的信息学科范式的指导，而不是仅仅依赖某些具体技术层面上(算法、算力、数据、硬件)的修补和改进。

本章上一节已经论述了现行人工智能的总病根是范式的张冠李戴。第 2 章发现和确证的学科建构生长逻辑(表 2.1.1)表明，研究范式是学科建构的源头起点和支配全局全程的引领力量。由此得到结论便只能是，人工智能研究的根本出路必定是学科研究范式的大变革。

具体来看，顶层发动的范式大变革，必然引发学科建构生态链各个中低层次突破与创新的连锁反应链，其结果就必将是全新人工智能理论(也就是通用的人工智能理论)的问世。范式革命引发人工智能研究变革的连锁反应链如表 4.3.1 所示，最终的结果是全新的人工智能理论。

表 4.3.1 表明，一旦在人工智能的研究领域以信息学科的研究范式取代物质学科的研究范式，就必然引发一系列的大变革。

(1) 直接根据信息学科的科学观(辩证唯物的科学观)引发人工智能研究模型的重大突破，应当是人类主体主导下和环境运行规律制约下的主体与环境客体相互作用的信息生态过程的模型，而不再仅仅是孤立的中立的脑模型。

(2) 根据信息学科的方法论(信息生态方法论)必然要引发人工智能研究路径的彻底破旧立新——应当是沿着普适性的智能生成机理这个统一的研究路径展开研究，而不再是分别沿着结构模拟、功能模拟、行为模拟的研究路径分道扬镳。

(3) 一旦人工智能的全局研究模型变成人类主体主导下的主体与环境客体相互作用演进的信息生态过程模型而不是孤立的脑模型，那么就必将引发对人工智能学术结构的重新认识。因此，人工智能是原型学科(人类学、脑神经科学、认知科学、人文学科、哲学等)、本体学科(信息科学、系统科学)、基础学科(生物物理学、逻辑学、数学等)、技术学科(微电子技术、微机械技术、新材料新能源技术等)形成的交叉学科群，而不再仅仅是计算机和自动化科学技术的直接延伸。

表 4.3.1　范式革命引发人工智能研究变革的连锁反应链

层次的传递	范式革命引发人工智能研究变革的连锁反应
科学观	以信息学科的科学观取代物质学科的科学观
方法论	以信息学科的方法论取代物质学科的方法论
全局模型	引发研究模型的全面变革
研究路径	引发研究路径的另辟新途
学术结构	引发学术结构的返璞归真
数理基础	引发数理基础的系统重建
基本概念	引发基本概念的深度再造
基本原理	引发基本原理的重新挖掘

(4)一旦人工智能的研究路径变成普适性智能生长机制的实现，那么必然要对人工智能学科的学术基础提出新的要求，结果发现原来并没有专门面向人工智能的数学和逻辑理论，因此需要根据普适性智能生长机制的需要进行系统重建。

(5)一旦人工智能的学术结构变成原型学科、本体学科、基础学科、技术学科的多学科交叉结构，数理基础变成面向智能的数学和面向智能的逻辑学，那么就必然引发对人工智能原有的基本概念进行深度重构,即把纯粹形式化的数据概念、纯粹形式化的知识概念、纯粹形式化的智能概念等相应地改造为体现形式、内容、价值三位一体的全信息概念、全知识概念、全智能概念。在此基础上，根据普适性智能生成机理深挖相应的信息转换原理，包括：客体信息转换为语义信息的转换原理、语义信息转换为内容性知识的转换原理、{语义信息、内容性知识、系统目的}转换为全智能的转换原理、智能策略转换为智能行为的转换原理，以及误差信息转换为优化智能策略的转换原理等。

这样，辩证唯物的科学观，信息生态的方法论；人类主体主导下的主体与环境客体相互作用的信息过程模型，普适性智能生成机理；原型学科-本体学科-基础学科-技术学科的多学科交叉结构；面向智能的数学理论和逻辑理论；形式-内容-价值三位一体的全信息、全知识、全智能概念；支撑普适性智能生长机理的信息转换原理(集中体现为信息转换与智能创生定律)，就构成一门全新的人工智能基础理论——通用的人工智能基础理论。

4.3.3　范式革命前后的对比

如果把人工智能范式变革前后的状况做一番对比分析，可以得到许多发人深省的启迪，如表 4.3.2 所示。表 4.3.2 中第三列的内容是本书作者团队在实施人工智能研究范式变革后获得的结果[20-24]，因此是本书主体篇的成果。把这些成果提前表达在这里，目的是便于说明人工智能研究范式变革的必要性，便于说明范式变革能够为人工智能带来的巨大突破与创新。

表 4.3.2　两种范式下的人工智能理论

对比项目	物质学科范式下的人工智能	信息学科范式下的通用人工智能
科学观	准物质观：物质、去主观、结构	信息观：主客互动、目的、非确定
方法论	机械还原论：纯形式化、分而治之	信息生态学：整体化、生态演化
全局模型	脑模型	主体主导的主客互动信息生态过程模型
研究路径	结构、功能、行为模拟分道扬镳	普适性智能生成机制的统一路径
学术结构	计算机-自动化	原型-本体-基础-技术学科交汇
数理基础	概率论、形式逻辑	因素空间理论、泛逻辑理论
基本概念	形式数据、形式知识、形式智能	全信息、全知识、全智能
基本原理	神经网络、知识工程	信息转换与智能创生定律
综合结果	神经网络、专家系统、智能机器人	通用人工智能理论

表 4.3.2 的对照非常鲜明，也非常有说服力。这 9 个比较项目是一个有机的体系，其中作为学科定义的学科范式(科学观和方法论)是学科的最高支配和引领力量，作为学科定位的学科框架(全局模型和研究路径)是学科落实的关键步骤，作为学科定格的学科规格(学术结构和学术基础)使学科的框架更加精准化，作为学科定论的学科理论(基本概念和基本原理)使学科的理论得以最终落地。

关于表 4.3.2 的全面分析，将在后续章节全面展开，从中可以理解“通用人工智能理论”的科学性和合理性。

这里先就人工智能发展历史中最需要关注的研究路径做一对比。

鉴于人工智能研究在历史上已经形成结构主义方法、功能主义方法和行为主义方法，这里不妨按照历史发展的顺序，把它们分别称为人工智能研究的第一方法、第二方法、第三方法，把基于普适性智能生成机制的方法(简称为机制主义方法)称为人工智能研究的第四方法。

本书后续相关章节会给出机制主义方法更为深入的介绍。此刻，我们只是简要地指出，由于人工智能机制主义研究方法的实施途径体现为“信息-知识-智能转换”，而其中的知识又存在自己的生态学结构。这就是，在本能知识的支持下，欠成熟的经验型知识生长成为成熟的规范型知识，进一步生长(沉淀)成为过成熟的常识型知识，因此在面对同样的信息(问题-环境-目标)的情形下，根据使用的不同知识类型，机制主义方法可以表现出四种相辅相成的具体工作模式。

模式 A：信息-经验型知识-经验型智能策略转换。

模式 B：信息-规范型知识-规范型智能策略转换。

模式 C：信息-常识型知识-常识型智能策略转换。

模式 D：信息-本能型知识-本能型智能策略转换。

显然，这四种工作模式都是标准机制主义方法的“信息-知识-智能转换”，只是它们各自使用的知识类型不同。

后续章节也将证明,结构主义的人工神经网络是机制主义方法模式 A 的特例；功能主义的物理符号系统是机制主义方法模式 B 的特例；行为主义的感知动作系统是机制主义方法模式 C 的特例；本能反射系统可以看作机制主义方法模式 D 的特例。

由此可见，现有人工智能研究的结构主义方法、功能主义方法、行为主义方法分别是机制主义方法在不同知识条件下的 3 个特例。

进一步,考察知识的生态结构(欠成熟的经验型知识→成熟的规范型知识→过成熟的常识型知识)，人工智能研究第四方法的模式 A 原则上可以生长成为模式 B,并进一步生长成为模式 C。换言之,人工智能研究的结构主义方法(第一方法)、功能主义方法(第二方法)，以及行为主义方法(第三方法)不但成为机制主义方法(第四方法)的 3 个特例，而且它们之间存在逐层递进的生长关系，实现和谐的统一。历史上所表现的互不认可、互不相容、互不沟通的关系在这里变成分工合作、相辅相成的关系。

这是一个颇有启发意义的结果，在没有揭示出普适性智能生成机制这个深层本质之前，结构主义方法、功能主义方法、行为主义方法之间似乎没有什么联系，因此不能互相沟通，只能分道扬镳；揭示出知识生态和普适性智能生成机制这些深层本质之后，原先看似互相没有联系，从而不能沟通的三大主流方法之间却在机制主义方法框架内实现和谐的统一。可见，揭示事物的深层本质对于认识事物的内在规律是多么重要。

既然人工智能研究的第四方法是人工智能研究的普适性方法，本书将遵循这一普适性方法来重新审视人工智能研究的全部问题，重新建立人工智能的知识体系。同时，本书将在后续章节致力于阐明和建立第四方法与 3 种方法之间的和谐关系，以期全面构建和谐统一的人工智能研究方法体系，引领人工智能研究的健康发展。

有必要再次指出，以信息-知识-智能转换为标志的第四方法也可以更加直白地表述为信息转换方法，即以信息为源头、经过信息转换而最终生成智能策略的方法。有了这个约定，我们就会更经常地使用“信息转换”这个比较简洁的术语来代替“基于信息-知识-智能转换的人工智能的机制主义研究方法”这个比较冗长的表述。

后面将看到，信息转换可以表达更加深刻、重要的科学内涵。它的科学意义至少可以和物理学的能量转换、质量转换并驾齐驱。

同样，从智能生成的共性核心机制——信息转换还可以澄清和纠正一个历史性的片面认识，即当把人工智能定义为利用计算机模拟人类逻辑思维智能的时候，人们把人工智能理解为计算机科学的一个分支确实有它的道理。当人工智能被正名为一切人造系统实现的智能时，特别是当发现智能生成的共性核心机制就是信息转换时，上述认识就不再能够成立了(至少是不够确切了)。这时，人们就应当如实地接受：人工智能是信息转换的成果，更是信息科学的成果，而且是信息科学的核心、前沿、制高点，而不是计算机科学的一个分支。这也是认识上非常重要的进步。

最后，意义更为深远的是，信息转换不仅仅是智能生成的共性核心机制。本书后续章节还要证明，信息转换也是意识生成、情感生成、注意力生成的共性核心机制。由此可以充分体会信息转换具有重要的作用和深刻的意义。

正是因为基于信息转换的机制主义方法不仅是研究人工智能的根本方法，同时也是研究人工基础意识、人工情感、人工注意的根本方法，具有普遍性和根本性的意义，我们便把基于信息转换的机制主义方法提炼为，信息转换与智能创生定律，而且把运用信息转换与智能创生定律统一地研究人工基础意识、人工情感、人工智能的理论定名为“通用人工智能理论”，以区别于传统的局域人工智能理论。

2006 年是功能主义人工智能学科诞生的 50 周年。为此，中国人工智能学会联合美国人工智能学会和欧洲人工智能协调委员会等国际人工智能学术组织，于 2006 年 8 月在北京举行了国际人工智能学术研讨大会。吴文俊、Zadeh、Nagao 等世界著名学者出席了大会，并在全体大会上发表了精彩学术演讲。

基于我们在人工智能研究领域取得的上述研究成果，本书作者代表会议组织者和东道主中国人工智能学会在会议单元《人工智能 50 周年：回顾与展望》的发展战略研讨会上做了如下主题发言。

50 年来，人工智能研究取得了令人瞩目的成就，但也面临着不少严峻的挑战，后者主要包括以下内容。

第一，在研究方法上，由于受到“分而治之，各个击破”方法论的影响，形成了结构模拟、功能模拟、行为模拟三者“鼎足而立，互不认可”的研究格局，未能实现三种方法的沟通与统一，客观上妨碍了人工智能研究取得更大的进展。

第二，在研究内容上，由于受到“分而治之，各个击破”方法论的影响，造成了人工智能研究与人工意识研究和人工情感研究的互相脱节，并且长期回避“人工意识”和“人工情感”这些基础性的领域，使人工智能的研究模型不能充分体现智能的客观本质，使研究的结果受到局限。

第三，在研究策略上，由于受到“分而治之，各个击破”方法论的影响，人工智能的研究长期囿于工程技术层面，缺乏与自然智能研究(特别是脑神经科学和认知科学)之间的深入交流，使研究的思路和深度受到严重限制。

为了从根本上改变上述状况，使未来人工智能研究发展得更好，建议各国同行共同努力，在今后的人工智能研究中努力实现以下目标。

第一，研究方法上，实现人工智能研究方法的融通，形成合力。

第二，研究内容上，把智能研究扩展为意识、情感、智能三位一体的研究。

第三，研究策略上，与自然智能研究深度互动。

为了简便，建议把体现上述三项目标的研究定名为“高等智能”研究。

这个主题发言得到了与会者的热烈响应。为了能够有效推动高等智能的研究，会议建议由中国人工智能学会负责筹备发起 International Conference on Advanced Intelligence(高等智能国际会议)，从 2008 年开始举行第一届会议，此后每两年举行一届。中国人工智能学会接受并履行国际会议委托的任务，分别在 2008 年和 2010 年成功地举办了两届高等智能国际会议，并于 2009 年委托日本德岛大学创办了 *International Journal of Advanced Intelligence*《高等智能国际学报》，为推动国际高等智能的研究创造了良好的交流平台。

事实上，在此次国际会议之前，我们在高等智能三个目标的研究方面都已经取得重要进展。关于第一个目标，我们已经建立了基于信息转换的机制主义方法，并且在机制主义方法框架内形成结构主义、功能主义、行为主义的和谐合力。关于第二个目标，我们已经发现，基于信息转换的机制主义方法可以统一阐明人工意识、人工情感和人工智能的生成机制，实现三位一体的整体研究。至于第三个目标，我们确信，基于信息转换的机制主义方法完全可以成为自然智能研究和人工智能研究深度互动的内容。

总之，体现“以信息学科范式科学观为主导观念，以信息生态方法论为主导方法”的信息转换原理和机制主义方法，不但已经取得实质性成果，而且在国际人工智能学术界达成了良好的共识，可以为未来人工智能研究的健康发展提供科学观和方法论的引导。

4.4 本章小结

本章回顾了人工智能研究的历史和现状，指出目前的人工智能研究还处于自下而上摸索的阶段。这一阶段的标志是，人工智能理论的研究依然处在结构主义、功能主义、行为主义三者互不认可、互不相容和分道扬镳的状态。虽然人工智能是信息学科集大成的高级篇章，但是由于信息学科的学术共同体尚未就信息学科的研究范式(科学观和方法论)形成共识(至今还是三足鼎立)，因此一直在沿用物质学科的研究范式，并造成了人工智能研究范式的张冠李戴。

在范式张冠李戴的情况下，这一时期的人工智能研究注定不可能有清晰准确的基本概念，如智能、人工智能、强人工智能、超强人工智能等概念都处于模糊混沌状态。这既为人们留下了巨大的想象空间，又为人们提供了在摸索中“摸错门、走错路”，甚至“走火入魔”的可能性。

在范式张冠李戴的情况下，这一时期的人工智能技术研究也不可避免地处于盲人摸象的状态，形成结构主义、功能主义、行为主义三种人工智能研究路径，一直未能形成对于人工智能的统一理解。

人工智能的研究已经走过了半个多世纪的历程，虽然总体上还是处于盲人摸象的状态(结构主义、功能主义、行为主义等局部合理的路径)，但与此同时也有另外一些人在半个多世纪的实践过程中总结了信息学科的研究范式。因此，在人工智能的研究领域取代物质学科范式的条件已经具备。

在人工智能研究领域用信息学科的研究范式取代物质学科的研究范式，就是人工智能研究的范式革命。实施范式革命的结果，创造了全新一代的人工智能理论，即通用人工智能理论。

参考文献

[1] McCulloch W C, Pitts W. A logic calculus of the ideas immanent in nervous activity. Bulletin of Mathematical Biophysics, 1943, 5: 115-133

[2] Widrow B. Adaptive Signal Processing. Englewood Cliffs: Prentice-Hall, 1985

[3] Rosenblatt F. The perceptron: a probabilistic model for information storage and organization in the brain. Psychological Review, 1958, 65: 386-408

[4] Hopfield J J. Neural networks and physical systems with emergent collective computational abilities. Proceedings of the National Academy of Sciences, 1982, 79: 2554-2558

[5] Grossberg S. Studies of Mind and Brain: Neural Principles of Learning Perception, Development, Cognition, and Motor Control. Boston: Reidel Press, 1982

[6] Rumelhart D E. Parallel Distributed Processing. Cambridge: MIT Press, 1986

[7] Kosko B. Adaptive bidirectional associative memories. Applied Optics, 1987, 26(23): 4947-4960

[8] Kohonen T. The self-organizing map. Proc. IEEE, 1990, 78(9): 1464-1480
[9] Turing A M. Can Machine Think? New York: McGraw-Hill, 1963
[10] Wiener N. Cybernetics. 2nd ed. New York: Wiley, 1961
[11] Newell A, Simon H A. GPS, A Program That Simulates Human Thought. New York: McGraw-Hill, 1963
[12] Feigenbaum E A, Feldman J. Computers and Thought. New York: McGraw-Hill, 1963
[13] Simon H A. The Sciences of Artificial. Cambridge: MIT Press, 1969
[14] Newell A, Simon H A. Human Problem Solving. Englewood Cliffs: Prentice-Hall, 1972
[15] Minsky M L. The Society of Mind. New York: Simon and Schuster, 1986
[16] Brooks R A. Intelligence without representation. Artificial Intelligence, 1991, 47: 139-159
[17] Nilsson N J. Artificial Intelligence: A New Synthesis. New York: Morgan Kaufmann, 1998
[18] Russell S J, Norvig P. Artificial Intelligence: A Modern Approach. New York：Pearson, 2006
[19] Forgel I J. Artificial Intelligence Through Simulated Evaluation.New York: Wiley, 1966
[20] 钟义信. 智能理论与技术: 人工智能与神经网络. 北京: 人民邮电出版社, 1992
[21] 钟义信. 机器知行学原理: 信息、知识、智能的转换与统一理论. 北京: 科学出版社, 2007
[22] 钟义信. 高等人工智能原理: 观念·方法·模型·理论. 北京: 科学出版社, 2014
[23] 钟义信. 机制主义人工智能理论. 北京: 北京邮电大学出版社, 2021
[24] 钟义信. 从机械还原方法论到信息生态方法论. 哲学分析, 2017, 5: 133-144

第三篇（主体篇） 通用人工智能理论

依照科学发展规律的分析和历史经验的启迪，实施范式变革，创新智能理论就成为本书第三篇的主旋律。范式大变革的结果就是，引发人工智能理论领域深度突破的连锁反应链，并在信息学科范式引领下，以信息学科高级发展阶段特有的时代精神最终完成通用人工智能理论的创建。

按照表 2.1.1 的结构，本篇包含 8 章（第 5～12 章）的内容。

本篇的研究表明，如果没有实行范式的大变革，还是按照传统物质学科的范式，人工智能的研究必然会走回结构主义、功能主义、行为主义鼎足三分且分道扬镳的老路。只有实施范式的大变革，贯彻信息学科的范式，才能构筑主体主导和环境约束的主客互动信息模型，开辟基于普适性智能生长机制的机制主义研究路径，创建基于普适性智能生长机制——信息转换与智能创生定律的通用人工智能理论。

实际上，通用人工智能理论的成功反过来又会有力地印证人工智能理论范式大变革的必要性和正确性。

第 5 章　通用人工智能理论的学科基础

本书的主体是在人工智能研究领域的源头上实施以信息学科范式取代物质学科范式的范式变革，引发和推进人工智能学科的全程深度突破与系统创新，建立基于普适性智能生长机制的通用人工智能理论。

本章给出通用人工智能理论的基础，包括阐明人工智能的基本概念、总结和确立信息学科的研究范式，实施人工智能研究领域的范式革命，构建人工智能的全局研究模型，揭示普适性智能的生长机制，开创全新的机制主义研究路径，为创建通用人工智能理论奠定坚实的基础。

5.1　基本概念：人类智慧→人类智能→人工智能→通用人工智能

任何学科都有自己的基本概念，它是学科理论大厦的基础结构。有人曾经这样解说基本概念对于整个学科理论大厦的重要性：基础不牢，地动山摇。

人工智能是一个复杂深邃的学科。在此前半个多世纪的研究历程中，它的基本概念一直比较朦胧模糊。由此引出了许多奇思怪想，使人工智能的研究显得更加云山雾罩，甚至蒙上各种神秘的色彩。本书以上各章虽然或多或少、或深或浅地论及人工智能的一些基本概念，但是为了有利于对人工智能展开科学理性的研究，非常有必要对这一学科最基本的概念做一番系统深入的探讨。

本书认为，人工智能的概念是相对于人类智能而言的，人类智能的概念本身又是人类智慧概念的有机组成部分。因此，为了解析人工智能的概念，必须从认识人类智慧开始。

5.1.1　人类智慧

什么是人类智慧？它与人工智能的关系是什么？

应当承认，这是一个十分复杂的问题，甚至笼罩着几许神秘色彩，目前还存在许多不同的理解和解释。本书的理解也只是这些不同理解之中的一家之言，当然是作者自认为比较合理的一种理解。

本书理解的人类智慧可以表述如下[1,2]。

人类智慧，就是人类为了追求“生存与发展”而不断地运用知识去发现问题（探索未来）和解决问题（变革现实），并在这个过程中不断地完善自己，从而不断实现和优化目的的一种人类独有的卓越能力。

可以看出，理解人类智慧的几个关键词（要点）包括，以不断改善生存与发展水平为目的；不断积累先验知识；不断地发现问题；不断地解决问题；不断地完善自己；人类独有的卓越能力。

现在就来逐一地解释这些要点。

(1) 以不断改善生存与发展的水平为目的，这是人类创新的动力。

在人类智慧的各个要点之中，处在第一要位的便是这个目的。

首先，是否具有目的？这是区分一切生命体和非生命体的根本准则。一切生命体都具有目的，而一切非生命体都没有目的。有目的，才可能有（但不是必然有）智慧；没有目的，肯定不可能有智慧。

其次，具有什么样的目的？这是区别人类和其他生物物种的根本准则。人类追求的目的是，不断改善生存与发展水平，即不但要求生存，而且更要谋求发展。其他各种生物物种的目的，则只是求生存。

可见，人类追求的目的，不但要生存，尤其要发展，而且还要不断地改善生存和发展的水平。这里的不断就是永无止境、永无止歇，表示人类的生存发展水平永远不会停留在某个固定的水平上。这是人类智慧的根本特征，是人类与其他各种生物物种之间最重要的区别，是人类智慧能够不断深化发展，进而卓越超群的原始动力。

(2) 不断积累知识，这是创新的基础。

先验知识是人类智慧的另一个关键要素。由于人类追求的目的是，不断改善生存与发展的水平，因此人类在自身进化发展的历史长河中就不断摸索、学习、积累了大量的知识，包括可以通过先天遗传获得的本能性知识，通过后天实践试探和检验获得的经验性知识，通过后天学习和创新获得的规范性知识，以及从经验性知识和规范性知识沉淀的那些不证自明的常识性知识。这些知识在人们试图去发现问题之前就已经拥有了，因此称为先验知识。随着人类的不断进步，人类拥有的先验知识也不断增长。当然，这种增长不是简单的累加，而是不断淘汰错误的和过时的知识，不断修正不完善的知识，不断增加新鲜的且与原有先验知识协调的具有良性结构的知识。

与人类相比，其他生物物种也拥有与它们等级相适应的本能性知识，以及在后天积累的某些与它们求生需求相适应的经验性知识，但是不可能拥有系统性的规范性知识。这也是人类与其他生物物种区别的一个标志。

(3) 不断发现问题，这是为了创新而展开的探索（隐性智慧）。

由于人类追求的永恒目的是求生存、谋发展，因此人类智慧不仅表现在它具有明确的目的和拥有丰富的先验知识，能够认识环境和适应环境，更重要的是永不停顿地谋求发展的开创意识、开创精神和开创能力。在目的驱动下不断运用先验知识去发现问题，探索和发现那些对改善人类生存与发展有积极意义，而且有可能运用已有的知识得到解决的问题，并在发现问题的基础上明确地定义问题，即清晰地描述问题、预设问题求解的目标、指明求解问题所需要的先验知识。换言之，描述问题-预设目标-关联知识是发现问题必须包含的三要素。不言而喻，这是人类智慧能力的创造性特征，也是人类独有的卓越能力最突出的特征，与谋发展的目标直接相关。因此，发现问题的能力是人类创造能力的首要表现。

需要指出，发现问题的实质就是探索现实与未来的关系，确定未来发展的方向，不仅需要有明确的目的作为动力要素，有丰富的知识为基础要素，而且需要有透彻的理解力、深邃的洞察力、科学的想象力和睿智的决断力作支撑要素。所有这些要素都具有内隐性、抽象性、思辨性的特色，因此称为隐性智慧。

相比之下，由于其他生物物种的目标仅仅是求生存，没有谋发展的追求，只要能够在既有环境中求得安逸的生存，它们便心满意足、心安理得，不再有更多的欲望和追求。于是，这些生物物种就不可能有意识地去积累先验知识，并运用先验知识去发现需要解决的新问题。

(4)不断解决问题，这是创新的落实(显性智慧)。

人类智慧的能力不仅表现为能够有目的地不断发现有意义，又尚未解决且有可能解决的问题，同样还表现在，人类有能力在此基础上去解决这些被发现和定义的问题。只有这样才能把从现实走向未来的探索具体落实到切实改善人类生存与发展水平的目的上。

与发现问题需要科学的想象力和睿智的决断力来面对现在与未来关系的绝对新颖性和不确定性导致的莫测性不同，解决问题的实质是针对已发现问题中明确定义的问题-目标-知识基础上巧妙地运用知识，寻求合理的策略去解决问题达到目标的过程。这里需要的是理解问题、理解目标、理解知识，以及三者之间相互关系的能力，并且可以通过学习不断加深上述理解，从而解决问题。这些能力的共同特点是外显的智慧，因此称为人类智慧的显性智慧。

如果把问题看作外部客体对主体呈现的客体信息，把达到目标的行为看作主体生成的智能行为，那么解决问题就可以描述为，由客体信息、知识、目标到智能策略的转换过程，简称信息转换过程。人类就是通过信息转换过程不断地解决问题来实现不断地改善生存与发展水平的目的，而且永不满足。

(5)不断地完善自己，这是人类主体创新能力的提升。

从表面上看，人类为了实现不断改善生存与发展水平的目的就是自觉地不断运用先验知识去发现问题和解决问题，从而达到不断改善生存与发展的目的。但是，人类的智慧却并未就此止步。人类还要追求，在发现问题和解决问题的过程中不断地完善自己。这种自我完善，一方面表现在，不断修正错误，不断完善人类的知识体系，从而不断提高解决问题的能力；另一方面表现在，不断地运用解决问题的成果深化自己发现问题的能力。

这点非常重要，因为只有当人类能够不断利用发现问题和解决问题的成果来完善、提高自己的知识和能力的时候，才能不断增强自己发现问题和解决问题的能力，真正实现不断地改善生存与发展水平的目的。否则，如果只是解决外部世界的问题，而人类自己的知识和能力却原地不动，那么改善生存与发展水平就难以不断向着新的深度和广度前进。事实上，如果没有人类知识水平和主观能力的不断提升，那么客观环境的不断优化和生存发展水平的不断改善是不可能的。

(6)人类独有的卓越能力，这是自行激励永远前行的创新系统。

可见，人类智慧是由创新的动力(目的)→创新的基础(知识)→创新的探索(发现问题)→创新的落实(解决问题)→创新的提升(对象的优化、知识的扩充和目的的更新)构成的一个自行激励、永远前行的创新体系。创新的动力源自不断改善生存与发展水平的目的，创新的基础来自不断充实的知识，创新的探索来源于发现问题的能力。创新的落实源于解决问题的能力，而创新落实的结果可以优化对象，扩充和更新知识，改善人类生存与发展的水平，更新人类目的的具体基准，从而在新的水平上追求更高的生存与发展的水平。这种创新过程不断螺旋式上升，永不停止。人类智慧能力的运行机制示意如图 5.1.1 所示。

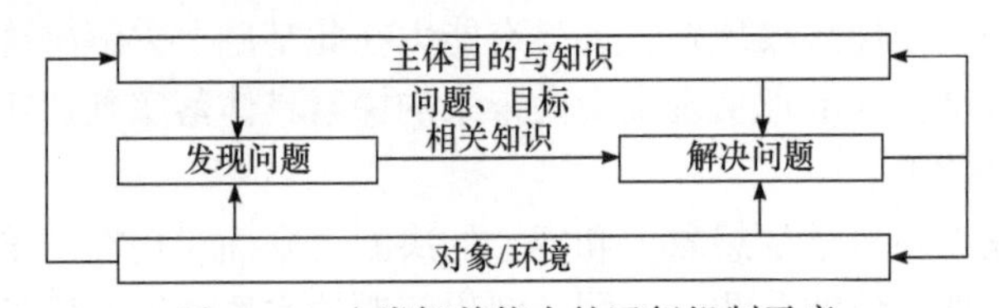

图 5.1.1　人类智慧能力的运行机制示意

由此不难作出判断，由前面各个要点描述和支撑的人类智慧能力确实是人类独享的卓越能力。这是因为，无论是人类追求的目的还是拥有的知识，无论是人类发现问题的能力还是解决问题的能力，以及在发现问题和解决问题的过程中人类不断完善自身的能力，都是其他各种生物物种无法企及的。人类且只有人类，才能凭借着自身的智慧，真正成为名副其实的万物之灵。

5.1.2　人类智能

在人类智慧运行机制中，在目的的牵引和知识的支持下，主要是通过不断地发现问题、解决问题这两种相互促进、相辅相成的能力来展现人类的智慧。发现和解决问题的动力和支持，分别来源于目的和知识，发现和解决问题的结果，一方面可以扩充人类的知识，另一方面可以更新人类谋求生存与发展目的的水平，激发新的创新活动。可见，发现问题和解决问题是人类智慧的主要能力表现。

正如上面指出的，发现问题的能力是一种隐性智慧，具有内隐性、抽象性、思辨性等特点，它的工作机制至今仍然未解；解决问题的能力是一种显性智慧，具有外显性、具象性、操作性的特点，它的工作机制主要表现为获取问题、目标、相关知识的信息，在目标引导下把信息和知识转换为解决问题的策略，并把策略转化为行为反作用于客体，以及优化策略等能力。

鉴于此，学术界关于人类智慧的研究，虽然历来对于其中的隐性智慧（探索和发现问题的能力）都具有浓厚的兴趣，但是由于它的复杂性、抽象性、神秘性一直没有取得明显的进展，因此基本上处于悬置的状态。实际的学术研究都聚焦在显性智慧（解决问题的能力）领域，并把显性智慧特别称为人类智能。于是，就有了如下理解。

人类智能是人类显性智慧的别称，特指有效解决问题的能力，是人类智慧的一个有机组成部分，它要解决的问题、目标，以及相关知识均由隐性智慧提供。

需要指出的是，虽然人类发现问题的隐性智慧运行机制一直是谜，但是隐性智慧发现问题的结果却应当有十分清晰和准确的标志。

（1）要完整地描述待解决的问题。

（2）要预设解决问题应当达到的目标。

（3）要明确指出解决问题需要的相关知识。

因此，人类智能（显性智慧）也可以更准确地定义为，在隐性智慧给定的框架下解决问题的能力。

5.1.3　人工智能

有了以上分析，就可以很明确地给出关于人工智能的理解。

人工智能就是机器实现的人类智能（显性智慧）。具体来说，人工智能就是用人类设计的机器系统所实现的人类智能有效地解决问题的能力，其中问题、目标、相关知识都由人类隐性智慧（通过发现问题的能力）给定。

由此可以直接得到的结论就是，人类智能是人类智慧的一个真子集，而人工智能只是这个真子集的人工实现。于是，完全不具备人类隐性智慧、只实现了人类显性智慧的人工智能，怎么可能全面超越人类智慧？这在逻辑上就成为不言自明的结果了。

至于人工智能的操作性能力，如工作速度、工作精度、工作的持久力、耐受极端环境（如真空、高压、高温等）和不良环境（如有毒和有害的环境）的能力等，则应当超越人类。反之，如果人工智能的这些能力都不如人类，那么人类研究人工智能还有什么意义呢？然而，操作能力再强，也不可能形成机器发现问题的智慧能力。

回想起来，以前人们对人工智能所做的理解是，人工智能是要研究这样一种机器，它能做只有人类才能做的工作。问题在于，什么是只有人类才能做的工作？

是指人类发现问题、探索未来的隐性智慧所做的工作吗？是指人类生育后代的能力吗？因此，上述这种理解是不准确的。这种不准确的理解带来的一个问题就是，既然机器可以做人类能做的所有工作，而机器的操作能力又远远超越人类，因此人工智能机器可以全面超越人类。换言之，这种不准确的理解是“机器超人说”，以及由此引申的“机器治人说”的主要根源。

显然，本书提出的新理解就不存在这种问题。这是因为，本书的理解明确指出，人工智能是人类智能的机器实现，而人类智能(显性智慧)则有很明确的所指，即只涉及人类有效地解决问题优化现实的显性智慧能力，不包含人类发现问题、探索未来的隐性智慧能力。因此，人工智能只增强人类的显性智慧，不具有人类隐性智慧。

按照这样的理解，人工智能机器就是人类解决问题的聪明助手，但是它不可能拥有与人类完全相同的能力(因为它不具有人类的隐性智慧能力)，当然更不可能拥有全面超越人类智慧的能力。

5.1.4 通用人工智能

本书的主旨是研究通用人工智能理论。因此，在阐明人工智能的基本概念后，就应当着手分析、回答、论述通用人工智能的相关问题。

在一些人的心目中，所谓通用的人工智能是指，面向不同的情境都能够解释、解决普遍性的智力问题，而且通过不断学习、积累本领可以自行进化成长的人工智能系统，是一种“全知全能”的人工智能系统，是一种人工智能系统的“巨无霸”。因此，他们坚定地认为，通用人工智能只是一种理想(空想)，在现实世界中根本不存在。

为此，有人提出一系列的质疑。

(1)非生命体的人工智能不可能有意识，又怎么可能有通用智能的能力？

(2)发展了半个多世纪的人工智能没有能够更靠近人的一般特性，又有什么根据证明它能够拥有通用智能呢？

(3)人工智能只是计算机的一个应用而已，而人脑不是冯·诺依曼架构，如何让冯·诺依曼架构的人工智能具有非冯·诺依曼架构的人脑能力？

(4)非生命体不会有七情六欲，没有学习的原动力，怎么可能产生人类的创造能力？

(5)人类有注意能力，机器如何生成注意能力？人类用自然语言表达思维，机器怎样才能理解人的自然语言？

(6)如何理解智能的统一体系？

(7)人工智能是否具有学习能力？是否需要有交互认知？

(8)在非冯·诺依曼架构的机器人脑中，各种构件是怎样实现的？

(9)通用人工智能应当具有教育能力，机器婴儿有没有形成基础软件的编程能力？

我们未必需要逐条解释和说明上述这些质疑。需要指出的是，通用人工智能理论并非人们想象的“巨无霸”或“全知全能系统”，通用人工智能最根本的特征和标志是，具有普适性的智能生成机制。

具体来说，人们设计实际的人工智能应用系统时，无论面对的是何种专门的具体应用，只要用户给定：对所需解决问题的确切描述；对解决问题预期目标的明确规定；对解决问题所需相关知识的充分提供，通用人工智能系统就能按照普适(通用)性智能生成机制为用户生成一个满足上述要求的人工智能应用系统。它能利用上述知识，解决上述问题，达到上述目标(只要用户给定的问题、目标、知识是合理的)。

可见，通用指的是，生长和生成智能的机制是通用的，而不是一个人工智能的巨无霸包打天下一切问题。

换句话说，不管人们给定的问题、目标、知识是什么，只要它们是合理的，那么通用人工智能理论就可以利用它的普适性智能生成机制来生长和生成需要的智能。至于它生成的那些人工智能应用系统能够解决什么问题，取决于用户们给定的问题、目标、知识。总之，问题可以千姿百态，解决这些问题的智能也因此各不相同，但生长和生成这些智能的机制却是不变的。这就是人工智能具有的不变性。

这种通用人工智能理论和系统难道在现实世界不可能存在吗？

在现实世界中，人就是这样的“通用智能系统”。人们面对的各种问题会千奇百怪，但是生成解决这些问题需要的机制却是一样的。在理想情况下，都是获得客体信息→生成感知信息(语义信息)→生成相应的知识→在目标导引下在知识支持下把语义信息转换生成解决问题的智能策略→执行策略解决问题达到目标。这就是信息转换与智能创生定律。

实际上，人就是典型的通用人工智能系统的原型。人为什么既可能成为科学家、工程师、医生，也可能成为法官、政治家、经济学家、文学家、艺术家、军事家？并不是因为人拥有各种各样不同的智能生成机制，而是因为人所拥有的普适性智能生成机制(学习能力)能够有效地适应各种各样不同的问题、目标、知识。不同职业的知识和培训的内容虽然各不相同，但人的学习机制是一样的。以相同的学习机制学习各种不同的内容、接受各种不同的培训，就成为各种不同的专家。正是普适性的学习机制使人成为通用的智能系统。同样，通用人工智能系统的通用性，也在于它的普适性智能生成机制和生成机制。

简言之，只要实现普适性智能生成机制，人工智能系统就可以成为通用的人工智能系统。

这就是通用人工智能的基本概念。这种意义下的通用人工智能系统就是人工智能系统的通用孵化器，凭借普适性智能生成机制可以“孵化”出各种各样的人工智能应用系统。

5.2　通用人工智能理论的研究范式：科学观与方法论

澄清和匡正人工智能的基本概念是研究人工智能的必要前提；否则，就有可能发生“指鹿为马”的尴尬，并由此引发一系列理解上的失准偏差，甚至产生各种原则性的错误(如机器治人的判断)。

阐明了人工智能的基本概念，就具备了着手研究人工智能的基本条件。接着需要认真思考的问题是，应当怎样研究人工智能？下面站在人工智能基础理论研究的高度，阐明人工智能理论的范式、框架、规格等重要基础。

人们究竟应当怎样研究人工智能呢？首先，对人工智能这一研究对象要有正确的认识，也就是要有正确理解人工智能的科学观。有了正确的科学观，才能建立正确的方法论。正确的人工智能科学观和与之相适应的人工智能方法论两者一起，才能构成研究人工智能应当遵循的正确范式。

如前所说，人工智能是信息学科的高级篇章，因此研究人工智能需要遵循信息学科的范式。

5.2.1　莫把“计算”当“智能”

有比较，才能有鉴别。有分析，才能有判断。在讨论人工智能研究的信息学科范式之前，不妨先看看人工智能研究领域存在的一些误解。只有消除这些误解，才能对人工智能获得正确的认识。

社会上流行得最广泛的误解之一是，关于计算机科学与人工智能的关系。

从国内外学术界的研究情况来看，相当多的研究人员都把人工智能看作计算机科学的应用分支。按照这种理解(实际是误解)，他们就把人工智能的研究理解为计算机的研究，把算法、算力、数据、硬件等当作人工智能研究的关键。他们确信，只要设计出更加优秀的算法、获得更加强大的算力、积累更加充分的数据、制造出更加先进的硬件，就可以发展出更为强大的人工智能。

客观而论，算法、算力、数据、硬件等都是研究人工智能所需要的技术要素。这些方面的研究进展都可以为人工智能的进步做出有益的贡献，因此都值得重视和支持。但是，人们也必须注意到，单凭算法、算力、数据、硬件的研究，不可能使人工智能在源头上获得原始性的突破与创新，也不可能解决人工智能当今面临的根本性问题，如三大学派的融合问题、理解能力低下的问题、可解释性差的问题、大样本学习的问题，以及人工智能系统的人工情感和人工意识的问题等。

为什么有人认为，人工智能是计算机科学的分支呢？在人工智能发展的历史上，占领统治地位最长久(1956～2012 年)的就是功能主义的人工智能学派，即物理符号系统/专家系统学派。他们的学术宗旨是，以计算机为硬件平台，通过编制聪明的软件来模拟人类逻辑思维的功能。因此，这个学派确实是计算机科学在智能技术的应用，是计算机科学的一个应用分支。

问题是，物理符号系统/专家系统只是研究人工智能的三大学派之一，而不是全部。虽然它在很长历史时期都占据着统治地位，但是并不能取代其他两个学派。特别是，2012 年以后，人工神经网络学派成为人工智能的主导学派，而人工神经网络学派信奉的是结构主义，而不是功能主义；它的实现形态是大规模的、非线性的、并行处理的复杂系统，因此不能认为是计算机科学的分支。此外，Brooks 等开创的感知动作系统/智能机器人学派信奉的是行为主义，也不属于计算机科学的分支。

更严重的问题是，如果按照计算机科学分支的认识去研究人工智能理论，就要遵循计算思维来研究人工智能。然而，计算思维推崇和遵循的方法是，利用形式化的逻辑和形式化的算法处理形式化的数据。按照这种思维方法，只能得到纯粹形式化的结果。智能(包括人工智能)研究需要的结果应当是形式、内容、价值的三位一体，而不是单纯的形式化。因此，计算思维无法满足智能和人工智能研究的基本要求。如果遵循计算思维，那么当今人工智能面临的那些致命问题(理解能力低下、可解释性差、需要大样本学习、没有人工情感、没有人工意识等)也将无法得到解决。作为智能和人工智能核心能力的认知，本质上并不等同于计算，或者反过来说，智能和认知都不是通过纯粹的计算能实现的。

与此相联系的另一个问题是，关于数学在人工智能研究中的地位和作用。有人提出，没有大量数学家的广泛参与，人工智能的研究就不可能成功。也许，这种认识可以称为数学决定论。

我们的理解是，一方面，现时的人工智能研究并不是没有数学家的参与。事实是，相当多目光敏锐的数学家一直都在深度参与人工智能的研究。面对智能问题的高度复杂性、非规范性、新颖性，现有的数学方法还不能充分描述和分析智能研究中的那些复杂问题(如涌现、内容理解)，因此数学本身还必须进一步发展，才能满足智能科学和人工智能研究的需要。另一方面，智能科学和人工智能也不是仅靠数学就可以解决的。一般而言，仅由数学的形式化推导就能得出结果的问题，原则上都是可预知的问题，而不是标准的智能问题。

因此，我们既要承认计算机科学对功能主义的物理符号系统/专家系统做出的重大贡献，又要避免完全按照计算机科学的观念和方法来研究人工智能，更不能把智能问题单纯地归结为复杂的数学计算问题。

特别是近年来，有人把计算思维看作研究人工智能的基本思维方式，这是严重的误解。计算思维对计算机科学具有重要意义，但是无法有效支持人工智能的研究。这是因为计算思维仍然是只问形式、不问价值、不问内容的纯形式化思维方式，所以不可能由计算思维产生和处理智能问题。

仔细追踪研究可以发现，计算思维也好，数学决定论也罢，它们都与人工智能研究领域的物理符号假设有关。这个假设认为，计算机和人脑都具有 6 项操作功能(输入、输出、存储、复制、形成符号结构、条件性迁移)，因此计算机和人脑在功能上等效，被称为电脑。按照这个假设，人类的智能就是电脑的智能，人工智能自然就是计算机科学的分支了。

不难看出,这个假设提出的六种功能只能满足形式逻辑要求的充分必要条件，而不能满足智能要求的充分与必要条件。物理符号假设显然忽视了一个极其重要的事实，即人脑能够生成思想内容，而计算机则不能。造成这个差别的主要原因是，在描述、分析、演绎问题的时候，计算机严格遵循单纯形式化的方法，而人脑却严格遵循形式、内容、价值的三位一体方法。计算机和人脑在描述、分析、演绎方法上的这个差别，造成两者在能力上的巨大差距。这种巨大差距彻底打破了物理符号假设的基本结论，否定了仅仅依靠形式逻辑和计算思维就足以解决人工智能全部问题的主张。

5.2.2 莫把“自动”当“智能”

另一个相当普遍的误解是，自动化系统与人工智能系统的关系。

自动化系统是指，针对给定的求解问题、预设的求解目标、提供的求解相关知识，科技工作者事先设计好一套能够识别是否属于预定的问题的算法。如果属于，就利用已有的知识，解决预定的问题，达到预设目标的程序化工作程序，然后把它存储在自动化系统。当系统运行的时候，只要输入的问题被系统识别为确实属于预定的问题，系统就自动启动工作程序，自动按照程序完成解决问题的过程。

于是有人说，自动化系统的理念和人工智能系统的理念是一致的，都是针对给定的求解问题、预设的求解目标、提供的求解相关知识，能够代替人们解决问题达到目标的工作系统。

如果单纯从解决问题这一点来说，两者确实相似。如果从怎样解决问题的角度看，自动化系统和人工智能系统之间却存在多方面的原则区别。

(1) 在给定问题、目标、知识的条件下，自动化系统只是通过执行人类设计者事先设计好的程序一板一眼地解决问题，人工智能系统是通过系统自行学习来建立解决问题的路径、方法、程序。因此，人工智能是一种有学习能力和有智能的工作系统，自动化系统本身是没有智能的系统。

(2)某个自动化系统能解决的问题是某个固定不变的任务。例如，通信网络的程控交换机，但是它只能用来接通和转接电话，而不能用来解决其他任何问题。人工智能系统(特别是通用人工智能系统)却不然，只要给定合理的问题、目标、知识，就可以通过自行学习找到相应的方法(智能的生长和生成机制)有效地解决问题。从这个意义上说，自动化系统是一种刻板的没有学习能力的工作系统，人工智能是一种能够灵活适应的工作系统。

(3)自动化系统和计算机系统一样都是严格的形式化系统,没有价值判断能力和内容理解能力。真正到位的人工智能系统(通用人工智能系统)不但能够感知形式，而且能够理解价值和内容，因此具有学习的能力，是能够与人类实现有效交互的人工智能系统。

总之，自动化系统虽然也是一类信息系统，但是它所遵循的研究范式却不是信息科学的范式，而是与现行人工智能(初级阶段的人工智能)一样，基本遵循物质科学研究范式——近代的物质观，机械还原的方法论。因此，不能把自动化系统与人工智能系统两者等量齐观混为一谈。

5.2.3　莫把物质学科范式当作“万能范式”

自人类进入文明社会以来,物质科学的研究就一直是自然科学研究的主战场,甚至是唯一的战场。由此提炼出来的物质科学的学科范式也成为科学研究的主流范式，甚至是唯一的范式。纯粹客观性、确定性、可分性、形式化、分而治之等成为历代科学研究人员心目中“放之四海而皆准”的基本理念和铁定准则。

20 世纪中叶，快速兴起的信息科学研究虽然发展势头很猛，通信网络、计算机、自动控制、互联网、物联网、云计算、大数据、人工智能等几乎成为现代科学技术的主流，但是由于意识滞后于存在法则，还没有来得及形成自己的研究范式，因此这些信息科学技术研究的社会实践也是在物质学科范式统领下展开的。于是，纯粹客观性、确定性、可分性、形式化、分而治之不但是物质学科研究者心中神圣不可侵犯的信条，而且成为信息科学技术研究者心目中“放之四海而皆准”的准则。

世界是多姿多彩的。在信息学科领域，既然有人信奉物质学科的研究范式，就会有另一些人不满意物质学科的研究范式。信奉物质学科范式的人是因为看到这种范式在历史和现实中显示出强大的威力，不满意这种范式的人是因为看到这种范式在信息学科的研究中造成许多严重的问题。

在信息科学的研究实践中，本书作者观察和体验到的物质学科范式对信息科学的研究造成的严重不足性、不适性、误导性至少有以下几个方面。

(1)物质学科范式“排除主观因素介入”的要求不符合人工智能的本性。

信息是人类和生物主体所需要的一种资源。信息科学技术是人类加工信息资源的理论和技术，是为主体的需要服务的。因此，在信息科学的研究中，主体扮演着主导的角色。然而，物质学科的研究范式要求它的对象必须是“纯粹的物质客体，要彻底排除主体因素的干扰”。这无法满足信息科学研究中的基本要求。

(2)物质学科范式“只关注物质结构与功能”的要求不能适应人工智能研究的需要。

信息科学研究的最终目的是，在主客互动过程中实现主客双赢，是否能够达成主客双赢是信息科学研究关注的中心议题。然而，物质学科范式关注的只是物质客体的结构，以及这些结构可能形成的功能。它无视主体追求的目标，因此无法满足信息科学研究的要求。

(3)物质学科范式关于对象遵循“确定性演化”的认识不符合人工智能的实际。

整个信息科学的研究充满各种不确定性，基本问题之一就是如何利用信息来克服这些不确定性的影响，从而做出正确的决策。然而，物质学科的研究范式虽然承认研究对象会发生演化，但是只承认确定性的演化，因此无法适应信息科学研究的要求。

(4)物质学科范式的“纯粹形式化研究方法”无法支持真正的智能研究。

信息科学研究的目的是，强化主体的智力能力。智力能力应当建立在理解的基础之上，需要利用形式、内容、价值三位一体的研究方法来实现。然而，物质学科的研究范式只允许纯粹的形式化方法来描述、分析、演绎研究对象，这就必然导致各个层次都会丢失内容因素和效用因素，因此不可能有效支持智力能力的研究。

(5)物质学科范式的“分而治之”方法完全不适应人工智能的研究性质。

信息科学的研究对象是，主体驾驭下的主体与客体相互作用的信息过程。这种信息过程本质上是生态过程，必须采用整体化研究方法。然而，物质学科的范式要求对复杂问题实行分而治之的研究，因此必然破坏生态过程的性质。试图用解剖方法来打开人脑思维奥秘的尝试遭到的失败，就是分而治之在复杂信息系统研究场合失效的历史证据。

以上这些严重的不适应说明，物质学科范式不能支持人工智能研究的需要；信息学科的研究必须在以往长期研究实践的基础上总结和确立信息学科的研究范式。这样才能真正摆脱和抛弃物质学科范式的桎梏，在信息学科范式的引领下获得健康的发展。

5.2.4 信息→信息生态→信息科学→信息学科范式

虽然物质学科范式在物质科学研究中发挥了巨大的作用，对物质学科的发展做出了历史性的辉煌贡献，为近代科学技术的发展建立了伟大的历史功勋，但是在信息学科研究领域却表现出许多严重的不足、不适、误导。这不是因为物质学科研究范式本身存在什么问题，而是因为把物质学科范式用到了不当的场合。

于是，寻求适合信息学科的研究需要的信息学科范式，便成为信息科学技术发展的强烈需求。这是信息时代，特别是智能时代的要求。

下面阐明信息学科需要的信息学科范式[3-5]。

任何(复杂的)概念都不是孤立的，它们都存在于自己的概念生态链中。为了准确地理解信息学科范式问题，首先需要懂得什么是信息，然后要明白什么是信息学科。由此才能理解什么是信息学科的研究范式。

顺便说明，我们有时会把“信息学科”表述为“信息科学”。一般来说，信息学科的称谓落在学科上,而信息科学的称谓则落在信息学科整体的科学理论上。两者有所不同，但信息学科的范式和信息科学的范式两者之间没有实质的区别。

信息是最为基础的概念，也是最为重要的概念。然而，正是由于它的基础性，以及与物质科学相对而言的新颖性，就使“信息是什么”的讨论引起几乎所有相关学科研究人员的高度关注。他们或者从各自的学科角度、或者以各自的知识背景、或者按照各自的研究目的来讨论信息概念，结果是无可避免地造成学术界前所未见的智者见智、仁者见仁、各执己见的现实。这正是“盲人摸象”的典例。但是，科学的发展要求我们一定要揭开“大象”的面纱。按照作者的理解，最落地、最具普适性的信息概念具有两个互相关联的基本层次。

(1)事物的原生态信息(也称本体论信息或客体信息)。

事物的原生态信息就是事物直接呈现的自身状态及其变化方式。

事物，泛指现实世界的一切存在，包括无机物、有机物、人类、人类社会和人类思维过程。事物的原生态信息就是事物直接呈现的原本信息，是没有经过任何人为加工的原始信息，所以只与事物本身的状况有关，而与观察者和用户的状况无关。事物呈现的状态是事物的静态信息，状态变化方式是事物的动态信息。人们常说的信息，应当是指这种未经加工过的原生态信息，也称本体论信息，或客体信息。

原则上，宇宙中的任何事物都会呈现自己的原生态信息。但是，这里必然会发生所谓的二分支现象。一类是可被生物主体(特别是人类主体)感知的原生态信息；另一类是不能被任何主体感知的原生态信息。不能被感知的原因可能是，产生信息的事物距离各种生物主体太遥远(如深空的事物、深海的事物，以及地球深层的事物等)，超出那些主体感知能力的灵敏度；也可能是事物呈现的信息超出主体感知能力的“谱范围”(如暗物质)。当然，二分支的界限会随着科技的发展而改变。

无论什么原因，只要是不能被主体(特别是没有被人类主体)感知的那些原生态信息，就无法进入信息科学研究的范畴。由此可以判断，没有进入信息科学研究范围的信息，远远多于能够被信息科学研究的信息。这里也可以充分体会到，主体在信息科学研究中的主导作用。

事物的原生态信息被事物本身呈现来，如果能够被那些具有感觉能力的生物主体(特别是人类主体)感觉到，生物主体(特别是人类主体)就必然会做出反应。因此，信息的原生事物和有感觉能力的主体之间就会发生相互作用。只有这类原生态信息(本体论信息/客体信息)才是信息科学研究的对象。

(2)人类主体感知的信息(简称感知信息、认识论信息)。

人类主体感知的信息，是指人类主体从事物原生态信息感觉到的事物状态及其变化方式(语法信息)、体验到的事物对主体目标的效用(语用信息)，以及由语法信息和语用信息共同确定的含义(语义信息)。

与原生态信息不同，感知信息包含三个相互关联的分量，即语法信息、语用信息、语义信息，分别表示主体心目中该事物的形态；对主体目的而言的该事物的效用；主体心目中的该事物的内容或含义。感知信息由事物的形态和事物对主体而言的效用以及它们共同构成的内容共同定义。

应当着重指出，自从《符号论》提出形式、效用、含义的概念以来，学术界对这三者的关系都存在一个十分普遍性的误解。人们认为，只有了解事物的形式和内容(含义)才能了解事物的价值(效用)，事物的价值(效用)是由事物的形式和内容(含义)决定的。

恰恰相反，不是形式和内容决定价值，而是形式和价值决定内容。这是因为从感知的性质和逻辑来说，形式和价值都是具体的概念，都是可以被人们具体感觉到或者被人们具体体验到的概念，而内容是抽象的概念，是无法被人们具体感觉、体验，只能通过抽象领悟的概念。内容是由可以感觉的形式和可以体验的价值共同定义的。如果没有形式和价值，就不可能有内容。这个认识是我们对《符号学》的一个意义重大的补正。

总之，人类主体感知的信息是原生态信息被人类主体在感知过程中生成的产物，是被人类的感知系统加工出来的信息，所以称为感知信息。它既与事物本身的状况有关，也与感知主体的状况有关。经过人类主体感知过程的加工作用，感知信息的内涵就比原生态信息的内涵更丰富、更深刻、更有用，更具有主观性。

不难理解，对于同样的原生态信息，具有不同感知能力和目的的不同主体就会生成不同的感知信息。这就是所谓的仁者见仁、智者见智。换言之，原生态信息是纯天然的，而感知信息则具有主体的主观色彩。

这种情形不是坏事，是科学进步所需要的。对于人类主体来说，通过感知作用可以了解被感知事物的形式(事物的状态及其变化方式)、效用(事物对主体目标而言的价值利害关系)和含义(事物的总体概念，也就是具有什么形态和什么价值)，因此就可以在信息层面做出决策，实现对信息的正确利用。

由此可以推断，如果人类主体能够对信息进行更深层次的加工(例如，加工知识和求解问题的策略)，那么就可以在更深层次上发挥信息的作用。这就导致人类对信息进行更深层次的加工和利用。

(3)信息的生态过程，是在人类主体与环境客体相互作用的过程中，为了既能实现人类生存与发展的目的，又能维护环境的运行规律，人类主体对信息进行深度加工，形成信息逐次转换产生的生态链的过程。

人类利用信息的过程在技术上就是人类为了认识事物和改变事物(广义地说就是认识世界和改造世界)，争取更好的生存发展状况，而对信息进行各种层次加工的过程，也就是信息被加工成不同深度产品的过程。

如图 5.2.1 所示，在人类主体与环境客体的相互作用过程中，为了实现主体生存与发展的目标，同时为了维护环境运行的规律，主体把原生态信息(图中客体信息)一步一步加工成为一系列不同层次的信息产品，并最终生成解决问题的智能行为的过程。

① 主体通过感知系统把原生态信息加工转换为感知信息。

② 主体通过认知系统把感知信息加工转换为知识。

③ 主体通过谋行系统把感知信息、知识、目的加工为求解行为需要的智能策略。

④ 主体通过执行系统把智能策略加工为智能行为。

⑤ 如果主体生成的智能行为反作用于环境客体的结果与预设目标之间存在误差，则需要把误差反馈到感知系统的输入端，以便学习更多的知识，从而优化智能策略和智能行为，改善反作用的效果，直至满意。

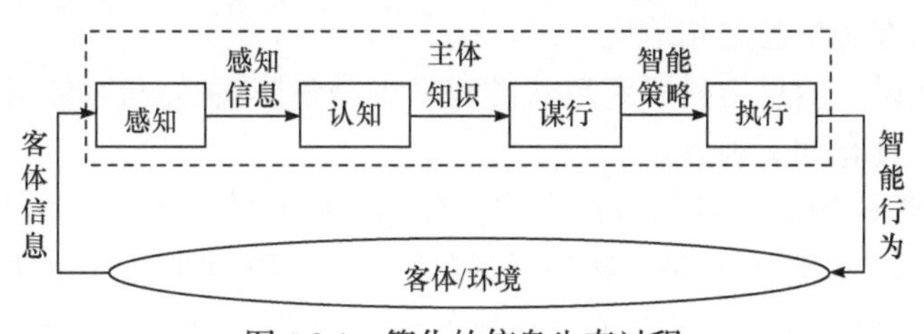

图 5.2.1　简化的信息生态过程

这就是在主体主导和环境制约下，在主体与客体相互作用过程中，主体对客体信息进行逐层加工，把客体信息转换为感知信息、主体知识、智能策略、智能行为、优化策略、优化行为的基本过程——信息的生态过程。

(4)信息生态方法论是对给定论域内的各种信息处理系统及其环境进行宏观整体优化的指导原则，强调在整体优化的目标下，这些信息处理系统之间实现相互和谐的生长(而不是分而治之)，同时这些信息处理系统应当遵守环境的约束。

可以看出，信息生态方法论和人们熟悉的机械还原方法论大不相同。

机械还原方法论是在物质学科的科学观指导下形成的方法论。它的基本原则是把复杂的物质系统分解为一组子系统，然后对各个子系统进行分析和求解，最后把各子系统的结果合成还原。

信息生态方法论是在信息学科的科学观启示下建立的方法论。它不允许对复杂信息系统进行分解和形式化，强调在遵守环境约束的条件下，论域内所有的信息系统互相和谐生长，以便实现整体优化。

(5) 信息科学是以信息及其生态过程为研究对象、以信息的性质及其生态过程的规律为研究内容、以信息生态方法论为研究方法、以增强人类智力功能(即人类全部信息功能的有机整体)为研究目标的学科。

需要指出的是，人们对于信息科学存在许多误解。这些误解的思想根源也与分而治之的方法论直接相关。例如，在简化的信息生态过程中，就曾经被分而治之的方法论分割为互相独立的传感、通信、计算、控制等一组子学科。它们都只是信息科学的一些分支学科。

对照图 5.2.1 可以看出，信息科学的全部研究内容正好就是人工智能研究必需的内容。正是在这个意义上，人工智能是信息科学的高级篇章，而传感科学、通信科学、计算机科学、自动化科学等则是从信息科学的完整体系中分而治之分离出来的某些局部环节，并且是忽略了内容和价值因素的形式化研究。

(6) 信息学科的研究范式是信息学科科学观和信息生态方法论两者构成的有机整体。

信息学科的科学观回答，信息学科这类研究对象的本质是什么。方法论与科学观相适应，回答信息学科的研究在原则上应当怎么做。有什么样的科学观，就要求有相应的方法论与之相适应。

更具体地说，信息学科研究范式的科学观是整体(主体与客体对立统一)意义上的科学观，具有如下观点。

① 信息学科的研究对象是在主体主导和环境制约下的主体与客体之间相互作用的信息生态过程(而不是像物质学科的科学观那样排除主体的主观因素)。

② 信息学科的研究对象具有不确定性演化的性质(而不是像物质学科的科学观那样强调确定性演化的性质)。

③ 信息学科的研究关注点是努力达成主体客体的双赢(而不是像物质学科的科学观那样仅关注研究对象的结构与功能)。

信息学科研究范式的方法论是信息生态方法论。它要求坚持实行生态演化的宏观处置方法(而不是像物质学科方法论那样实行“分而治之”的处置方法)；坚持采用“形式-内容-价值”整体化的描述与分析方法(而不是像物质学科方法论那样采用纯粹形式化的描述与分析方法)；坚持实行理解式的判断方法(而不是像物质学科方法论那样仅依赖形式比对的判断方法）。

可见，信息学科的研究范式与物质学科的研究范式之间存在巨大的区别。在科学观方面，物质学科范式无法满足信息科学研究的要求。

① 物质学科范式的科学观坚持认为，研究对象是纯粹的物质客体，严格排除主体的主观因素；信息学科范式的科学观要求研究对象必须是在主体主导和环境约束下的主体与客体相互作用的信息生态过程。这就决定了，物质学科范式只能应用于物质学科范畴，信息学科范式只能应用于信息学科范畴。一旦发生信息学科范式张冠李戴的现象（信息学科的研究遵循物质学科的范式），就会使信息学科的研究对象陷入被肢解的境地。

② 物质学科范式的科学观认为，它的研究对象具有确定性演化的性质；信息学科范式的科学观认为，它的研究对象具有不确定性演化的性质。因此，如果信息学科的研究遵循物质学科的范式，将无法解决信息学科面临的不确定性演化问题。

③ 物质学科范式关注的焦点是对象的结构和功能，而信息学科范式关注的焦点是努力达成主客双赢的目标。显然，如果信息学科的研究遵循物质学科的范式，将无法实现信息学科的研究目标。

与此相应，在科学研究的方法论方面，物质学科的范式必将给信息学科的研究带来破坏性的影响。

① 物质学科范式的方法论要求把复杂系统按照分而治之的原则进行分解，而信息学科范式要求按照生态演化的方法进行整体优化。因此，如果信息学科的研究沿用物质学科的范式，信息学科的研究对象就将被肢解，生态演化将遭到彻底破坏。

② 物质学科范式的方法论要求实施纯粹形式化的原则作为描述与分析的根本方法。信息学科范式要求形式、内容、价值三位一体的原则作为描述与分析的方法。因此，如果信息学科的研究沿用物质学科的范式，那么信息学科研究需要的内容因素和价值因素将损失殆尽，智能系统要求的理解能力也将完全失去根基。

③ 物质学科范式的方法论要求利用形式比对的方法作出判断，而信息学科范式要求在理解的基础上作出判断。因此，如果信息学科的研究沿用物质学科的范式，那么信息学科在理解基础上做判断的要求将完全无法实现，智能系统的智能也将完全无法保证。

通过以上对比可以得出清楚的结论，信息学科的研究只能遵循信息学科的研究范式（包括科学观和与之相适应的方法论），而不应沿用物质学科的研究范式。

在信息学科发展的初期阶段（20 世纪中叶至今），由于在国际学术共同体尚未完全形成信息学科的研究范式，人们不知不觉地沿用了物质学科的研究范式，造成信息学科的研究被分而治之的方法论肢解（信息学科被分成传感、通信、计算机、自动控制；人工智能被分解为人工神经网络、专家系统、感知动作系统）。同时，也被物质学科范式单纯形式化的方法论掏空了信息、知识、智能的核心要素。如今我们有了信息学科的研究范式，就应当彻底解决这个问题，颠覆和抛弃物质学科范式对信息学科研究施加的束缚和制约，确立信息学科范式对信息学科研究的全面引领。

信息学科范式的形成是人工智能理论研究由自下而上的多方摸索和范式处于张冠李戴的初级阶段向着自上而下的建构和范式正冠的高级阶段成功转变的关键支撑，是具有里程碑意义的标志性成果。

5.3　通用人工智能理论的学科框架：全局模型与研究路径

按照表 2.1.1 所示的学科生长进程和学科建构逻辑，在阐明信息学科的研究范式(学科定义)之后，进一步应当完成的任务是，阐明人工智能学科的研究框架(学科定位)，包括人工智能学科的全局研究模型及其研究路径。

这很自然，因为学科范式的科学观在宏观意义上阐明的问题是，学科对象是什么，所以通过构筑学科的全局研究模型就进一步使问题得到具体的落实。与此相似，学科范式的方法论在宏观意义上阐明的问题是，学科研究怎么做，因此通过开辟学科的研究路径就进一步使问题得到具体的落实。

5.3.1　通用人工智能理论的全局模型：主客互动的信息生态过程

信息学科研究范式的科学观在宏观层次上阐明了信息学科的研究对象是什么的问题。因此，要想准确把握人工智能研究的全局模型究竟是什么，就必须回到信息学科范式的科学观去找答案。

以往的科学研究包括神经科学、医学、人工智能的研究，都认为人的高级认知功能定位于大脑。当然，更早期的研究(特别是我国古代)，甚至把人类的认知能力定位于“心”，认为心之官则思(心的功能是思维)。后来的研究证明，人类的高级认知功能不是由某个局部的器官或组织支持的，而是由整个中枢神经系统和各相关器官共同支持的，并且是在与外部环境相互作用的过程中生成与发展起来的。

关于信息学科研究范式的科学观，辩证唯物(主体与客体对立统一)的科学观认为，人工智能的研究对象是，在主体主导和环境约束之下的主体与客体相互作用产生的信息生态过程，其中充满各种不确定性，研究的关注点是设法达成主客双赢的目标。

根据系统学的观点，信息学科范式科学观的认识显然更为准确。于是，我们可以准确地构筑体现人工智能全局研究模型，如图 5.3.1 所示。

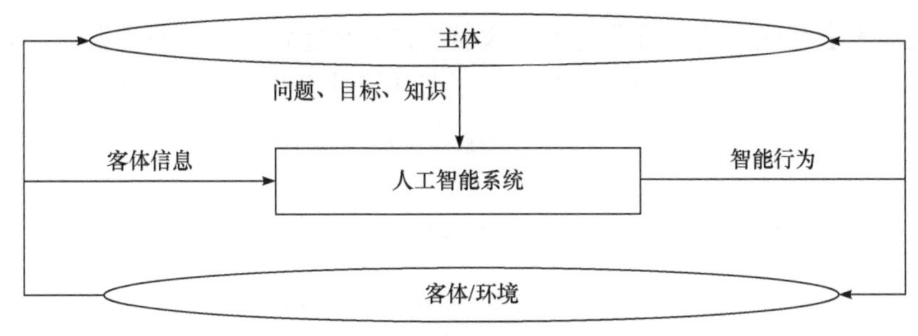

图 5.3.1　人工智能全局研究模型

图 5.3.1 表明，智能既不是静态的概念，也不是局部的概念，因此不可能是孤立的脑组织产物；相反，智能是动态的概念，是全局的概念，是在主体主导与环境约束下的主体与客体之间相互作用的信息生态过程中形成的。没有主体主导与环境约束下的主客互动信息生态过程，就不会有智能。换言之，孤立的脑模型不是真正的人工智能全局模型。

5.3.2　通用人工智能理论的研究路径：普适性智能生成机制和机制主义研究路径

人工智能全局研究模型落实了信息学科范式的科学观。紧接着的问题就是，应当按照什么路径(宏观方法)来研究人工智能的全局模型。

显然，不应当“穿新鞋，走老路”，不能继续按照结构主义[7-11]、功能主义[12-18]、行为主义[19-21]鼎足而立分道扬镳的研究路径[22-25]进行研究。这是因为对于任何人工智能系统而言，它的结构和功能都只是系统的局部表征，行为则是系统的外部表现，都不能全面表达人工智能系统的全局本质。

那么，什么是人工智能系统的全局本质？什么概念才能全面地表征人工智能系统的全局本质？显然，人工智能系统的全局本质就是，在给定求解问题、预设目标、相关知识的条件下，生成能够利用相关知识、解决给定的问题、达到预设目标的智能策略和智能行为。可见，给人工智能系统输入的是有关问题、目标、知识的信息，而人工智能系统输出的则应当是能够解决问题达到目标的智能(包括智能策略和智能行为)。从输入的信息到输出的智能完成的转换就是人工智能系统的智能生成机制。因此，智能生成机制可以全面地表征人工智能系统的全局本质。

可以理解，人工智能系统的结构和功能都是为实现智能生成机制服务的，而人工智能系统的外部行为则是智能生成机制产生的外部表现。

如果把图 5.3.1 的模型进一步简化，可以得到图 5.3.2 所示的最简模型。它仍然准确体现了主体在主客互动信息过程中追求实现主客双赢目标的科学观。

图 5.3.2 和图 5.3.1 的主要不同之处在于，图 5.3.2 明确地给出了一个重要的启示——智能生成机制寓于最简模型中，也就是寓于从客体信息对主体产生刺激作

用到主体生成智能行为的过程之中。这显然是一个非常深刻、非常合理、非常自然的启示。因为，除了这种可能性，不存在其他可能性。

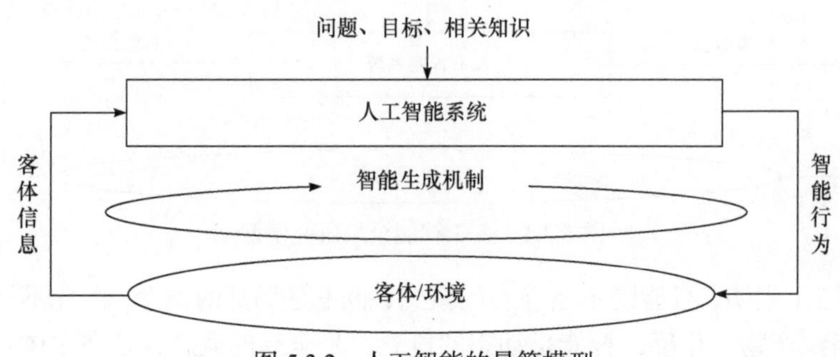

图 5.3.2　人工智能的最简模型

那么，我们怎样揭开“人工智能系统生成智能行为”的普适性机制，建立人工智能的机制主义研究路径呢？很明确，这里就需要应用信息学科范式的方法论——信息生态方法论的思想了。

信息生态方法论认为，信息不是一成不变的现象，而是在主客互动全局过程中被主体不断加工、转换、生长。决定信息生长机制的各个要素如下[26]。

(1) 全局动因，主客互动过程中主体追求“主客双赢”的目标。

(2) 客体作用，环境中的客体信息对主体发生刺激作用。

(3) 启动条件，客体信息被证明与主体目的相关，否则不启动。

(4) 起止标志，由语义信息生成开始，到实现目的结束。

(5) 牵引力量，自始至终都是为了实现主体预设的目标。

(6) 约束力量，自始至终都要遵守与问题相关的知识(即环境的约束)。

(7) 检验准则，主体智能行为的结果与目标之间的误差应满足要求。

(8) 优化途径，若有误差则反馈，通过学习新知改善策略与行为。

(9) 主体提升，若优化无效，就由主体来修正目标(主体提升)，再行启动。

在这些要素的集体作用下，信息生长的过程就是“在主体主导和环境约束下主体客体相互作用过程中由客体信息到目的达成的完整信息生态过程”，即客体信息→感知信息(语义信息)→知识→智能策略→智能行为→评估优化。

普适性智能生成机制的原理模型如图 5.3.3 所示。其中，主体的驾驭作用表现为，整个系统接受主体选定的问题、主体预设的目标、主体提供的领域知识；客体的作用表现在，它产生的客体信息作用于主体，并且整个相互作用必须遵守环境运行规律(即知识)的约束；主客相互作用表现在，客体信息作用于主体，而主体通过信息生态过程利用知识生成智能行为反作用于环境中的客体。

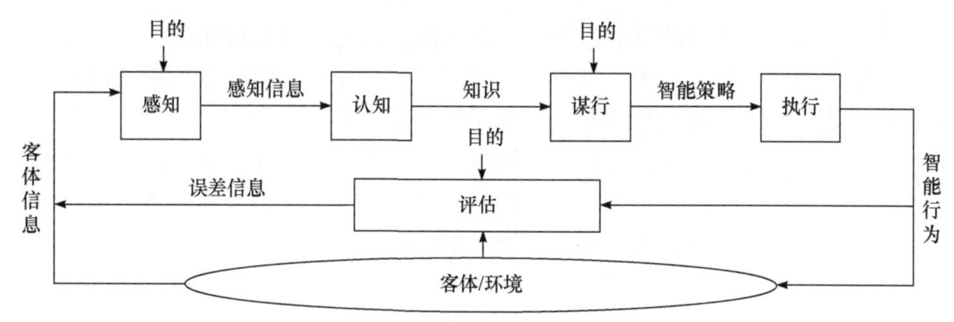

图 5.3.3　普适性智能生成机制的原理模型

可见，智能生成机制就是主体主导与环境约束下主客互动的信息生态过程。

这里需要特别指出的是，智能生成机制是普适性的。这是因为，构筑智能生成机制的要素和图 5.3.3 的模型对于任何合理的应用场景和主体、客体都是完全适用的。

考虑实际情况，我们还可以把图 5.3.3 所示的模型进一步充实起来，形成更加完整的通用人工智能系统的标准模型(图 5.3.4)[27,28]。

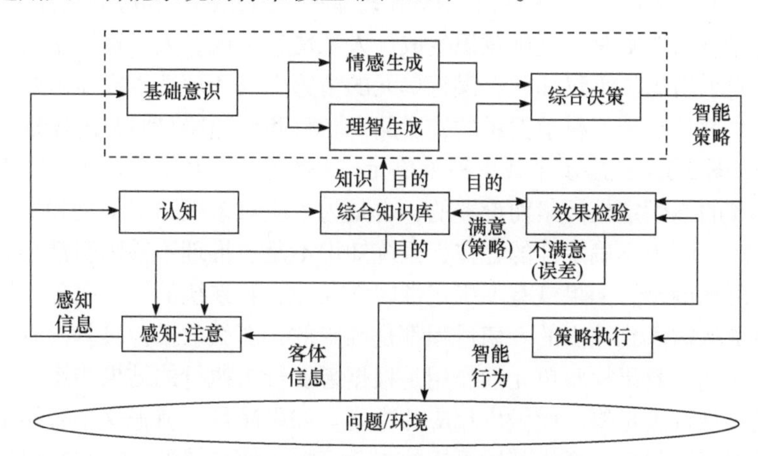

图 5.3.4　通用人工智能系统的标准模型

在图 5.3.4 的标准模型中，最下方的椭圆表示环境及其中的客体；其他是在主体主导及环境约束下参与相互作用的主体——通用人工智能系统。首先，客体通过客体信息作用于主体，然后主体通过一系列的处理过程产生智能行为反作用于环境的客体。当然，这只是主体、客体之间相互作用的一个基本回合。此后，为了进一步优化智能行为，还会有更多轮次的主客相互作用回合。

在这里，主体的主导作用由综合知识库和感知注意的联合工作体现。一方面，综合知识库的目标 G 和(种子)知识 K 是由主体提供的；另一方面，虽然系统处理的问题来自环境中的客体，但是客体的信息是否会被系统关注，则取决于它是否与主体综合知识库设定的目标相关。如果客体信息与系统目标相关，系统就会注意它，并把它选择进入系统，进而产生感知信息。如果客体信息与系统目标不相关，系统就舍弃它。这就是感知注意单元的选择作用。

可见，通过感知注意单元和综合知识库单元的联合工作，就可以保证通用人工智能系统的求解问题、预设目标、相关知识确实都是由系统的主体决定的。当然，主体的主导作用还体现在整个智能策略与行为的生成和智能策略与行为优化的过程中。

图 5.3.4 还表明，在主体主导下，主客体相互作用的过程表现为，通用人工智能系统通过感知注意单元把与目标相关的客体信息选择进来，并把它转换为感知信息。然后，把感知信息分为并行的两路。其中，一路通过认知单元把感知信息转换为知识，通过演绎由现有知识生成新的知识；另一路在综合知识库的知识和目标支持下通过谋行单元(虚线围成部分)把感知信息转换为人工的基础意识、人工情感、人工理智，再经过综合决策生成解决问题的智能策略，最后通过执行单元把智能策略转换为智能行为，反作用于环境的客体。

感知注意、认知、执行的功能相对比较单一，因此都有相应的具体单元承担，而复杂的谋行功能则是由基础意识生成、人工情感生成、人工理智生成和综合决策单元协同承担的。不仅如此，谋行单元的情感生成和理智生成需由两个并行的通路承担，这是脑神经科学揭示的快通路(情感)和慢通路(理智)的体现。

此外，图 5.3.4 还展示了效果检验单元，这是为了应对整个人工智能工作过程中广泛存在的不确定性因素而设置的，也是为了应对系统知识不足和推理不够聪明而设置的。因为不确定性的存在、系统知识不足、推理不够聪明都会导致系统工作结果出现偏差。如果没有不确定性因素存在，若系统的知识完备，推理足够聪明，系统从输入到输出的一切过程都是确定的，那么效果检验就没有必要。但事实并非如此。效果检验单元的作用是根据智能行为执行的结果与系统预设目标之间的误差是否满足要求而做出相应的决定。如果满足，就把这个智能策略送到综合知识库存储起来，成为其后可用的先验策略，使系统的智能水平得到增广；否则，就把误差作为新的客体信息反馈到系统输入端，启动系统学习新的知识，以便改进智能策略和智能行为，优化执行效果。

有必要指出，通用人工智能系统标准模型中的综合知识库实际上是一个复杂的综合体，既是储存目标信息、各种语法信息、语用信息偶对信息的信息库，也是储存求解问题所需各种知识的知识库，还储存了各种求解问题策略的策略库。为了表达简明，就把它们表示为综合知识库或综合记忆库。

总之，按照信息学科范式的科学观，就可以成功构筑人工智能的全局模型(而不再是孤立的脑模型)；按照信息学科范式的方法论，就可以发现和揭示人工智能系统生成智能的普适性机制，采用机制主义的研究路径(而不再是分道扬镳的结构主义研究路径、功能主义研究路径、行为主义研究路径)。

深入分析可以发现，通用人工智能系统标准模型既可以体现人类学、神经科学和认知科学的科学成果，也符合信息科学和信息哲学的科学精神，可以实现人工智能的研究由“三驾马车分而治之”的初级阶段向以“普适性的智能生成机制”为标志的高级阶段的伟大转变，实现人工智能的研究由“由纯粹形式化所刻画和分析的”初级智能向“由形式、内容、价值三位一体方法刻画和分析的”高级智能的转变，成为名副其实的通用人工智能理论的标准模型。

5.4　通用人工智能理论的研究规格：学术结构与数理基础

按照学科生长进程与学科建构逻辑，在阐明学科的范式(学科的定义)、学科的框架(学科的定位)之后，接下来的任务便是进一步明确学科的规格(学科的定格)。这样，从学科的定义开始，经过学科的定位和定格就可以把学科的基础充分揭示出来，为学科的理论研究创造充分和必要的条件。

5.4.1　通用人工智能理论的学术结构规格

学科的规格主要包括，需要考虑的学科交叉群、学科需要的数学和逻辑基础。前者从学科知识的宽度来确定学科的规格，后者从学科数学与逻辑知识特殊要求的角度来确定学科的规格。

从理论研究的角度来看，通用人工智能研究必须考虑的交叉科学群主要包括如下几个方面。

(1) 原型学科，如人类学、神经科学、认知科学、人文科学，社会科学等。

(2) 本体学科，如信息科学、系统科学、控制科学等。

(3) 基础学科，如数学、逻辑学、哲学等。

(4) 技术学科，如信息技术、微电子、微机械、新材料、新能源等。

可见，把人工智能仅看作计算机科学的分支确实是太过偏狭了。计算机科学技术本身是信息科学技术的一个分支，仅有计算机科学技术是不可能支撑全部人工智能研究需求的。

5.4.2　通用人工智能理论的数理基础规格

关于通用人工智能研究需要的数理基础，这里主要关注数学基础和逻辑基础。

现有与人工智能研究密切相关的数学基础包括概率论、模糊集合理论、粗糙集理论等。主要的问题是，这些相关的数学理论各自独立，其中任何一种数学理论都不足以支持通用人工智能理论研究的需要。

现有的逻辑理论情况也与此类似，存在众多的逻辑理论，包括标准逻辑，以及各种各样的非标准逻辑。这些逻辑互相之间不能很好地相容，任何一种逻辑都不足以支撑通用人工智能对逻辑理论的要求。

因此，通用人工智能理论对它的学术基础——数学和逻辑理论的要求都希望建立面向通用人工智能研究的通用数学理论和通用逻辑理论。这一要求在汪培庄[29]和何华灿[30]相关研究中都有详细研究。

这样，作为通用人工智能理论的基础部分——学科范式(学科定义)、学科框架(学科定位)、学科规格(学科定格)就全部完成了。

5.5 通用人工智能理论的学科理论总纲

在人工智能学科的定义、定位、定格基础上，后续各章将在此基础上致力于构建人工智能的学科理论(定论)。

本书以上各章，从千年不变的科技法则和千年一遇的范式变革的理论分析入手，对照历史上自然智能研究和人工智能研究的实践，发现了现有人工智能研究存在的各种痼疾顽症根源。

进一步研究发现，信息学科在其发展的初级阶段发生的研究范式的张冠李戴问题其实正是物质学科主导的科学时代向信息学科主导的科学时代大转变不可避免的"大阵痛"。

事实上，无论是信息学科由初级发展阶段向高级发展阶段的转变也好，学科体系由物质学科主导的时代向信息学科主导的时代转变也好，或者农业工业时代向信息智能时代转变也好,这些相互呼应的时代变迁都需要新的范式(新的科学观和方法论)来提携和引领。没有新范式的提携和引领，这些转变都不可能实现。

显然，建立新范式和以新范式取代旧范式都需要信息学科的研究大军共同抛弃原来已经习惯的物质学科的科学观和方法论，确立信息学科的科学观和方法论。

解决这个"大阵痛"的措施，就是要有针对性地实施"大手术"。首先，建立信息学科的研究范式，以便信息学科(人工智能)的研究由初级阶段向高级阶段转变的关节点能够有效实施范式的大变革，颠覆物质学科范式对高级阶段信息学科(含人工智能)研究的束缚，确立信息学科范式对高级阶段信息学科(含人工智能)研究的引领。只有完成这样的范式大变革，信息学科的研究才能真正完成由初级阶段到高级阶段的有效转变，整个学科体系也才能完成从物质学科主导的科学时代向信息科学主导的时代的有效转变。因此，信息学科的范式大变革实在是划时代的大变革。

基于以上重要的科学发现和研究进展,利用作者近 60 年来对信息学科的科学观和方法论的研究成果，总结形成信息学科的科学观和方法论。本书根据信息学科范式的科学观重新研究和构筑人工智能的全局研究模型，根据信息学科范式的方法论重新研究和开创人工智能系统的普适性智能生成机制，构建通用人工智能系统标准模型，为通用人工智能理论的研究奠定坚实的基础。

本篇以下各章将围绕普适性智能生成机制——信息转换与智能创生定律阐述机制主义通用人工智能理论的建构。

5.6　本章小结

作为通用人工智能理论的基础,按照表 2.1.1 所示的学科生长进程与学科建构规律，本章得到如下结果。

(1) 阐明人工智能的基础概念。

研究和阐述人类智慧、人类智能、人工智能等基础概念，消除与此相关的一些重要误解，为通用人工智能理论的研究奠定概念基础。

(2) 通过学科范式明确了人工智能的学科定义。

总结和提炼信息学科的研究范式，在宏观层次定义通用人工智能理论研究对象的本质是什么，学科的研究应当怎么做。这是人工智能理论研究从初级阶段成功转变到高级阶段的决定性基础和关键性标志。人工智能范式的变革是人工智能理论研究从初级阶段发展到高级阶段的分水岭和里程碑。

(3) 通过学科框架落实了人工智能的学科定位。

创立通用人工智能理论的学科框架，把宏观定义中的“是什么”落实为通用人工智能理论的全局模型，把宏观定义中的“怎么做”落实为通用人工智能理论的机制主义研究路径，即落实通用人工智能理论研究的定位。

(4) 通过学科规格精准化了人工智能的学科的规格。

阐明通用人工智能理论的学科规格，界定支撑通用人工智能理论研究的交叉学科群结构，明确通用人工智能理论研究对数学理论和逻辑理论的规格要求。

(5) 通过学科理论实现了人工智能的学科定论。

展示了通用人工智能理论的基本思想和整体篇章结构。

参考文献

[1] 钟义信. 人工智能：概念、方法、机遇. 科学通报, 2017, 62(22): 2470-2473
[2] 钟义信. 高等人工智能原理：观念·方法·模型·理论. 北京：科学出版社, 2014
[3] 钟义信. 信息科学原理. 北京：北京邮电大学出版社, 1988
[4] 钟义信. 范式变革引领与信息转换担纲：机制主义通用人工智能理论的思想精髓. 智能系

统学报, 2020, 15(3): 1-8
[5] 钟义信. 从机械还原方法论到信息生态方法论. 哲学分析, 2017, 5: 133-144
[6] 波尔金, 钟义信. 信息生态方法学与现代科学研究. 哲学分析, 2019, 1: 119-136
[7] McCulloch W C, Pitts W. A logic calculus of the ideas immanent in nervous activity. Bulletin of Mathematical Biophysics, 1943, 5: 115-133
[8] Rosenblatt F. The perceptron: a probabilistic model for information storage and organization in the brain. Psychological Review, 1958, 65: 386-408
[9] Hopfield J J. Neural networks and physical systems with emergent collective computational abilities. Proceedings of the National Academy of Sciences, 1982, 79: 2554-2558
[10] Kohonen T. The self-organizing map. Proc. IEEE, 1990, 78(9): 1464-1480
[11] Rumelhart D E. Parallel Distributed Processing. Cambridge: MIT Press, 1986
[12] McCarthy J. Proposal for the Dartmouth summer research projection. Dartmouth: Artificial Intelligence. Tech. Rep. Dartmouth College, 1955
[13] Newell A. Physical symbol systems. Cognitive Science, 1980, 4: 135-183
[14] Turing A M. Can Machine Think? New York: McGraw-Hill, 1963
[15] Newell A, Simon H A. GPS, A Program That Simulates Human Thought. New York: McGraw-Hill, 1963
[16] Feigenbaum A. The art of artificial intelligence: themes and case studies in knowledge engineering. IJCAI, 1977, 5: 1014-1029
[17] Nilsson N. Principles of Artificial Intelligence. Berlin: Springer-Verlag, 1982
[18] Minsky M L. The Society of Mind. New York: Simon and Schuster, 1986
[19] Brooks R A. Intelligence without representation. Artificial Intelligence, 1991, 47: 139-159
[20] Brooks R A. Elephant cannot play chess. Autonomous Robert, 1990, 6: 3-15
[21] Brooks R A. Engineering approach to building complete, intelligent beings. Proceedings of The SPIE, 1989, 1002: 618-625
[22] Minsky M, Papert S. Perceptron. Cambridge: MIT Press, 1969
[23] Papert S. One AI or many? Daedalus, 1988, 117(1): 1-14
[24] Russell S J, Norvig P. Artificial Intelligence: A Modern Approach. New York: Pearson, 1995
[25] Nilsson N J. Artificial Intelligence: A New Synthesis. New York: Morgan Kaufmann, 1998
[26] 钟义信. 智能是怎样生成的. 中兴通信杂志专家论坛, 2019, 25(2): 47-51
[27] 钟义信. 机器知行学原理: 信息、知识、智能的转换与统一理论. 北京: 科学出版社, 2007
[28] 钟义信. 机制主义人工智能理论. 智能系统学报, 2018, 13(1): 2-18
[29] 汪培庄. 因素空间与人工智能. 北京: 北京邮电大学出版社, 2020
[30] 何华灿. 泛逻辑学原理. 北京: 科学出版社, 2001

第 6 章 智能生成机制的激励源泉：信息的理论

考察图 5.3.4 和图 2.3.1 可以发现，信息乃一切智能系统的真正源头。整个普适性智能生成机制也清楚地表明，这个机制的起点是智能系统面对的客体信息和感知信息。因此，信息理论在人工智能理论研究中处于至关重要的基础地位。

更为重要且至今一直为学术界普遍误解的基本概念是语义信息。它是感知信息(全信息)的唯一合法代表，是整个人工智能系统理解能力的基础和源泉。如果没有语义信息，人工智能的智能便会失去基础和来源。

然而，目前国内外学术界普遍流行的信息理论却不是人工智能研究真正需要的全信息理论/语义信息论，而是 1948 年 Shannon 阐述的基于统计信号波形传递的通信理论 Mathematical Theory of Communication。它与全信息理论/语义信息之间存在实质性的差距。源头上差之毫厘，会导致发展和应用上失之千里。信息领域的国际学术界业已被这种局面困扰半个多世纪，到了非结束不可的时候。

当然，这是人类的认识难以超越“由表及里，由浅入深”这个认识规律导致的。如同对于任何其他复杂的概念认识过程一样，人们对信息概念的认识也必然要由 Shannon 信息这种浅表的认识开始，逐步走向深刻的全信息/语义信息概念。

在经历了半个多世纪的研究与应用，遭遇脑神经科学与认知科学的结论之间互不搭界的矛盾之后的今天，人们已经具备了必要和足够的条件，可以从 Shannon 信息论的表层信息观走出来，深入到人工智能需要的全信息理论/语义信息理论。因此，本章将阐述这种新的信息理论——全信息理论/语义信息论。它是感知原理的直接理论基础。

6.1 基 本 概 念

任何一门重要的科学理论都有自己的基本概念，它们是构成一门学科理论体系的基石。传统科学的基本概念是物质和能量，信息科学的基本概念当然就应该是信息。

信息是信息科学研究的出发点和归宿，而且贯穿信息运动的全过程。具体地说，信息科学的出发点是，认识信息的本质及其运动规律；信息运动的全过程是，把信息转换为知识并把知识激活为解决问题的智能策略。它的归宿则是利用由信息转换而来的智能策略解决各种各样的实际问题，以便达到人们追求的目的。

显然，对信息概念的认识越是透彻，对信息运动过程规律的理解就会越深刻，信息科学的发展就会越精准，信息科学的作用就会发挥得越到位。

6.1.1 现有信息概念简评

信息无处不有且无时不在，与人们的关系极为广泛而紧密，是一类十分普遍、复杂的研究对象。长期以来，不同领域的人都对信息问题展开过各自的研究。因此，很难穷尽历史上出现过的各种信息概念(定义)，更不可能对这些信息概念都进行系统地梳理和评述。

本书主要从自然科学的角度回顾一些有重要影响的信息概念，并对它们做出简要地述评。至于哲学和社会科学领域(如心理学、经济学、社会学、图书馆学等)出现的信息概念，这里原则上不作评论。

虽然信息与整个人类的活动都具有十分密切的关系，但是最早把信息作为一种科学研究对象来加以探讨的，却是通信科学技术的工作者。这主要是因为，通信的本质就是传递信息，通信科学技术工作者时时刻刻与之打交道的对象就是信息。为了深入研究通信的规律，他们不得不研究信息的基本性质及其定量度量的方法，以便设计科学合理的通信系统。通信系统涉及的信息是最简单的信息(最浅层的信息)，因此最容易研究。

由此及彼、由表及里、去粗取精、层层深入，直至核心，这是人们认识事物所遵循的普遍客观规律。人们对信息的研究和理解也必然要经历同样的过程。

早期通信科技工作者基本上把信息理解为“消息”的同义语。例如，根据《新词源》的考证，我国唐代诗人李中就在《暮春怀故人》中写出“梦断美人沉信息，目穿长路倚楼台”的诗句，其中的“信息”一词就是音信消息的意思。同样，在西方学术文献中，信息(information)和消息(message)这两个概念之间也在很长时期内互相通用。

到了近代，电信技术出现以后，人们又有了“信息就是信号(signal)”的说法。20 世纪中叶出现计算机技术以后，还进一步派生出“信息就是数据(data)”“数据就是信息”的说法。除此之外，还有把信息理解为“情报”的。

这些当然都是早期比较表面、笼统、欠准确的认识。但是，信息和数据的关系至今仍然存在很大的误解。特别是，在近年来出现大数据技术以后，许多人把数据看成信息，甚至认为，数据才是真正的资源、数据是真正的财富、数据是动力系统的石油、数据是信息系统的粮食等。

其实，稍加分析就可以明白，数据只是信息的载体，只有携带有用信息的数据才值得关注，反之就是垃圾。因此，数据并不等于信息。人们真正需要的是信息，而不是数据。即使携带有用信息的数据，它也只是最表层的语法信息，而不是全信息。从这个意义上讲，数据也只是信息的外壳。

因此，当人们获得数据后，首先要注意的问题就是判断，这些信息是噪声，还是携带了信息。如果携带了信息，还要进一步考察：究竟携带了什么样的信息，是不是携带对系统有用的信息。只有携带对系统有用的信息才值得关注，否则，即使携带了信息，但不是对系统有用的信息，那也只能当作垃圾处理。

那么，什么是信息？美国数学家、控制论的主要奠基人 Wiener 在 1948 年出版的《控制论》通过排他的方法界定了信息的概念。他说：信息就是信息，既不是物质，也不是能量[1]。这是学术界第一次把信息与物质和能量相提并论，表明信息的基础资源地位。然而，不是物质也不是能量的信息，究竟是什么？他当时没有回答。两年之后，Wiener 在 1950 年出版的《控制论与社会》[2]中指出：信息就是我们在适应外部世界，并把这种适应反作用于外部世界的过程中，同外部世界进行交换的内容的名称。他还认为：接收信息和使用信息的过程，就是适应外界环境偶然性的过程，也是我们在这个环境中有效生活的过程。在这里，Wiener 把人与外部环境相互作用的过程看作广义的通信过程。这是正确的。因为广义的通信本来就可以泛指人与人、人与机器、机器与机器、机器与自然物、人与自然物之间的信息传递与交换。但是，Wiener 在这里理解的信息仍然有不够确切的地方。这是因为，人与环境之间互相交换的内容不仅有信息，也有物质与能量，所以把它们统称为信息，难免有把信息与物质和能量混为一谈之嫌。

比较技术化的信息认识发生在通信学术界。1928 年，美国工程师哈特莱[3]把通信系统的信息理解为选择通信符号的方式，并第一次明确提出信息量的概念和计算的方法，认为可以用选择的自由度来计量信息量的大小。他指出，发信者发出的信息就是其在通信符号表中选择符号的选择方式。如果他从符号表中选择“I am well”这样一些符号(空格也是一种符号)，他就发出了“我平安”的信息；如果他选择“I am sick”这样一些符号，他就发出了“我病了”的信息。发信者选择的自由度越大，发出的信息量就越大。例如，假定发信者只能从含有“0”和“1”两类符号的符号表中选择符号，而且规定他发出的每个“字”只能由一个符号组成。显然，在这个限制下，他的选择自由度会非常小。他能发出的“字”只能有 0、1。如果放松限制，规定每个字可以由两个符号组成，那么他可能发出的“字”就可以增加到 00、01、10、11。因此，它们所能载荷的信息量就比原来增加了。如果进一步放松限制，使符号表的符号数目也可以增加。例如，由原来的(0，1)，增加为(0，1，2)，那么他的选择自由度就更大了，在字长度为 2 的限制下，他能发出的“字”的数目就增加到 9 个，即 00、01、02、10、11、12、20、21、22。哈特莱还注意到，选择符号的方式与所用符号本身的形式无关，重要的是选择的方式。只要符号表的符号数目确定，“字”的长度也确定，那么发信者能发出的信息的数量就被确定了。

1948 年，Shannon[4]以概率论为工具，阐述通信工程的基本理论问题，给出计算信源信息量和信道容量的方法和公式，得到表征信息传递重要规律的一组编码定理。虽然他并没有直接阐述信息的定义，但是计算信息量的时候，他把信息量的大小直接确认为随机不确定性程度的减少量(这个思想在互信息量计算公式中表现得特别明确)。这就表明，他对信息定义的理解是，信息是能够用来减少随机不确定性的东西。这里的随机不确定性是指，通信过程中随机噪声和选择的自由度造成不肯定的情形，在数值上可以用概率熵公式计量。于是，Shannon 的信息定义也可以表述为，信息就是能够使概率熵减少的东西。

根据这一思想， Brillouin 在《科学与信息论》中直截了当地把信息定义为负熵[5]，并且创造了一个由 Negative 和 Entropy 合成而来的新名词 Negentropy 表示负熵的概念。正是利用了这个观点，Brillouin 成功地驱除了名噪一时的 Maxwell 妖。Wiener 在《控制论与社会》中也指出，正如熵是无组织程度的度量一样，消息集合包含的信息就是组织程度的度量。事实上，完全可以将消息包含的信息解释为负熵。

因此，信息是组织程度的度量，是负熵，是减少随机不确定性的东西，这些就是 Shannon、Wiener、Brillouin 等共同的理解，也是关于信息的经典定义。这些认识比仅把信息看作消息、数据、情报、广义通信的内容要深刻得多。数学上还可以证明，前面提到的 Hartley 的信息概念仅是 Shannon 信息概念的一种特殊情形。

与 Shannon 的定义相仿，Tribes 等在《能量与信息》中曾经这样描述[6]：概率是对知识状态的一种数值编码。某人对某个特定问题的知识状态可以用这样的方法表示，即对这个问题的种种想得出来的答案各分配一定的概率；如果他对这个问题完全了解，就对所有这些可能的答案(除了其中的一个之外)赋予概率 0，剩下的那个赋予概率 1。既然可以把知识状态编码成这样的概率分布，我们就可以给信息下一个定义——信息就是使概率分布发生变动的东西。

这个定义看上去和 Shannon 的定义很不一样，实质却完全相同，都是统计性的语法信息，因为用概率分布来表示知识状态仍然没有考虑信息的含义和价值因素。

控制论的另一位奠基人，Ashby 在《控制论引论》中对信息提出另一种理解[7]。他首先引入“变异度”的概念，即任何一个集合所包含的元素的数目以 2 为底的对数就称为这个集合的变异度(在更简单的情形下，也可以把集合的元素数目直接定义为它的变异度)。然后，他把变异度当作信息的概念来使用。不难证明，变异度实际上是 Shannon 熵的特殊情形，即假设某集合 X 有 N 个元素，每个元素出现的概率都等于 $1/N$，那么这个集合的 Shannon 熵就等于它的变异度。

这种基于变异度的概念后来还发展出一些新的说法，其中 Longo[8]认为，信息是反映事物的形式、关系和差别的东西。它包含在事物的差异之中，而非事物本身。自然，人们可以认为，有差异就会有信息，但是反过来说，没有差异就没有信息却不够确切。这是因为没有差异本身就是一种信息。关于这一点，读者读到本书的后面就会更明白。

与此相关的说法还有："信息是被反映的差异"，"信息是被反映的变异度"等。这些说法在"差异"和"变异度"的概念之上又加了"被反映的"条件限制，显然这已经不是客观的信息，而是经过观察者主观反映的信息。此外，还有人把信息理解为"物质和能量在时间及空间分布的不均匀性"。不均匀性也是差异的一种具体表现，是前述理解的特例，无须进行更多的分析。

不难看出，尽管 Shannon 的信息概念比以往的认识有了很大的进步，既有概念的理解，又有计算的方法，而且在通信理论的发展中发挥了巨大的作用，但是也存在明显的缺陷。

(1) Shannon 在《通信的数学理论》中明确指出，通信的任务就是在接收端尽可能精确地复制发送端发出的波形，而波形的内容和价值却与通信工程无关，所以可以舍去。可见，Shannon 信息理论的不确定性纯粹是指波形形式上的不确定性。与此相应的信息概念也是指，纯粹的波形形式不确定性的消除。既然这个信息概念完全排除信息的含义和价值因素，那么它就无法满足那些需要考虑信息内容和价值因素场合(特别是研究智能理论的场合)的要求。

(2) 即使在形式因素上，Shannon 信息论的信息概念也只是考虑随机型的不确定性，整个理论完全建筑在概率论的基础上，因此无法处理那些与非随机类型的不确定性(如模糊不确定性)关联的信息问题，而后者也是一类普遍的存在。

总之，虽然历史上已经有众多的信息定义，但是似乎还没有完全触及信息概念的核心本质。因此，必须进一步寻求更加合理、科学、有意义的信息定义，以便更好地研究和解决现实世界已经提出的诸多信息问题。

6.1.2　信息定义谱系：本体论信息与认识论信息

现在，我们对信息的概念进行系统性的研究[9]。由于信息概念十分复杂，就像五光十色的庞大多面体建筑，因此如果人们以不同的知识背景或研究目的来观察，必然会得到各不相同的认识。面对这类复杂的研究对象，从每个特定的角度观察和理解的信息似乎都很有道理，但是每个特定的角度都不可能反映信息的全貌。这就是人们熟悉的"盲人摸象"典故在认识论方面的根源，即从某个局部看来是正确的，但从全局来看却是不完全的，具有各种各样的片面性。

为了避免"盲人摸象"的现象在复杂学术研究中重演，人们在定义信息的时候，必须特别注意说明在建构定义的时候所依据的约束条件或观察角度是什么。约束条件或观察角度不同，得出的信息定义就会各不相同，其适用范围也会各不相同。

这样就引出关于定义信息概念的“条件-定义”法则，即任何信息定义都必须明确其依据的约束条件。不管人们从多少种不同的条件出发建立了多少种不同的信息定义，都不会引起混乱。这是因为，依照这些约束条件之间的关系，人们就可以明白这些定义之间的相互关系，从而形成一个有机的定义体系，既能体现定义的多样性，又能体现定义的统一性。

这是一个普遍的法则，称为系统性法则，或者称为多样性与统一性的辩证法则。

回顾历史，很多信息定义的提出者可能都忽视了这个法则。因此，某个信息定义实际上是针对某个特殊条件建立的，但是定义提出者却没有明确指出这个条件，使人们误以为这个定义是无条件的信息定义，是放之四海皆准的信息定义，从而引发与其他定义之间种种不必要的矛盾和麻烦。

Shannon 信息论给出的信息定义是针对通信工程这个非常特殊的条件建立起来的。这个特殊条件是，只需要关心携带信息的信号波形的形式，而不必关心波形体现的内容和价值。虽然 Shannon 曾明确指出这一点，但是人们却没有在意，而是把 Shannon 信息论讨论的信息概念误认为信息的通用概念。这种误解一直延续下来，成为今天研究信息科学理论必须克服的一道障碍。其实，Shannon 并没有错，错的是后来的滥用者。

根据不同的需要，人们在不同的条件下建立了不同的信息定义，这是十分自然和正常的事情。依据不同条件建立的各种信息定义，具有各自不同的适用范围，这也完全合情合理。由于信息的复杂性，人们在观察和研究信息问题时的背景、角度、出发点千差万别，因此导致信息的定义层出不穷、众说纷纭，呈现智者见智、仁者见仁的情形。

如果对这些看似眼花缭乱的信息定义的约束条件加以分析和梳理，人们就会发现，这些表面上看五花八门的信息定义，其实并不是一团乱麻。恰恰相反，它们之间存在一种内在的“序”，即按照约束条件的宽严松紧程度，可以排出一个信息定义的系列，构成信息定义的谱系。

表 6.1.1 所示为按照定义的约束条件-定义的名称-定义的层次-定义的适用范围排出的信息定义的谱系。

表 6.1.1 信息定义的谱系

约束条件	定义名称	定义层次	适用范围
无约束	本体论信息	最高	最广
一个约束(存在认识主体)	认识论信息	次高	次广
…	…	…	…

续表

约束条件	定义名称	定义层次	适用范围
多个约束	…	较低	较窄
….	…	…	…
全部可能的约束	…	最低	最窄

如表 6.1.1 所示，如果定义的信息没有受到任何约束条件的限制，而是事物本身原本的表现，那么它就属于最高层次的信息定义。因为没有任何约束条件的限制，所以这个定义的适用范围最为广泛。由于这个定义是客观事物自身的表现，因此这样定义的信息就称为本体论信息，在技术领域也称为客体信息。

如果在此基础上引入一个约束条件，最高层次的定义就退化为次高层次的定义，它的适用范围比最高层次定义的适用范围要窄。例如，以引入一个认识主体作为条件，即因为存在认识主体，所以必须站在主体的立场上来定义信息，那么由于它必须受到这个条件的限制，这个信息定义的层次就比本体论信息的层次低，适用范围就比本体论信息的适用范围要窄。由于这个定义是站在认识主体的立场上建立的，因此这个层次的信息定义就称为认识论信息，技术上称为感知信息。

本体论信息定义和认识论信息定义是最重要的两个信息定义。前者之所以重要，是因为它是一切其他信息定义的总根源，其他信息定义都是在它的基础上施加一定的条件后产生的。后者之所以重要，是因为研究信息的根本目的是为人类(认识主体)服务的，站在认识主体立场上建立的信息定义具有最实际的意义。因此，本体论信息(客体信息)定义是最根本的信息定义，认识论信息(感知信息)定义是最有意义的信息定义。

进一步，在认识论层次信息定义的基础上，如果需要考虑和遵循的约束条件越多越严，相应定义的信息层次就越低。这样定义的信息的适用范围就越窄。如果所有可能的约束条件都必须遵循，那么建立的信息定义的层次就最低，其适用范围就最窄。

如果把与认识论信息相关的约束条件“必须存在认识主体，因此必须从主体的立场来定义信息”去掉，那么认识论信息定义就退化为本体论信息定义。这时的信息概念已经不存在任何约束条件了。

与此类似，通过对定义中遵循的约束条件的删减(或增加)，就可以使信息的定义层次相应地上升(或降低)，并使适用范围相应地拓宽(或缩窄)。这一规则适用于所有定义的层次。可见，表 6.1.1 表达的信息定义结构确实是一个系统性的，而且是互相和谐自洽的信息定义谱系。

原则上，在信息定义谱系中可以找到历史上出现过的各种信息定义的位置，只要把它们相应的条件分析出来就可以。或者更广泛地说，任何有意义(没有错误)的信息定义(包括历史上已经出现的，现在还没有出现但将来可能出现的)都可以在这个定义谱系中找到合适的位置。

考虑篇幅，表 6.1.1 只具体列出了两个层次的信息定义，而没有逐一列出所有可能层次的定义。具体来说，本体论信息是所有可能的信息定义的源头，其他信息定义都可以在它的基础上增加相应的条件推导出来。认识论信息是最具重要意义的信息定义，因为人类研究信息科学必然要站在自身的立场来认识信息，并利用信息科学的各种原理和规律为改善人类自身的生存发展提供服务。同时，认识论信息可以看作其他所有信息定义(除了本体论信息)的“总躯干”，其他所有信息定义都可以在其基础上增加相应的条件导引出来。为了导引其他各种具体层次的信息定义，有兴趣的读者可以在表 6.1.1 的信息定义谱系中进行相应的填补。

总之，本体论信息定义如同信息定义这棵大树的“根”，认识论信息定义是它的“干”，其他信息定义是它的“枝叶”。

有了这样的信息定义谱系，我们就可以准确把握各种信息定义的内涵及其相互关系，也可以消除曾经出现过的一些信息定义之间的矛盾和冲突。例如，对于著名的信息悖论，有人提出这样一个问题：在出现人类之前，地球上(或宇宙中)是否存在信息？结果产生了两种截然相反的答案，一种是存在，另一种是不存在。持有这两种观点的人都坚信自己的答案正确，互不相让。那么，信息科学工作者怎样才能合理地解释，并沟通这两种截然相悖的答案呢？

这两种看似相悖的答案分别源于两种不同层次的信息定义。按照本体论信息的定义，信息的存在与否不以人类主体的存在为条件，即使不存在人类，信息也依然存在。因此，在这个层次上人们可以说，在地球上出现人类以前，信息就已经存在了。如果按照认识论信息的定义，没有人类这个认识主体的存在，就没有认识论信息的存在。因此，人们可以说，在人类出现之前不存在(以人类为观察主体的)认识论信息。可见，两个截然相反的答案都是正确的，只是依据的条件不同。依据本体论信息的条件，这个答案就是存在；依据认识论信息的条件，这个答案就是不存在。它们之间并不存在矛盾，只是因为它们依据的条件不同。随着条件的增减，它们可以互相沟通转化。由此可见，在应用信息定义的时候，明确它的条件是多么重要。

有了这样系统且自洽的信息定义谱系，我们就可以叙述具体的信息定义了。如上所述，我们只需要给出本体论信息和认识论信息这两个最根本、最重要的信息定义，其他层次的信息定义就可以依据具体的约束条件演绎出来。

1. 本体论信息(客体信息)定义[9]

本体论信息是事物的状态及其变化方式的自我呈现。

需要注意，本体论信息的表述者是事物本身，不反映认识主体的任何因素，而且与是否存在认识主体没有关系。因此，本体论信息实际上是自然界和社会各种事物呈现的“现象”。

定义中所说的事物，泛指一切可能的研究对象，可以包括外部世界的物质客体，也可以包括主观世界的精神现象。定义中所说的运动，泛指一切意义上的变化，包括机械式运动、物理运动、化学运动、生物运动、思维运动、社会运动等。运动状态是指事物的运动在空间展示的性状和态势。状态变化方式是指事物的运动状态随时间的变化而变化的过程样式。

宇宙中的一切事物都在运动，都有一定的运动状态和状态变化的方式，也就是说，一切事物都在产生信息。这是信息(本体论层次上)的绝对性和普遍性。一切不同的事物都具有不同的运动状态和变化方式，这是本体论层次上信息的相对性和特殊性，是最广泛意义下的信息，是无条件的信息。在本体论层次的信息定义中，没有出现主体的因素，因此本体论意义的信息与主体的因素无关，不以主体的条件为转移。

任何事物都具有一定的内部结构，同时也与一定的外部环境相联系，正是这种内部结构和外部联系的综合作用，共同决定了事物的具体运动状态和状态变化方式。因此，也可以把上述本体论信息的定义叙述得更为具体，即本体论信息是事物的状态及其变化方式的自我呈现，也是事物内部结构与外部联系的状态及其变化方式的自我呈现。

正因如此，为了获得一个事物的完整信息，就要同时了解这个事物内部结构的状态及其变化方式，以及它的外部联系的状态及其变化方式。了解了事物的内部结构和外部联系的状态及其变化方式，就可以了解这个事物的运动状态及其变化方式。

在有些场合，由于事物过于复杂，人们很难了解其内部结构的状态及变化方式(例如人的大脑结构太复杂，在短时期内不可能透彻了解它的全部精细结构)。这时就可以把它看作一个黑箱(或灰箱)，并通过它的外部联系(如输入-输出关系等外部行为表现)的状态及变化方式来把握该事物的信息。这便是人们熟知的黑箱主义方法。

由此也可以引出一个结论：要认识一个事物，描述一个系统，唯一的办法就是要通过各种可能的途径获得关于该事物(系统)的信息，即获得关于该事物(系统)内部结构和外部联系的状态及变化方式，或简言之，获得关于该事物运动的状态及变化方式。舍此，别无他途。

需要再次强调，在本体论信息定义“事物运动状态及其变化方式的自我呈现”中，强调的是事物的自我呈现。这就是说，本体论信息是一种客观存在，不以主体的存在与否为转移，无论有没有主体，或者无论是否被某种主体所感知，都丝毫不影响它的自我呈现。这是本体论信息非常重要的特征。

顺便指出，有些人并不满足把信息理解为现象。他们认为，这种理解把信息的地位和作用给看轻了。其实，信息就是现象。比它更为深刻的东西是从信息现象抽象出来的能够反映事物本质的知识。信息只能回答 What(是什么)的问题，知识才能回答 Why(为什么)的问题。作为现象的信息是具体的，因此可以通过人类的感觉器官和技术上的传感系统感受到。作为本质的知识是抽象的，因此只能通过理解才能得到。

2. 认识论信息(感知信息)定义

1)认识论信息(感知信息)定义之一[9]

认识主体关于某事物的认识论信息，是认识主体从该事物的本体论信息感知的该事物的状态及其变化的方式、效用和含义。

对比本体论信息定义与认识论信息定义可以发现，它们存在本质的联系。这表现在两个定义上关心的都是事物的状态及其变化方式。但是，它们之间又存在原则上的区别。这表现在，本体论信息(客体信息)是事物客体本身呈现出来的；认识论信息(感知信息)是认识主体从其中感知到的。

本体论信息定义与认识论信息定义之间的区别在于，两个定义依据的条件不同。前者没有任何约束条件，后者必须具有认识主体这个条件。本体论信息定义与认识论信息定义之间的联系，使得它们之间有可能实现互相转化，实现转化的条件是主体词的转换，即无约束条件转换为必须存在认识主体，或者相反。我们再一次看到，如果引入认识主体这一条件，本体论信息定义就转化为认识论信息定义；如果取消认识主体这一条件，认识论信息定义就转化为本体论信息定义。

特别强调，由于引入认识主体这一条件，认识论信息定义的内涵就比本体论信息定义的内涵更加丰富、深刻。这是因为，作为认识主体，人类具有感觉的能力，能够感觉到事物运动状态及其变化方式的外在形态。同时，人类主体具有目的性，能够检验和判断事物的运动状态及其变化方式对目的有何种效用。人类主体也具有抽象提炼的能力，能够在形态和效用的基础上提炼客体的内在含义。

对于正常的人类认识主体来说，他的形态感觉能力、效用的检验和判断能力、提炼内在含义的能力是不可分割的统一整体，因此认识主体对于事物的运动状态及其变化方式的外在形式、效用价值、内在含义的关注也是不可分割的。这样，在认识论层次上来研究信息问题时，就不再像在本体论层次那样简单了。这里必须同时考虑认识主体感知的事物运动状态及其变化方式的形式、效用、含义等三个方面的因素。

认识主体只有在感知到事物的运动状态及其变化方式的形式、判明它的效用、理解它的含义，才算掌握了这个事物的认识论信息，才能据此做出正确的判断和决策。我们把这样同时考虑事物状态及其变化方式的外在形式、效用价值、内在含义的认识论信息称为全信息，把仅考虑形式因素的信息成分称为语法信息，把仅考虑效用因素的信息成分称为语用信息，把考虑内在含义因素的信息成分称为语义信息。因此，认识论信息(感知信息)就是全信息。

鉴于此，也可以把认识论信息的定义表达得更为具体和明确。

2)认识论信息(感知信息)定义之二

认识主体关于某事物的认识论信息，是认识主体从该事物的本论信息感知的关于该事物状态及其变化方式的外在形态(语法信息也称形式信息)、效用价值(语用信息也称效用信息)、内在含义(语义信息也称含义信息)。语法信息(形式信息)、语用信息(效用信息)、语义信息(含义信息)三者的有机整体，称为全信息。

需要说明的是，这里使用的语法信息、语义信息、语用信息是从《符号论》借用过来的术语，而且语言学也在使用这些术语。令人遗憾的是，由于这些术语在符号学领域的定义存在模糊性，在语言学领域的应用中引起不少争论，特别是关于语义信息和语用信息之间关系，存在许多不同的理解。

信息科学领域曾经考虑废弃这些术语，但是考虑它们已经实际使用多年，废弃会引起麻烦，因此为了保证它们在信息科学领域使用的确切性，避免出现在符号学和语言学领域出现过的问题，本书特别定义了它们在信息科学领域的新旧两种表述。为了加深读者的印象，我们特别采取两种术语同时使用的办法(这样将来再用其中一种术语就不会有误解了)。

(1)语法信息/形式信息，主体感觉到的客体形态信息。

(2)语用信息/效用信息，主体体验到的客体效用信息。

(3)语义信息/内容信息，主体提炼出的客体含义信息。

因此，作为语法信息(形式信息)、语用信息(效用信息)、语义信息(含义信息)三位一体的全信息，可以全面地刻画认识主体对主体、客体及其之间相互关系的认识。

鉴于符号学本身对语法、语义、语用的定义存在一定的含混性，学术界一直存在语义信息和语用信息之间关系的争议。本书拟对语义信息和语用信息的定义再做深入的分析，以期得到明确的澄清。

(1)根据认识论信息定义，主体关于某一事物的语用信息(效用信息)应是主体从该事物的本体论信息所体验到的效用价值。更准确地说，是主体从该事物的本体论信息体验到的“该事物对主体目标而言的利害关系”。这里的关键因素是主体的目标。所谓的效用，就是对于实现主体的目标而言有什么帮助或有什么妨碍。

(2)根据认识论信息定义，主体关于某一事物的语义信息(内容信息)应是主体从该事物的本体论信息中感悟的，而且是由其中的语法信息(形式信息)和语用信息(效用信息)提炼出来的内容含义。因此，语义信息(内容信息)不是一个独立的分量，而是定义在语法信息(形式信息)与语用信息(效用信息)联合组成的空间上经映射和命名得到的结果。

这样，语法信息(形式信息)、语用信息(效用信息)、语义信息(内容信息)三者的概念及其相互关系就得到合理的澄清。这也是本书对符号学的一个重要改进。

由此可以看出，语义信息(内容信息)可以全面地表现语法信息(形式信息)和语用信息(效用信息)。这样，人们只要掌握语义信息(内容信息)，就可以同时掌握语法信息(形式信息)和语用信息(效用信息)。换言之，语义信息(内容信息)就可以充当全信息的全权代表。

此外，本书后面还会对语法信息(形式信息)、语用信息(价值信息)、语义信息(内容信息)进行更加深入和更加重要的解析与阐述。

不难看出，由于人类认识主体的作用，认识论信息的内涵就比本体论信息内涵变得更加复杂。具体来说，对于具有正常感觉能力的认识主体而言，他们从同一个事物的状态及其变化方式获得的语法信息(形式信息)是一致的。对于具有同样目的的认识主体而言，他们从中获得的语用信息(效用信息)是相同的。对于具有同样知识背景和理解能力的认识主体而言，他们从中获得的语义信息(内容信息)也是一致的。但是，对于观察能力不同的认识主体，他们从中获得的语法信息(形式信息)将有所不同。具有不同目标的认识主体从中获得的语用信息(效用信息)也将各不相同，甚至完全相反(取决于他们的目标关系)。对于目标不同且知识背景和抽象能力不同的认识主体来说，他们从中获得的语义信息(内容信息)也将不同。这就是信息的个性化表现，符合客观实际和科学规律。

对于同样的事物状态及其变化方式，具有不同知识和目标的认识主体将获得不同的信息。这一结论看似有悖于传统自然科学纯客观的要求，但是更符合社会的客观实际。因此，这并不能说明信息科学出了什么问题，而是说明传统自然科学方法已经不能适应信息科学的研究了。传统自然科学只关心客观的物质客体，而信息科学则关注主体和客体，以及主体与客体之间的相互作用。

应当认为，认识论信息的这种复杂性不是它的缺点，恰恰相反这是它的优点。因为正是凭借这样复杂的全信息，才可以很好地理解现实世界复杂的信息问题。

在人工智能的研究领域，全信息概念具有特别重要的意义。这是因为，当机器被设计者赋予相应的知识和特定的目的性之后，机器就可以具有特定的感觉能力、特定的效用判断能力、特定的理解能力；反之，如果没有知识和目的，它的感觉、效用判断、理解就没有基础和根据。因此，表现外在形式因素的语法信息、表现效用价值因素的语用信息，以及表现内在含义因素的语义信息就构成和谐的整体。

需要特别指出的是，目前信息科学学术界对于为什么要引入本体论信息(客体信息)和认识论信息(感知信息)还存在不理解的情况。这是因为他们只把信息看作通信学科的事情。的确，如果仅仅限制在通信领域，是没有必要考虑认识论信息（感知信息）的。这是因为，通信科学只关心信号波形（纯粹的形式）的传输。

但是，科学研究的眼光不能把信息研究永远局限在通信学科。信息研究更重要的领域是人工智能学科，后者是信息科学的高级篇章。在这里，主体与客体之间的相互作用是研究的主旋律。客体事物呈现的本体论信息（客体信息）一旦作用于认识主体，后者就必然要感知本体论信息（客体信息）。感知的结果就产生了认识主体的认识论信息（感知信息）。因此，本体论信息（客体信息）与认识论信息（感知信息）是研究认识主体与事物客体之间相互作用的必要理论与方法，而且是后续过程中产生智能的真正基础。

换言之，只要研究者把自己的研究眼界放长远，放到整个信息演绎的全部学科领域，本体论信息（客体信息）与认识论信息（感知信息）理念的引入就成为必要的事情了。

最后值得指出，一方面，这里的信息定义和历史上那些有效的信息定义是相通的。例如，Wiener 说信息不是物质也不是能量；本书所说的（本体论）信息是事物的状态及其变化方式的自我呈现，既源于事物，又不是事物本身，更不是能量。例如，人们在电视屏幕上看到的节目其实都是演员产生的状态及其变化方式的呈现，而不是演员本身；演员的状态及其变化方式可以通过电视转播系统转移到用户的屏幕上，而演员们本身仍然在演出场地，不可能转移到用户家中。可见，两个说法是相通的。又如，Shannon 认为，信息是能够用来消除随机不确定性的东西。这里的不确定性正是关于事物状态及其变化方式的不确定性，能够用来消除这种不确定性的东西正是事物呈现的状态及其变化方式。由此可见，这里的信息定义与 Shannon 的信息概念也是完全相通的。

不仅如此，与 Wiener 所说的，“信息就是信息，既不是物质也不是能量”，与 Shannon 所说的，“信息是用来消除不确定性的东西”相比，信息是事物的状态及其变化方式的自我呈现这一表述更加具体，可以完全落地。一切抽象概念都应努力用最为落地的方式来定义。

有一种观点认为，全信息理论的语法信息和语义信息是可以接受的，但是语用信息具有明显的主观性，不应当进入作为科学理论的信息科学研究范畴。显然，这是一种狭隘的、过时的纯客观主义观点。科学不仅应当研究客观世界的运动规律，也应当研究主观世界的运动规律，尤其应当研究客观世界与主观世界和谐协调的规律。人类认识世界的任务不仅包括认识客观世界、主观世界，也包括主观客观的相互作用与协调。回避和排除后两方面研究内容的科学是不成熟和不完整的科学。

一般来说，在认识论层次讨论问题的时候，事物的形式、效用、内容是不可分割的三位一体。人们了解某个事物的信息，首先要了解这个信息呈现的形态（事物的状态及其变化方式的形式，语法信息即形式信息），同时也要了解这个信息对自己的目标而言是否存在某种利害关系（事物的状态及其变化方式的效用，语用信息即效用信息），在这个基础上才算了解这个信息的内涵（事物的运动状态及其变化方式的含义，语义信息即内容信息）。

不难理解，在语法（形式）信息、语用（效用）信息、语义（内容）信息之间，语法信息（形式信息）是具体的，因为它可以被认识主体直接或间接观察到；语用信息（效用信息）也是具体的，因为它可以被认识主体直接或间接检验出来；作为内在含义的语义信息（内容信息）则是抽象的，既不可能被认识主体直接观察到，也不可能被认识主体检验到，只能由语法信息（形式信息）和语用信息（效用信息）两者通过抽象的感知才能提炼出来。在这个意义上可以认为，语法信息（形式信息）和语用信息（效用信息）都是第一性的（具体的），而语义信息（内容信息）则是第二性的（抽象的），是由前两者的共同体提炼出来的。它们三者和谐地构成全信息的三位一体。对于正常的人类主体而言，语法信息（形式信息）、语用信息（效用信息）、语义信息（内容信息）都是缺一不可的。

上述语法信息（形式信息）和语用信息（效用信息）的第一性，语义信息（内容信息）的第二性，正是符号学不曾论述清楚的内容，也是后来语言学界引起误解和争论的原因。

在研究通信系统信息理论的时候，人们有意排除了语义信息（内容信息）和语用信息（效用信息）的因素，从语法信息（形式信息）入手来解决问题。这既是迫不得已的事情，又是明智的选择。这是因为，通信工程本身就是只需要负载在信号波形上的语法信息（形式信息），不需要语用信息（效用信息）和语义信息（内容信息）的参与。

问题在于，我们不应当总是停留在语法信息（形式信息）这个相对简单、相对表面化的层次，而应当继续深入地研究和解决语义信息（内容信息）、语用信息（效用信息）的问题。语法信息（形式信息）只能解决通信工程这类问题，然而凡是有智能、有目的的系统，都必然涉及语义信息（内容信息）和语用信息（效用信息）的问题。信息科学技术要有效地扩展人类信息器官的功能（特别是，要扩展人类全部信息功能的有机整体——智力功能），就不能不充分利用包括语法信息（形式信息）、语用信息（效用信息）和语义信息（内容信息）在内的全信息。

可以认为，Shannon 信息论或统计通信理论是基于概率型语法信息的信息理论，而信息科学则是基于全信息的信息理论。这是信息科学与传统信息论之间的重要区别。正是由于引入了全信息的概念和理论，原先各自独立发展的传感论、识别论、通信论、处理论、控制论、决策论、优化论、智能论等才得以统一在信息科学的有机体系中。因此，对于信息科学来说，全信息是它所有子学科（包括传感、识别、通信、存储、计算、认知、谋行、执行、优化、进化等）的共同基础，是信息科学理论的统一基石。

这里还是有必要申明，虽然全信息的概念及其理论对于信息科学的研究具有特别基本和特别重要的意义，但是考虑文字叙述上的简便，在本书以下的讨论中，如果不至于引起读者的误解，我们把全信息简称为信息。只有在那些容易引起读者误解的地方或者在那些需要特别强调的地方，才使用全信息的表述。在后面讨论中遇到信息这个词汇的时候就要注意分析，它究竟是指全信息，还是经典意义上的信息(Shannon 信息)。

还要指出，由于引入认识主体及其与事物客体之间相互作用的关系，认识论信息还衍生出实在信息、先验信息、实得信息的概念。它们的具体含义可以解释如下。

某事物的实在信息，是指这个事物实际具有的信息。事物的实在信息是事物本身固有的特征，取决于事物本身的运动状态及其变化方式，而与认识主体的因素无关。

主体关于某事物的先验信息，是指主体在实际观察该事物之前已经具有的关于该事物的信息。先验信息既与事物本身的运动状态及其变化方式有关，也与主体的主观因素有关。

主体关于某事物的实得信息，是指主体在观察该事物的过程中新获得的关于该事物的信息。因此，实得信息不但与事物本身的运动状态及其变化方式有关，而且与主体的观察能力和实际的观察条件有关。在理想观察的条件下，主体 R 关于某事物 X 的实得信息量 $I(X;R)$ 应当是 X 的实在信息量 $I(X)$ 与 R 关于 X 的先验信息量 $I_0(X;R)$ 之差，即

$$I(X;R)=I(X)-I_0(X;R) \tag{6.1.1}$$

在即将结束信息定义的研究时，有必要对相关术语的表述再做一次重要的声明和约定：由于历史的原因，也为了规范的需要，信息科学的许多术语都具有多个同义语。为了节约空间，在后续章节中，我们不再采用语法信息(形式信息)这样烦琐的表达，而是只用其中一种表达。例如，语法信息与形式信息；语用信息与效用信息；语义信息与内容信息；本体论信息与客体信息；认识论信息与感知信息、全信息、语义信息等，都理解为具有同样的含义。

6.1.3　Shannon 信息(通信信息)：统计型语法信息

Shannon 在 1948 年创立了通信的数学理论。由于它的主题是研究通信系统传递的信息、信息性质、信息度量和传递规律，后人便把它加以泛化，称为 Shannon 信息论，简称信息论。毫无疑问，通信的数学理论对通信过程信息理论的揭示可以说是淋漓尽致，直到半个多世纪以后的今天，面向通信系统的信息理论几乎仍

然没有超出它的理论框架，通信科学技术工作者仍然享受着它的惠益。

Shannon 信息论面向通信工程，这就决定了它在理论上具有强烈的通信特色。Shannon 在“通信数学理论”中开章明义地指出，通信系统的基本问题是，在(随机)噪声背景下，信息接收端近似地或精确地复制发送端发出的信号波形；信号波形的语义与通信工程无关，因此可以忽略。这就表明，Shannon 在建构通信数学理论时，通过深入分析，明确地抓住了噪声背景下复制信号波形这个核心。由于通信信道中不可避免的噪声是一类随机性的噪声，为了研究随机噪声背景下的信号波形复制问题，就需要引入概率论和随机过程这类统计数学方法作信号波形分析的基本工具。这样就使通信数学理论本质上成为统计型的通信理论。为了突出信号波形的复制，减少其他因素对信号波形复制的干扰，就要排除信号(信息的载体)的语义因素和语用因素，使通信数学理论成为一种语法信息理论。在上述两个因素的综合作用下，就明确无疑地决定了通信数学理论的科学定位必然是统计型的语法信息传递理论。

客观地说，Shannon 的这些思想完全符合通信工程的实际需要。他的上述两个分析切中了通信工程技术的要害，使通信的数学理论变得十分新颖、清晰，而且可以操作。因此，他的理论很快就获得巨大的成功，对现代通信技术的发展做出了不朽的贡献。

按照前述信息的定义方法，统计型语法信息的具体特征是，当它被用来描述本体论信息时，必须满足状态是明晰型的(即非模糊型的)，状态变化的方式是统计型的；当它被用来描述认识论信息的语法信息时，必须满足状态是明晰的，状态变化的方式是统计型的，以及只考虑这些状态及其变化方式的形式。

通信是人类社会一项基本的信息活动。通过通信活动，人们可以实现信息的共享，实现社会成员之间的互相沟通与合作。这种合作是社会进步的重要基础。其有效程度是社会进步水平的一个重要衡量尺度。因此，通信技术的进步可以有力地促进经济和社会的发展。正因如此，通信理论和通信技术的发展对于人类社会的进步可以做出巨大的贡献。

另外，通信并不是人类社会唯一的信息活动，甚至也不是最深刻、最具有核心意义的信息活动。科学技术发展的辅人律和拟人律告诉我们，科学技术发展到今天，扩展人类全部信息能力(即智力能力)的任务已经提到社会的议事日程。因此，在充分肯定 Shannon 信息论巨大贡献的同时，还要继续前进，探讨那些更核心、更深刻、更重要的信息活动过程的规律，为人类的进步和社会的发展做出更大的贡献。

除了通信，人类还有哪些重要的信息活动呢？典型的人类信息活动基本过程如图 6.1.1 所示。

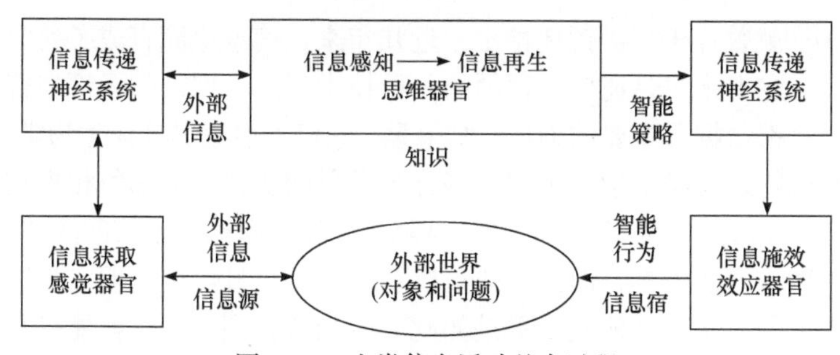

图 6.1.1　人类信息活动基本过程

这个模型指出，人类认识世界和改造世界这个动态的永无停歇的信息活动主要包括以下基本过程。

(1)外部世界各种对象不断产生信息的过程(信息源)。

(2)信息获取(由本体论信息转换为认识论信息的语法信息的过程。

(3)信息传递(信息在空间和时间上的转移)的过程。

(4)信息感知(由语法信息转换为全信息)的过程。

(5)信息认知(包括信息的预处理和由全信息生成知识)的过程。

(6)信息再生(在目标的牵引下由信息和知识生成智能策略)的过程。

(7)信息施效(把策略信息反作用于对象、解决问题从而展现信息的效用)的过程。

当然，这只是信息过程的一个基本“回合”。在人类认识世界和改造世界的活动过程中，由于存在各种不确定性和非理想性，信息施效的结果通常都会存在误差。为了减小误差，需要更多的知识，因此要将误差作为一种新的补充性的客体信息反馈到系统输入端，再学习新的知识，优化智能策略，改善反作用的效果。这就是在基本“回合”基础上的附加“回合”，而且附加的“回合”不止一次。这种附加“回合”按照循环上升的螺旋方式前进，每循环一次，人类认识世界和改造世界的过程就深化一步，直到满意。

因此，作为全面研究人类信息活动过程规律的信息科学，必然要面向图 6.1.1 所示的全部信息过程。可以看出，信息传递只是整个信息过程的一个环节，而作为通信数学理论的 Shannon 信息论，只是信息科学理论体系的一个片段。

Shannon 信息本身只是一类统计型的语法信息，是全信息概念的表面形式层次。全信息则是(包括统计型的和非统计型的)语法信息、语义信息、语用信息的三位一体。因此，把 Shannon 的信息理论拔高称为信息论，是以偏概全、把树木当作森林的不当之举，把 Shannon 的信息理论当作信息论，必然带来严重的误导。不过，这是人们的认识总要经历由表及里的结果。后人只能正确对待和处置。

对于这一点，Shannon 本人有非常清醒的认识。他在 1956 年发表的 *The*

Bandwagon[10]就曾经十分尖锐地指出：近几年来，信息论简直成了科学上的“马戏宣传车”。它本来只是通信工程师的一种技术工具，现在却无论在普通杂志，还是科学刊物都占据了重要的地位。结果是，它已经名过其实。生物学、心理学、语言学、基础物理、经济学、组织学等许多学科的研究人员都争相把它应用到各自的领域。这种情况孕育着一种危险。诚然，在理解和探讨通信问题的本质方面，信息论是一种有力的工具，而且它的重要意义还将与日俱增，但它肯定不是通信工作者的万灵药，对于其他人，更是如此。应当认识到，一次就能打开全部自然奥秘这种事情是几乎不可能的。如果不加以扭转，一旦人们发现仅使用几个像信息、熵、冗余度这样一些动人词汇并不能解决问题的时候，就会灰心失望，那种人为的繁荣就会在一夜之间崩溃。人们应当明白，信息论的基本结果都是针对某些非常特殊的问题，而与心理学、经济学，以及其他社会科学很少关联。信息论的核心本质是一个数学分支，是一个严密的演绎系统。因此，透彻地理解它的数学基础及其在通信方面的应用情况，是在其他学术领域应用信息论的先决条件。

这是多么坦诚、多么富于哲理和睿智的告诫！为什么 Shannon 会发出这样严肃而清晰的告诫？原因就在于，他在头脑中十分明白，Shannon 理论处理的是统计通信的问题，它是一个严格的统计数学演绎系统，只有那些能够满足统计学公理的领域才可以应用；按照通信工程的特点，Shannon 理论只考虑统计语法信息，而没有考虑非统计型的语法信息问题，更没有考虑语义信息和语用信息的问题，因此不适合心理学、经济学、社会学这样一些需要考虑信息的语法、语义、语用因素的场合。

不难理解，只有全面考虑(统计型的与非统计型的)语法信息、语义信息、语用信息的全信息理论才能克服 Shannon 指出的这些缺陷,从而可以应用到心理学、经济学、社会学等各个领域，成为整个信息科学领域共同的理论基础。

我们也注意到，近年来出现一种学术观点，认为 Shannon 信息论研究的信息其实并不是真正的信息，只是信息的载体(信号)。因此，Shannon 的信息论也不是真正的信息论，只是关于信息载体传输的理论。他们认为，信息及其载体是截然不同的两码事。载体是物质而不是信息，可以用数学方法进行定量研究。信息则不可以用数学方法进行定量的研究。因此，他们尖锐地批评 Shannon 理论用数学方法描述和度量信息是给信息理论研究引错了方向。他们认为，信息理论研究必须彻底突破 Shannon 信息论的障碍和 Shannon 信息论的羁绊；不摆脱 Shannon 信息理论的羁绊，就无法建立真正的信息理论。

这里有必要指出，在本体论意义上，信息是事物(包括物质和精神)运动的状态及其变化方式的自我呈现。事物是信息的载体，信息正是通过载体的某种或某些物理参量的状态及其变化方式来表现的。可见，载体与信息之间存在密切的对应关系，即对载体参量的状态及其变化方式的研究，就是对本体论信息的研究。

在认识论意义上，信息也是事物的运动状态及其变化方式。但是，需要同时考虑状态及其变化方式的外在形式（语法信息）、内在含义（语义信息）和效用价值（语用信息）。这里，对载体的研究就是对语法信息的研究，即如何用载体物理参量的变化来表现语法信息的研究。它是信息研究的重要方面，而不是与信息无关的研究。当然，人们不应当像 Shannon 信息论那样仅仅停留在语法信息的研究上，因为那是远远不充分的信息研究。对于人们最关注的认识论信息（全信息）来说，不仅应当关注语法信息，更应当关注语义信息和语用信息，因为只有掌握了语义信息才能理解信息的内容含义，只有掌握了语用信息才能判断信息对于认识主体的利害关系。语法信息（形式）、语义信息（内容）、语用信息（效用）三者辩证地联系在一起就可以形成信息的三位一体。正像不应当追求没有形式、没有效用的内容，人们不应当追求不要语法信息、不要语用信息的语义信息。因此，抛弃 Shannon 信息论的想法是没有道理的，停留在 Shannon 信息论的水平上也是不足称道的。

前已述及，语法信息（事物的状态及其变化方式的外在形式）是可以被认识主体具体感知的，语用信息（事物的状态及其变化方式对于主体的效用价值）是可以被主体具体体验的，语义信息（事物的状态及其变化方式的内容含义）是抽象的，只有通过可感知的语法信息和可体验的语用信息两者共同体的映射（抽象）才能真正把握。因此，在这个意义上完全可以说，如果没有语法信息的研究，就不可能有语义信息的研究。同样，没有语用信息的研究，也不可能有语义信息的研究。反过来说，只是孤立地关注语义信息而不关注语法信息和语用信息的信息理论，是一种空洞无物的信息理论，是一种不切实际的信息理论，因此也是一种行不通的信息理论。这就是为什么我们一直强调语法信息、语义信息、语用信息三位一体全信息理论的原因。

6.2　信息的分类与描述

通过上面关于信息基本概念的讨论，已经从定性的角度较好地把握了信息的概念和实质。但是，仅有定性的理解显然是不充分的，我们还必须能够从更深入的本质和定量的角度来把握信息。

但是，信息可以被度量吗？在国内外学术界，这还是一个存在争论的问题。有的人认为，同任何其他的研究对象一样，信息也是可以被度量的；有的人认为，信息不可以被度量，甚至不可以用数学物理的方法来研究。

我们认为，任何事物（无论多么复杂）都具有定性和定量两个方面的属性。人们对事物的认识通常从定性方面开始，逐渐深入到定量的把握。有些研究对象在目前的科学技术状态下看起来似乎难以度量，甚至不可度量，那是因为人们对这种对象的认识暂时还不够深入，同时也因为人们当前拥有的数学工具还不够强大，还在发展过程之中。但是，随着人们对它的研究不断深入，数学理论和方法的不断发展和完善，将来有可能找到合适的方法对它进行定量的把握。

实际上，度量可以有两层不同的意思，即绝对度量和相对度量。绝对度量给出的是面向特定单位的绝对的"数"，相对度量给出的则是面向某种准则的相对的"序"，甚至是某种偏序。迄今，人们对绝对度量比较熟悉，也比较认可，但是对一些比较复杂的事物，相对度量的需要会越来越明显。无论是绝对的数值还是相对的排序，都是对研究对象的定量把握。

对于信息而言，随机型的语法信息已经由 Shannon 建立了度量的方法。这为更复杂的全信息(它是语法信息、语义信息和与用信息的三位一体)度量方法提供了一定的启发。随着研究的进一步深入，这些度量方法将得到逐步地改进和完善。

为了研究和建立合理的信息度量方法，首要的任务是找到信息的描述方法。为了恰当地描述信息，又必须对信息进行合理的分类。

6.2.1　信息的分类

众所周知，分类学本身也是一门相当复杂的学问，存在许多不同的分类准则。运用不同的分类准则会导致不同的分类结果。当然，如果不同分类准则之间存在明确的相互关系，那么这些不同的分类结果之间也会存在相应的关系。

同其他事物的分类问题一样，由于目的和出发点不同，信息的分类也存在许多不同的准则和方法。例如以下的分类方式。

(1)按照信息的性质，信息可以分为语法信息、语义信息、语用信息。

(2)按照观察的过程，信息可以分为实在信息、先验信息、后验信息、实得信息。

(3)按照信息对于主体的作用，信息可以分为有用信息、无用信息、干扰信息。

(4)按照信息的逻辑意义，信息可以分为真实信息、虚假信息、不确定的信息。

(5)按照生成领域，信息可以分为宇宙信息、自然信息、社会信息、生物信息、思维信息等。

(6)按照信息源的性质，信息可以分为语声信息、图像信息、文字信息、数据信息等。

(7)按照载体的性质，信息可以分为机械信息、电子信息、光学信息、生物信息等。

(8)按照携带信号的形式，信息可以分为连续信息、离散信息、半连续信息等。

显然，还可以有许多其他不同的分类原则和方法，这里不再一一列举。

毋庸置疑，在所有分类的原则和方法中，最重要的是按照信息的性质所做的分类。针对不同性质的信息，找到不同的具体描述方法，建立相应的度量方法，这样才能有效地把握信息和利用信息。下面就按照这个准则来讨论信息的分类，并讨论描述信息的一般原则。

按照性质的不同，信息可以划分为语法信息、语义信息、语用信息。其中最基本、最单纯(还没有赋予语用和语义)的是语法信息。它是迄今理论上研究得最多也是最深入的层次。

按照定义，语法信息是事物运动的状态及其变化方式的外在形式。根据事物运动的状态及其变化方式在形式上的不同，语法信息还可以作如下分类。首先，事物运动的状态可以是有限状态或无限状态的，与此相对应，就有有限状态语法信息和无限状态语法信息之分。进一步，事物运动的状态可能是连续的，也可能是离散的，因此又可以有连续状态语法信息与离散状态语法信息之分。考虑事物运动的状态可能是明晰的，也可能是模糊的，这样又有状态明晰的语法信息与状态模糊的语法信息之分。

另外，事物运动状态变化的方式又可以有随机型、半随机型、确定型三类。所谓随机型的运动方式，就是各个状态是完全按照统计规则或概率规律出现的。因此，这类信息又叫作概率型语法信息或者统计型语法信息。所谓半随机型运动方式，是指各个状态的出现是不可预测的，但是由于这类实验往往只进行一次或若干次，而不能在同一条件下大量重复，因此不能用概率统计的规则来描述。这类实验提供的信息称为偶发型语法信息。确定型的运动方式，是指其各种状态的出现规则是确定性的。这种方式的未知因素通常表现在初始条件和环境影响(约束条件)方面。与这类运动方式相对应的语法信息，称为确定型语法信息。

根据事物运动的状态和状态变化方式的不同，就可以得到图 6.2.1 所示的语法信息的分类图。

注意到，全信息包含语法信息、语义信息、语用信息三个分量这一事实，对应于每一种语法信息，可以引入相应的语用信息和定义在语法信息、语用信息上的语义信息，因此全信息的分类应当包含上述各种情形。

需要指出，图 6.2.1 列出的 24 种不同的语法信息形式在理论上都是实际存在的。不过，在实际的研究工作和工程实践中，由于连续信息通常都可以(通过取样和量化等方法)实现离散化(更准确地说是数字化)，因此研究数字型信息成为主要的目标。另外，在大多数实际的应用工程中，无限状态的情形往往可以通过求极限的方法(工程上可以通过平滑滤波等方法)由有限状态的情形来逐渐逼近，因此研究状态有限的情形就成为更为基本的目标。这样通过数字化和平滑化等措施，最基本的语法信息形式就可以转化为 6 种类型了，即概率型语法信息、偶发型语法信息、确定型语法信息、模糊型概率语法信息、模糊型偶发语法信息，以及模糊型确定语法信息。进一步，由于通常所说的模糊信息是指属性模糊的确定性信息。因此，真正最基本的语法信息就变为 4 种，即数字化的有限明晰状态的概率型语法信息、数字化的有限明晰状态的偶发型语法信息、数字化的有限明晰状态的确定型语法信息、数字化的有限模糊状态的确定型语法信息。为了简便，我们分别把它们叫作概率信息、偶发信息、确定信息、模糊信息。

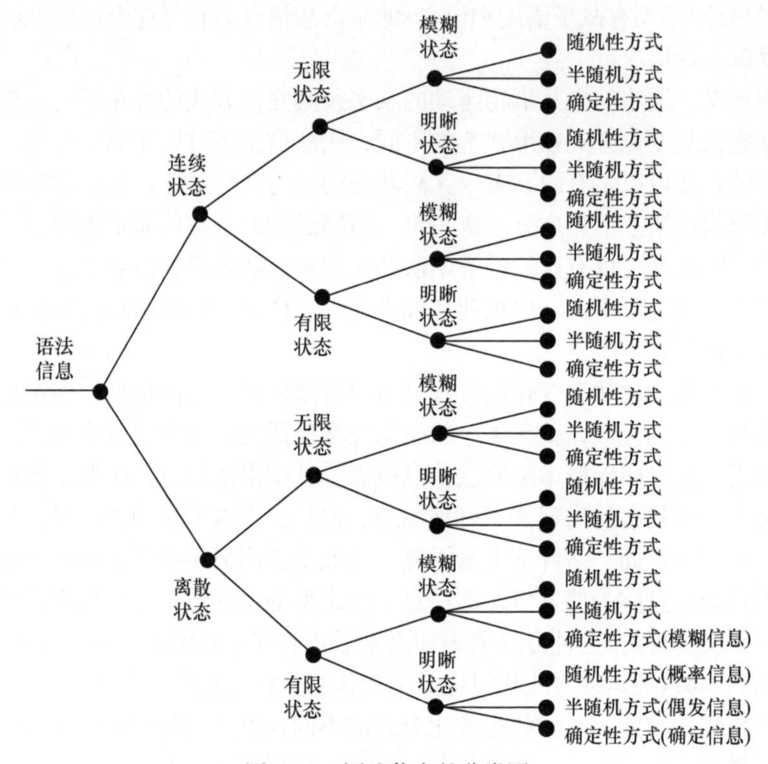

图 6.2.1　语法信息的分类图

因此，信息分类及基本信息如图 6.2.2 的表示。其中我们后面要具体研究的 6 种信息，它是由图 6.2.1 结合语义信息和语用信息简化得到的。

图 6.2.2 说明，在描述信息的时候，需要考虑的基本信息类型应当既包括语法信息、语义信息、语用信息，其中语法信息，又包括概率信息、偶发信息、确定型信息、模糊信息。当然，在语法信息这个分类基础上，语义信息和语用信息也可以做出相应的分类。为了简洁，图中没有直接示出语义信息和语用信息的分类情况。

有了信息分类的结果，就可以分门别类研究各类信息的描述。根据图 6.2.2 的分类关系，我们不必对所有类型的信息进行全面的描述和分析，只需要首先考虑语法信息范畴内的概率信息、偶发信息、确定型信息、模糊信息的描述。在此基础上，再考察语义信息和语用信息的描述，就可以得到全信息的描述。

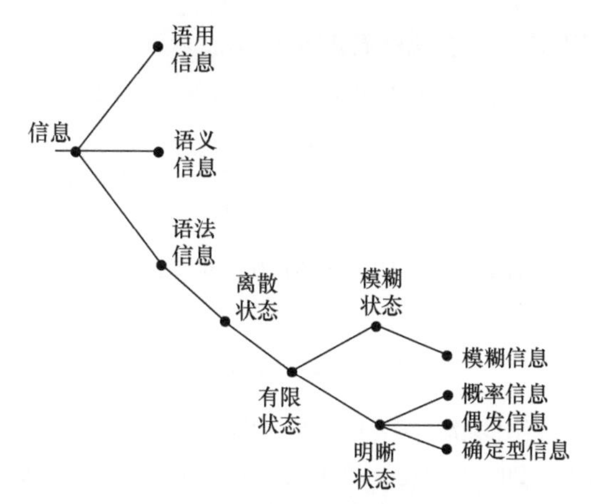

图 6.2.2　信息分类及基本信息

通过信息分类的讨论，我们可以体会到描述信息的一般原则，即按照信息的基本定义,抓住事物的运动状态和状态变化的方式这两个基本的要素来描述信息。只要把事物运动的状态和状态变化方式描述清楚，它的信息就描述清楚了。

6.2.2　信息的描述

1. 概率信息的描述

如上所述，我们关心的概率信息是特指状态性质为离散、状态数目为有限、状态划分为明晰、状态变化方式服从概率规律的信息。

在实际应用的场合，我们常用这样的符号体系，设 X 表示一个实验，$X=(x_i \mid i=1,2,\cdots,n)$ 表示实验所有可能状态的集合，$P=(p_i \mid i=1,2,\cdots,n)$ 表示这些状态出现的概率的集合，$(X,P)=(x_i,p_i \mid i=1,2,\cdots,n)$ 称为实验的概率空间。

概率空间 (X,P) 的各个元素 (x_i, p_i) 描述事物的运动状态和状态变化的方式。其中，x_i 表示所有可能的运动状态，以概率 p_i 随机地出现；p_i 表示这些可能的运动状态是按照概率规律出现的。因此，概率空间就把整个事物运动的状态和状态变化的方式刻画出来了，它是描述概率信息的基本方法。

具体地,若有随机实验 X,它有 n 种可能的实验结果(运动状态),即 $x_1, x_2,\cdots,x_n$。假设在观察这一实验之前，观察者已经知道这些状态出现的概率分别是 $p_1, p_2,\cdots,p_n$。这些概率称为先验概率。实验结果显示，这 n 个状态出现概率是 $p_1^*,\cdots,p_n^*$，这些概率称为后验概率。这样就可以写出观察前后概率空间的变换，即

$$\{x_i, p_i \mid i=1,2,\cdots,n\} \Rightarrow \{x_i, p_i^* \mid i=1,2,\cdots,n\} \tag{6.2.1}$$

其中，箭头左边是先验概率空间；箭头右边是后验概率空间。

先验概率空间描述观察者关于 X 的先验信息，后验概率空间描述实验的后验

信息。式(6.2.1)可以用来描述观察者的实得信息。

在大多数实验场合，后验概率分布($p_s^*|=1,2,\cdots,n$)是一个0-1型分布，即

$$p_i^* = \begin{cases} 1, & i = i_0 \\ 0, & i \neq i_0 \end{cases}$$

如果用符号P_s^*表示这种0-1型后验分布，那么式(6.2.1)就可以表示为更简洁的形式，即

$$(X, P) \Rightarrow (X, P_s^*) \tag{6.2.2}$$

当观察者对于X的出现概率没有任何先验知识的时候，就只能假定这n个状态出现的概率都相等，即$p_i = 1/n$，$i =1,2,\cdots,n$，我们用符号P_0表示这种均匀型的先验概率分布。在这种情况下，式(6.2.2)变为

$$(X, P_0) \Rightarrow (X, P_s^*) \tag{6.2.3}$$

式(6.2.3)表示，在观察实验之前，观察者对实验结果一无所知；观察之后，结果变得完全确定。在这种场合，观察者获得最大的实得信息量；反之，若有$P_s^* = p_0^*$，则观察者的实得信息为零。

可见，用概率空间、概率空间的变换，可以很好地描述随机型实验的信息过程。

2. 偶发信息的描述

偶发信息是由半随机实验提供的。半随机实验的状态也是随机发生的，只是它们发生的规律不能用概率分布来描述，因为这类实验是偶尔发生的，不是大量地重复发生的，所以不存在统计稳定性。

同随机实验一样，只考虑离散有限明晰状态的情形，假定随机实验X有N个可能的状态，即$x_1, x_2, \cdots, x_N$。作为实验的结局，一般总有一个状态实际发生。究竟是哪个状态发生？在观察之前，根据资料推断，观察者认为x_n发生的可能度为q_n。显然，与概率的情形类似，应有

$$\sum_{n=1}^{N} q_n = 1 \tag{6.2.4}$$

根据实际观察的结果，各种可能状态发生的可能度是$q_1^*, q_2^*, \cdots, q_N^*$，其中某个可能度$q_{no}^* = 1$，其余的$q_n^* = 0, n \neq n_0$。我们把$q_1, q_2, \cdots, q_n$称为观察者关于$X$的先验可能度分布，用符号$Q$表示，而$q_1^*, q_2^*, \cdots, q_N^*$称为实验$X$的后验可能度分布，用符号$Q^*$表示。从形式上看，这里的$Q$和$Q^*$与概率信息场合的$P$和$P^*$十分相似。二者的区别在于，$Q$其实并不是概率，所以无法用统计的方法求出；$Q$的数值纯

粹是由观察者的经验确定的，因此带有很大的主观性。严格来说，Q 是观察者关于 X 主观经验性的先验可能度分布，而且服从式(6.2.4)的归一化约束。正是这个缘故，有时也可以把可能度叫作主观概率、经验概率、形式概率、主观置信度。因此，实验 X 的状态集合与其可能度分布一起，确实可以描述半随机实验的运动状态和状态变化方式。因此，与概率信息类似，定义 (X, Q) 和 (X, Q^*) 为半随机实验的先验可能度空间和后验可能度空间。它们可以描述偶发信息的情况。

具体来说，在观察半随机实验 X 的过程中，观察者的实得信息可以用下面可能度空间的变换来描述，即

$$\begin{bmatrix} X \\ Q \end{bmatrix} \Rightarrow \begin{bmatrix} X \\ Q^* \end{bmatrix} \tag{6.2.5}$$

3. 确定型信息的描述

所谓确定型信息，是指由确定型实验提供的信息。所谓确定型实验，是指具有确定的实验机构，但是初始条件和环境条件具有动态或时变性的实验。我们可以用 n 阶常系数线性微分方程描述确定型实验系统的行为，即

$$\frac{\mathrm{d}^n y}{\mathrm{d}t^n} + a_{n-1}\frac{\mathrm{d}^{n-1} y}{\mathrm{d}^{n-1} t} + \cdots + a_1 \frac{\mathrm{d}y}{\mathrm{d}t} + a_0 y = U(t) \tag{6.2.6}$$

其中，y 为系统的输出；$U(t)$ 为系统的输入；$y, \frac{\mathrm{d}y}{\mathrm{d}t}, \frac{\mathrm{d}^2 y}{\mathrm{d}t^2}, \cdots, \frac{\mathrm{d}^n y}{\mathrm{d}t^n}$ 为该系统的状态变量。

在这类场合，系统的状态就是一组数。只要给定在某个时刻的这样一组数，给定系统的输入，以及描写这个系统动态关系的微分方程，就可以确定系统在未来时刻的状态和输出。这就是为什么把这种系统提供的信息称为确定型信息的道理。有了状态方程，只要知道一个系统的状态变量和输入情况，就可以预测它未来的行为。也就是说，现时的状态变量包含着未来状态的信息，利用状态变量和状态方程就能充分描述这种信息。

如果已知某个系统或实验的各种状态，以及状态之间的转移方式，那么用图论的方法表示这些状态及其变化的方式(即信息)是十分直观和方便的。

所谓图，就是若干顶点和边的集合。如图 6.2.3 所示，就是一个由 5 个顶点和 7 条边构成的图。其中，A、B、C、D、E 是图的顶点，AB、BC、CD、DE、BE、AE 和 CE 是图的边。用图表示信息的时候，顶点代表状态，边代表状态转移(状态变化)的关系。图 6.2.3 中的各条边没有标明方向，这样的图称为无向图。如果图中的边是有方向的(用箭头表示)，这样的图称为有向图。图 6.2.4 就是一个有向图。如果图中各边还注有数字，这样的图就叫作加权图。可见，图 6.2.4 还是一个

加权图，更确切地说是一个加权有向图。

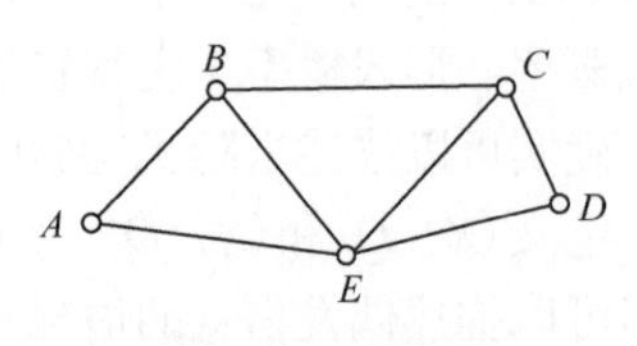

图 6.2.3　无向图

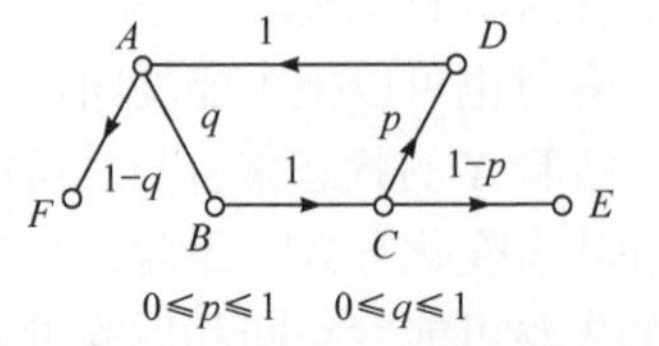

图 6.2.4　有向加权图

图 6.2.4 就是一个描述一年生植物运动状态和状态变化方式的图。具体地说，它描述了这种植物的生活行为，即各个顶点表示该植物的生活状态(运动状态)，各个边表示这些状态的转移方式和转移的途径。边上所注的数字，就是权，表示从某一状态向另一状态转移的概率或可能度；边上所注的箭头指示状态转移的方向。图中各个顶点的含义是，A 为种子状态；B 为植物状态；C 为开花状态；D 为已授粉的植物状态；E 为未授粉的植物状态；F 为种子的死亡状态。

图 6.2.4 表示，种子以概率 q 生长成为植物(种子死亡的概率是 $1-q$)，植物肯定能够开花，开花的植物以概率 p 授粉成功(不能授粉成功的概率为 $1-p$)，已授粉的植物(花)必能结出种子。重复这个过程，只要环境条件不发生明显的变化，这个有向加权图就能描述这种植物的生活信息。

图 6.2.4 是一个具有随机因素的状态转移图，如果 $p = q = 1$，则顶点 E 和 F 就成为孤立顶点。这时，植物的生活运动过程就成为确定性的运动，状态转移的方式和关系都具有确定的性质。

此外，这类信息也可以用矩阵来描述，表示连接的方向信息等。

除了以上这些方法可以用来描述确定型信息，数据表格、公式曲线等也可以表示确定型信息。实际上，到处都可以看到这些信息表示方法的大量应用，这里通过一个普通的例子来说明。

考虑如下确定型决策问题，假设某单位需要购买某种产品 45000 个，已知该种产品有四处供应来源(A、B、C、D)，购买的这些产品要分别送到三个不同的仓库点，表 6.2.1 列出各个仓库的容量和各个供应点可以供应的产品数量，以及价格、运输费等数据。要求确定具体的采购方案，使所付出的总费用最少。

表 6.2.1　用表格来表示确定型信息

项目	一号库容量 10000	二号库容量 15000	三号库容量 20000
A 点供应量 8000	$C_{11}=3.00$ 元	$C_{12}=3.00$ 元	$C_{13}=4.50$ 元
B 点供应量 12000	$C_{21}=4.80$ 元	$C_{22}=3.20$ 元	$C_{23}=5.00$ 元
C 点供应量 11000	$C_{31}=6.00$ 元	$C_{32}=4.00$ 元	$C_{33}=5.50$ 元
D 点供应量 14000	$C_{41}=5.30$ 元	$C_{42}=4.10$ 元	$C_{43}=6.00$ 元

显然，问题中已经给出了求解所需的全部信息。这些信息是通过文字叙述和数字表格的形式给出的。根据这些信息，运用适当的数学方法（这里选用线性规划方法），就可以制定一个确定的决策。为了方便数学处理，用文字和表格给出的信息往往还要浓缩在数学公式里，以便进行运算和解析。可见，数学公式也是描述信息的一种方法。如果用符号 x_{ij} 表示从第 i 供应点购买并运到第 j 号仓库的产品数量，$i=1,2,3,4$；$j=1,2,3$，那么就可以列出下列公式。

目标信息为

$$C=\sum_{i,j}C_{ij}x_{ij}\to\min$$

约束信息为

$$\sum_{i=1}^{4}x_{i1}=10000;\sum_{i=1}^{4}x_{i2}=15000;\sum_{i=1}^{4}x_{i3}=20000;$$

$$\sum_{j=1}^{3}x_{1j}=8000;\sum_{j=1}^{3}x_{2j}=12000;\sum_{j=1}^{3}x_{3j}=11000;$$

$$\sum_{j=1}^{3}x_{4j}=14000;\ x_{ij}\geqslant 0,\quad i=1,2,3,4;j=1,2,3$$

有些确定型信息不便用数学公式来描述，也可以尝试用其他的方式（曲线、图形、语言等）来描述。例如，在模式识别的场合，许多模式特征都不便用数学表达式表示，就采用图形或语言描述。例如，用一根垂直线加一个半圆来代表一个英文字母 D，用一根垂直线后接两个半圆弧来表示英文字母 B 等，即

$$D=1+\supset$$

$$B=1+\supset+\supset$$

这种描述信息（模式特征）的方法，在文法识别型模式识别研究中使用得非常频繁。

至于把信息转变为某种物理量信号（如电信号）、把信息转换为某种代码、信息的谐波表达式、相关分析、谱分析等，在一定意义上都可以看作信息描述的方法。

4. 模糊信息的描述

前面已经接触了模糊信息的一些概念，这里做进一步的补充。模糊信息的描述涉及集合的概念。这里涉及的是一类与以往不大相同的集合，即模糊集合[11]。

模糊集合（简称模糊集）与普通集合的主要区别是，在普通集合的情形下，一个元素要么具备某个特性，要么不具备某个特性，两者必居其一。对模糊集合的

情形，一个元素是否具备某个特性，不再是两者必居其一，而是以一定的程度具备这个属性。这种以一定程度具备的性质称为隶属度。所以，模糊集合是由具有模糊隶属度的元素组成的总体。这些元素都具有某种(或某些)共同的特性，只是它们具有这些特性的程度有所不同。

例如，远大于1的正实数集就是一个模糊集。它的元素包括大于1的所有正实数。这些正实数都在某种程度上满足远大于1的特性，其中正整数10以上的正实数是百分之百地满足远大于1的特性，5的满足程度可能只有百分之五十，而2的满足程度只有百分之几。但是，它们都在一定程度上满足远大于1的性质。1以下的正实数都不满足这一特性。因此，如果把它们的模糊隶属度用图形画出来，就可以得到图6.2.5所示的情形。

图6.2.5的曲线有一个专门的名称，叫作模糊集的隶属度分布曲线。集合的隶属度分布曲线的意义是，集合论域内各个元素满足该特性的程度。定义百分之百地满足该特性的元素隶属度为1，完全不满足该特性的元素隶属度为0，其他为中间情况。这样，模糊集的隶属度分布曲线就是一种具有平滑过渡的曲线。对照概率理论中普通集合的情况，普通集合的隶属度分布曲线(即示性函数)是具有突变跳跃的曲线，如图6.2.6所示。

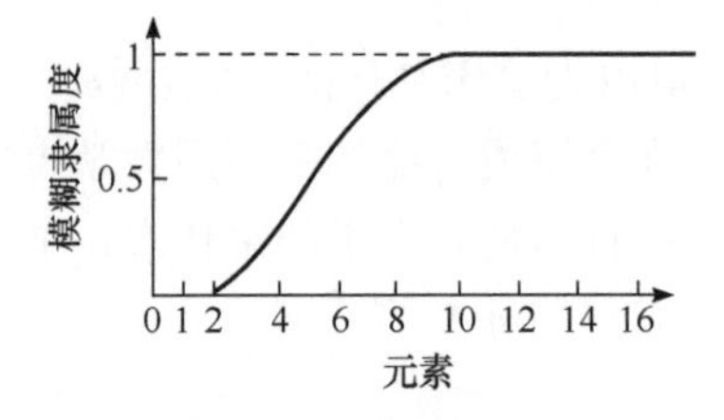

图6.2.5　模糊集的一例

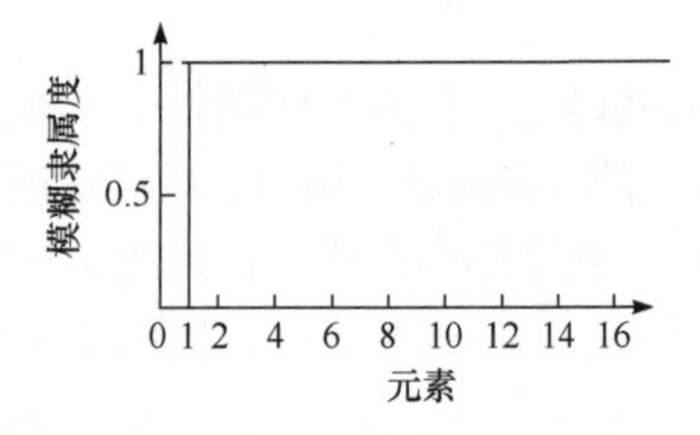

图6.2.6　普通集合的示性函数(隶属度分布曲线)

图6.2.6所示的是大于和等于1的正实数集合。这当然是一个普通集，所有等于和大于1的正实数都满足这个特性，而其他数则不满足这个特性。因此，它的隶属度曲线就没有平滑过渡段。

稍为规范一些的模糊集定义可以表述如下。论域U上的一个模糊子集X是指，对于任意$u \in U$，都指定一个数$f_x(u) \in [0,1]$，这个数叫作u对于X的隶属度。映射$f_x : U \to [0,1]$，$u \to f_x(u)$叫作X的隶属度函数。

值得指出的是，Zadeh的模糊集理论发表之前，数学只研究普通集。如上所说，普通集的特征是非此即彼、非彼即此，非常绝对。模糊集理论揭示了事物属性的渐变性，认识到现实世界实际事物和人的观念中存在大量亦此亦彼的情形。这样就使理论的认识更接近实际。上面虽然只举了一个模糊集的例子，但是现实中模糊集的例子是不胜枚举的，如大数集、小数集、高个子集、老人集、好书集、益鸟集、优秀演员集等。根据模糊集的定义和性质，读者不难由此及彼，举一反三。

由于存在模糊性，必然引起某种模糊不确定性。例如，一张本来黑白分明的图画，由于某种原因变得模糊了，那么非白非黑的灰度色调究竟应当算是“白”还是“黑”？这就产生了不确定性。为了消除这种不确定性，就需要有信息。我们把用来消除与事物的模糊性相联系的信息称为模糊信息。

因此，可以用模糊事物(集)的隶属度曲线描述它的运动的状态和状态变化方式。我们把模糊集的第 i 个元的隶属度数值记为 f_i，整个模糊集上的隶属度分布则记为 F。需要注意的是，与概率的情况不同，隶属度不满足归一化的要求，即

$$\sum_i f_i \neq 1, \quad f_i \in F \tag{6.2.7}$$

作为模糊实验(模糊事物或模糊集合)的运动状态和状态变化方式的描述，隶属度分布仍然是一个有用的参量。与概率空间的概念类似，我们把模糊实验 X 及其隶属度分布 F 组成的有序对 (X, F) 称为模糊实验的隶属度空间。这样模糊实验提供的模糊信息就可以通过实验前后(或观察前后)隶属度空间的变换来描述。若用符号 F 表示实验前的隶属度分布，F^*表示实验后的隶属度分布，那么

$$(X,F) \Rightarrow (X,F^*) \tag{6.2.8}$$

这就描述了一个模糊实验提供的模糊信息。在理想实验的场合，经过实验，模糊性可以被完全消除。这时，F^*的元素的数值只取 0 或 1，即

$$f_i^* = \begin{cases} 1, & \text{某些}i \\ 0, & \text{其他}i \end{cases}$$

这时的隶属度分布记为 F_s^*。它实际上已经蜕化为一个普通集合的示性函数。

总之，不论是概率信息、偶发信息、确定型信息，还是模糊信息，整个语法信息的描述方法都是通过对事物运动的状态和状态变化的方式来刻画实现的。只要把实验前后的状态和状态变化方式刻画清楚了,就能充分地描述语法信息问题。

5. 语用信息的描述参量

我们可以采用效用度的概念来描述事物运动状态及其变化方式相对于主体目标而言的价值表征。需要说明的是，事物运动状态及其变化方式的价值表征主要是指，事物运动状态的价值表征。

这里就是要解决事物各种运动状态对主体目标而言价值大小的描述。因此，可以设置状态效用度参量，记为 u，它应当满足

$$0 \leqslant u \leqslant 1 \tag{6.2.9}$$

和

$$u=\begin{cases}1, & \text{状态效用最大}\\ b\in(0,1), & \text{状态效用模糊}\\ 0, & \text{状态效用最小}\end{cases} \tag{6.2.10}$$

具体来说，如果某事物 X 具有 N 个可能的运动状态 $\{x_n, n=1,2,\cdots,N\}$。记状态 x_n 的效用度为 u_n，每个 u_n 满足模糊变量的要求。因此，可以建立一个关于事物 X 的效用度空间，记为

$$\begin{bmatrix}X\\U\end{bmatrix}\overset{\text{def}}{=\!=}\begin{bmatrix}x_1 & \cdots & x_n & \cdots & x_N\\ u_1 & \cdots & u_n & \cdots & u_N\end{bmatrix} \tag{6.2.11}$$

其中，U 称为 X 的效用度广义分布，即

$$U=\{u_n \mid n=1,2,\cdots,N\} \tag{6.2.12}$$

因为所有 u_n 的总和不一定归一，所以有

$$\sum_{n=1}^{N} u_n \geqslant=\leqslant 1 \tag{6.2.13}$$

其中，$\geqslant=\leqslant$ 表示可能大于、小于或等于 1，而不是必然等于 1(下同)。

显然，利用效用度空间就可以充分描述事物 X 的运动状态及其变化方式的效用价值。

6. 语义信息的描述

前面已经指出，语义信息是一种抽象的信息，是由与之相应的语法信息和语用信息组成的偶对(语法信息，语用信息)的映射与命名。因此，只要知道语义信息，就在一定程度上知道与它相对应的语法信息和语用信息。这样，语义信息的作用和特点就在于它能站在主体的立场理解这个信息的源事物，即了解它具有什么样的外部形态，了解它对认识主体的目标是有利、有害，还是无关，以及利害到什么程度。这样，只要获得语义信息，就可以在信息层次上理解客体事物，对这个事物表明态度。

可见，语义信息的作用和语法信息很不一样。Shannon 研究语法信息是为了计算语法信息的信息量,以便了解需要多大的信道容量才能有效传输这个信息量。因此，研究语法信息必须研究信息量的定量计算。然而，研究语义信息并不是为了计算它的信息量有多大，而是为了用它来理解事物，即这个事物具有什么形态、对认识主体有什么样的利害关系。这就是为什么人们曾经把语法信息称为定量信息，把语义信息称为定性信息的原因。从这个意义上说，我们可以不必研究语义信息的度量问题，因此也就不需要研究它的描述问题。

令人遗憾的是，很多人没有认识到语义信息和语法信息之间存在这么巨大的实质性差别，盲目地跟着 Shannon 语法信息的研究思路去研究语义信息，把语义信息也用一些统计参量度量语义信息，如语义信息理论[35]语义信息矢量、词频倒数等。显然，这些都不是真正的语义信息。

当然，如果非要在形式上考虑语义信息的度量问题，那么也可以做一些相应的处理。在这里就是考虑事物各种状态在逻辑意义上真实程度的描述问题。因此，可以设置一个状态逻辑真实度参量，记为 t，它应当满足

$$0 \leqslant t \leqslant 1 \tag{6.2.14}$$

和

$$t = \begin{cases} 1, & \text{状态逻辑为真} \\ 1/2, & \text{状态逻辑不定} \\ a \in (0,1), & \text{状态逻辑模糊} \\ 0, & \text{状态逻辑为伪} \end{cases} \tag{6.2.15}$$

具体来说，如果 X 具有 N 个可能的运动状态 $\{x_n, n=1,2,\cdots,N\}$，记状态 x_n 的逻辑真实度为 t_n，每个 t_n 都满足式(6.2.14)和式(6.2.15)的要求。因此，就可以建立一个关于事物 X 的逻辑真实度空间，记为

$$\begin{bmatrix} X \\ T \end{bmatrix} \overset{\text{def}}{=\!=} \begin{bmatrix} x_1 & \cdots & x_n & \cdots & x_N \\ t_1 & \cdots & t_n & \cdots & t_N \end{bmatrix} \tag{6.2.16}$$

其中，T 称为 X 的逻辑真实度广义分布，即

$$T = \{t_n \mid n=1,2,\cdots,N\} \tag{6.2.17}$$

称 T 为广义分布，因为所有 t_n 的总和不一定归一，即

$$\sum_{n=1}^{N} t_n \geqslant = \leqslant 1 \tag{6.2.18}$$

显然，利用逻辑真实度空间的方法可以描述事物 X 的状态及其变化方式的逻辑含义。

7. 全信息的描述

有了效用度空间和逻辑真实度空间的概念和表示方法，就可以采用与语法信息类似的方法表示(描述)语用信息和语义信息。

对于某个事物 X，若它有 N 种可能的状态 $\{x_n, n=1,2,\cdots,N\}$，令先验参量分别为 c_n(表征状态变化方式的形式)、t_n(逻辑真实度)和 u_n(效用度)，相应的先验广义分布为 C、T、U，而在观察实验之后，它的后验广义分布为 C^*、T^*、U^*，那

么与观察事物 X 相关的语法信息、语义信息、语用信息过程就可以描述为

$$(X,C)\Rightarrow(X,C^*) \tag{6.2.19}$$

$$(X,T)\Rightarrow(X,T^*) \tag{6.2.20}$$

$$(X,U)\Rightarrow(X,U^*) \tag{6.2.21}$$

通常，我们把用逻辑真实度空间(式(6.2.16))和效用度空间(式(6.2.11))描述的语义信息和语用信息分别称为单纯语义信息和单纯语用信息，相应的逻辑真实度和效用度也称为单纯逻辑真实度和单纯效用度。

此外，还可以进一步引出综合逻辑真实度和综合效用度的概念，以及与此相应的综合逻辑真实度空间和综合效用度空间的概念。利用这些概念，可以建立对综合语义信息和综合语用信息的描述。

给定事物 X，假设它有 N 个可能的状态 $\{x_n, n=1,2,\cdots,N\}$，每个状态变化方式的形式化因素用参量 c_n 来表征，在概率性事件场合 c_n 就是概率 p_n，在偶发性事件场合 c_n 就是可能度 q_n，在模糊事件场合 c_n 就是隶属 f_n。

6.3 信息的度量

所谓信息的度量问题，就是从量的关系刻画信息。从定义到性质，从描述到度量，这些内容构成信息科学的主要基础。一方面，通过对定义和性质的讨论可以从定性方面来理解信息。另一方面，通过对描述和度量的研究可以从定量方面来把握信息。如果同时从定性和定量两个方面来把握信息，就能为进一步探讨信息的各种运动规律奠定必要的基础。

信息度量问题之所以特别重要，就在于它是整个信息科学体系得以真正建立的根本理论基础，是整个信息科学大厦的重要基石。如果不能对信息进行定量的度量，就不可能满意地解决信息科学的理论问题。

自然，信息定量描述的方法只能建立在人们对信息的质的认识基础上，对信息的本质有什么样的认识，就会产生什么样的度量方法。对信息本质在认识上的前进，迟早会导致新的度量方法出现。认识越深入，方法就越合理越科学。因此，信息定量描述的方法既受制于人们对信息本质的认识水平，也受制于人们当时拥有的数学方法。我们相信，随着人们对信息本质的认识不断深化，信息度量的数学形式有可能随之而发展和完善。

6.3.1 概率型语法信息的度量：Shannon 概率熵

Shannon 指出，通信工程的基本任务是精确地复制从发送方发出的消息波形，

与消息的内容无关。进一步，Shannon 注意到通信问题的随机性或统计性质。他指出，一个非常重要的事实是，一个实际的消息是从可能消息的集合中选择出来，而选择消息的发信者又是任意的，因此这种选择就具有随机性，是一种大量重复发生的统计现象。一个好的通信系统必须设计得对每种选择情况都能工作，而不是只适合某一种情况。这是因为，在设计系统的时候，将来实际发生的选择方式是无法确切预知的。这就表明，通信者的出现、通信者对于消息的选择都是随机的，因此通信系统传递的信息是随机的。不仅如此，通信系统在传送信息过程中受到的干扰也是随机的。这都迫使通信理论工作者不得不放弃传统的拉普拉斯决定论的观点，转而接受并应用统计的非决定论观点，从而给通信理论的研究带来新鲜的思想方法和风格。

此外，Shannon 等还注意到，通信的发生是以通信者具有的不定性为前提，而通信的作用和结果则是消除这种不定性。例如，通信者 A 希望与 B 进行通信(不管通信的具体方式是面谈、书信、电话、电报，还是任何别的方式)，只有出现下述情况才会发生，即要么 A 想要告诉 B 一件事情，而 A 断定 B 在此刻不知道这件事情；要么 A 有什么问题想要从 B 处得到答案，否则，他们就不会有通信的必要。显然，在前一种情形下，B 存在不定性，若 B 不存在不定性，即 B 完全知道 A 要告诉他的事情，A 就没有必要再告诉他；在后一种情形下，A 存在不定性，否则，A 也没有必要去问 B 了。那么，为什么通信的结果可以消除这种不定性，它的机制是什么呢？用以消除这种不定性的正是信息，因为通信系统传递的就是信息。这样，Shannon 等就把信息定义为用来消除不定性的东西。他们正是从这个定义出发，运用非决定论的观点和统计方法，解决概率型语法信息的定量描述问题。

既然信息是用来消除不定性的东西，那么信息的数量就可以用被消除的不定性的大小来表示。这种不定性是随机性引起的，因此可以用概率论方法描述。这就是 Shannon 信息度量方法的基本思想。

假设有随机事件的集合 $x_1,x_2,\cdots,x_N$ ，它们的出现概率分别为 $p_1,p_2,\cdots,p_N$ ，满足下述条件，即

$$0\leqslant p_i\leqslant 1,\quad \sum_{i=1}^{N}p_i=1,\quad i=1,2,\cdots,N \tag{6.3.1}$$

首先，需要找出一种测度来度量事件选择中含有多少选择的可能性，或者度量选择的结果具有多大的不确定性。显然，当收到的信息量足以使这个不定性全部消除时，收到的信息的量就被认为等于消除的不定性的数量。

若用 $H_S(p_1,p_2,\cdots,p_N)$ 表示这个不定性的测度，也就是说，我们认为不定性测度必然是概率分布的函数，其具体的函数形式将有待确定。

为了确定 H_S 的具体形式，应当提出一些合理的限制。对此 Shannon 提出如

下三个基本条件。

(1) H_S 应当是 $p_i(i=1,2,\cdots,N)$ 的连续函数。

(2) 如果所有的 p_i 相等，即 $p_i=1/N$，那么 H_S 应是 N 的单调增函数。

(3) 如果选择分为相继的两步，那么原先的 H 应等于分步选择的各个 H 值的加权和。

从上述三个条件出发，Shannon 推出了函数 $H_s(p_1,p_2,\cdots,p_N)$ 的具体形式，并将之归纳为如下定理。

定理 6.3.1 满足条件(1)～(3)的不定性度量，可用且仅可用下式表示，即

$$H_s(p_1,p_2,\cdots,p_N)=-K\sum_{i=1}^{N}p_i\log p_i \tag{6.3.2}$$

其中，K 为正常数。

为了确定信息量的单位，考察一个标准的二中择一实验，即具有两种可能的结果且它们出现的概率相等的实验。由式(6.3.1)可得

$$H_s\left(\frac{1}{2},\frac{1}{2}\right)=-K\left(\frac{1}{2}\log\frac{1}{2}+\frac{1}{2}\log\frac{1}{2}\right)$$

取对数底为 2，并令 $H_s\left(\frac{1}{2},\frac{1}{2}\right)=1$，可得 $K=1$。因此，式(6.3.2)就变为 Shannon 熵公式，即

$$H_s(p_1,p_2,\cdots,p_N)=-\sum_{i=1}^{N}p_i\log p_i \tag{6.3.3}$$

当对数底为 2 时，信息单位称为二进单位，也叫比特(binary digit，bit)；当对数底为 e 时，也叫奈特(natural digit，nat)；当底取为 10 时，称为迪特(decimal digit，dit)。尽管单位不同，它们之间的转换是直接且简单的。需要注意的是，式(6.3.3)中当某个 $p_i=0$ 时，规定

$$0\log 0=0 \tag{6.3.4}$$

限于篇幅，定理 6.3.1 的证明从略[4]。

顺便指出，后人对于文献[4]给出的证明进行了许多改进，一方面是希望定理的证明过程在数学上更加严谨，同时希望定理的适用条件尽可能宽松[12-18]。还有人在此基础上提出一些 Shannon 熵公式的泛化表达式[19-34]。

6.3.2 模糊语法信息的度量：Deluca-Termin 模糊熵

为了度量模糊信息，必须借助模糊集的隶属度分布。与概率信息的情形类似，模糊信息也是以模糊不定度的减少来计量的。因此，只要找到计算模糊实验的不

定性方法，计算模糊信息量的问题就可以通过模糊不定度的减少程度来求解。

DeLuca 和 Termin 曾在 1972 年提出模糊熵的概念及其表达式，并建议以这个表达式计算模糊集合的不定性[36]。他们的思路可以描述如下。

考虑一个集 I 和一个格 L，他们把由集 I 到格 L 的映射称为 L-模糊集。所有这种映射的类记为 $L(I)$，对它的元 f 和 g，定义

$$(f \vee g)(x) \equiv \text{L.u.b}\{f(x), g(x)\}$$
$$(f \wedge g)(x) \equiv \text{G.l.b}\{f(x), g(x)\} \tag{6.3.5}$$

其中，L.u.b 和 G.l.b 为 $f(x)$ 和 $g(x)$ 在 L 中的上确界和下确界；$\vee$ 和 $\wedge$ 为并逻辑和与逻辑。

若令 L 为一个实数轴的单位区间，即 $L = (0, 1)$，则式(5.3.5)变为

$$(f \vee g)(x) \equiv \max\{f(x), g(x)\}$$
$$(f \wedge g)(x) \equiv \min\{f(x), g(x)\} \tag{6.3.6}$$

作为模糊熵的测度函数 $d(f)$，至少必须具备以下三个基本特性。

(1) 当且仅当 f 在 L 上取值 0 或 1 时，模糊熵 $d(f)$ 为零。

(2) 当且仅当 f 恒为 1/2 时，$d(f)$ 取最大值。

(3) f 越陡峭，$d(f)$ 应当越小，反之则应越大，即

$$f^*(x) \geqslant f(x), \quad f(x) \geqslant 1/2$$
$$f^*(x) \leqslant f(x), \quad f(x) \leqslant 1/2$$

则应有 $d(f) \geqslant d(f^*)$。

其中，特性(1)是模糊熵的极值性规定，即当模糊集的示性函数仅取 0 或 1 的时候，模糊集退化为普通集。特性(2)是模糊熵的极值性规定，即各个元的隶属度均为 1/2 时，模糊集合所具有的不确定性达到最大的程度。条件(3)是模糊熵的有序性的规定，即隶属度分布越陡峭的模糊集合具有的不定度越小。显然，这些都是合理的要求。

一般来说，有很多类函数可以满足这三个基本要求，即

$$d(f) \equiv H(f) + H(\overline{f}) \tag{6.3.7}$$

其中

$$\overline{f(x)} = 1 - f(x) \tag{6.3.8}$$

满足

$$\overline{\overline{f}} = f \tag{6.3.9}$$

$$\overline{f \vee g} = \overline{f} \wedge \overline{g} \tag{6.3.10}$$

$$\overline{f \wedge g} = \overline{f} \vee \overline{g} \tag{6.3.11}$$

$$H(f) = -k\sum_{n=1}^{N} f(x)\log f(x) \tag{6.3.12}$$

如果引入 Shannon 函数，即

$$S(x) = -x\log x - (1-x)\log(1-x) \tag{6.3.13}$$

则式(6.3.7)可以写为

$$d(f) = k\sum_{n=1}^{N} S(f(x_n)) \tag{6.3.14}$$

令式(6.3.14)中的常数 $k = 1/N$，则

$$\begin{aligned} d(f) &= \frac{1}{N}\sum_{n=1}^{N} S(f(x_n)) \\ &= \frac{1}{N}\sum_{n=1}^{N}[-f(x_n)\log(f(x_n)) - (1-f(x_n))\log(1-f(x_n))] \end{aligned} \tag{6.3.15}$$

$d(f)$ 显然能够满足上述三个基本特性的要求，因此它便成为模糊集不定性的一种测度，称为模糊熵。$d(f)$ 可以作为模糊熵的一个基本的表达式。

6.3.3 语法信息的统一度量：一般信息函数

通过偶发信息描述的讨论可以明白，偶发信息的度量公式应当与概率信息的度量公式完全一样。唯一的差别是，式(6.3.3)中所有的概率 p 都要换成可能度 q，因此偶发实验 X 的不定性大小可以表示为

$$H_A(X) = -\sum_{n=1}^{N} q_n \log q_n \tag{6.3.16}$$

读者已经看到，不同类型的信息具有不同的度量公式。这似乎也是合情合理的事情。回顾历史，许多先驱人物都曾经涉足信息度量的问题。最早是 Boltzmann，然后是 Hartley，接着是 Shannon、Wiener、Ashby 等，最近则有 Deluca、Termini 等，都给出过各自的熵公式。这些不同的度量方法之间是否存在内在的联系呢？能否找到共同的表达式把它们统一起来？

显然，寻求对各种语法信息的统一测度方法具有极为重要的意义。多年前，本书作者曾在这方面做过一些尝试，并导出一种广义的信息函数表达式，称为一般信息函数[37]。后面可以看到，许多不同的熵函数都是一般信息函数在一定条件下的特殊情形，因此可以说，一般信息函数统一了这些不同的度量方法。

下面介绍一般信息函数的基本概念及其导出方法。

与 Shannon 的方法不同，我们不从概率出发定义信息函数，而从一个更广义

的量——肯定度出发来寻求新的结果。

定义 6.3.1（肯定度）　考虑一个抽象实验 X，它具有 N 种可能的结果 $x_1,x_2,\cdots,x_N$，我们把 X 取某种具体结果 x_n 的可能性、机会、程度，称为 x_n 的肯定度，记为 $c_n,n=1,2,\cdots,N$。

值得指出，如果 X 是概率型实验，那么在这种特殊情况下 c_n 就是 $p_n,n=1,2,\cdots,N$。正如概率论的奠基人之一的 Bernoulli 所说的，就本身的意义来说，概率其实就是一种肯定度。Leibnitz 也曾经论证和确认过这个关系。如果 X 不是概率型实验，概率就不存在，但是肯定度的概念依然有效。例如，竞技比赛的结果带有随机性，但是这种结果往往不可重复，因此不存在统计概率。这时肯定度的概念(即可能度)仍有意义。又如，模糊型实验也不存在概率，但是却可以定义肯定度，即 x_n 的隶属度。

定义 6.3.2　肯定度 c_n 的集合称为肯定度分布，记为 C，即

$$C=\{c_n \mid n=1,2,\cdots,N\} \tag{6.3.17}$$

$$0\leqslant c_n\leqslant 1,\quad n=1,2,\cdots,N,\quad \sum_{n=1}^{N}\geqslant=\leqslant 1 \tag{6.3.18}$$

因此，式(6.3.17)和式(6.3.18)表示的是一种广义的分布。

下面按肯定度归一和不归一两种情形讨论。

1)满足归一条件的情形

定义 6.3.3　若有 $c_n=1/N,n=1,2,\cdots,N$，则称这种分布为均匀的肯定度分布，记为 C_0；若有 $c_n\in\{1,0\}$，则称这种分布为 0-1 型的肯定度分布，记为 C_S。

定义 6.3.4　对于给定的肯定度分布 C，可以构造一个函数，称为关于 C 的平均肯定度，即

$$M_\phi(C)=\phi^{-1}\left(\sum_{n=1}^{N}c_n\phi(c_n)\right) \tag{6.3.19}$$

其中，ϕ 为待定的单调连续函数；ϕ^{-1} 为 ϕ 的逆函数，满足单调连续条件。

定义 6.3.5　两个抽象实验 X 和 Y 各自的肯定度分布分别记为 C 和 D。为了方便，常常把实验写成(Y, C)和(Y, D)这种形式。如果它们满足条件，即

$$\phi^{-1}\left(\sum_{n=1}^{N}c_n\phi(c_nd_n)\right)=\phi^{-1}\left(\sum_{n=1}^{N}c_n\phi(c_n)\right)\cdot\phi^{-1}\left(\sum_{n=1}^{N}c_n\phi(d_n)\right) \tag{6.3.20}$$

则称(X, C)与(Y, D)为互相 ϕ 无关。

于是有下面的定理。

定理 6.3.2　满足定义 4 和定义 5 条件的函数 ϕ 必为对数形式。

证明　令 $d_n=1/N=k$，则式(6.3.20)可写为

$$\phi^{-1}\left(\sum_{n=1}^{N} c_n\phi(c_n k)\right)=\phi^{-1}\left(\sum_{n=1}^{N} c_n\phi(c_n)\right)\cdot\phi^{-1}\left(\sum_{n=1}^{N} c_n\phi(k)\right)$$
$$=k\phi^{-1}\left(\sum_{n=1}^{N} c_n\phi(c_n)\right) \tag{6.3.21}$$

即

$$M_{\phi}(kC)=kM_{\phi}(C) \tag{6.3.22}$$

因此

$$M_{\phi}(C)=k^{-1}M_{\phi}(kC)=k^{-1}\phi^{-1}\left(\sum_{n=1}^{N} c_n\phi(kc_n)\right) \tag{6.3.23}$$

令

$$\psi(x)=\phi(kx) \tag{6.3.24}$$

则

$$\psi^{-1}=k^{-1}\phi^{-1} \tag{6.3.25}$$

式(6.3.23)可写为

$$M_{\phi}(C)=\psi^{-1}\left(\sum_{n=1}^{N} c_n\psi(c_n)\right)=M_{\psi}(C) \tag{6.3.26}$$

可以证明，满足式(6.3.26)的必要与充分条件为

$$\phi(kx)=\alpha(k)\phi(x)+\beta(k),\quad \alpha(k)\neq 0 \tag{6.3.27}$$

令 $\phi(1)=0$，则由式(6.3.27)可得

$$\phi(k)=\beta(k) \tag{6.3.28}$$

令 $x=1$，将式(6.3.28)代入式(6.3.27)，并将 k 改写为 y，则有

$$\phi(xy)=\alpha(y)\phi(x)+\phi(y) \tag{6.3.29}$$

由对称性，可得

$$\phi(xy)=\alpha(x)\phi(y)+\phi(x) \tag{6.3.30}$$

由式(6.3.29)和式(6.3.30)可得

$$\frac{\alpha(x)-1}{\phi(x)}=\frac{\alpha(y)-1}{\phi(y)}=q \tag{6.3.31}$$

令 $q=0$，则

$$\phi(xy)=\phi(x)+\phi(y) \tag{6.3.32}$$

不难看出，满足式(6.3.32)的函数 ϕ 必为对数形式，即

$$\phi(x) = \ln x$$

定理 6.3.2 得证。

系 6.3.1　实验(X, C)的平均肯定度的表达式有如下形式，即

$$M_\phi(C) = \phi^{-1}\left(\sum_{n=1}^{N} c_n \phi(c_n)\right) = \prod_{n=1}^{N} (c_n)^{c_n} \tag{6.3.33}$$

把对数函数代入式(6.3.19)，系 6.3.1 的证明是直截了当的。

系 6.3.2　实验(X, C)的平均肯定度大小，在 $1/N$ 与 1 之间，即

$$\frac{1}{N} M_\phi(C_0) \leqslant M_\phi(C) \leqslant M_\phi(C_S) = 1 \tag{6.3.34}$$

把 C_0 和 C_S 代入式(6.3.19)，系 6.3.2 的证明也是一目了然的。

系 6.3.2 的结果说明，肯定度分布为均匀形式时，它的平均肯定度最低，等于 $1/N$；肯定度分布为 0-1 形式时，它的平均肯定度最高，等于 1。这与人们的直觉是一致的。

现在考虑由一个实验和一个观察者组成的系统，记为$(X, C, C^*; R)$，其中 R 表示观察者，(X, C, C^*)表示实验过程，C 表示观察者 R 关于实验先验肯定度的广义分布，C^*是 R 关于实验后验肯定度的广义分布。

根据系 1 的结果，可得

$$M_\phi(C) = \prod_{n=1}^{N} (c_n)^{c_n} \tag{6.3.35}$$

$$M_\phi(C^*) = \prod_{n=1}^{N} (c_n^*)^{c_n^*} \tag{6.3.36}$$

因此

$$\log M_\phi(C) = \sum_{n=1}^{N} c_n \log c_n \tag{6.3.37}$$

$$\log M_\phi(C^*) = \sum_{n=1}^{N} c_n^* \log c_n^* \tag{6.3.38}$$

它们分别是实验系统(X, C, C^*)的先验和后验的平均肯定度及其对数表示。进一步，称

$$I(C) = \log \frac{M_\phi(C)}{M_\phi(C_0)} = \log N + \sum_{n=1}^{N} c_n \log c_n \tag{6.3.39}$$

$$I(C^*) = \log \frac{M_\phi(C^*)}{M_\phi(C_0)} = \log N + \sum_{n=1}^{N} c_n^* \log c_n^* \tag{6.3.40}$$

为关于实验系统 (X, C, C^*) 的对数先验相对平均肯定度和对数后验相对平均肯定度。

所谓观察者 R 从实验 X 获得关于 X 的信息(实得信息)，是指通过对 X 的观察过程，R 关于 X 的平均肯定度增加了。为了使这个概念更具可比性，我们将 R 关于 X 的平均肯定度换成 R 关于 X 的对数相对平均肯定度。

定义 6.3.6　观察者 R 从实验系统 (X, C, C^*) 中得到的信息量 $I(C, C^*; R)$ 是他通过观察实现的关于 X 的对数相对平均肯定度的增加量，即

$$\begin{aligned} I(C,C^*;R) &= I(C^*) - I(C) \\ &= \sum_{n=1}^{N} c_n^* \log c_n^* - \sum_{n=1}^{N} c_n \log c_n \end{aligned} \tag{6.3.41}$$

称 $I(C,C^*;R)$ 为一般信息函数。它具有如下重要性质。

(1) $I(C,C^*;R)=0$，当且仅当 $M_\phi(C^*)=M_\phi(C)$。

(2) $I(C,C^*;R)_{\max}=\log N$，当且仅当 $(C=C_0)\cap(C^*=C_S^*)$；$I(C,C^*;R)_{\min}=-\log N$，当且仅当 $(C=C_S)\cap(C^*=C_0^*)$。

(3) $I(C_1,C^*;R_1)\geqslant I(C_2,C^*;R_2)$，当且仅当 $M_\phi(C_1)\leqslant M_\phi(C_2)$，其中 C_1 和 C_2 为观察者 R_1 和 R_2 对同一实验 X 的先验肯定度广义分布。

(4) $I(C,C^*;R)\geqslant I(D,D^*;R)$，当且仅当

$$\frac{M_\phi(C^*)}{M_\phi(C)} \geqslant \frac{M_\phi(D^*)}{M_\phi(D)}$$

其中，(X, C, C^*) 和 (Y, D, D^*) 为 R 观察的两个不同实验系统。

以上这些性质同前面讨论的信息概念完全一致，也与人们的直观经验相符。

此外，我们也可以从 $I(C, C^*; R)$ 的表达式引出一些重要的特殊情形。具体地，下面的定理叙述了 $I(C, C^*; R)$ 与 Shannon 熵之间的关系。

定理 6.3.3

$$I(C,C_S^*;R)=I(P,P_S^*;R)=H(P) \tag{6.3.42}$$

其中，P 和 P^* 为 X 的先验与后验概率分布；S 表示 0-1 分布形式；$H(P)$ 为概率熵。

证明　将式(6.3.42)左端具体化，可得

$$I(P,P_S^*;R)=\log\frac{M_\phi(P_S^*)}{M_\phi(P_0^*)}-\log\frac{M_\phi(P)}{M_\phi(P_0)}=-\sum_{n=1}^{N} p_n \log p_n = H(p)$$

定理得证。

2) X 的肯定度不归一的情形

考虑模糊型实验 (X, F, F^*) 和观察者 R，由于肯定度之和不归一，因此不能直

接应用上面得到的一般信息函数。

由于

$$0 \leqslant f_n \leqslant 1, \quad 0 \leqslant (1-f_n) \leqslant 1, \quad f_n + (1-f_n) \equiv 1, \quad n=1,2,\cdots,N \tag{6.3.43}$$

就可以在形式上把$\{f_n, (1-f_n)\}$看作对 x_n 的归一化肯定度分布，记为

$$c_n = \{f_n, (1-f_n)\}, \quad c_{n0} = \{1/2, 1/2\}, \quad c_{nS} = \{1,0\} \cup \{0,1\} \quad n=1,2,\cdots,N \tag{6.3.44}$$

由此可得

$$M_\phi(C_n) = f_n^{f_n}(1-f_n)^{(1-f_n)}, \quad n=1,2,\cdots,N \tag{6.3.45}$$

$$M_\phi(C_{n0}=1/2), \quad n=1,2,\cdots,N \tag{6.3.46}$$

$$\begin{aligned} I(C_n, C_n^*; R) = {} & f_n^* \log f_n^* + (1-f_n^*)\log(1-f_n^*) - f_n \log f_n \\ & -(1-f_n)\log(1-f_n), \quad n=1,2,\cdots,N \end{aligned} \tag{6.3.47}$$

由于模糊集合各个元素的确定性性质，定义在整个模糊集合(X, C, C^*)上的平均信息量就等于定义在各个$\{f_n, (1-f_n)\}$上信息量的算数平均，即

$$\begin{aligned} I(C, C^*; R) &= \frac{1}{N}\sum_{n=1}^{N} I(C_n, C_n^*; R) \\ &= \frac{1}{N}\sum_{n=1}^{N}[f_n^* \log f_n^* + (1-f_n^*)\log(1-f_n^*) - f_n \log f_n - (1-f_n)\log(1-f_n)] \end{aligned} \tag{6.3.48}$$

定理 6.3.4

$$I(C, C_S^*; R) = I(F, F_S^*; R) = d(F)$$

其中，$d(X)$为 DeLuce-Termini 的模糊熵函数。

证明　直接解出式(6.3.48)左边，可以得到 $d(F)$，因此定理得证。

综上所述，一般信息函数 $I(C, C^*; R)$作为语法信息的统一测度确实统一了现有各种语法信息的度量公式，包括概率型语法信息、偶发信息、模糊信息。

在形式上，我们可以把统一的语法信息度量公式 $I(C, C^*; R)$表示为

$$\begin{aligned} I(C, C^*; R) &= I(C^*) - I(C) \\ &= \sum_{n=1}^{N} c_n^* \log c_n^* - \sum_{n=1}^{N} c_n \log c_n, \quad (C=P) \cup (C=Q) \\ &= \frac{1}{N}\sum_{n=1}^{N}\{[c_n^* \log c_n^* + (1-c_n^*)\log(1-c_n^*)] \\ &\quad -[c_n \log c_n + (1-c_n)\log(1-c_n)]\}, \quad C=F \end{aligned} \tag{6.3.49}$$

其中，$I(C^*)$为观察者 R 从实验中获得的后验信息，在理想观察条件下，它就是 X 的实在信息；$I(C)$为 R 关于 X 的先验信息。

因此，$I(C, C^*; R)$是 R 在观察 X 的过程中获得的实得信息。实际上，式(6.3.49)的两种表达式的选择，只取决于肯定度是否满足归一条件，即 $C = P$ 和 $C = Q$ 满足，$C = F$ 不满足。

定理 6.3.3、定理 6.3.4 和式(6.3.49)清楚地表明，Shannon-Wiener 的概率熵公式、DeLuca-Termini 的模糊熵公式、Ashby 的变异度公式、Hartley 的古典信息公式，以及 Boltzmann 的统计熵公式都是式(6.3.49)在各种条件下的特殊情形。

6.3.4 全信息的度量

有了上述语法信息的综合度量方法，我们就可以在此基础上考虑全信息的度量问题[37]。

前面已经提到，对于语义信息来说，它的基本作用是理解事物，属于定性信息，因此可以不考虑语义信息的数值度量问题。不过，语义信息也存在真实性问题。在这个意义上，也可以研究真实性的肯定性度量。

在语法信息度量的场合，我们把相对平均肯定度的对数定义为与之相应的信息量。在语义信息度量的场合，我们考察相对平均逻辑真实度的对数。从式(6.2.14)、式(6.2.15)、式(6.2.18)不难看出，逻辑真实度在性质上是一种模糊量。因此，可以采用模糊语法信息的度量方法建立语义信息的测度。因此，可得

$$M_\phi(T_n) = t_n^{t_n}(1-t_n)^{(1-t_n)},\quad M_\phi(T_{n0}) = 1/2,\quad n = 1,2,\cdots,N \tag{6.3.50}$$

$$\begin{aligned} I(T_n) &= \log(M_\phi(T_n)/M_\phi(T_{n0})) \\ &= t_n \log t_n + (1-t_n)\log(1-t_n) + \log 2,\quad n = 1,2,\cdots,N \end{aligned} \tag{6.3.51}$$

$$\begin{aligned} I(T) &= \frac{1}{N}\sum_{n=1}^{N} I(T_n) \\ &= \frac{1}{N}\sum_{n=1}^{N}[t_n \log t_n + (1-t_n)\log(1-t_n) + \log 2] \end{aligned} \tag{6.3.52}$$

$$\begin{aligned} I(T,T^*;R) &= I(T^*) - I(T) \\ &= \frac{1}{N}\sum_{n=1}^{N}[t_n^* \log t_n^* + (1-t_n^*)\log(1-t_n^*)] \\ &= [t_n \log t_n + (1-t_n)\log(1-t_n)] \end{aligned} \tag{6.3.53}$$

我们称 $I(T)$为 R 关于 X 的先验单纯语义信息量，称 $I(T^*)$为 R 关于 X 的后验单纯语义信息量，称 $I(T, T^*; R)$为 R 在观察实验 X 的过程中获得的单纯语义信息量。

语义信息测度 $I(T, T^*; R)$具有如下性质。

(1) $I(T,T^*;R) \gtrless 0$，当且仅当 $I(T^*) \gtrless I(T)$。

(2) $I(T,T^*;R)_{\max} = I(T_0,T_S^*;R) = 1$，当且仅当 $I(T,T^*;R)_{\min} = I(T_S,T_0^*;R) = -1$。

(3) $I(T_1,T^*;R_1) \gtrless I(T_2,T^*;R_2)$，当且仅当 $I(T_2) \gtrless I(T_1)$。

(4) $I(T,T^*;R) \gtrless I(S,S^*;R)$，当且仅当 $I(T^*)-I(T) \gtrless I(S^*)-I(S)$。

性质(1)说明，观察者的实得单纯语义信息量可为正，也可为负。这取决于观察前后相对逻辑真实度变化的情况。语义信息量为正，表示相对语义逻辑真实度增加；语义信息量为负，表示相对语义逻辑真实度降低。Brillouin 在 *Science and Information Theory* 中提出的例子，就是丢失语义信息的情况。这个例子说，一位教授在给学生授课，学生们若有所得，但是临结束讲课时，教授突然告诉学生：对不起，这堂课讲的内容是错的。

性质(2)是语义信息量的极值情形。这两个结果是显而易见的。从完全的逻辑不定变为逻辑的真假完全分明，得到的是最大的语义信息量；反之，损失最大的语义信息量。

性质(3)是语义信息量的一种相对性质，即从同一个实验 X 中，具有较多先验信息的观察者获得的语义信息量较少，反之较多。这是因为，既然是同一个实验 X，其后验的相对逻辑真实度是定值，不论对 R_1 还是对 R_2，都等于 $I(T^*)$。因此，$I(T_1)>I(T_2)$ 就意味着 $I(T_1,T^*;R_1)<I(T_2,T^*;R_2)$。这是实际生活中常见的现象。例如，猜谜语，对于各个不同的猜谜者来说，谜底包含的后验语义信息量一样。但是，具有先验语义信息量多的人需要得到的语义信息量少，因此能够在较短的时间内解出谜底；反之，具有较少先验语义信息量的人需要获得较多的新的语义信息量才能解开谜底，因此花的时间较长。

需要指出，人们总是认为，在观察同一个实验的时候，先验知识多的观察者会从中获得更多的信息。这似乎与性质(3)的结论矛盾。其实不然，稍加分析就会知道，这两个论断并不相悖。一般说来，性质(3)适合 $I(T^*)$ 为定值的情形，后一论断则适合 $I(T^*)$ 可变的情形。前者是在已有先验信息的基础上接受所剩部分的信息，后者是利用已有的先验信息进一步开发新的信息。换言之，前者适合封闭式系统，后者适合开放式系统。

性质(4)表现了语义信息相对性的另一方面，即同一个观察者从不同实验中获得的语义信息量一般也不相同。这是由于不同实验本身包含的实在语义信息量各不相等，同时观察者对于不同实验具有的先验信息量也各不相同。在两个实验包含的实在语义信息量相等且为某个常量的情况下，观察者从实验中能获得的语义信息量与其对该实验的先验语义信息量呈减函数关系。但是，如果实验所含的实在语义信息不是常量，而是随 $I(T)$ 的变化而变化(即开放型实验系统)，即具有的先验语义信息量越多，观察过程中获得的语义信息量越多。

通过以上讨论可以看出，这里推导出的语义信息测度式(6.5.53)比 Carnap 的语义信息测度公式要合理得多、深刻得多。

至于语用信息，它的表征量是效用度，因此应当考察相对平均效用度对数的行为。由式(6.2.14)和式(6.2.15)，效用度也是一个模糊量。因此，也可以采用类似的方法求出，即

$$M_\phi(U_n) = u_n^{u_n}(1-u_n)^{(1-u_n)}, \quad n=1,2,\cdots,N \tag{6.3.54}$$

$$M_\phi(U_{n0}) = \frac{1}{2}, \quad n=1,2,\cdots,N \tag{6.3.55}$$

$$I(U_n) = u_n \log u_n + (1-u_n)\log(1-u_n) + \log 2 \tag{6.3.56}$$

$$I(U) = \frac{1}{N}\sum_{n=1}^{N} I(U_n) = \frac{1}{N}\sum_{n=1}^{N}[u_n \log u_n + (1-u_n)\log(1-u_n) + \log 2] \tag{6.3.57}$$

$$\begin{aligned} I(U,U^*;R) = \frac{1}{N}\sum_{n=1}^{N}&[u_n^* \log u_n^* + (1-u_n^*)\log(1-u_n^*)] \\ &-[u_n \log u_n + (1-u_n)\log(1-u_n)] \end{aligned} \tag{6.3.58}$$

我们称 $I(U)$ 为先验单纯语用信息量，$I(U^*)$ 为后验单纯语用信息量，$I(U, U^*; R)$ 为 R 在观察 (X, U, U^*) 过程中获得的实得单纯语用信息量，具有与 $I(T, T^*; R)$ 类似的性质。

6.4 本章小结

面对复杂现象定义的困难，本章提出条件-定义的关联分析方法，建立信息定义谱系的概念，系统地阐明信息的基本概念和分类方法，使众说纷纭和层出不穷的各种信息概念得到清晰的梳理。

同时，本章介绍 Shannon 概率型语法信息的测度方法及其推广和改进，接着探讨偶发型和模糊型语法信息的测度方法，并导出语法信息的统一测度公式。本章证明，在一定的条件下，著名的 Shannon-Wiener 概率型语法信息测度公式、Boltzmann 和 Ashby 的统计信息测度公式、DeLuca-Termini 的模糊信息测度公式都是语法信息统一测度公式的特例。

在此基础上，本章着重阐明全信息的概念，建立全信息的测度公式，形成语法信息、语义信息和语用信息测度的完整体系。这是信息科学定量分析的理论基础。

参 考 文 献

[1] Wiener N. Cybernetics, or Control and Communication in the Animal and The Machine. Amsterdam: Elsevier, 1948

[2] Wiener N. The Human Use of Human Beings, Cybernetics and Society. Boston: Houghton Mifflin, 1950

[3] Hartley R V L. Transmission of Information. BSTJ, 1928, 7: 535-536

[4] Shannon C E. Mathematical Theory of Communication. BSTJ, 1948, 27: 632-656

[5] Brillouin L. Science and Information Theory. New York: Academic Press, 1956

[6] Tribes M. Energy and Information. Scientific American, 1971, 224: 7

[7] Ashby W R. Introduction to Cybernetics. New York: Wiley, 1956

[8] Longo G. Information Theory: New Trends and Open Problems. Berlin: Springer-Verlag, 1975

[9] 钟义信, 信息科学原理. 3 版. 北京: 北京邮电大学出版社, 2002

[10] Shannon C E. The Bandwagon. IRE Transactions on Information Theory, 1956, 4 :3

[11] Zadeh L A. Fuzzy sets. Information and Control, 1965, 8: 338-353

[12] Campbell L L. Entropy as a measure. IEEE Transactions on Information Theory, 1965, 11: 112-114

[13] Fadeev D K. On the concept of the entropy for a finite probability model. Uspehi Mat. Nauk, 1958, 2: 227

[14] Khinchin A Y. Mathematical Foundation of Information Theory. New York: Dover, 1957

[15] Kolmogorov A N. On the Shannon theory of information in the case of continuous signals. IRE Transactions on Information Theory, 1965, 12: 102-108

[16] Kolmogorov A N. Entropy per unit time as a metric invariant of automorphisms. Dokl. Akad Nauk, 1959, 124: 754-755

[17] Kolmogorov A N. Three approaches to the quantitative definition of information. International Journal of Computer Mathematics, 1968, 2:157-168

[18] Kolmogorov A N. Logical basis for information theory and probability theory. IEEE Transactions on Inform Theory, 1968, 14: 662-664

[19] Renyi A. On the dimension and entropy of probability distributions. Acta Mathematica Academiae Scientiarum Hungaricae, 1959, 10: 193-215

[20] Renyi A. On measure of entropy and information//Proc. 4th Berkeley Symposium on Mathematical Statistics and Probability, Berkeley, 1961: 541-561

[21] Renyi A. On the foundation of information theory. Rev Ins Statist Inst, 1965, 33: 1-14

[22] Renyi A. Probability Theory. Amsterdam: North-Holland, 1970

[23] Domotor Z. Probabilistic relational structures and applications. California: Stanford University, 1969

[24] Guiasu S. Weighted entropy. Reports on Math Phys, 1971, 2: 165-179

[25] Guiasu S. Information Theory with Applications. New York: McGraw-Hill, 1977

[26] Ingarden R S. Simplified axioms for information without probability. Prace Matematyczne, 1965, 9: 273-282

[27] Ingarden R S, Urbanik K. Information without probability. Colloquium Mathematicum, 1962, 9: 131-150

[28] Kampe J, de Feriet F B. Information et Probabilite. Comptes Rendus de l'Acad'Emie Des Sciences A, 1967, 265: 110-114

[29] Kullback S. Information Theory and Statistics. New York: Wiley, 1959

[30] Kullback S, Khairat M A. A note on minimum discrimination information. Ann. Math. Statist., 1966, 37: 279-280

[31] Posner E C, Rodemich E R. Epsilon entropy and data compression. Ann. Math. Statist., 1971, 42: 2079-2125

[32] Posner E C. Epsilon entropy of stochastic processes. Ann. Math. Statist., 1967, 38: 1000-1020

[33] Gottinger H W. Qualitative information and comparative informativeness. Kybernetik, 1973:13

[34] Deluc T S. A definition of non-probabilistic entropy in the setting of fuzzy sets theory. Information and Control, 1972, 20: 301-312

[35] Bar-Hillel Y, Carnap R. Semantic information. British Journal for The Philosophy of Science, 1963, 4: 147-157

[36] Deluca A, Termini S. Entropy of L-fuzzy sets. Information and Control, 1974, 24: 55-73

[37] 钟义信. 信息的综合测度. 北京邮电大学学报, 1986, (2): 12 -19

第7章　智能生成机制的感知原理

第一类信息转换：客体信息→感知信息/语义信息

本书的目的是在信息学科范式的引领下，建立一个以全信息理论为源头、以普适性智能生成机制(信息生态学)为主干，既具有智能的理解能力基础，又能有机融通结构主义、功能主义、行为主义人工智能，并实现人工基础意识、人工情感、人工理智三位一体的通用人工智能理论。

7.1　感知原理：第一类信息转换原理

如图5.3.4所示，基于普适性智能生成机制的通用人工智能系统的第一个重要单元是系统与外部环境的接口，即感知-注意单元。

当环境中的客体信息作用于系统的时候，感知-注意单元的任务是，判断这个客体信息是否与系统的目标有关。如果它与系统的目标无关，系统就不必注意(或者把过滤)；如果它与系统的目标有关，系统就关注它，并由此生成感知信息，完成系统的第一类信息转换，即由客体信息到感知信息的转换。其中，客体信息是外部环境客体自身呈现的状态及其变化方式；感知信息是通用人工智能系统从客体信息感知的客体状态及其变化方式，以及这种状态及其变化方式对系统的效用关系和含义。

这个信息转换的意义就在于，把客体的存在状况变成通用人工智能系统(它是主体的代理)对客体的认识，使客观存在状况转变成系统的主观认识。当然，这只是信息层次(现象层次)上的认识，因此属于主体对客体的感性认识。

这里需要澄清一个普遍存在的误解，很多人认为传感就是感知。这是不对的，至少是不准确的。感知的功能应当包含感觉(感)和知觉(知)两个方面。传感系统和人的感觉器官都只能完成“感”的功能，而没有“知”的功能。“知”的功能是由感知信息的生成机制完成的，而不是传感系统能承担的。更具体地说，感知的“感”只是感觉到了有客体信息作用于系统，但并不知道这个客体信息是什么，不知道这个客体信息对系统有什么利害关系，也不知道应当怎样对待这个客体信息。只有当系统生成客体信息相对于系统目标而言的语用信息之后，才知道这个客体信息对系统有何利害关系，系统应当怎样对待它，才具有“知”的功能。

7.1.1 感知信息/语义信息的生成机制

按照前面的定义，客体本身呈现的运动状态及其变化方式称为客体信息，属于本体论信息。当客体信息作用于主体时，由于主体不但具有感觉器官可以感觉到这个客体信息对主体的刺激，而且由于主体被设定了目标，因此面对所感觉到的客体信息，主体就会从中获得以下多方面的认识。

(1)事物运动状态及其变化方式的形式(称为语法信息，是由主体的感觉器官直接生成的)。

(2)事物的运动状态及其变化方式对主体目标而言的效用(称为语用信息，是由主体通过目标检验得到的)。

(3)事物运动状态及其变化方式的含义(称为语义信息，是由语法信息和语用信息两者共同抽象出来的)。

主体从客体信息获得的感知信息，属于认识论信息。由于它同时具备语法信息、语用信息和语义信息，因此也称全信息。

因此，生成感知信息(全信息)的过程本质上就是由本体论信息(客体信息)到认识论信息(全信息)的转换。它是普适性智能生成机制的第一个信息转换[1]，因此称为第一类信息转换。本章的任务就是阐明这种转换的具体原理和应用。

在现实世界中，每个人类个体时时刻刻都在进行这种由本体论信息(客体信息)到认识论信息(感知信息)的转换。他们自然而然地把外部事物呈现的外部形象(客体信息)在头脑中进行了转换，不但产生了外部事物的外部形象(语法信息)，而且产生了这个客体信息相对于自己目标而言的价值效用(语用信息)，以及这个客体的内容含义(语义信息)。

第一类信息转换的原理模型如图 7.1.1 所示[2]。

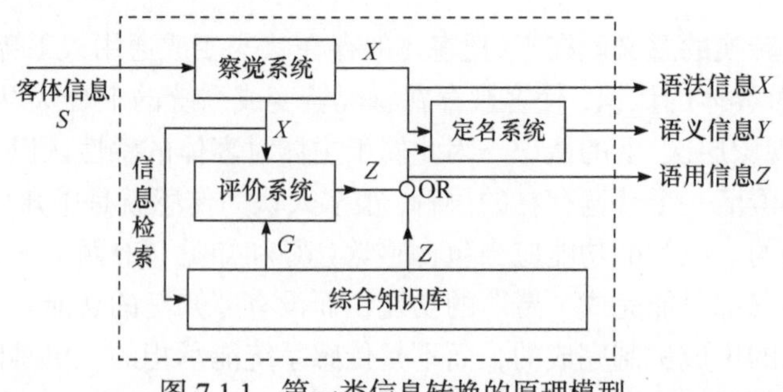

图 7.1.1 第一类信息转换的原理模型

模型表明，第一类信息转换原理可以实现 $S \mapsto (X, Y, Z)$ 的转换，其中符号 S 表示客体信息，X、Y、Z 表示转换出来的语法信息、语义信息、语用信息，它们一起构成感知信息/全信息。

主体对客体实行感知的过程包含觉察、评价、定名三个步骤。

步骤 1，主体对客体的觉察，由客体信息 S 生成语法信息 X。

主体通过感觉器官 Φ(机器的传感系统)察觉到客体信息的存在，把客体信息 S 转换为感知信息的语法信息 X。在数学上，这可以看作一种映射，即

$$\Phi: S \mapsto X \tag{7.1.1}$$

脑科学研究已经证明，外部事物的运动状态及其变化方式通常体现为它的某些物理、化学参量的状态及其变化方式。当这些物理、化学参量的状态及其变化方式作用于人类感觉器官的时候，感觉器官可以察觉(感受)到这些物理、化学参量的状态及其变化方式的形式(如参量强度的大小及其变化频率的高低等,但不可能是参量的内容和价值)，并通过一定的方式把这些形式表示出来(语法信息)。技术上的传感系统可以模拟人类感觉器官的这种能力。因此，式(7.1.1)完全可以在技术上实现。

从理论上看,这种转换应当是一类一对一的保信映射(即不会引起信息损失的映射)。在具体的技术实现场合，只要在关注的映射区域范围(而不必是全部范围)内实现一对一映射，或者线性转换，就可以满足保信的要求。至于保信程度的具体要求，则与实际应用的问题有关。

步骤 2，主体对客体的评价，由语法信息 X 生成语用信息 Z。

既然第 1 步发现了客体信息，接下来就要对客体信息进行评估，即它对于主体的目标而言是否有用？有用就关注，无用就不理会。这有两种处理方法。

(1)检索的方法。

假如设计者事先在综合知识库内已经存储了系统目标信息 G，以及先验的语法信息与语用信息的偶对关系集合$\{X_k, Z_k\}$，其中 k 为集合元素的指标，在指标集合(1，K)内取值，K 为某个足够大的正整数，表示综合知识库系统积累的语法信息与语用信息偶对关系的规模。

于是，可用步骤 1 生成的语法信息 X 作为关键词去访问上述知识库系统。如果此时输入的语法信息 X 与$\{X_k, Z_k\}$中的某个语法信息 X_{k0} 实现了匹配(匹配的精度要求依具体的问题而定)，那么与 X_{k0} 相对应的那个语用信息 Z_{k0} 就被认定为此时输入语法信息 X 所对应的语用信息 Z。这个过程可以表示为

$$Z = Z_{k0} \in \{X_k, Z_k\}|_{X=X_{k0}} \tag{7.1.2a}$$

根据检索到的语用信息，就可以判断它对主体目标的利害关系。

(2)检验的方法。

如果此时的语法信息 X 无法与综合知识库内$\{X_k, Z_k\}$集合的任何 X_k 实现匹配，这就意味着与这个语法信息 X 相应的外部刺激 S 是一种新的刺激，因此综合知识库内目前还没有存储与这个语法信息相关的语用信息。这时，理论上就可以通过

下面的计算求得相关的语用信息，即

$$Z \propto \mathrm{Cor}(X, G) \tag{7.1.2b}$$

其中，X为输入的语法信息矢量；G为系统的目标矢量；Cor为某种相关运算符。

式(7.1.2b)的含义是，计算输入的语法信息矢量X与目标矢量G之间的相关性。计算的结果，规范化的语用信息Z的数值应当在[−1，1]。$-1 < Z < 0$表示负相关，$0 < Z < 1$表示正相关，$Z = 0$表示不相关。当然，实际上这里的相关运算不是简单的形式化相关运算，而是获得相应的新知识来判断语法信息与系统目标之间的相关程度。

一旦通过计算获得与X相应的语用信息Z，就把这个新的语法信息与语用信息的偶对关系补充存储到综合知识库的集合$\{X, Z\}$内，使综合知识库的内容(经验)得到增广。

通过以上两种方法就可以由语法信息X生成与之相对应的语用信息Z，从而生成相应的偶对(X, Z)。

对于人类智能系统来说，上述两种情况可以分别解释如下。

(1)回忆(对应于检索)。

如果面临的外部刺激S是以前曾经经历过的，在人的脑海中留有相应的记忆(似曾相识)，也就是存在语法信息与语用信息的偶对关系集合$\{X_k, Z_k\}$，那么可以通过主动回忆(相当于用X作为检索关键词去搜索记忆系统中的那个关系集合$\{X_k, Z_k\}$，寻求与之匹配的语法信息)提取这个刺激对自己的目标而言的语用信息Z。这相当于人工智能场合(式(7.1.2.a))的情形。但是，人类智能系统执行的操作不会是精确的匹配运算，更可能是模糊的估量。

(2)体验(对应于检验)。

如果面临的外部刺激S是以前没有经历过的新刺激，在人脑海中的语法信息-语用信息偶对关系集合$\{X_k, Z_k\}$中不存在与它相应的语法信息项。在这种情况下，只有通过直面这个新的刺激进行亲身的体验，获得这个新的刺激究竟对自己的目标而言是有利还是有害，以及利害几何。对于人类智能系统来说，对未知刺激进行亲身体验的过程就相当于执行式(7.1.2b)的计算过程。当然，人类智能系统进行的这种计算过程基本上也是一种模糊的“估量”，而不是精确的数值计算。

人类一旦通过体验和估量获得与语法信息X相应的语用信息Z，就增加了一个新的经验，并且会把这个新的语法信息与语用信息的偶对关系记入自己脑海的记忆系统备用，从而增加记忆内容。

总之，不管面临的客体信息S是陌生的还是曾经经历过的，只要生成与这个外部刺激相对应的语法信息X，那么通用人工智能系统和人类智能系统就可以通过一定的方式(检索或计算，回忆或体验)获得相应的语用信息Z。如果语用信息表明这个客体值得关注，就要给它命名，为后续的处理带来方便。

步骤 3，主体对客体定名，由语法信息 X 和语用信息 Z 生成语义信息 Y。

为一个客体定名是一种抽象的操作。主体为客体确定名称，必须符合主体对这个客体感知到的实际情况。具体来说就是根据主体从这个客体所感知的形态情况(语法信息)和它对主体目标而言的效用情况(语用信息)。因此，定名的过程就可以表现为,根据主体感知到的语法信息和语用信息的偶对定义一个合理的名称。这在数学上就是对语法信息语用信息偶对的映射与命名，即

$$(X, Z) \rightarrow Y \tag{7.1.3}$$

这里得到的 Y 就称为主体从客体感知到的语义信息，它是与之相伴的语法信息与语用信息两者的偶对向语义空间映射结果的命名。

与语法信息和语用信息的情况不同，它不是独立于语法信息或语用信息的信息分量，相反，它是语法信息和语用信息两者的偶对生成(映射与命名)的结果，是反映语法信息和语用信息两者整体状况的信息分量。语法信息和语用信息都可以被主体感知(语法信息可被主体的感觉器官察觉,语用信息可被主体的目标检验系统检验)，语义信息既不能被感觉系统察觉，也不能被目标检验系统检验，只能通过语法信息与语用信息两者的偶对来定义。

因此，语义信息的作用是，在信息的层次上(而不是在知识的层次上)实现主体对客体事物的理解。也就是说，如果主体获得某个客体事物的语义信息，就表示主体理解了那个客体事物，也就是使主体明白，这个客体事物具有什么样的外部形态(即获得这个客体事物的语法信息)，以及这个客体事物对主体的目标而言具有什么样的利害关系，有多大程度的利害(即获得这个客体事物的语用信息)，从而使主体可以对这个客体作出决策。

显而易见，主体根据感知的语义信息做出的决策就是主体在理解的基础上做出的决策，是明智的决策，而不是盲目的决策，也不是仅仅根据相关统计参数做出的统计性(平均性)决策。

明白了这些道理，就可以构建由语法信息 X 与语用信息 Z 的偶对 (X, Z) 生成相应的语义信息 Y 的模型。具体的实施过程见图 7.1.1 中由语法信息与语用信息两者的偶对到语义信息空间的映射与命名的部分。

特别指出，这样定义的语义信息才真正满足，在理解的基础上进行决策的要求，也才是后续智能策略和智能行为智能(可理解性、可解释性)的源头依据和根本基础。

读者可以自己试试看。例如，苹果，我们可以具体地说出苹果的外表形式(语法信息)，也可以说出苹果的价值或功用(语用信息)，但是我们不能具体说出苹果的“内容”。

注意到语义信息的抽象特点，在获得语法信息 X 和语用信息 Z 之后，为了获得与之相应的语义信息，在通常的情况下，就应当通过抽象的逻辑演绎方法获得相应的语义信息。在最简单的情况下，这个逻辑演绎算子具有三重运算功能，即 X、Z 的逻辑与(偶对)(这里的意思是语法信息和语用信息两者的同时满足)，将逻辑与 (X, Z) 映射到语义信息空间，并给映射的结果命名。我们可以把这个三重运算的过程表示为

$$Y \propto \lambda(X,Z) \tag{7.1.4}$$

其中，Y 代表语义信息；λ 代表对 (X, Z) 的映射与命名，X 和 Z 代表与 Y 相对应的语法信息和语用信息。

式(7.1.4)的意思是，语义信息 Y 可由语法信息 X 和语用信息 Z 的逻辑与(X 与 Z 同时成立)的映射与命名来确定。对人类智能系统如此，对人工智能系统也是如此。

以上的讨论告诉我们，语法信息可以被感知，语用信息可以被体验，语义信息只可以通过逻辑抽象(映射与命名)生成。这样，由语法信息的生成到语用信息的生成再到语义信息的生成，就完整地体现了人类对信息认识的感知过程——首先是觉察，然后是评价，最后是抽象和定名。

不妨通过一个简单的例子加深对式(7.1.4)的认识。面对一个黄苹果 S，人们通过感觉器官可感受到它的语法信息(形式)，即

X：{色泽嫩黄，形似扁球，大小如拳，重约 200 克}

同时，根据经验或者通过直接品尝可以体验到它的语用信息(功用)，即

Z：{味道甘美，水分丰富，有益健康}

这样，人们就可以说出这个黄苹果的语义信息(内容)，即

$Y \propto \lambda(X,Z)$ ={色泽嫩黄，形似扁球，大小如拳，重约 200 克}且

{味道甘美，水分丰富，有益健康}

即同时具备上述语法信息 X 和语用信息 Z 描述的概念。这个概念映射在语义信息空间就是它的语义信息 Y，并把它命名为黄苹果。

若非如此，那么应当怎样描述黄苹果的语义信息(内容)呢？应当指出，由于语法信息的可感知性、语用信息的可体验性，以及语义信息的可感悟性(既不可能通过感觉器官去感知，也不可能通过亲身经历去体验，而是一种只可意会而难以言传的感悟)。因此，无论在日常生活还是科学技术领域，都只能利用事物的语法信息和语用信息的逻辑与(同时满足)的映射和命名表达事物的语义信息。这不但是语义信息的生成方法，而且是语义信息的表达方法。

总之，图 7.1.1 所示的模型和式(7.1.1)～式(7.1.3)结合在一起，清晰地说明客

体信息(属于本体论)转换为感知信息(属于认识论)，也就是作为语法信息、语义信息和语用信息三位一体的全信息的基本工作原理。

可以看出，这个把客体信息转换为感知信息(全信息)的原理不但在科学理论上完全合理，而且在技术实现上完全可行。这便是通用人工智能理论的第一类信息转换原理。本体论信息转换为认识论信息(全信息)的工作机理就是全信息的生成机理。文献[3]对此有透彻地解析。

7.1.2　关于“语义信息”的特别评述

很长时期以来，学术界对于语义信息的关注度一直在持续升高。这是因为人们越来越清楚地认识到，为了获得更好的信息处理能力，特别是为了对所处理的信息获得理解能力，仅仅利用语法信息已经远远不够，只有充分利用语义信息才有希望达到这个目的。

由此引出一系列的问题：究竟什么是语义信息？应当怎样科学地定义语义信息？怎样才能获得真正的语义信息？怎样才能有效地利用语义信息？

符号学提出语法、语义、语用的术语和概念，但是并没有真正解决它们的准确定义，特别是没有解决语义信息的准确定义，致使后人在语义信息研究方面产生许多误解，走了许多弯路。

早在 20 世纪 50 年代，Bar-Hillel 和 Carnap 等曾试图仿照 Shannon 建立(统计语法)信息论的方法来建立语义信息理论。由于他们对语义信息概念的理解不正确，这种模仿的方法并没有取得预想的成功。后来，自然语言处理学术界就采用给每个词汇附加若干相应的义项来解释和表现词汇的语义。由于义项没有严格的定义，随意性强，因此也没有得到广泛的应用。20 世纪末期至 21 世纪初期，自然语言理解研究领域提出语义网络理论，试图建立通用的语义网络知识库来支持自然语言检索的应用，但是又因为缺乏严谨的语义定义而遭遇重重困难。虽然如此，由于信息处理，特别是自然语言处理和理解研究的迫切需要，人们一直在不懈地对语义学展开探索。

进入 21 世纪，人们从统计语言学的角度提出向量语义学的方法，试图通过词频统计的途径来研究词语之间，以及文本之间的语义距离，并根据语义距离对词语或文本进行分类。考虑这是新近出现的方法，而且已经在国际上得到许多研究人员的认可和应用，也产生了比较显著的影响。因此，有必要对它做简略地介绍，并与本书提出的语义信息理论作比较，以便明确语义信息理论的正确方向。

向量语义学就是利用词语的统计频数向量来表示词语的语义。它的基本思想可以通过下面的例子来说明。假若给定 4 个不同的词语(如 Battle、Good、Fool、Wit)和 4 个不同的文档(如 As You Like It、Twelfth Night、Julius Caesar、Henry V)，人们可以通过统计各个词语在各个文档中出现的次数建立表 7.1.1 所示的表格。

表 7.1.1　4 个词语在 4 个文档中出现的次数

词语	As You Like It	Twelfth Night	Julius Caesar	Henry V
Battle	1	0	7	13
Good	114	80	62	89
Fool	36	58	1	4
Wit	20	15	2	3

这样，每个文档就可以表示成一个由词语出现频率组成的向量，即

As You Like It　[1, 114, 36, 20]

Twelfth Night　[0, 80, 58, 15]

Julius Caesar　[7, 62, 1, 2]

Henry V　[13, 89, 4, 3]

由此就可以通过计算向量之间的相关性(如余弦之间的夹角)来判断这些文档之间的语义相似度。

此外，还可用向量图直观地表示词语向量之间的相似程度。对于表 7.1.1 的数据来说，4 个词语出现在 4 个文本中，可以绘制成 4 维空间的向量图。为了方便，这里仅在 2 维空间表现，由向量空间表示的语义相似关系如图 7.1.2 所示。

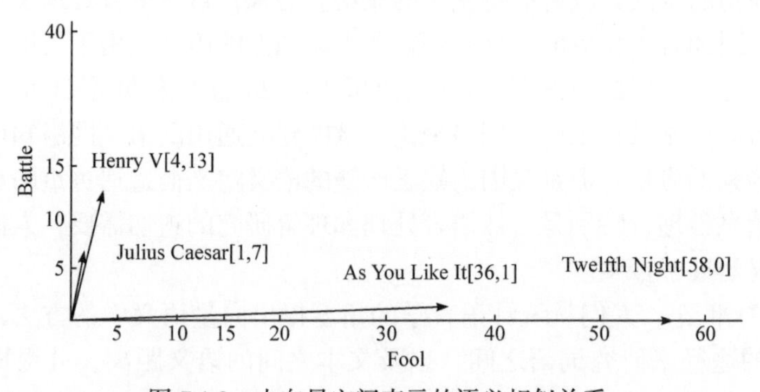

图 7.1.2　由向量空间表示的语义相似关系

通过图 7.1.2，不仅可以看出词语 Battle 和 Fool 在语义上的异同，也可以看出 4 个文档在语义方面的异同，由此可以对上述词语和文档进行语义上的分类。

当然，向量语义学的工作还有更多的展开。不过，通过上面这个简单的例子已经可以看出它的基本思路。有不少的文献报道，向量语义学在信息处理的实际应用方面确实取得比单纯的语法学更好的性能。

我们认为，语义理论的根本任务是理解词语的意思。向量语义学的方法虽然在词语的语义分类方面有一定的效果，但是仍然没有解决词语的理解问题。例如，由表 7.1.1 和图 7.1.2 可以体会词语 Battle 和 Fool 之间的区别，从而把它们分到不同的类。词语 Battle 和 Fool 本身究竟是什么意思？向量语义学无法给出准确的理解。因此，向量语义学依然不是解决语义问题的正确方法。

需要指出，词语的语义与词频之间虽然存在某种程度的关联，但是语义与词频远不是一回事。因此，理论上不可能仅依据词语统计的词频就解决语义的理解问题，只有根据本书建立的语义定义 $Y \propto \lambda(X,Z)$ 才能真正解决词语语义理解的问题。

图 7.1.1 和式(7.1.3)还提示了另一个重要的结果，既然语义信息来自语法信息和语用信息两者的联合映射与命名，那么获得语义信息就意味着获得语法信息和语用信息。因此，语义信息就可以完全地代表语法信息和语用信息，进而完全代表全信息/感知信息/认识论信息。

这就十分清楚地解释了，在语法信息、语用信息、语义信息中，为什么人们最关心的是语义信息？有了语义信息，就有了语法信息和语用信息，就有了全信息/感知信息/认识论信息。

关于语法信息、语用信息、语义信息三者之间的关系，学术界历来都误以为它们是互相独立定义出来的三个概念。图 7.1.1 和式(7.1.3)揭示出来的三者关系 $Y \propto \lambda(X,Z)$ 是历史上的符号学、语言学、信息论等研究者没有认识到的重要新认识。

作为小结，这里特别强调，第一类信息转换是一个在科学研究上具有里程碑意义的发现，即千百年来的学术研究，关注的都是事物的形式，从来都不关注事物的内容。但是，人人都可以体会到，自己关注的却不仅仅是事物的形式，还有事物的内容。

为什么会出现这样一个差异呢？这是科学发展必然要经历的一个过程，千百年来的科学研究都是物质科学主导的科学研究，它只需要关注物质的结构，而结构可以通过形式来表达，因此传统物质科学是一种形式化科学。到了 20 世纪中叶，才兴起信息科学，并逐步发展出信息科学主导的现代科学研究，后者不仅要关注事物的形式，更要关注事物的内容，是一种真正的内容性科学和理解性科学，因此才符合人们的真实感受和需求，特别是符合人工智能研究的需求。

由此，式(7.1.3)和图(7.1.1)的模型就在科学研究中具有了里程碑意义的贡献，它们在历史上第一次阐明，怎样才能从形式上生成内容。只有解决这个问题，才能使形式的科学进入内容科学。

令人高兴的是，汪培庄从他建立的智能数学(《因素空间理论》)出发也证明图 7.1.1 的由客体信息到感知信息(语义信息)转换的信息转换原理，成为数学理论研究与智能理论研究不谋而合的范例[3]。

7.1.3 重要的副产品：脑神经科学与认知科学的“搭界”

到这里，我们有必要回过头来，澄清一个十分重要的理论问题。这就是利用刚刚阐明的第一类信息转换原理，重审脑神经科学与认知科学之间一直存在的理论空缺、理论鸿沟问题[4-12]，以及如何利用第一类信息转换原理为它们沟通搭界的问题。

由第一类信息转换原理和式(7.1.1)～式(7.1.3)所示的第一类信息转换操作过程可以得到如下结论。

(1)脑神经科学的断言是正确的。由于语义信息(事物的内容)的抽象性，人类的感觉器官(或者技术上的传感系统)确实不可能直接感知外界事物的内容(语义信息)，只能感知它们的外部形式及其参量(语法信息)。同样，由于事物的语用信息(功用)需要通过体验才能认识，单凭人类的感觉器官也不可能直接感知它们的功用。这表现在图 7.1.1 模型中传感系统输出的确实只有语法信息 X，而没有语义信息 Y 和语用信息 Z。

(2)图 7.1.1 所示的第一类信息转换模型和式(7.1.1)～式(7.1.3)说明，利用感觉器官(传感系统)产生的语法信息 X 和大脑(智能系统)事先积累的语法信息与语用信息偶对关系的先验知识 $\{X, Z\}$，以及系统工作目标 G，可以在大脑内部的记忆系统(知识库)检索或体验语用信息 Z，并在此基础上通过逻辑操作生成相应的语义信息 Y。这表明，虽然感觉器官不能感知外部刺激的语义信息和语用信息，但是如果大脑的记忆系统存在先验知识 $\{X, Z\}$ 和系统目标 G，就可以利用第一类信息转换的原理在大脑内部生成与语法信息 X 相对应的语用信息 Z 和语义信息 Y，以提供给认知过程利用。

(3)认知科学关于长期记忆系统中的陈述性记忆是按照语义关系来组织的这个结论也是正确的，因为认知过程中需要的语义信息和语用信息并不是毫无根据的凭空想象，而是人们在大脑内部运用第一类信息转换原理生成的真实结果。虽然在认知科学的研究中从来都没有论述过语义概念的来龙去脉，只是把它作为一个理所当然的概念在应用，但是第一类信息转换原理对语义是什么，以及语义是怎样产生的给出了清晰的阐述，因此可以为认知科学的判断提供科学的论据。

(4)这样一直横亘在脑神经科学与认知科学之间的理论鸿沟(一方面，脑科学断言感觉系统只能感知到外部刺激的语法信息；另一方面，认知科学认为语义信息和语用信息在认知过程中演着重要的角色。因此，这两方面的论断之间就形成一个理论上的断裂鸿沟，即不能由感觉系统生成的语义信息和语用信息是从哪里来的？如果是在大脑内部产生的,那么它的产生机理是什么？)就实现了完美的沟通搭界。这个搭界的桥梁就是，第一类信息转换原理及其产物全信息。脑神经科学和认知科学之间的历史存疑到此也彻底澄清。

这个搭界的过程引出了一个宝贵的教训，即智能系统是一类以信息为主导因素且需要理解能力支持的开放复杂信息系统，对于这类需要理解能力的开放复杂信息系统，全信息概念是一个极其重要的基础。Shannon 信息理论是针对通信工程这类特殊需要建立的理论，它在那些不需要考虑语义信息和语用信息的场合的确发挥了巨大的作用，但是在那些需要全面考虑语法信息、语义信息、语用信息因素的场合(如认知科学和人工智能)就会力不从心而需要加以彻底改造了。正是为了这种需要，全信息理论便应运而生。

一般而言,脑神经科学和认知科学的研究要走在信息科学和人工智能的前头,以便为信息科学和人工智能的研究提供可以遵循的借鉴。但是，这种关系并不是绝对不能改变的，信息科学和人工智能的研究也可能在某些情况下走在前面。它们的研究结果也有可能反过来对脑神经科学和认知科学的研究提出问题，甚至提供解答。

这个脑神经科学与认知科学的沟通搭界过程正好是这样一个例证，即脑神经科学和认知科学没有来得及解决的问题(既然语义信息和语用信息不能通过感觉器官从外部世界得到,那么脑内的语义信息和语用信息是从哪里来的)却从信息科学的研究中得到合理的解决。后者的研究表明，不能由感觉器官从外部刺激直接得到的语义信息和语用信息，可以在人脑后续的信息转换过程中由语法信息通过第一类信息转换原理生成。

由此可见，信息科学(含人工智能)的研究不一定非要等待脑神经科学和认知科学的研究有了结果才能向前迈进；信息科学(含人工智能)研究的成果完全有可能反过来弥补，甚至推动脑神经科学认知科学的研究。更准确地说，脑神经科学、认知科学、信息科学、人工智能之间的互动合作是十分有必要和有意义的。

另外,第一类信息转换原理必将对信息科学技术本身的发展产生重要的影响。历来的信息科学技术(包括传感、通信、计算机、控制)都建筑在 Shannon 信息和纯粹形式化方法的基础上，只考虑信息的语法因素，忽略更为重要的语义因素和语用因素，使信息科学技术成为一个只顾形式不问内容和价值的空心化科学技术体系，成为一个智能程度低下的科学技术体系。现在，第一类信息转换原理不但证明了全信息的存在性，而且阐明了全信息的可生成性和可操作性，因此关于“全信息可能只是一个理论上虚构的概念”的担心就可以彻底消除了。

可以相信，只要正确引进和运用全信息的概念和相关理论，那么信息科学技术走向智能化的大门就敞开了。这将导致信息科学技术的历史性进步与变革。

7.2 “注意”的基本概念及生成机制

在讨论“注意”的生成机制之前，必须先明白什么是“注意”？“注意”的作用和意义是什么？为什么智能系统必须要有“注意”能力？

7.2.1 “注意”的基本概念

图 7.1.1 表明，任何通用人工智能系统的第一个重要环节都是它同外部世界之间的接口——感知系统。首先，通过它的感觉系统（相当于人类智能系统的感觉器官）感觉到外部刺激的物理、化学等现象，以及这些现象变化形式的存在。然后，通过它的知觉系统知晓外部刺激的性质，以及与本系统的相关程度，为后续的处理做好准备。

显然，如果系统没有良好的感觉能力，智能系统就无法把外部世界刺激呈现的本体论信息转换为认识论信息的语法信息，因此就无法进一步生成相应的语用信息和语义信息。这样，它就无法感觉到外部世界的发展与变化，进而无法适应外部世界的改变，从而导致自己的无智。另外，即使系统具有正常的感觉能力但没有必要的知觉能力，那么系统虽然能够感觉到外部世界的变化，但是无法知晓外部世界变化的性质及其对自身的利害关系，因此无法确定是否应当采取措施，以及应当采取何种措施应对外部世界发生的这些变化，结果仍然表现了系统的无智。可见，“感”与“知”两种能力不是同一回事，而且两者缺一不可。

关于智能系统的感觉机理可以简要解释如下，一切物体（包括智能系统本身）都具有一定的性质（物理的、化学的、生物化学的等），而且都存在某种互相联系和互相作用。因此，任何一个物体的存在和变化，都会对它联系的其他物体产生物理的、化学的、生物化学的作用和影响。被影响的物体则通过被它感受到的这些作用及其变化的情况，定性、定量的感觉那个主动变化的物体的存在和变化的状况。传感的作用就是感受外部刺激的本体论信息，并把它转换为认识论信息的语法信息。人类智能系统通过自己的感觉器官完成这种感觉过程，人工智能系统则通过自己的传感系统完成类似的感觉功能。

当然，由于物体具有的能量存在一定的限度，而且能量的强度会随着传播的距离快速衰减（与距离的平方成反比），物体感受这种相互作用的能力（灵敏度）也有一定的限度，因此物体之间的相互联系和相互作用通常只能在一定的时空范围内明显地表现出来，超出一定的作用范围。这种相互联系和相互作用便会减小到可以忽略不计的程度。此外，不同的物体通常只对若干不同的能量形式及其变化呈现敏感性，并非对一切能量形式都敏感。因此，在实际情形下感觉的能力总是

有限度的。换言之，任何信息系统(包括人工智能系统)都只能感觉和处理有限外部环境的客体信息

另外，与感觉能力同样重要、同样精彩的是它的知觉能力。只有同时利用系统的感觉和知觉能力，才可以构建系统的“注意”能力。

系统的“注意”能力是十分重要的。这是因为，如果一个智能系统只有感觉能力而没有注意能力，它在无限多样的外部刺激作用下将陷于“眼花缭乱，应接不暇”，就可能使整个系统处于因刺激的过载而瘫痪、崩溃的状态，被滚滚而来无穷无尽的本体论信息淹没。

关于智能系统的“注意”能力问题，历来的人工智能研究都避而不谈，似乎这只是一个不成问题的问题。其实，人工智能系统的“注意”能力问题从来都没有得到满意的解决。认知科学虽然较早关注“注意”问题，但是并未真正触及“注意”问题的深层本质。因为关于“注意”问题的讨论只停留在“由于系统处理信息的资源有限，因此必须对外部刺激有所选择”这样的认识上[6,7,10,12]。这种说法，只说到人类需要“注意”能力的浅表原因，而没有说到“注意”能力的深层机制。

系统处理信息的资源有限的确是需要“注意”能力的一个原因，这只是一个消极意义上的原因。在这种消极意义的解释下，“注意”便成为智能系统的一种被迫行为。

我们认为，智能系统之所以需要“注意”能力，更本质的原因在于，智能系统是一种有明确目的的系统，因此对外部的刺激具有自主选择的必要。这完全是一种自主的行为。具体来说，由于智能系统具有明确的目的(人类智能系统自身具有明确的目的；人工智能系统本身虽然不会自主产生目的，但是一定会由设计者事先给定)，只愿意关注那些与目的密切相关的事物。正因为智能系统是一种有明确目的的系统，它的注意领域就应当与目的直接相关。因此，“注意”是智能系统维护自身目的的自主行为，而不是被迫的行为。这才是“注意”问题的本质。

认知科学关于“注意”能力生成机理的讨论之所以停留在“资源有限”这种被动的认识上，一个重要的原因是，它对信息感知和注意能力的研究都是仅仅依赖传统的 Shannon 信息理论，而没有全信息理论的指导。具体来说，一个外部刺激是否应当被智能系统“注意”，这不能由仅仅反映外部刺激形式的 Shannon 信息来决定(极简单的外部刺激除外)，必须由反映外部刺激的形式、内容和价值的全信息来决定。这其中的奥妙就在于，只有全信息的价值因素(语用信息)才能揭示外部刺激与智能系统目标之间的利害关系，因此只有根据全信息的语用信息，才能做出“智能系统是否应当注意这个外部刺激”的正确决定。正是由于当时的认知科学没有全信息理论可用，自然就无法解释智能系统上述注意机制的奥妙，因此只能把资源有限作为一种被动性的原因来解释。

7.2.2 "注意"的生成机制

现在就可以利用第一类信息转换原理生成的全信息来阐明人工智能系统"注意"能力的工作机理。"注意"机制模型如图 7.2.1 所示。

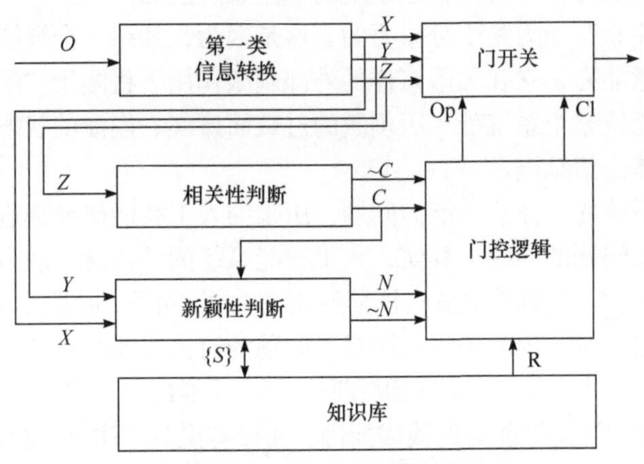

图 7.2.1　"注意"机制模型

图中，符号 O 代表外部刺激的本体论信息；X、Y、Z 代表由本体论信息转换而来的全信息(语法信息、语义信息、语用信息)；Op 和 Cl 代表门开关的开通指令和关闭指令；C 和～C 代表相关性判断相关(表示相关性的绝对值大于所设定的相关性阈值)和不相关(表示相关性的绝对值小于相关性阈值)；N 和～N 代表新颖性判断的新颖(表示新颖程度超过预设的新颖性阈值)和不新颖(表示新颖程度低于新颖性阈值)；$\{S\}$代表作为新颖性判断所需参照物的库存信息样本；R 为门控逻辑的控制规则，即当高度相关(无论正负)的外部刺激转换而来的认识论信息出现时，就让门开关开放；当高度相关且新颖的外部刺激转换而来的认识论信息出现时，不但要让门开关开放，而且要把新颖的信息标注出来，以引起系统后续模块的特别关注。对于看似不相关但是很新颖的外部刺激，可以存在不同的处理方式。这取决于主体的思维风格，对比较保守的主体通常倾向于不理会，而比较敏锐的主体则倾向于关注，以便从这种新颖的外部刺激发现新问题。对于那些既与主体目标不相关又不新颖的外部刺激，肯定应当滤除和抑制。

图 7.2.1 表明，不管愿意不愿意，感知系统都不得不从外部世界接受各种各样可感知的外部刺激(本体论信息)，然后利用第一类信息转换原理生成包含语法信息 X、语义信息 Y、语用信息 Z 的全信息。语用信息分量 Z 被直接送到相关性判断单元，以便对"这个外部刺激与系统目标是否相关"进行检验，并做出是否需要"注意"的判断。相关性判断单元内部设置阈值，如果相关性(无论正负)超过这个阈值，就向逻辑门输出控制指令 C；反之，若相关性(无论正负)低于这个阈

值，同时向门控逻辑单元和新颖性判断单元输出控制指令～C。

只要相关性判断单元发现面临的外部刺激与系统的目标高度相关，就会向新颖性判断单元发出指令，使后者启动新颖性判断的工作。新颖性判断单元检查这个外部刺激是否究竟已为系统所知。为此，就要从知识库的相关部分调取作为比较参照的信息样本集$\{S\}$，进行匹配检查。如果发现匹配的情况，新颖程度就为零(或者很低)，新颖性判断单元发出指令～N；反之，表示新颖程度高，发出指令 N。一旦相关性判断单元发现，当前面临的外部刺激与系统的目标不相关，启动指令就自动取消。

在相关性判断单元和新颖性判断单元的工作基础上，门控逻辑系统按照下面的逻辑向门开关发出指令，即如果满足条件 C，开通(发出 Op 指令)；如果满足条件 $C \wedge N$，开通且标注新颖性，否则关闭(发出 Cl 指令)。

这是因为，如果外部刺激与系统目标高度相关(无论高度有利，还是高度不利)，就应当放行；如果外部刺激不但与系统目标高度相关，而且高度新颖，那么就要高度“注意”，要开门放行。在其他条件下(只要外部刺激与系统目标不相关，无论新颖与否)，原则上都无须“关注”而予以抑制。

顺便指出，“注意”模型中门开关的工作方式也可能不是 0-1 类型(要么完全开通，要么完全关闭)，而可能是一类模糊开关，即应当被注意的信息可以完全通过，其他信息则被抑制，但是不一定彻底滤除。

还要指出，“注意”的作用可以有两种不同的基本工作方式。一种是智能系统自上而下有意识的巡查(搜索)方式，另一种是系统外部(或内部)刺激自下而上的报告方式。显然，自上而下有意识的巡查方式一定是有明确目标的行为，必定在语用信息的支持下寻觅具有最大语用信息的对象；自下而上的自发刺激要想得到系统的“注意”，也必须具有足够大的语用信息。总之，无论是自上而下还是自下而上的工作方式，全信息都是“注意”能力生成的必要前提。

以上就是人工智能系统的“感知”与“注意”能力生成的基本机理，即感知的任务就是感受外部刺激(本体论信息)，并把它转换为认识论信息的语法信息、语义信息和语用信息分量；为了生成“注意”的能力，必须在感知的基础上利用全信息来判断客体信息与智能系统目标之间的相关性，以及客体信息的新颖性，决定是否对外部刺激予以关注。

可以看出，如果只有 Shannon 信息理论而没有全信息理论的支持，系统虽然可以感觉外部刺激的语法信息，但不可能生成“注意”的能力。具体来说，如果只有统计性的语法信息(Shannon 信息)而没有语用信息的支持，系统就无从了解外部刺激对目标而言的价值效用(无从判断外部刺激与系统目标之间的相关性)；如果没有语义信息的支持，系统就难以确切判断外部刺激的新颖性。因此，系统就无以为据来确定应当滤除这个外部刺激，还是应当接受这个外部刺激。

回顾认知科学研究，我们注意到，一方面它很重视语义信息的作用，认定要以语义关系来组织长期记忆系统中陈述性记忆的存储结构，另一方面又很少关注语用信息的作用，也很少见到认知科学关于语法信息、语义信息、语用信息之间内在相互关系(全信息理论)的研究。因此，它在探讨智能系统“注意”能力问题的时候，只关注“注意”能力的一些可能的实现模型(如过滤模型、衰减模型、反应选择模型等)[13-15]，而没有发现“注意”能力与体现系统目标语用信息之间的关系。因此，也就未能阐明“注意”能力的生成机制。这当然不是认知科学的责任，因为信息科学的基础研究没有能够为认知科学主动及时地提供全信息的概念和理论，是信息科学自身的责任。

通过感知能力和注意能力的讨论，可以得到如下结论，感知系统的直接任务是把外部刺激呈现的本体论信息转换为认识论信息的感知信息(全信息/语义信息是它的合法代表)，为了生成系统的“注意”能力，必须在已经获得感知信息的基础上，利用其中的语用信息和语义信息作出判断，即外来的客体信息是否应当被系统关注。只有拥有全信息，才能为系统生成“注意”的能力。

人工智能系统注意能力的生成机制可以表述为，在系统目标导控下把外部刺激呈现的本体论信息转换为全信息，进而转换为“注意”能力。这也可以简称为面向注意能力的信息转换。

认知科学认为[13,15]，感知具有感觉、知觉、表象三个进程。其中，感觉是对外部刺激的零星的、局部的反映，知觉是对外部刺激的全局性反映，因此形成完整的模式；表象是当外部刺激消失以后，感知系统所重现的外部刺激整体映像。同时，认知科学还认为，感知系统的注意可能存在几种不同的方式，如感觉选择方式、知觉选择方式、反应选择方式。

按照以上关于感知能力和注意能力的分析可以判断，感知系统产生感知信息的过程应当从感觉的进程开始，需要到知觉的进程才结束。这是因为，作为外部刺激形式的完整反映，感知信息应当具有完整模式的性质，因此需要到达知觉的进程才能完成。感知过程得到的语法信息可以短时存储在感觉记忆系统中，等待“注意”指令的处置，即是要传送到短期记忆，还是应当被过滤?

系统“注意”指令的生成，应当在感觉的基础上生成语法信息，然后通过第一类信息转换原理生成语用信息和语义信息，最后通过相关性判断和新颖性判断做出是否需要“注意”的决策。注意到，短期记忆的容量很小，生成“注意”指令的信息转换过程应当发生在短期记忆之前，这样才能避免大量无关的外部刺激涌入短期记忆。不过，目前认知科学本身对这个问题还有不同的观点。

原则上说，生成“注意”指令的过程应当快速进行，才能及时、恰当地处理各种各样的外部刺激，而不至于造成大量外部刺激的堆积堵塞。因此，我们可以做一个粗略的估计。首先，生成语法信息的过程几乎是实时的；其次，生成语用信息的过程在大多数情况下是执行 X 与 $\{X_k, Z_k\}$ 之间的扫描匹配，也可以高速完成；再次，语义信息的生成过程只需要执行逻辑“与”操作，以及映射和命名，不需要消耗多少时间资源。唯一需要处理时间的是新颖性判断过程。幸好，“注意”与否的决定主要取决于相关性判断，只要生成语用信息，就可以直接做出是否相关的判断，即只要判断为不相关，就可以做出不需“注意”的决定。因此，在大多数情况下，“注意”的决定可以很快生成。当然，如果相关性判断的结果高度相关，就要等待新颖性判断的结果。只有在新颖性判断给出高度新颖的结果，才需要把代表这个刺激的全信息传递给后续环节进行处理。关于生成“注意”指令需要的处理时间长度，目前还没有准确的结果。从直觉上判断，“注意”指令生成的速度应当适应感觉记忆的要求。

上述分析表明，把外部刺激的本体论信息转换为认识论信息第一类信息转换的原理和机制，是通用人工智能系统的感知和注意系统工作的基础。如果没有第一类信息转换，通用人工智能系统就不可能获得与外部刺激关联的全信息；没有全信息的支持，通用人工智能系统虽然仍然可以完成感知外部刺激的任务，但是无法生成和执行“注意”的功能。没有“注意”功能的系统，既有可能漏掉系统必须关注的客体信息，也有可能被与系统无关的客体信息堵塞，因此不可能成为真正有智能的系统。

7.3　面向全信息的记忆机制

按照图 5.3.4 的通用人工智能系统功能模型，在讨论第一环节(感知与注意系统)之后就应当开始讨论认知和基础意识等问题。不过，考虑记忆系统的全局性、基础性、重要性，通用人工智能系统的各个环节都要与记忆系统频繁交换信息和知识，因此我们必须把记忆系统的相关事项讨论清楚，才便于讨论认知和基础意识及其后续的各个环节。

正确理解记忆的工作机理，是正确理解整个通用人工智能系统工作机理的基础和关键之一。现代计算机(许多人喜欢把它叫作“电脑”，其实这个称呼非常不确切，它是人工智能研究领域产生许多误导的重要根源之一)之所以和人类大脑有如此重大的差别，根本的原因之一就是计算机的存储系统和人脑记忆系统的工作机理大不相同，而且计算机对记忆的利用方式和人脑对记忆的利用方式也大不相同。

Hawkins 指出[16]，在记忆的方式上，现有计算机实行的是以比特为单位，或者固定数目的比特组(字节)为单位的孤立记忆，而人脑实行的是以模式为单位的整体记忆。这种记忆方式的不同，导致计算机与人脑在利用记忆的方式及由此形成的能力也天差地别，即计算机利用记忆的方式(思维方式)是基于比特的逐位形式计算，而人脑利用记忆的方式是基于模式的整体内容分析。因此，计算机的典型工作是大量快速的形式化计算，而人脑的典型工作是整体化的内容分析处理。计算机基于形式化计算的思维方式和人脑基于整体化内容分析的思维方式的差别，导致计算机和人脑在智能水平上的天壤之别。此外，计算机利用比特字节的形式表达信息形式的方式和人脑利用模式的形式表达信息的内容和价值的方式也不相同。这些都是造成计算机处理能力和人脑思维能力不可同日而语的重要原因。

Hawkins 提出的智能理论认为，人类智能的奥妙就在于它强大的记忆与预测的能力。他说，人类大脑皮层以其浩大的存储容量，记忆人们所经历或知晓的自然界、社会各种事物和事件的信息，并在大脑神经网络系统中积累形成一个包罗万象的世界模式。因此，当人们面临某个具体问题时，就会在大脑神经网络系统存储的世界模式中联想起类似(甚至相同)的问题模式及其求解程序，于是就可以运用这种回忆来认识当前面临的问题，并预测当前面临问题的解决方法和求解结果，从而成功地解决面临的问题。只有在大脑存储的世界模式中找不到与当前面临问题完全相同的记忆(意味着面临的是新的问题)时，大脑才需要提供一个或几个与当前问题较为相似的问题模式及解决方法，因此人们就可以根据这些模式之间的差异情形寻求新的解决方法。

我们认为，Hawkins 描述的这个理论大体是正确的。它的正确性主要表现在，它认识到记忆的极端重要性。不必说，没有记忆就不可能有思维能力，即使有记忆，只要记忆系统的性能有缺陷，也会使思维能力受到损失。上面指出的计算机的处理能力无法与人的思维能力相提并论，重要的原因也在于，计算机的记忆系统性能存在许多缺陷(特别是纯粹形式化的缺陷)。因此，深入认识和理解记忆系统的工作机理，对于理解人类的智能和研究人工智能是至关重要的问题。

Hawkins 关于记忆与预测的理论并不完全准确。这是因为，单凭记忆与预测还不足以完全支持人类的智慧能力。人类的智慧能力还需要更加重要的功能来支持，这就是内容理解能力和学习能力。在认识新的复杂问题的场合，如果没有足够的理解和学习能力，单靠预测能力将无济于事。Hawkins 关于记忆与预测理论的不完全准确还表现在，他所推崇的记忆系统基本上也是形式化的记忆，而没有内容理解的能力。对此，本书后面有进一步的讨论。无论如何，Hawkins 强调记忆在人类智能活动中的基础性和关键性地位是正确的。

记忆系统需要研究的问题有很多。首先，从记忆的类型来看，按照认知科学的研究结果来划分，记忆系统的基本类型有感觉记忆、短期记忆(工作记忆)、长期记忆三种类型[18]。记忆系统模型如图 7.3.1 所示。

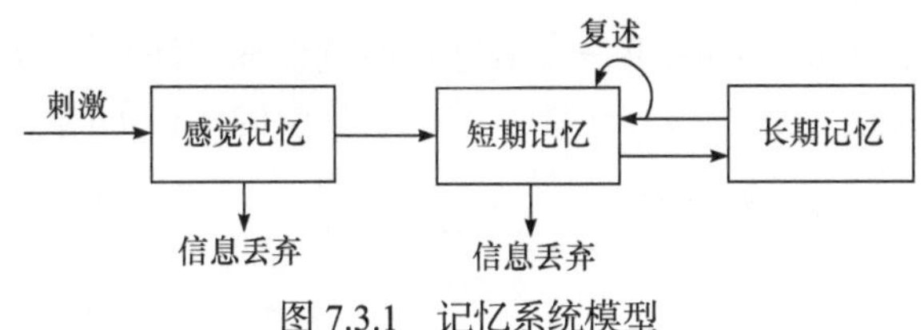

图 7.3.1　记忆系统模型

认知科学在记忆理论方面进行了长期的研究，取得了非常丰富的研究成果，可供通用人工智能研究借鉴与应用。但是，也还存在许多尚未定论的问题，例如短期记忆与工作记忆究竟是同一个记忆系统，还是不同的记忆系统？短期记忆与工作记忆的信息处理过程是否存在语义编码？短期记忆与长期记忆之间存在怎样的互动关系等[19]。

不过，从通用人工智能理论研究的角度来看，最重要、最迫切需要关注的问题却是记忆系统的全信息理论问题。这是因为，目前的记忆理论在全信息理论方面还存在明显的矛盾。一方面，传统记忆理论认为，短期记忆系统和工作记忆系统都按信息的形式因素(听觉或视觉)进行编码存储。另一方面，长期记忆系统(至少是其中的陈述性信息)按语义关系进行编码存储。这两种理论显然在逻辑上产生了一个问题，即若短期记忆和工作记忆系统都没有语义信息，那么长期记忆系统需要的语义关系是从哪里提供的？这是认知科学至今没有回答的问题。

不仅如此，如果人类大脑的记忆系统记忆的都是关于事物的形式信息，而不是全信息，那么人类对于事物内容的理解能力又从何谈起。如果人类不具备对事物内容的理解能力，人类的智能又从何而来。可见，人类智能和人工智能的根本问题都与“记忆系统所记忆的究竟仅仅是形式信息还是全信息”密切相关。

7.3.1　记忆系统的全信息存储

本节首先关心的问题仍然是，如果认知科学断定，长期记忆系统是按照语义关系存储信息的，而感觉器官又被证明不能从外部刺激直接获得语义信息，那么长期记忆系统需要的语义信息是从何而来的？

虽然第一类信息转换原理已经从理论上阐明，人类大脑可以把外部刺激的本体论信息转换成为相应的语法信息、语用信息、语义信息(它们的整体就是全信息)，但是该原理是在记忆系统的什么位置实施，是在感觉记忆系统、短期记忆系统，还是长期记忆系统？

1. 感觉记忆系统的全信息处理

关于感觉记忆系统的信息处理存在两种可能的假设。

一种是目前流行的假设，认为“注意”指令必须在进入短期记忆系统之前产生。如果这个假设成立，那么第一类信息转换过程和“注意”指令的生成就都应当在感觉记忆系统内完成。感知注意在记忆系统中的地位如图 7.3.2 所示。

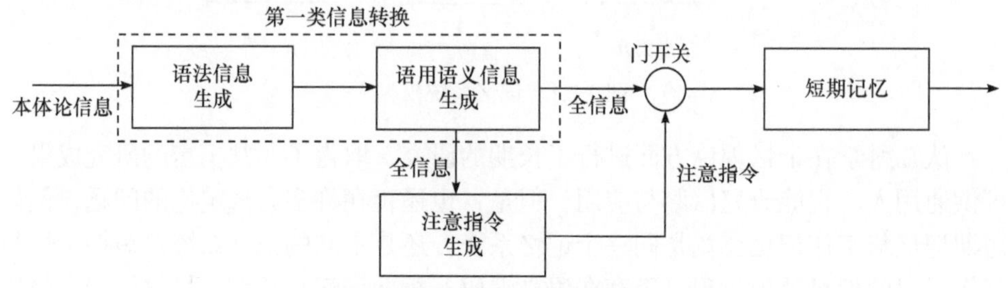

图 7.3.2　感知注意在记忆系统中的地位

不难看出，图 7.3.2 中门开关以前的部分就是图 7.2.1，包括感知单元、全信息生成单元、注意指令生成单元。图 7.3.2 表明，如果智能系统面对的外部刺激不值得注意，开关就处于断开状态，这时便没有任何信息进入短期记忆单元；如果系统面临的外部刺激与系统的目标高度相关，是应当关注的事件，开关就处于接通状态。这时，通过开关进入短期记忆的就是关于这个外部刺激的全信息，而不仅仅是语法信息。

鉴于人类感觉记忆系统的信息留存时间很短，图 7.3.2 的方案在处理速度上能否符合感觉记忆系统的要求呢？目前，我们无法进行精确的定量分析和论证。不过，既然感觉记忆系统具有秒级(不超过 1s)的记忆周期，在这个时间范围内完成全信息的生成和“注意”指令的生成应当是可能的。即便对于比较复杂的外部刺激，生成语法信息的过程也总是实时完成的，生成语用信息和语义信息的过程也相当简洁。因此，在秒级时间范围内完成相应的全信息生成和“注意”指令生成应当是可行的。当然，严格的论证还有待脑神经生理学和认知科学的深入研究。

另一种假设认为，“注意”的功能由工作记忆单元的中央执行系统承担(有不少认知科学的研究支持这种假设)。如果这个假设成立，那么全信息的产生和“注意”指令的生成就可以在工作记忆系统完成。由于短期记忆系统的信息有 30s 的持续周期，全信息的生成和注意指令的生成就有足够的时间保障；感觉记忆系统的任务就简化为把外部刺激的本体论信息转换为语法信息。这一假设的问题是，由于注意指令在工作记忆系统才能产生，因此所有外部刺激相应的语法信息都毫无选择地要进入短期记忆系统。但是，短期记忆系统的容量很有限。

显然，这里存在的疑问是，究竟“注意”功能发生在什么部位？目前，认知科学尚未给出明确的结论，过滤器模型认为发生在感觉记忆系统，主要根据刺激的物理性质(不是语义信息)进行过滤；衰减器模型虽然也认为注意功能发生在感觉记忆系统，但它提醒注意功能的执行需要利用与刺激相关的语义信息，而不仅仅是刺激的物理性质；后期选择模型认为注意的功能发生在工作记忆的中央执行系统，而不是感觉记忆系统。这些假设都有赖于脑神经科学和认知科学的进一步研究来确证。不过，无论注意功能产生在什么部位，图 7.3.2 所示的信息处理过程都是不可缺少的。

对于感觉记忆系统来说，有三种可能方案。

(1) 如果全信息和随后的注意指令都在感觉系统生成，那么它就要承担繁重的信息处理任务。

(2) 如果全信息和注意指令都在工作记忆系统生成，那么感觉记忆系统就只需要承担把外部刺激的本体论信息转换为语法信息的任务。

(3) 把生成全信息和注意指令的任务在感觉记忆系统和短期记忆系统之间进行分担，即感觉记忆系统负责生成全信息，工作记忆系统负责在此基础上生成注意指令。

在这三种可能的方案中，方案 (1) 的优点是，由于注意指令的生成发生在感觉记忆系统，可以及早地滤除与本系统无关，或者虽然有关但已不新颖，或者虽然有关但不很重要的外部刺激，从而大大减轻短期记忆系统的负担；可能的缺点是，由于信息在感觉记忆系统只有秒级存活时间，生成全信息和“注意”指令的任务会大大加重感觉记忆系统的工作负荷。

方案 (2) 的优点是，由于信息在短期记忆系统具有 30s 的存活周期，有足够的时间生成全信息和注意指令，而且可以大大简化感觉记忆系统的工作负荷；缺点是，由于注意指令产生比较晚，所有与外部刺激相应的语法信息都毫无阻拦地会涌入短期记忆系统，使存储容量十分有限的短期记忆系统过载。

从工作负荷均衡分配的角度考虑，方案 (3) 较为合理。从脑神经生理学和认知科学的研究来看，感觉记忆系统和短期记忆系统之间是否存在明确的界限，似乎也需要更进一步地证实。如果不存在不可逾越的界限，那么就可以设想由感觉记忆系统和短期记忆系统两者合作生成全信息和注意指令的任务。

总之，由于“注意”能力的生成必须以全信息为前提 (利用语用信息判断外部刺激是否与本系统的目标相关；利用语义信息判断外部刺激是否新颖)，因此不管“注意”能力生成的位置是在感觉记忆系统，还是在短期记忆系统或者其他部位，全信息的生成都必须在短期记忆系统之前完成，最晚也必须在短期记忆系统完成。因此，短期记忆流动的不但有语法信息，而且有全信息。

2. 短期记忆 (工作记忆) 系统的全信息处理

首先，这里所说的短期记忆是相对于前端的感觉记忆和后端的长期记忆而言的记忆系统。后来人们发现，短期记忆系统实际上担负了比短期存储更多的信息处理功能，因此提出工作记忆的新概念。多数认知工作者认为，工作记忆并不是与短期记忆独立的额外记忆系统，而是短期记忆系统的一部分。可以认为，短期记忆是整体概念，其中的一部分执行工作记忆的功能，另一部分发挥缓冲存储器的功能。因此，短期记忆系统是包含工作记忆系统在内的记忆系统。关于工作记忆系统的说明，见图 3.2.5 的相关部分，这里不再详述。

以上讨论的结果表明，由于可能存在三种不同的“注意”指令生成部位，短期记忆系统面临着三种可能的信息处理情况。

(1) 如果全信息和“注意”指令都在感觉记忆系统内生成，那么短期记忆系统接收到的就是“既与本系统目标高度相关，又足够新颖”的全信息，短期记忆系统的主要任务是对这个全信息进行编码，以便提供给长期记忆系统进行存储。

(2) 如果全信息和注意指令的生成都要由工作记忆系统承担，那么它接收的就是由外部刺激所转化而来的语法信息，短期记忆系统就需要完成由语法信息生成全信息和生成注意指令的任务，并对“既与本系统目标高度相关，又足够新颖”的全信息进行编码。

(3) 如果全信息在感觉记忆系统生成，而“注意”指令在工作记忆系统生成，那么短期记忆系统接收到的就是全信息。这时，短期记忆系统的任务在此基础上进一步生成注意指令，并对“既与本系统目标高度相关，又足够新颖”的全信息进行编码。

可见，在最轻松的情况下，短期记忆系统需要承担的信息处理任务是对满足“既与本系统目标高度相关，又足够新颖”条件的全信息进行编码，在最繁重的情况下首先担负生成全信息和“注意”指令的任务，然后对满足上述条件的全信息编码。鉴于全信息生成(即第一类信息转换)和“注意”指令生成的原理，这里需要研究的就是短期记忆系统对满足上述条件的全信息编码问题。

传统的短期记忆(工作记忆)对信息的编码仅考虑语法信息(包括声音信息和图像信息)的编码问题。这里讨论的短期记忆系统则是对全信息(包括语法信息、语义信息、语用信息)进行编码，目的是便于在长期记忆系统内存放全信息。可以认为，关于语法信息(声音的、图像的、其他感觉形式)的编码与传统的短期记忆对信息的编码没有重大原则的区别。与传统情形不同，这里需要额外考虑语义信息和语用信息的编码，以及它们之间的关联问题。

人脑记忆系统中的信息存储编码很可能要同时考虑存储的有效性、抗干扰性、安全性等方面的要求，因此会比较复杂；在人工记忆系统，编码的目的主要是使信息得到有效的表示，即机器可以识别语法信息，但不可能认识语义信息和语用信息。因此，通过编码把语义信息和语用信息恰当地表示出来使机器能够识别，是编码的基本要求。如何通过编码使语法、语义、语用信息的存储更加有效、可靠、安全，可以放在下一步考虑。

从信息表示的角度考虑，如何对全信息进行编码呢？

回顾第一类信息转换原理，可以得到重要的启发，语法信息 X 是基本的信息成分；语用信息 Z 是语法信息 X 和系统目标 G 共同生成的第二成分；抽象的语义信息 Y 可以用语法信息 X 和语用信息 Z 的逻辑来确定。

根据这一原理，短期记忆的全信息表示与编码的思路就包括以下几点。

(1)短期记忆系统对收到的语法信息 X 进行表示性编码。

(2)根据语法信息生成相应的语用信息 Z，并对它进行表示性编码。

(3)语义信息 Y 通过语法信息和语用信息的逻辑与表示和编码。

虽然目前还不知道人类大脑记忆系统究竟如何对全信息进行具体的表示和编码，但是短期记忆系统的全信息表示与编码的思路肯定有助于人们对于大脑短期记忆系统的全信息表示与编码方法的探究。

因此，可以对人类大脑的全信息表示与编码提出如下构想。

(1)在人类大脑的神经系统中,各种相关的感觉神经元在相应的外部刺激下产生各自的兴奋反应，发出相应的神经生理电脉冲(假设为 0-1 型)，形成 0-1 型脉冲序列的时间空间分布。这就是外部刺激在感觉系统中激起的语法信息模式 X。所以，这里的语法信息 X 不是一维的时间序列，而是多维(多个神经元发放的)的时间序列，同时具有时间和空间因素，构成时空矩阵。

(2)根据这个语法信息模式 X(反映的外部刺激)对智能系统目标 G 呈现的效用情况，智能系统应当对这个语法信息模式 X 建立一个恰当的效用标注模式(有什么效用、多大的效用)。这个标注模式就是关于这个外部刺激的语用信息 Z 的编码表示。可见，记忆系统获得的效用标注(语用信息编码)需要通过智能系统的检索或相关计算才能完成。

(3)这个语法信息模式 X 的编码表示及其相应的语用信息 Z(标注模式)的编码表示的逻辑与(即语法信息和语用信息同时满足)，就得到外部刺激的语义信息 Y 的表示，即 $Y \sim X \wedge Z$。换句话说，语义信息的编码就是通过与之相应的语法信息编码表示和语用信息编码表示的联合满足来表示的。

这个构想能否成立，有赖于脑神经科学和认知科学的研究证实。由常识可以判断，其中的(1)是自然天成的结果，没有原则的问题；(2)是智能系统必然要做出的标注，否则，如果不能判断(和标注)外部刺激的效用，如何能够对外部刺激做出取舍的决策？不能对外部刺激做出取舍的决策，又怎么能够成为智能系统？可见，标注外部刺激的语用信息是智能系统不可或缺的能力；(3)只是前面两个结果的同时满足，具体的操作是给相应的语法和语用信息同时满足，取一个恰当的名字作为语义信息。

可以认为，在短期记忆(工作记忆)系统承担的信息处理任务中，最基本、最重要的任务就是全信息的表示与编码。如果这个任务不能完成，长期记忆系统按语义关系存储信息的任务就没有基础；如果长期记忆系统的信息不能按语义存储，就会对后续的各种智能处理造成重大的障碍。

Hawkins 在 *On Intelligence* 中曾经这样讲过，大脑皮层的记忆和计算机的记忆有以下四点根本区别：大脑皮层可以存储模式序列；大脑皮层以自联想方式回忆模式；大脑皮层以恒定的形式存储模式；大脑皮层按照层级结构储存模式。

我们认为，Hawkins 指出的这四个方面确实是人脑和计算机之间的重要区别：计算机存储的是一个一个的比特或一组一组的比特序列，而不是完整的模式信息序列；计算机的回忆也是按比特或按比特序列回忆，没有自联想的能力；计算机不会以恒定的形式存储模式，而是以直白的方式存储。这些都是计算机不如人脑的重要表现。

不过，人类大脑皮层的记忆方式与计算机的记忆方式之间还存在一个更为本质、更加重要的区别。这就是上面的分析所表明的：大脑的记忆系统处理的是包括语法信息、语义信息、语用信息在内的全信息，而计算机记忆系统处理的基本是语法信息，没有考虑语义信息和语用信息。正是由于这个本质的区别，现代计算机虽然可以达到极高的运算速度，但是始终只能认识信息的形式，不能认识信息的内容和价值，因此远远不能和人脑的智能水平相提并论。

3. 长期记忆系统的全信息处理

长期记忆是研究得最多的记忆系统。认知科学的研究认为，长期记忆系统具有巨大的存储容量，而且进入长期记忆系统的信息被丢失的可能性很小，因此可以被永久记忆。长期记忆系统存储信息的机制有两种基本的方式，即陈述性记忆和非陈述性记忆。人们常说的记忆主要是指陈述性记忆，又分为情景记忆和语义记忆。情景记忆是对个人在一定时间空间经历的事件的记忆，与具体的人物、时间、地点、事件密切相关。语义记忆是对词语、概念、规则、知识、规律、定律等抽象事物的记忆，主要与内容、含义、关系、意义相关。

认知科学还认为，长期记忆系统中存储着大量的词汇，是一个巨大的心理词库。关于每个词的信息大致包括三类，即语音；词及其句法特征，以及它在句子中与其他词的关系；意义。长期记忆系统用一定的方式把这些词语按意义组织为某种有序的组织结构加以存储。因此，长期记忆系统存储的信息就不是一堆孤立的词语，而是它们构成的组织结构。其中一种典型的词语组织结构方式称为语义网络(也叫层次网络模型)，它的一个示意模型如图 3.2.6 所示。这就表明，语义信息在记忆过程中的确有重要作用。

可以想见，人脑长期记忆系统对情景记忆的处理方式相对简单，它只需要把感觉系统感受到并经短期记忆转送过来的信息“照单接收、依次存放”，然后给它添加一个“名字”作为检索的索引，再编上存放的地址标志就可以了。但是，要为存储的信息取一个合适的名字需要对所存信息涉及的人物、时间、地点、事件有所了解，否则名不符实就会给检索造成“张冠李戴”。可见，情景记忆的存储方式也需要利用语法信息、语义信息、语用信息才能成功。

然而，对于人脑长期记忆系统最重要的记忆内容——语义记忆，它的存储方式远非简单地“照单接受、依次存放”，而是对输入的信息进行深度的处理，不但要准确存储信息的形式(语法信息)，而且要了解这个语法信息的含义(语义信息)，才能按语义进行存储。进一步，还要了解这个新加入的语义信息与原来已经存储的那些信息之间在内容上的相互关系，才能确定应当把这个信息纳入哪个组织结构，以及在这个组织结构中的哪个具体位置。这就是说，长期记忆的语义记忆方式必须全面、深入地利用语法信息、语义信息、语用信息才能实现。这在逻辑上应当是一个不言而喻的结论。

鉴于此，至少有以下几个重要的问题需要解决。

(1) 长期记忆系统怎样根据短期记忆系统传送过来的全信息表示来理解它的语义和语用，从而在长期记忆系统内实现按语义的有序信息存储结构？

(2) 长期记忆系统怎样理解自身存储的信息的语义和语用，从而确定把新接收的信息安排到自己组织结构的恰当位置？

(3) 如果新进入的全信息与长期记忆系统原有的全信息之间在语义上存在矛盾冲突，应当如何处理？

显然，这些问题其实是同一个问题，即全信息的理解问题。

回顾第一信息转换原理可以知道，语法信息 X 的表示方法是直截了当的，就是相关感觉神经元群组输出的神经脉冲时空系列，有时也称时空模式，一般表现为某种矩阵。语用信息 Z 的表示在一般情况下是一个模糊矢量(由系统目标 G 和信息对目标满足的程度确定)。对于每一个语法信息 X 的矩阵，都有一个与之对应的语用信息矢量 Z。由此，语义信息 Y 可由语法信息 X 和语用信息 Z 的逻辑与确定，即

$$Y \propto \lambda(X,Z)$$

这就是前面所说的，语法信息可以被感知；语用信息可以被体验、估量；语义信息可以通过逻辑处理而推知。更具体地，可以写出

$$X = \{x_i(t_m)\}, \quad i \in (1,I), m \in (1,M) \tag{7.3.1}$$

$$Z = \{z_m\}, \quad m \in (1,M) \tag{7.3.2}$$

$$Y = \lambda(X,Z) \tag{7.3.3}$$

式(7.3.1)～式(7.3.3)分别表示，语法信息 X 由感觉空间上 I 个不同的神经元发放的脉冲序列组成，每个脉冲序列都包含 M 个时刻，其中第 i 个神经元在各个时刻的脉冲取值为 $x_i(t_m)$；语用信息 Z 由 M 个分量 z_m 构成。这是因为，语用信息

是系统目标 G 对于每个语法信息分量的权重；语义信息 Y 就由 X 与 Z 的同时满足界定。

全信息的表示和理解在理论上是协调一致的。假如符号 S 表示整个语义信息的空间，它的元素就是各种具体的语义信息，其中每个语义信息 $Y\in S$ 都用与它相应的语法信息 X 和语用信息 Z 的同时满足来表示。这就是全信息的表示方法。与此相应，为了理解和鉴别具体的语义信息 Y，就要在语义信息空间 S 中确定 Y 所在的具体位置，即在 S 中寻找同时满足 X 和 Z 的位置。

总之，由于语义信息的抽象性，它不可能直接被具体表示，因此也不可能直接被鉴别；必须通过可以被感知的语法信息，被体验或估量的语用信息的同时满足来表示，也要通过可以被感知的语法信息和可以被体验或估量的语用信息的同时满足来鉴别。

事实上，由式(7.3.1)～式(7.3.3)的全信息表示也可以看出，只要语法信息 X 或语用信息 Z 的任何一个分量有变化，就可以表示出现新的全信息；只要能对不同事物的语法信息和语用信息进行排序定位，就可以对不同事物的全信息实现相应的排序定位。换言之，事物的全信息不但可以通过这种间接方法表示，而且可以比较、分类、排序定位。

基于这样的全信息表示和理解方法，对全信息的理解和提取就可以通过比较语法信息与语用信息的对应关系(X, Z)来实现。例如，假设新接收的全信息表示为$(X(0), Z(0))$，那么就可以把它与原有信息库中的$\{X(n), Z(n) \mid n\in\{1,N\}\}$进行比较，$N$ 是信息库存储的全信息总数。通过比较，若有

$$d_{\min} = d\,|_{n=n_0} = \operatorname*{Min}_{n\in(1,N)}\{d\{[X(0),Z(0)],[X(n),Z(n)]\}\} \tag{7.3.4}$$

就表示新接收的全信息$(X(0), Z(0))$与第 n_0 号的全信息$(X(n_0), Z(n_0))$最接近，因此应当安排在后者的邻近。至于安排在它的前面还是后面，可以根据相应语法信息和语用信息的排序来确定。当然，还可以有更多的准则和比较方法确定这个新接收到的全信息应当放在什么具体位置。但是，无论有多少不同的具体准则和方法，总的思想都是利用全信息，按照语法信息、语义信息、语用信息的综合因素，在长期记忆系统中建立陈述性记忆的信息和知识的组织体系结构。没有全信息，这种组织结构便无以为据。

这就是我们把生成全信息的第一类信息转换功能赋予感觉记忆系统，并把全信息的表示与编码功能赋予短期记忆系统的原因。如果人脑长期记忆的前端系统(包括感觉记忆和短期记忆)只能产生语法信息而不能产生全信息，如果注意系统放进来的信息只是语法信息而不是全信息，如果短期记忆系统不能对全信息进行恰当地表示和编码，如果人脑长期记忆系统不能有效地理解和提取短期记忆系统采用的全信息表示和编码，那么人脑长期记忆系统就不可能按语义来组织和存储

信息。结果会严重制约后续处理的能力。

考虑(3)，如果待存储的全信息与长期记忆系统原先存储的全信息之间存在语义上的矛盾，应当如何处理?

应当承认，由于客观世界本身固有的复杂性和人们主观世界现有认识的局限性，出现这种矛盾情况并不奇怪。解决这种矛盾的根本方法是，不断努力深化人们对客观世界复杂性的认识。事情往往是这样的，当人们的认识还比较肤浅的时候，这一现象与那一现象看起来是互相矛盾的。当人们的认识深化了，就可以发现这一现象与那一现象之间的内在联系，即矛盾只是表面现象，深层的联系才是本质。例如，在地球上出现人类之前，地球上究竟有没有信息就是这样的典型例子，一种回答是“有”，另一种回答是“没有”，看上去完全相反。深入研究两种截然相反答案的背后，却发现它们依据的条件不一样，即前者是无条件的本体论信息概念，后者是以人的存在为条件的认识论信息概念，因此两种表面上看似矛盾的答案，深入分析起来却不矛盾。

在长期记忆系统中，具体处理语义矛盾的两个(或多个)全信息的时候，战术上的处理方法是按照全信息测度公式分别计算这两个全信息的语义信息量，看两者的语义信息量是否满足足够大的要求，丢弃不满足条件者；如果两者都满足要求，则保留语义信息量大者；对语义信息量较小的那个全信息予以重新安排。

具体来说，令 $I(Y_1)$ 表示第一个全信息的语义信息量，$I(Y_2)$ 表示第二个全信息的语义信息量，I_0 表示足够大阈值条件，那么

(1) 若 $I(Y_1) \geqslant I_0$ 和 $I(Y_2) < I_0$，则丢弃 $I(Y_2)$。

(2) 若 $I(Y_1) \geqslant I_0$ 和 $I(Y_2) \geqslant I_0$ 且 $I(Y_1) \geqslant I(Y_2)$，则保留 $I(Y_1)$，重排 $I(Y_2)$。

当然，如何重新安排第二个全信息，情况比较复杂。如果在长期记忆系统的其他组织结构中能够找到合适的位置，就可以把它安排在这个新的位置上；如果在其他组织结构中找不到合适的位置，也可以把它作为“种子”开启新的组织结构。总而言之，需要根据具体的情况做出全面的分析和妥善的安排。原则上说，这种安排也不会是一劳永逸的，因为后续仍然有很多尚未可知的新情况相继出现。

7.3.2　长期记忆系统的信息存储与提取

这里需要关注人类大脑记忆系统(主要指长期记忆系统)存储结构的情况，它是通用人工智能系统存储系统的原型参照。

在这方面，脑神经科学和认知科学工作者进行了大量的研究，获得不少研究成果。他们普遍认为，人类大脑皮层是一个由大约 10^{10} 个神经元构成的大规模神经网络系统，内部形成复杂的层级结构，成为一个复杂的记忆体系。

1. *人类大脑皮层神经组织存储的是全信息*

Hawkins 认为，大脑皮层的层级结构示意图可以用图 7.3.3 来表示。这与图 3.2.6（长期记忆系统中语义记忆）的存储结构具有异曲同工之妙。

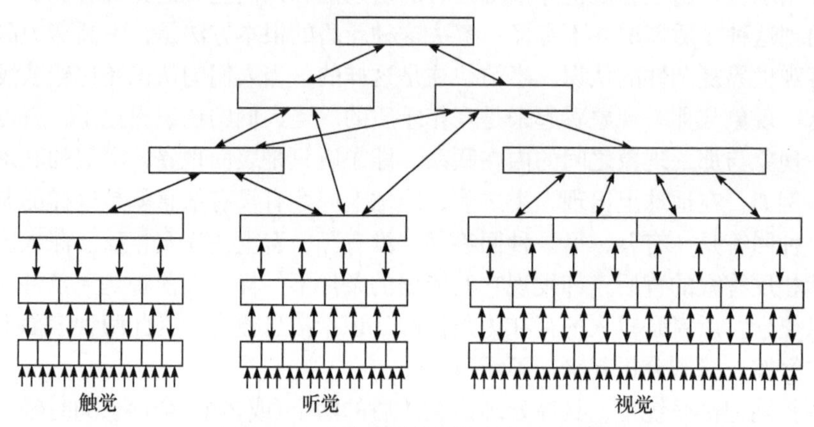

图 7.3.3 大脑皮层的层级结构示意图

Hawkins 指出，大脑皮层的层级结构中存储着有关现实世界的巨大层级结构模型，现实世界的嵌套结构在大脑皮层的嵌套结构中可以得到反映。

如图 7.3.3 所示，底层神经组织是感觉信息最先到达的大脑皮层区域。它所处理的是包含事物所有细节的最原始、最详尽的信息（即最原始的神经脉冲系列）。然后，这些信息逐级向上面的各个皮层区域传送，直到最顶层的皮层区域。

在由底层向上层传送的过程中，一个非常重要的信息处理特点是，原始信息的细节部分被逐级略去，只保留更为宏观和更具有特征意义的模式信息。这种信息处理的情形就像是皮层的上层区域给下层区域的信息命名，即越是上层区域的信息，越具有抽象和宏观的性质；越是下层区域的信息，越具有详细和微观的品格。大脑皮层信息表征和存储的这种层级结构被认为是人类大脑存储信息的基本方式。

来自不同感觉（如听觉、视觉、触觉等）的信息都是按照这种层级结构的方式逐级向大脑皮层的上层传送，并在大脑皮层的联合区互相汇合，从而形成综合的整体模式表征。各种信息就是按照这样的方式在大脑皮层体系中存储的。

另外，图 7.3.3 中箭头向下的部分表示大脑皮层顶层区域（前额叶）产生的决策指令信息的传递过程（Hawkins 叫作反馈过程）。大脑皮层高层区域发出的决策命令通常是某种抽象的意向表述，在向皮层下方区域传递的过程中，抽象的指令信息被逐级具体化，到了底层的执行器官，就把指令的所有动作细节一一补充落实了。

我们注意到，Hawkins 的这些论述得到神经科学的印证。我们认为，这里上传的信息和下达的指令都应当是全信息。如果仅有语法信息而没有语义信息和语用信息，那么根据什么判断上传的信息中究竟哪些应当忽略、哪些应当保留呢？同样，如果仅有语法信息，而没有语义信息和语用信息，那么对下传指令信息进行具体化的时候，根据什么来确定哪些应当充实，以及怎样充实呢？

如果这些上传下达的信息都是全信息，在大脑皮层对逐级上传的信息进行抽象化(命名)时，被忽略的部分应当是那些语法上不太典型和语用上不太重要的信息(按照语义信息的定义，这些在语法上不典型，同时在语用上不重要的信息就意味着在语义上也不太紧要)；需要保留的部分则应当是那些语法上比较典型和语用上比较重要的信息。

至于为什么大脑皮层神经组织能够知道，哪些信息在语法上典型、在语用上重要，哪些信息在语法上不典型、在语用上不重要，这是尚需进一步深入研究的问题。至少在逻辑上可以做出如下分析和判断。

首先，人类大脑皮层组织关于某个语法信息是否具有典型性的判断，实际上是一个常见的模式识别问题，因此有很多已经熟知的方法可以处理。例如，在识别某种动物种类的时候，它们的外部大致轮廓(形状拓扑)是典型的语法信息，根据这部分语法信息就可以判断(例如)它是一只老虎还是一只小鸡；它们形状的细节则不是典型的语法信息；在识别亚洲人种和欧洲人种的时候，他(她)们的皮肤颜色是典型的语法信息(亚洲人大多是黄种人，欧洲人大多是白种人)，而他们的外表形状则不是典型的语法信息；在区分鸡蛋和鸽蛋的时候，它们的大小和重量就是典型的语法信息，而它们的形状则不是典型的语法信息。由于人类大脑皮层组织在生命过程中经年累月地积累和存储了大量这类信息，因此通过对外部刺激的语法信息与记忆系统存储的全信息进行对比就可以获得需要的结果。

其次，为什么人类大脑皮层神经组织能够做出某个语用信息是否具有重要性的判断？这是因为，在人类大脑皮层神经组织体系中存储了人们追求的基本目的，以及平生积累的各种经验。任何一个外部刺激连带的语用信息是否重要，只要和记忆系统存储的目标和经验相比较，就可以得出结论。例如，无论是通过直接经历的体验，还是间接传授的经验(民间口头相传或书本学习)，人们都知道老虎是凶猛的肉食动物，会对人类生命安全造成严重威胁。这个经验(知识)和安全目标肯定存储在人类的记忆系统中。因此，如果人们一旦遇见老虎(即获得老虎的语法信息)，立即就知道它对自己的生命安全具有严重的威胁(即获得严重生命安全威胁的语用信息)。这就意味着，在人类大脑皮层组织的记忆系统中，关于老虎外部形态的语法信息 X 是与严重的生命安全威胁这个重要的语用信息 Z 直接关联的。可以推断，在人类的长期记忆系统中，每个语法信息都是和它相应的语用信息紧密关联地存储在一起形成的 $\{X, Z\}$ 集合，其中语用信息的重要程度则以它对人们追求的目标的相关程度来衡量。

可见，大脑皮层的每个神经元虽然只有“兴奋-抑制”，神经元轴突传出的生物电脉冲也只是简单的 0-1 型序列，但是在大脑皮层神经组织的存储体系中，却不是只能利用 0-1 脉冲序列表示语法信息，而且也可以利用恰当的 0-1 脉冲序列表示相应的语用信息。两者的共同满足通过向语义信息空间的映射和命名就可以表示与它们相关联的语义信息。

这样看来，长期记忆系统的存储方式不应当是单纯语法信息的存储，而应当是包含语法信息、语义信息、语用信息的全信息存储。这可能是通用人工智能研究对当今信息存储技术提出的一项重大质疑和挑战。

根据前面的分析，语义信息可以通过与之相应的语法信息和语用信息的共同满足来表示。因此，长期记忆系统并不需要直接存储语法信息、语义信息、语用信息三种编码。其中的语义信息可以通过对相应的语法信息编码和语用信息编码的共同满足进行映射和命名来自动表示，即

$$\text{名称(语义信息编码)} \Leftarrow \{\text{语法信息编码，语用信息编码}\} \tag{7.3.5}$$

其中，语义信息就是这个全信息的名称，名称的内涵(语法信息和语用信息)则是在短期记忆系统中完成的表示(编码)。

这样，在长期记忆系统中就可以实现按内容的存储、提取和检索。这应当是最有效的信息记忆和信息提取方式。

2. 信息提取的方式

信息提取，是指利用一定的线索(索引)从信息库(记忆系统)提取相关信息的过程。这是记忆系统的一个基本功能。任何一种实际的记忆系统，如果只能存储信息而没有从中提取信息的功能，那么这种记忆系统就没有实际价值。不仅如此，记忆系统的信息提取功能还必须足够方便快捷，否则也会限制其功能的发挥。

信息提取的基本工作原理与信息存储的方式直接相关。首先，在存储信息的时候，要给这个信息取一个恰当的名字(语义信息)，这个名字就叫“索引”。这个名字既能够体现这个信息的基本特征，又很简短，而且不会与别的信息的名字混淆。在此基础上，根据一定的组织方式把这个名字和它代表的信息存储起来。这样，在提取信息的时候，就可以利用关键词与索引匹配的方法来定位和提取需要的信息。

既然人类长期记忆系统的信息存储方式是按内容(语义信息)存储的，如式(7.3.5)所示，那么长期记忆系统的信息提取方式就很自然地可以实行按内容(语义信息)匹配的方式提取。

信息提取的意义是，发挥已有信息(包括知识)资源的作用。除了人们头脑的回忆是非常典型的信息提取活动，人们比较熟悉的信息提取活动还有在图书馆借

阅图书资料和在互联网检索信息等。

人们在图书馆的信息提取活动是完全按内容提取的。图书馆提供精心编制的藏书文献索引，如书名、作者名、出版社名、出版时间等。因为这些“名称”索引简练地提示了它所代表的那个文献的语法信息(例如，是中文还是外文，是文言文还是现代白话文，是简体汉字还是繁体汉字等)和语用信息(例如，是不是对读者的目的有关联，是关联强还是关联弱等)。因此，读者利用这些索引就可以方便地找到自己想要借阅的书籍。

但是，目前的人工智能系统和互联网的信息提取(检索)方式却基本上还没有实现按内容检索的方法，而是仍然遵循按形式(语法信息)检索的方法。这主要是因为，目前人工智能系统(包括互联网的搜索引擎)的智能水平还比较低，只能识别索引(关键词)的形式，难以理解关键词的内容。同时，还因为人工智能系统和互联网数据库的信息存储方式还没有真正实现按内容存储。

例如，在目前最流行的互联网文本信息检索，人们用来检索的索引(关键词)虽然也是事物的概念或名称，但是真正能够被利用的却只是这些概念或名称的文字形式，而不是它们的内容。例如，人们为了检索北京大学(简称“北大”)的信息，可以输入关键词“北大”。但是，互联网的搜索引擎只利用“北大”这两个汉字的笔画结构(语法信息)，而不是它们的内容(语义信息)，当然也没有利用它们的语用信息。这样，搜索引擎就以“北大”这两个汉字的笔画结构作为模板到互联网的各个数据库中寻求含有与“北大”这两个汉字的笔画结构相同的文本作为输出，反馈给检索者。输入检索关键词“北大”以后，检索者可能得到，“今年北大荒粮食大丰收”“今年华北大平原普遍干旱少雨”“京广铁路成为我国交通运输的南北大通衢”“德胜门是北京老城的北大门”“人们扭着陕北大秧歌欢庆节日”“南水北调工程使古老的南北大运河重新焕发了青春”“市场经济推动了物资的南北大交流”“西北大学”等与北京大学毫无关联但含有“北大”两个文字的检索结果。

显而易见，要想使互联网和人工智能系统的信息检索达到良好的效果，真正有效的出路至少应包括两个方面。一方面，要在记忆系统(信息库和知识库)实现按内容存储；另一方面，使搜索引擎实现对内容的理解，从而实现按内容的检索。21世纪初出现的语义网朝着这个方向迈进了一步，但是由于还没有认识到式(7.3.5)表达的语义信息的表示方式，语义网还不能真正解决信息检索的问题。根据以上分析，我们相信，信息检索问题的有效解决还有赖于 Comprehensive Information Web，简记为 CI-Web。

7.3.3　人类认知与记忆的全信息机理

在做了以上的讨论后，现在有必要系统梳理一下人类认知与记忆的发生学机理，它会对人工智能系统的认知与记忆理论提供重要的启发。为了讨论的方便，我们以幼儿的认知与记忆发生学机理为例进行分析。因为在幼儿的生长阶段，认知与记忆发生学机理表现得最为清晰。

初生婴儿只具有通过先天遗传建立起来的本能知识和能力。这种本能知识和能力存储在基因的本能知识记忆系统中，大体上是为了满足“基本生存需求”这个中心目的必需的。例如，感到饥饿的时候就会啼哭；妈妈喂奶的时候就会吸吮；感觉不舒适的时候就会哭闹；受到妈妈抚慰时就会舒心等。

这个阶段幼儿的感觉器官功能还没有发展起来，视力、听力都还比较弱，接收的信息较多地来自身体内部新陈代谢过程的感受，如饥饿感、冷热感、舒适感等；也有部分来自外界，主要通过触觉器官和味觉器官获得，如妈妈喂奶、妈妈的抚慰、天气的冷暖等。这些信息虽然简单，但是本质上都属于全信息的性质。这是因为，幼儿能够本能地感知喂奶、抚慰、冷暖这些动作和事件的外在表现形式(语法信息)及其对自己生存的效用(语用信息)，所以能够产生相应的反应。这一阶段的幼儿智力还没有真正开启，因此还不能为这些事件命名(语义信息)。也就是说，这一阶段的幼儿只有具体的语法信息和语用信息感知能力，还缺乏抽象的语义信息推演能力。

随着幼儿逐渐长大，感觉器官的功能(特别是视听功能)逐渐发展起来，能够感知越来越多的外部世界的事物；思维器官的功能也逐渐得到开发，能够进行一些简单的思维；记忆系统的能力也逐渐启动，能够存取一些简单的信息。例如，能够感知妈妈的外在形态和音容笑貌(语法信息)，能够体验妈妈对于他的成长的效用(语用信息)，能够推断，具有这种形态和效用的人就称为妈妈(语义信息)。

当然，由于上述各种智力程度还比较初级，有时候也许会把模样儿(语法信息1)像妈妈而且也给自己以亲热抚慰(语用信息)的人错认为是妈妈(语义信息)，但是随后他就会知道错了，因为他毕竟可以从她的模样和抚慰方式(语法信息)，以及由此所体验到的效用(语用信息)中发现同自己记得的妈妈(语义信息)之间的细微差别，从而知道那不是自己的妈妈。

这种幼儿语言能力的习得过程,可以说是第一类信息转换原理(从语法信息和语用信息的联合作用中提炼语义信息)的极好案例,即幼儿已经能够成功地实践这个看似相当抽象的认知原理。

颇有意义的是，幼儿不仅开始运用第一类信息转换原理来认知人物和事物，而且开始把这样得到的认识存储在自己的记忆系统。他不但能够认识自己的妈妈，而且把妈妈(语义信息)的模样(语法信息)和对于自己生长的效用(语用信息)存储在脑海里。下一次见到与妈妈模样一样或相似的人，就不必再从头执行“由语法信息和语用信息到语义信息”的推演过程，而只需要通过把这个人的语法信息与存储的妈妈的语法信息进行比较(匹配)，就可以得到是不是妈妈的结论了。当然，这种识别能力一般需要重复若干次才能稳定地建立起来，成为长期记忆的内容。

由于生成语义信息的过程通常就是一个映射(映射到抽象的语义信息空间)和“命名”的过程。“妈妈”这个名称实际上是相应语法信息、语义信息、语用信息的三位一体，但在长期记忆系统存储的时候，通常是把语义信息(妈妈)作为存储的名词,而把与之相应的语法信息和语用信息作为这个名词的具体内容进行存储。因此，需要在长期记忆系统检索某个信息的时候，只需要按照名词进行检索，即按名称检索，或者按内容检索，即按语义信息检索。

可见，幼儿的初始认知与记忆机理是在全信息基础上建立起来的。这就是人类认知与记忆的发生学机理。事实上，不仅人类认知与记忆的发生学机理建立在全信息的基础上，人类认知与记忆的发展学机理也是建筑在全信息的基础上。以下就是从发展学的角度进行的考察。

随着幼儿的逐步成长，他所接触的对象也逐渐得到增广，不但接触自己的妈妈,而且开始接触更多的人物和事物,使认知的能力和记忆的能力不断得到发展。例如，幼儿可以根据人们的外在形态和言谈举止(语法信息)，以及对自己成长所发挥的效用(语用信息)认出自己的爸爸(语义信息)。同样，他也可以根据相应的语法信息和语用信息生成祖父、祖母、叔叔、伯伯等语义信息。这就很好地说明,幼儿认识事物和分类事物的能力是建立在全信息的基础上，而不是建立在Shannon 信息的基础上。

不仅如此，当幼儿看见摆在旁边的漂亮玩具(如布娃娃)，由于它的形象美丽和颜色鲜艳而令人愉悦，幼儿会对它产生好感，产生喜爱之情，愿意和它接触，但是根据玩具的外部形态和构造(语法信息)，以及在自己成长中所能发挥的效用(语用信息)，幼儿可以区分哪个是真正的“人”(语义信息 1)，哪个是布娃娃玩具(语义信息 2)。可见，幼儿认识事物和信息分类的能力也是建筑在全信息的基础上，而不是建立在 Shannon 信息的基础上。

进一步，幼儿渐渐可以走出家门，接触到更多的人物和事物。例如，他可能看见户外生长的各种树木花草。起初，幼儿并不知道它叫树木。首先映入眼帘的是树木的外部形态(语法信息),也许这时大人会告诉他:这叫“树木”(语义信息)。于是，幼儿记住了这个名称，并在“树木”这个名称与树木的外部形态之间建立起一定的联系，见到类似形态的东西就叫它“树木”。但是，他这时并没有真正懂得树木是什么意思，只是记住了这个名字而已(这是盲从认知)。只有当他不但记住树木的外部形态，而且也明白树木的效用(活的树木可以保持水土、绿化美化环境、遮阴挡雨、防风防沙；砍下来经过加工之后可以做建筑材料、燃料等树木的语用信息)，才真正理解了树木是什么(理解认知)。随着知识的增长，他逐渐知道了树木有很多种类，每一种树木都有它与众不同的外部形态(语法信息)和不同的用途(语用信息)，因此也有各自不同的名称(语义信息)。运用同样的原理，他还可以认识各种花草，懂得如何区分各种树木与各种花草，从而认识五彩缤纷的外部世界。可见，儿童从初级的盲从认知发展到比较高级的理解认知，是一个从“不能完全利用全信息”过渡到“能够完全利用全信息”的过程。

总之，单凭事物的语法信息来认识事物，是死记硬背的初级认知方式；只有具备了事物的语法信息(形态)和语用信息(用途)，并在此基础上从中提炼出相应的语义信息(名称)，建立事物的形式(语法信息)、价值(语用信息)和内容(语义信息)的三位一体，才算是真正在理解基础上的认知方式。

分析人类认知能力的发展过程可以发现，婴幼儿时期的认知方式主要是在父母权威环境之下的“盲从认知”，父母说什么，就认可什么，主要凭借语法信息来认识事物，并没有真正地理解(没有提炼语义信息的能力)。青少年时期的认知方式主要是在社会权威(老师)环境下的“从众认知”，众人(通过书本和老师的灌输)说什么，大体上就认可什么，能够利用语法信息或语用信息来认识事物，但是还缺乏由语法信息和语用信息演绎语义信息的能力。成年时期的主要认知方式发展为自己独立思考环境下的理解认知，能够通过由表(事物的语法信息和语用信息)及里(事物的语义信息)的思考过程获得事物的全信息，从而真正理解事物。

值得指出，科学研究活动的创新只能建筑在充分利用全信息的基础之上。一类典型的案例是，化学研究领域新元素的发现，只有发现某种未知物质具有新的外部形态(语法信息)，而且发现它的新的效用性质(语用信息)，才能推断这确实是一种新的元素，并为它命名(语义信息)。

其他领域的科学发现和创新活动的情形也大体如此。由此可见，全信息在人类认知活动中的重要作用。

7.3.4 关于长期记忆系统存储结构的附注

以上关于记忆系统的讨论全都直接面向信息的存储问题。其实，长期记忆系统不仅可以存储信息，也可以存储知识。这是因为，知识也可以看作一种特殊的信息，一种由信息加工转换而来的更抽象、更高级的信息。事实上，作为“事物运动状态及其变化规律”的任何知识都能满足作为“事物运动状态及其变化方式”的信息的条件，但不是所有的信息都满足知识的条件，因为变化规律是抽象的，而变化方式是具体的，信息反映的只是事物的表面现象，知识反映的是事物的内在本质。因此，从技术的观点看，存储知识和存储信息并没有原则上的区别。

如上所述，人类大脑皮层的神经组织记忆系统(主要是长期记忆系统)的信息存储(特别是知识存储)方式应当是大规模的复杂层级结构。这就是人们熟悉的“人类脑海中的知识结构体系”。在人类大脑的存储体系中，任何知识都具有这种层级结构，而不可能是杂乱无章的堆积。

从应用的角度看，在存储的时候有必要通过某种方法(如分区存储的方法)标明存储的究竟是信息还是知识，以便用户检索和提取。不仅如此，从通用人工智能系统的工作特点考虑(图 5.3.4 所示的通用人工智能系统模型)，长期记忆系统对信息和知识的存储应当实行更具体的分区存储原则，按照信息和知识的性质可以划分为信息存储区、本能知识区、经验知识区、规范知识区、常识知识区等模块。每个模块内部则是各自的层级结构存储体系。

按照定义，区分信息与知识的判别准则是，信息是与具体事物相联系的；知识是与抽象的概念相联系的。区分本能知识与其他知识的判别准则是，本能知识是先天遗传的，其他知识是后天学习获得的。经验知识、规范知识、常识知识都是人们后天习得的相关事物的本质与规律，但是它们之间也有显著的区别。具体的判别准则是，经验知识是欠成熟的，规范知识是成熟的，常识知识是过成熟的。

虽然这些内容分区的判别准则不容易被机器掌握，而且这些判别准则本身也存在一定的模糊性，但是区分和不区分的效果还是大不一样。此外，在长期记忆系统中还可以考虑设置一个暂时分不清楚的区域来存放那些不容易准确区分的信息和知识。这样会比较有利于信息和知识的检索。

可以猜想，人类知识的总体层级结构是按照全信息的关系建构和组织起来的，即按照语法信息(形式)与语用信息(价值)共同确定的语义信息(内容)对信息和知识进行分区、分类、分级。

考虑内容(语义)通常是信息或知识的“名字”，因此可以用来作为存储的信息或知识的“名称”索引。与这个“名称”索引关联的形态性知识(或语法信息)和价值性知识(或语用信息)则作为存储的实际内容。这样，信息和知识的存储才能有序，信息和知识的提取才能高效。

最后还需要再一次指出，记忆系统是整个智能系统的基础。人类自出生到长大的数十年间，在记忆系统积累的海量全信息和知识是人类智能仰仗的内在资本。如果没有这个资本，人类便不可能有智能。因此，一切智能系统(无论是人类的还是人工的)如果没有相应规模和质量良好的记忆系统(表现为数据库、信息库、知识库、规则库、方法库、策略库等)是不可想象的。

回顾本章的内容，读者可以发现，从系统的基本功能来看，感知、注意、存储记忆都是人工智能，特别是机制主义通用人工智能系统至关重要的组成部分。

然而，令人遗憾的是，现有人工智能的研究，无论是结构主义的神经网络[19-26]、功能主义的专家系统[27-32]，还是行为主义的感知动作系统[33]，都没有认真关注这些基本环节。它们都没有感知系统(只有传感系统)和注意系统。它们的存储记忆系统都原封不动地继承了计算机系统的纯形式存储记忆原理，完全没有本来不可或缺的全信息理论。

因此，本章研究的第一类信息转换原理(客体信息到感知信息的转换理论)是机制主义通用人工智能理论独有的重要创新内容。

7.4 本章小结

由于本章内容的高度新颖性，因此有必要对本章的内容再做一些画龙点睛式的说明。

7.1 节在学术界正式提出并清晰地阐明第一类信息转换原理，揭示全信息的现实存在性和生成全信息的工作机制，证明全信息概念的科学性和合理性。其中，特别阐明，抽象的语义信息不能由感觉器官和实际体验直接得到，只能通过可以被感知的语法信息和可以被体验的语用信息的共同体的抽象和命名得到。这是历史上的第一次。

在日常用语中，语法信息就是形式，语用信息就是效用，语义信息就是内容。用日常用语来表示语义信息，就可以得到"内容～(形式，效用)"。这就非常清楚地体现出形式与内容之间的辩证关系，即内容是由形式和效用构成的，因此一方面，没有形式就没有内容；另一方面，仅有形式也不能构成内容，必须形式与效用两者一起才能构成相应的内容。这也是本书的首创性贡献。

与传统人工智能理论不同，7.2 节首次在第一类信息转换原理的基础上，在人工智能系统理论中引入"注意"的能力，阐明"注意"的本质是智能系统的"目的性"体现，证明"注意"的生成机制是在系统目标引导下的"信息转换"。生成"注意"能力的条件是，一方面，系统必须有目的，另一方面，系统必须能够生成全信息。这也是由本书第一次阐明的重要理论。

7.3 节讨论通用人工智能系统的重要组成部分——记忆系统的工作原理。与历来关于记忆系统的讨论不同，这里重点分析通用人工智能记忆系统的全信息特质。这是因为，如果记忆系统不能记忆全信息，那么通用人工智能系统的智能就不可能实现。本节的主要结论认为，感觉记忆系统的主要任务是生成全信息和"注意"能力。短期记忆系统的主要功能是为全信息进行适当的表示和编码。这样才能保证长期记忆系统存储的(无论是陈述性记忆还是非陈述性记忆，尤其是陈述性记忆)是全信息而不是 Shannon 信息。这样才有利于实现按内容的存储和提取。在此基础上，本节还进一步分析了人类(从幼儿到成人，从学习到创新)认知和记忆的机理，指出人类认知的奥妙也在于全信息的利用，并且认为，如果信息科学技术也要走向智能化(其实这是必然的趋势)，那么把 Shannon 信息概念拓广到全信息概念是不可避免的选择。把全信息的记忆系统理解为整个通用人工智能系统的全局基础，也是本书的首创之一。

需要指出，本章提出和阐明的第一类信息转换原理，不但是通用人工智能感知与"注意"能力的基础，也是通用人工智能记忆系统的基本特色，而且也是后面各章节信息转换原理的根本前提。因此，具有重要的基础意义。

参 考 文 献

[1] 钟义信. 智能是怎样生成的. 中兴通信杂志, 2019, 25(2):47-51
[2] 钟义信. 信息科学原理. 5 版. 北京: 北京邮电大学出版社, 2013
[3] 汪培庄. 因素空间理论与人工智能. 北京: 北京邮电大学出版社, 2021
[4] 孙久荣. 脑科学导论. 北京: 北京大学出版社, 2001
[5] 罗跃嘉. 认知神经科学教程. 北京: 北京大学出版社, 2006
[6] 武秀波, 苗霖, 黄丽娟, 等. 认知科学概论. 北京: 科学出版社, 2007
[7] 丁锦红, 张钦, 郭春彦. 认知心理学. 北京: 中国人民大学出版社, 2010
[8] Frackowiak R S J,Friston K J, Frith C D, et al. Human Brain Function. Amsterdam: Academic, 2004
[9] Marcus A. The Birth of the Mind: How A Tiny Number of Genes Creates the Complexities of Human thought. New York: Basic Books, 2003
[10] 伽赞尼噶. 认知神经科学: 关于心智的生物学. 北京: 中国轻工业出版社, 2011
[11] Posner M I. Foundations of Cognitive Science. Boston: MIT Press, 1998
[12] Newell A. Physical symbol systems. Cognitive Science, 1980, 4: 135-183
[13] Broadbent D A. Perception and Communication. New York: Pergamon, 1958
[14] Treisman A, Gelade G. A feature-integration theory of attention. Psychological Review, 1980, 12: 97-136
[15] Deutsch J, Deutsch D. Attention, some theoretical considerations. Psychological Review, 1963, 70: 80-90
[16] Hawkins J, Blakeslee L. On Intelligence. New York: Levine Greenberg, 2004
[17] Atkinson R C, Shiffrin R M. Human Memory: A Proposed System and Its Control Processes. London: Academic Press, 1968
[18] Baddeley A D. Is Working Memory Still Working? American Psychologist, 2001, 11: 852-864
[19] McCulloch W C, Pitts W. A logic calculus of the ideas immanent in nervous activity. Bulletin of Mathematical Biophysics, 1943, 5: 115-133
[20] Widrow B. Adaptive Signal Processing. Englewood Stiffs: Prentice-Hall, 1985
[21] Rosenblatt F. The perceptron: a probabilistic model for information storage and organization in the brain. Psychological Review, 1958, 65: 386-408
[22] Hopfield J J. Neural networks and physical systems with emergent collective computational abilities. Proceedings of the National Academy of Sciences, 1982, 79: 2554-2558
[23] Grossberg S. Studies of Mind and Brain: Neural Principles of Learning Perception, Development, Cognition, and Motor Control. Boston: Reidel Press, 1982
[24] Rumelhart D E. Parallel Distributed Processing. Boston: MIT Press, 1986
[25] Kosko B. Adaptive bidirectional associative memories. Applied Optics, 1987, 26(23): 4947-4960
[26] Kohonen T. The self-organizing map. Proc. IEEE, 1990, 78(9): 1464-1480
[27] Newell A,Simon H A. GPS, A Program That Simulates Human Thought. New York: McGraw-Hill, 1963

[28] Feigenbaum E A, Feldman J. Computers and Thought. New York: McGraw-Hill, 1963
[29] Simon H A.The Sciences of Artificial. Cambridge: MIT Press, 1969
[30] Newell A, Simon H A. Human Problem Solving. Englewood Cliffs: Prentice-Hall, 1972
[31] Minsky M L. The Society of Mind. New York: Simon and Schuster, 1986
[32] Wiener N. Cybernetics. 2nd ed. New York: Wiley, 1961
[33] Brooks R A. Intelligence without representation. Artificial Intelligence, 1991, 47: 139-159

第 8 章　智能生成机制的约束力量：知识的理论

无论从信息生态学的角度，还是从普适性智能生成机制的角度，在阐明人工智能的信息理论和基于信息理论(实际是全信息理论)的感知原理之后，接下来需要研究的课题便是知识理论。因为它是普适性智能生成机制的知识基础。知识的重要性在于，它提供了一种理性的约束力量，告诉人们，在实现智能生成机制的时候，能够做什么，不能做什么，而不能随心所欲。

作为信息时代的公民，人们都清楚地意识到信息的重要性。信息对于人类和社会的重要价值，并不完全在于信息本身，信息更重要的价值在于它是知识的源泉，也是智能的源头。这是因为，作为原生态的资源，信息(事物呈现的状态及其变化方式)是现实世界各种事物呈现的千姿百态的现象，它只能告诉人们是什么(What)；只有从信息资源提炼出来的知识(事物呈现的状态及其变化规律)，才能够揭示事物的本质，告诉人们为什么(Why)；由信息、知识和目的激活的智能策略则是人类解决各种问题的创造能力，告诉人们怎样做(How)。由信息、目的、知识和智能(包括智能策略和智能行为)形成的统一整体，是人们认识世界和改造世界的伟大力量。

颇有意思的是，信息理论和人工智能理论都在 20 世纪 40 年代陆续问世(虽然这时的信息理论还没有形成真正有用的全信息理念，人工智能理论也还处于三驾马车分道扬镳的初级阶段)，但是把知识作为自然科学的对象进行深入研究的知识理论却在很长一段时期几乎无人问津。这种状况在信息论和人工智能理论发展的初期阶段还没有成为明显的问题，但是随着信息和智能理论研究的不断深入，知识理论的空缺就逐渐成为一种无形的制约，使信息理论和智能理论的发展遇到日益严重的困难。时至今日，研究和建立知识理论已经成为一项紧迫的任务。

一般而言，系统性的知识理论应当能够揭示知识的性质及其发生发展的基本规律，因此至少应当包括三个基本部分，即知识的基础理论(包括知识的基本概念、基本性质、分类、描述与度量等)；知识的发生理论，回答知识是如何生成(知识从何而来)的问题；知识的激活理论，回答知识如何被激活为智能策略(知识向何处去)的问题。

20 世纪 70 年代以来，人工智能的研究目标由初期的通用问题求解收敛为面向专门领域的问题求解(即专家系统)，使研究目标逐渐走向实用化。由于研究专家系统的实际需要，Feigenbaum 等提出知识工程(knowledge engineering)[1, 2]的研究课题。

直到今天，知识工程主要关注知识的表示和知识的推理(即由知识生成智能策略)方法。至于如何获取专家系统需要的专门领域知识(即如何生成知识的问题)，则因为难度太大而少有涉及，更谈不上解决。事实上，绝大多数专家系统的知识获取都依靠专家系统设计者的手工操作。首先，由系统设计者拟定专家系统所需知识内容的提纲，然后根据提纲采访相关的领域专家，在此基础上把采访的记录加以整理和提炼，并用专家系统的专用语言和结构形式表达出来，输入专家系统的知识库备用。因此，知识工程基本是一个知识表达和推理的理论。

进入 20 世纪 90 年代初期，由于 Internet 在全球范围的逐渐普及，网络信息的数量呈现指数式的增长，出现所谓的信息泛滥、知识贫乏的反差，使学术界迅速掀起面向网络数据库的数据挖掘和知识发现研究的热潮[3-6]。虽然数据挖掘和知识发现各有侧重点，但是它们共同的特点都是希望从大量的数据(信息的载体)中挖掘和发现稳定、新颖、有用的知识，都关注知识的获取问题。具体来说，就是利用一定的算法从特定数据库的海量数据中发现那些新颖、有用、稳定的概念和概念之间的关系，称为知识。然而，这种研究基本上局限于个别特定的数据库，远没有形成普遍性和系统性的知识生成理论，基本上也没有关注知识激活的理论。

可见，知识工程和知识发现两者都没有形成完整的知识理论，即使把它们两者叠加起来也不能构成完整的知识理论。因此，全面研究和建立系统性的知识理论就成为目前人工智能研究必须面对的重要研究课题。

8.1 知识的概念、分类与表示

任何科学理论都建立在自己科学概念的基础上。尽管当代学科之间存在越来越普遍的交叉渗透现象，如果一门学科没有自己独有的立足点和相应的基础概念，那么这门学科就不可能作为一门独立的学科站立起来，更不要说与其他学科互相交叉。

8.1.1 知识及其相关的基本概念

本节着重研究知识的基本概念。知识并不是一个孤立和静止的研究对象，即知识来源于信息；知识是智能策略生成的直接基础，从而形成以知识为中介、前有来源后有去向的完整生态链条。因此，应当从知识生态系统的角度认识和把握知识，从知识与信息，以及知识与智能的相互联系上考察和研究知识，而不应当孤立、静止地进行研究。

下面运用知识生态学的观念，顺序叙述和分析信息、经验、知识、策略、智能这些基本概念，以及它们之间的相互联系，以便从这些分析中探索知识的内在本质，挖掘相关的规律。

1. 信息

目前，学术界广为流行的信息概念是 Shannon 信息论和 Wiener 控制论阐明的统计信息概念[7, 8]。但是，由于历史的原因(通信工程固有的特殊需要，缺乏必要的数学工具——模糊集合理论)，它并不是一个完整的信息概念。

信息是一个复杂的概念，人们从不同的层次、角度提出对于信息各不相同的理解，形成许多不同的信息概念。信息科学原理的研究表明[9]，所有这些表面上看来各不相同的信息概念都有内在的联系，是一组有序的信息概念，构成信息定义的谱系。其中，最根本的信息概念是本体论信息概念，是一切信息概念的总根源；认识论信息概念是最有用的信息概念，是本体论信息经过认识主体的感知作用形成的信息概念；其他所有的信息概念都是本体论信息和认识论信息概念在不同条件约束下的产物。鉴于本体论信息和认识论信息的特别重要性，这里仍须简要提及这两个概念。

事物的本体论信息，是事物呈现的自身状态及其变化方式。需要注意，事物本体论信息的呈现(表述)者是事物本身，没有任何主体的因素。实际上，本体论信息就是自然界和社会各种事物本身呈现的现象。

人类认识主体关于某事物的认识论信息，是认识主体从本体论信息感知的关于该事物的信息。这里，认识主体关于事物的认识论信息的表述者是认识主体。由于人类认识主体具有感觉能力、效用判断能力、内容理解能力，因此主体表述的事物信息就必然同时包含被主体所感觉的外部形式、被主体所判断的效用价值、被主体所理解的内容含义，分别被称为语法信息、语用信息、语义信息。三者的整体称为全信息。

例如，记某个事物为 X，如果它有 N 种可能的状态，即

$$X: x_1, x_2, \cdots, x_n, \cdots, x_N$$

若这些状态的变化方式在形式上是按照某种肯定度分布的规律进行的，即

$$C: c_1, c_2, \cdots, c_n, \cdots, c_N$$

各个状态在含义上的逻辑真实度分布为 T，这些状态相对于主体目标而言的效用度分布为 U，即

$$T: t_1, t_2, \cdots, t_N$$

$$U: u_1, u_2, \cdots, u_N$$

那么，由这个事物的状态空间 X 与相伴随的肯定度分布 C 结合而成的肯定度空间

$\{X, C\}$就可以充分地刻画这个本体论信息。它的矩阵为

$$\begin{bmatrix} X \\ C \\ T \\ U \end{bmatrix}$$

则可以刻画相应的认识论信息(全信息)。

2. 经验

通常认为，经验是人们在解决实际问题的过程中通过摸索形成的某种成功操作方案。

一切成功的经验都具有这样的共同特征，即在什么样的环境下，对于处在什么样状态(原状态)的事物，一般应当运用什么样的操作方案(状态改变的方式)才有可能达到预想的目的(新状态)。对照信息的定义可以看出，认识主体关于某事物的经验不是别的，而是认识主体表述的“该事物的状态和状态变化的方式”，包括形式、含义、效用。

可以看出，经验是由认识论信息加工出来的一种产物，介于认识论信息与知识之间。这是因为，经验不是天然资源，因此不属于本体论信息的范畴，也不是本体论信息在人们头脑中的简单反映，而是经过实践、思考、分析、整理和总结，成为某种可供借鉴和推广应用的“操作方案”。因此，经验源于认识论信息，又具有“知识”的秉性。

如果把形成一个经验的问题叫作这个经验的源问题，那么只要面临的新问题与那个源问题基本相似，两者面临的环境也大体相像，经验的应用就很可能取得成功。当然，由于经验的形成没有经过严格的科学论证，经验的可应用条件也可能不十分明确，因此经验运用的成功并没有严格的保证。从这个意义上，可以把经验看作一种潜知识、前知识、准知识、欠成熟知识、经验性知识。它是由信息通向知识的桥梁。

3. 知识

知识是一个既熟悉又陌生的研究主题。之所以说它很熟悉，是因为长期以来，人们天天都在与知识打交道，天天都在创造、学习和应用各种各样的知识去解决各种各样的问题；说它很陌生，是因为人们很少把知识本身当作科学研究的对象加以关注和研究。

20 世纪 80 年代出现知识经济和知识社会的概念以来，情形有了比较明显的改变，即人们开始对知识，以及知识如何支持社会发展的问题日益关注，展开日

趋活跃的研究，对知识的概念也形成多种角度的描述。例如，知识是可应用于解决问题的有组织的信息；知识是经过组织与分析的信息，因此可以使人了解并用于解决问题和决策；知识由事实与信念、观点与概念、评断与期望、方法论与实际技能等元素组成；知识是一整套被评估为正确与真实的东西，用来引导人类思想、行为及沟通的洞察力、经验和流程；知识是通过对数据与信息的评断与整理，引发绩效产生、问题解决、决策、学习与教导等的能力[10]。

不难看出，这些关于知识的概念并不完全准确，但是都有一定的道理。颇有启发性的是，多数的知识概念都注意到知识与信息的关系、知识与能力的关系，而不是孤立地谈论知识。

显而易见，就知识的整体而言，它是一个巨大而复杂的系统，是一个大规模、多层次、多分枝、交叉关联、动态演进、新陈代谢、不断增长、永远开放的网络系统。它的基本单元则是概念及其之间的关系。之所以说它是个巨大的系统，因为它拥有的概念总体数量，以及概念之间关系的总体数量都非常巨大，而且还在继续日益增长。说它是个复杂的系统，因为许多概念(特别是一些新概念)本身就已经相当复杂，概念之间的关系也越来越复杂，而且这种复杂的程度也在与日俱增。

鉴于此，知识理论研究的任务，不应当是进入这样巨大而复杂的知识网络系统内部对一个一个具体的概念和概念关系进行微观的研究(这应当是各个学科自己的研究任务)，而应当是对知识整体的共性规律和特性进行宏观的研究。

在这个意义上，人们至少可以认为，知识由经验总结而来，是经验升华的结晶。

经验和知识都属于认识论的范畴，而不是本体论范畴。也就是说，经验和知识直接同认识论信息相联系，而不是直接同本体论信息相联系。另外，经验和知识又具有很不相同的特点，经验是经过实践证明为有效，但是还没有被证明为普遍有效的操作性认识(半感性半理性的知识)；知识是经过大量实践的检验，并且已经上升成为理性的认识，即规律。因此，如果说经验还是一种欠成熟的知识，那么知识就是成熟的知识和规范性的知识。

为了便于与认识论信息的定义进行对照,我们也可以把知识的定义表述如下。

知识是认识主体关于事物状态及其变化规律的表述[10]。

可见，与认识论信息的定义相比，知识表述的是事物的本质，是事物的运动状态及其变化的规律，而不仅仅是关于事物的现象和运动状态及其变化的具体方式。同时，认识论信息(全信息)和知识概念可以互相贯通，由具体的现象和状态变化方式(信息)到抽象的本质和状态变化规律(知识)的过程，正是人们对信息加工、提炼和抽象化的过程。因此，信息作为认识的原材料，经过加工提炼就可能形成相应的抽象产物——知识。这样，我们又可以说，知识是由信息加工出来的，反映事物本质及其运动规律的抽象产物。

例如，在牛顿力学中，$F = ma$ 是一个知识。它告诉人们，质量为 m 的物体，受到大小为 F 的力作用后会产生加速度为 a 的加速运动。在这里，知识所告诉人们的，正是受力作用物体的运动状态，以及状态变化的规律。

又如，量子力学的德布罗意波函数 $\psi(x,t)=\psi_0 e^{-i\frac{2\pi}{h}(Et-px)}$ 也是一个知识，它告诉人们的是能量为 E、动量为 p，具有波粒二象性的实物自由粒子的运动状态和状态变化的规律。

再如，化学反应知识告诉我们，如何由几种物质（原始状态）化合成新物质（新状态）的规律；生物遗传工程学知识告诉我们，父代（原有状态）如何衍生成子代（新状态）的规律；控制论告诉我们，如何才能使某个系统由起始状态演进到目标状态的规律等。

我们注意到，学术界近来出现一种观点，认为知识其实就是信息；同样，信息就是知识。他们解释说，知识有两种，一种是感性知识，一种是理性知识，其中信息是感性的知识，知识是理性的知识。

显然，这种把信息概念与知识概念混为一谈的认识是违反常识的。知识和信息虽然有共通的一面，但并不是一回事。由信息到知识，需要经历由具体到抽象的质的飞跃。把知识等同于信息，就如同把本质等同于现象。这种观点显然违背了认识的基本理论和规律。同样，把知识分为感性知识和理性知识的认识也违背了知识的基本定义。

在有些场合，我们也会说，知识是一类特殊的信息。这是因为，知识是抽象的本质，信息是具体的现象。抽象的本质可以概括具体的现象，抽象的本质寓于具体的现象之中。因此，可以说，知识是一种特殊的信息。知识的特殊之处表现在，知识是抽象的，具有普遍适用性，而不是普通的、粗糙的、具体的信息。作为事物运动状态及其变化规律的知识，当然可以满足“事物运动状态及其变化方式”的要求，因此知识必然符合信息定义的规定。但是，反过来，信息虽然可以被加工提炼成为知识，但一般来说，信息不具有抽象性和规律性，不符合知识定义的规定性，只是知识的原材料，因此不能称为知识。

因此，一个比较概括的说法是，信息是现象，知识是本质。

当然，由信息（现象）提炼知识（本质）是人们获得知识的基本方法，但并不是唯一的方法。人们可以通过演绎推理等抽象思维的方法由已有的知识获得新的知识。前一种途径称为知识获取的归纳方法，后一种途径称为知识获取的演绎方法。两种知识获取的方法相辅相成、缺一不可、相得益彰。在科学技术发展的早期，由于积累的知识较少，知识空间中知识点的密度很低，演绎的方法比较困难。随着科学技术的发展，知识空间中知识点的密度越来越大，演绎的方法变得越来越有效，但是归纳方法永远都不失为获得新知识的基本方法。

这就是我们关于知识、知识与经验、知识与信息关系的定性分析。知识、经验与信息之间的这种关系，会为我们建立知识理论提供许多有益的启发。

4. 常识

与经验、知识密切相关的另一个概念是常识。

顾名思义，常识也应当是一种知识，但常识又不同于严格意义上的知识。因此，常识的概念比较模糊，通常被理解为普通人所拥有的普通知识。然而，究竟什么人是普通人，什么知识是普通知识，也仍然是一些模糊的概念。

因此，我们这里把常识更具体地定义为人们通过后天习得的、几乎尽人皆知而且无须证明的经验和知识。

这个定义清楚地表明，常识确实不同于严格意义上的知识。它的三个基本特征包括，后天习得、尽人皆知、无须证明。因此，常识不但可以来源于成熟的知识，而且可以来源于欠成熟的经验。这是因为，在知识和经验这两类集合中都有能够同时满足上述三个基本特征的部分。但是，那些尽人皆知、无须证明的常识却又不同于本能知识，因为常识不是人们与生俱来的先天产物，而是后天习得的结果。

为了对知识进行全面的研究，除了要考察知识及其原材料信息之间的关系，还应当考察知识的发展走向，即知识与策略的关系(由知识生成策略)。下面论述与此相关的策略和智能的概念。

5. 策略

简言之，策略，就是在把握相关规律的基础上形成的关于如何处理问题才能达到目标的对策与方略，包括在什么时间、在什么地点、遵循什么规则、由什么主体采取什么行动、按照什么步骤、达到什么目标等一套具体而完整的行动规划、行动步骤、工作方式和工作方法。

策略要告诉人们的是，面对具体的问题(事物的原始状态)，应当按照什么方法和步骤(状态变化的方式)，才能把问题的原始状态一步一步地转变为目标状态，使问题得到满意的解决。它的前提是对问题本质规律的认识。

对照信息的定义就不难体会，策略也是一种特殊的信息，称为策略信息。不过，策略信息既不是天然的本体论信息，也不是一般的认识论信息，而是由认识主体运用经验与知识生成的用以求解问题的高级信息产物。对照知识的定义，我们同样也可以说，策略是一种特殊的知识，一种用来求解问题的知识，称为策略知识。因为策略也满足是由信息加工出来的反映事物本质及其运动规律的抽象产物，否则就不能用来求解问题。不过，这种策略知识又和一般的知识很不相同，策略知识是与具体求解的问题,以及具体求解的目标紧紧联系在一起的特殊知识。如前所说，信息回答的问题是“是什么(What)”，知识回答的问题是“为什么(Why)”，策略回答的问题是“怎么做(How)”。

还要指出，主体生成的策略信息必须能够用来有效地解决问题。因此，策略既要体现主体的目标要求(否则就没有意义),又要符合客观规律(否则就不可能实现)。策略是主体的目标要求与问题客观规律两者的巧妙结合。从这个意义上可以认为,策略是智能的集中体现，是智能的核心，可以称为核心智能或者狭义智能。正因如此，人们往往在策略一词的前面冠以智能的修饰，称为智能策略。甚至，在不需要严格区分的时候把智能策略简称为智能。

以上的讨论表明，面对待求问题，智能策略的生成依赖主体拥有的关于问题的信息和知识，同时也依赖主体预设的求解目标。如何由信息、知识、目标生成求解问题的智能策略，这正是智能理论要研讨的核心问题。

6. 智能

虽然在不需要严格区分智能和智能策略含义的时候人们可以把两者看作同义语，但是在严格意义上，它们并不是一回事情，即智能是为了获得智能策略需要的一种综合性能力;智能策略只是智能这种能力的一个工作结果，一个具体体现。

那么，什么是智能呢？不言而喻，智能的概念具有特定的内涵。一般而言，智能的实际内涵却会因智能主体的不同而有所不同。例如，人类的智能、生物的智能、人工的智能等这些概念都具有智能的特定内涵，但是这些不同主体的智能内涵之间却有重要的区别。

需要特别指出，人类智能和人类智慧是两个互相联系而又互相区别的概念，即人类智能是人类智慧的一部分。因此，为了理解人类智能的概念，首先必须理解人类智慧的概念。

(1)人类智慧，是人类独有的卓越能力。它包含发现问题的能力，即面对某种具体环境的时候，依据自己的先验知识和目的去发现并定义“为了实现目的而应当解决且能够解决的问题，以及预设求解问题应当达到目标”的能力，称为隐性智慧能力；解决问题的能力，即为了解决所定义的问题“获得相关的信息，从中提取相应的专门知识，在目标引导下利用这些信息和知识生成求解问题的策略，并把策略转化为行为去解决问题达到目标”的能力，称为显性智慧能力。隐性智慧与显性智慧两者相互联系、互相促进、相辅相成[11]。

由于人类发现问题的隐性智慧能力高度依赖人类的目的和先验知识，它的工作机制非常复杂抽象，甚至几近神秘，人们对它至今没有取得实质性的研究进展。因此，人们就把研究的重心放在已取得显著进展的人类解决问题的显性智慧，并专门称为人类智能。

(2) 人类智能，特指人类解决问题的显性智慧能力，即针对已经定义的问题、目标、知识去获取相关的信息，继而提取相应的知识，并在目标引导下利用这些信息和知识生成解决问题的智能策略，最后把智能策略转换为智能行为去解决问题达到目标的能力。

(3) 人工智能，是人造机器实现的人类智能，即人造机器实现的人类解决问题的显性智慧能力[11]。

作为人造机器的人工智能系统，是没有生命的系统。它不具有自身的目的和自身的先验知识，它的知识、问题和目标都是人类设计者事先专门给定的，它所执行的一切都是为人类的目的服务的。因此，人工智能系统不可能自主地发现问题和定义问题，不可能自主设定求解问题的目标；只能在人类设计者给定的问题-知识-目标框架内寻求解决问题的办法。

换言之，人工智能系统不具备隐性智慧，只具有显性智慧。人工智能系统的一切工作都是执行人类设计者的意志。由于种种条件的限制，人类设计者事先给定的问题-知识-目标不一定是完备和完全合理的，因此人工智能实现的显性智慧能力也会受到局限。这是人工智能与人类智能的重要区别。

不难发现，人类智能与人工智能两者都具有"显性智慧"的能力，也就是具有获取信息-生成知识-创生策略-解决问题这些共性的能力要素。其中的核心要素是获取信息-生成知识-创生策略。因此，本书的研究将重点关注显性智慧的这些能力要素。这也是目前相对而言比较有希望取得进展的部分。至于人类的隐性智慧，是一个更为复杂的课题，还有待进一步探讨。

图 8.1.1 给出了体现上述"显性智慧"的一种智能系统模型。

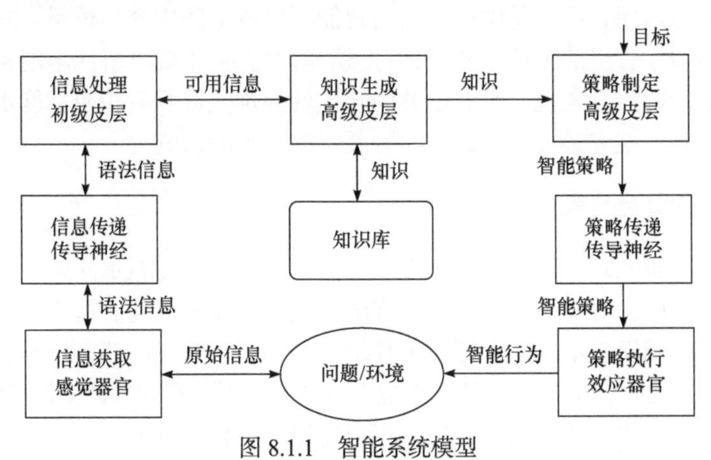

图 8.1.1　智能系统模型

如上所述，如果问题-知识-目标是系统自身发现、定义、预设的，这就是人类智能的模型；如果问题-知识-目标不是系统自己定义的，而是事先被用户给定的，那么这就是人工智能系统的模型。无论是人类智能系统模型还是人工智能系统模型，它们之间的区别只在于问题-知识-目标的定义方式各不相同，而它们面临的共性核心问题都是式(8.1.1)表示的转换，即

$$信息\rightarrow知识\rightarrow策略 \tag{8.1.1}$$

如果把策略看作智能的主要体现者，那么在一定的意义上就可以把策略看作(狭义)智能。因此，式(8.1.1)也可以表示为

$$信息转换：信息\rightarrow知识\rightarrow智能(策略) \tag{8.1.2}$$

顺便指出，在人类智能与人工智能之间，存在各种不同水平的生物智能。在漫长的进化过程中，在“物竞天择，适者生存，优胜劣汰”的法则下，各种存活下来的生物都会形成自己独特的生存本领和特殊的智能。各种生物都有自己的生存目的，但是与人类相比，它们的目的都比较单纯，主要是求生避险。它们获取和积累知识的能力都比较简单,因此这些生物拥有的智能水平都无法同人类相比。就目前所知的情况而言，至少在地球这个星球上，人类依然是万物之灵。人类智能在整体上处于最高的发展水平,一般生物只能通过适应环境的变化来求得生存,而人类除了像其他生物物种那样能够设法适应环境的变化,还能有目的、有意识、有计划地改变环境，不断改善生存与发展的条件。

因此，人工智能可以模拟各种生物的智能。最有意义的是模拟人类的智能。将人类智能模型的相应条件进行适当的简化和特化，就可以退化成生物智能的模型。

以上这些基本概念的讨论清楚地表明，在智能理论的研究中，知识确实发挥着十分重要的作用，即它是由信息通向智能不可或缺的中介与桥梁。只有那些相当简单的问题才有可能由信息和目标(无须知识)直接生成求解问题的策略。对于更多比较复杂的问题来说，没有足够的知识就很难生成具有相应智能水平的智能策略。鉴于此，就有必要对知识的问题展开进一步的研究。

8.1.2　知识的分类与表示

为了定量研究知识理论，首先必须解决知识的分类与表示问题。

也许，人们会对知识的统一表示方法表现出浓厚的兴趣。需要指出的是，的确存在统一的知识表示方法，任何一种统一的知识表示方法都必定是非常笼统的方法。非常笼统的表示方法只具有宏观上的意义，不会有太大的实际意义。因此，为了建立更为有用的知识表示方法，应当先研究知识的分类问题，这样才能对知识进行分门别类的、更有针对性和有用性的具体表示。

1. 知识的分类

知识分类也是一个复杂的问题，而且通常没有唯一解。研究分类问题的首要关注点是分类的目的。不同的分类目的就会采用不同的分类准则，从而导致不同的分类结果。这就是分类结果不唯一的根源。反过来，如果针对特定的分类目的和特定的分类准则，那么分类的结果就应当是唯一的。

假定知识分类的目的是建立知识的学科分类体系，那么分类的准则就应当是学科性质，这样得到的分类结果就是按照各个学科的性质和学科之间的关系组织起来的知识分类系统，如哲学类知识、自然科学类知识、社会科学类知识、数学类知识等。上述各类知识又可以进一步分为更细的类，例如自然科学类知识可以进一步分为物理学类知识、化学类知识、天文学类知识、地学类知识、生物学类知识等。此后还可以一直向更低的层次展开，直到最低的层次。

如果知识分类的目的是展示知识形成的历史过程，那么分类的准则就应当是知识产生的时间顺序。这样得到的分类结果就是知识的进步过程，如古代产生的知识、近代产生的知识、现代产生的知识等。

如果知识分类的目的是分析各个国家和地区对知识的贡献情况，那么分类的准则就应当是知识贡献者的国家和地区。这样就会得到知识产生的地理分布情况，如中国人创造的知识等。

为了进行知识理论的研究，应当采用什么分类准则呢？如前所述，人类迄今拥有的知识已经构成一个极其庞大的学科体系，而且随着人类科学技术活动的进一步展开，这个体系还会继续扩展。如果知识理论按照现有学科的结构进行分类，那将永远不能稳定，因为随着科学技术的发展，新的学科会不断地生长。显然，研究知识理论的目的并不是要代替或者重复现有各个学科的具体知识研究工作，因为这既没有可能，也没有必要。知识理论的研究应当站在各个学科上的共性层次，研究各门知识的共性规律。因此，知识理论关注的知识分类不应当是按学科划分的分类，而是为了研究知识的宏观共性规律，针对一切知识共有性质的具有普遍意义的分类[8]。

既然知识理论研究的基本目的是揭示知识发生发展的共性根本规律，包括由信息提炼知识（知识生成）和由知识生成策略（知识激活）的规律，那么这里的知识分类就应当能够支持这个基本研究目的。

(1) 针对“知识生成”的知识分类。

知识是由认识论信息提炼生长出来的。因此，这里的知识分类应当与认识论信息的分类能够互相沟通与衔接。同认识论信息的情形类似，一切知识表达的事物运动状态和状态变化规律必然具有一定的外部形态，与此相应的知识称为形态性知识。同时，知识表达的事物运动状态和状态变化规律也必然具有特定的逻辑内容，与此相应的知识可以称为内容性知识。知识表达的事物运动状态和状态变化规律必然对认识主体呈现某种价值。与此相对应的知识可以称为价值性知识。形态性知识、内容性知识、价值性知识三者的综合构成知识的完整概念，如图 8.1.2 所示。

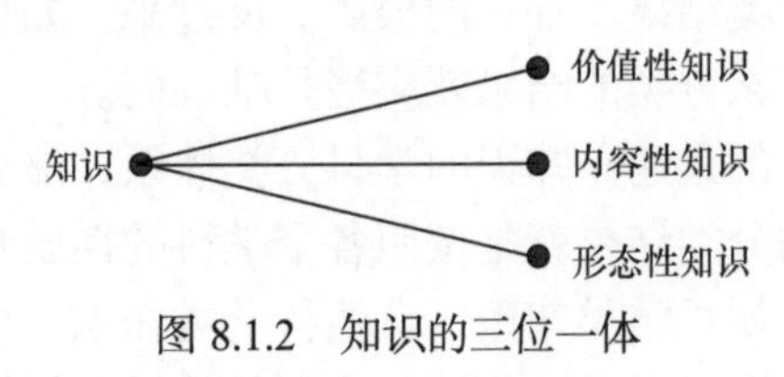

图 8.1.2　知识的三位一体

这可以作为一个公理来表述，即任何知识都由相应的形态性知识、内容性知识、价值性知识构成。这种情形称为知识的三位一体，也称全知识。

不过，作为人类共有的知识，认识主体应当是全人类(虽然参与某项具体知识生成活动的人员只是人类的很小一部分，但是他们代表的却是整个人类)。因此，这里关于知识的价值判断准则归根结底也应当是对全体人类共同目的和利益的准则。

容易看出，这里的形态性知识与认识论信息的语法信息概念相联系；内容性知识与认识论信息的语义信息概念相联系；价值性知识与认识论信息的语用信息概念相联系，而知识与全信息的概念相联系。知识的这种分类方法抓住了知识生成的特点，可以体现知识与认识论信息之间存在的内在联系。如果不能揭示知识与认识论信息之间的内在联系，那么知识理论的建立就会遭遇许多困难。

(2) 针对“知识激活”的知识分类。

与由信息生成知识的情况略有不同，在考虑对知识进行处理和如何把知识激活为策略的场合，人们往往倾向于把形态性知识、内容性知识、价值性知识作为一个整体(称为知识)对待。正像在信息理论的场合有时也会把语法信息、语义信息、语用信息作为一个整体(称为全信息，常简称为信息)来对待一样。这样考虑其实并不影响知识具有的形态、内容、价值特征(因为在制定策略的时候也需要关注形态、内容和价值的问题)，但是把它们看作一个整体来处理就会带来方便。

在这种情形下，比较方便的知识分类是把知识按照整体生长的过程分为本能型知识、经验型知识、规范型知识、常识型知识。这是因为这样的分类可以比较自然地与策略的分类对应，求解问题的策略也可以分为本能型策略、经验型策略、规范型策略、常识型策略。

需要指出，针对知识生成的知识分类与知识激活的知识分类方法之间并不存在什么矛盾。事实上，无论是本能型知识、经验型知识、规范型知识，还是常识型知识，它们都具有自己的形态性知识、内容性知识、价值性知识。

在这里，分类的目的、分类的准则和分类的结果应当根据研究的实际需要加以选择，不存在绝对的准则。然而，这种非唯一的分类方法既不会损害知识本身内在的统一性、谐和性，又可以展示它外在的多样性和灵活性。

2. 知识的表示

按照知识的定义，为了充分表示事物的知识，需要把握事物的两个基本要素，即事物的运动状态和事物的状态变化规律。除此之外，知识表示方法还应当容易被机器理解和便于处理。在满足这些原则的前提下，不同问题的知识表示方法可以有所不同。

(1)针对“知识生成”的知识表示。

前已述及，知识分为形态性知识、内容性知识、价值性知识。为了对它们进行分门别类的表示，需要引进它们各自相应的表征参量。

对于形态性知识的表示，就是对事物运动的状态及其变化规律形式的表示，主要回答的问题是：某种事物的运动具有多少种可能的运动状态，这些状态变化规律的形式特征是什么。形态性知识的表示与语法信息的表示直接相关，区别仅在于，语法信息关注的是状态变化的方式，形态性知识关注的是状态变化的规律。方式和规律在具体的表示上是否有实质的区别？

直觉上可以设想，如果用一套符号表示事物的运动状态及其变化的具体方式，而用另外一套符号表示事物运动状态及其变化的抽象规律。显然，这两套符号之间不存在什么实质性的区别。状态及其随机变化规律如图 8.1.3 所示，就是这类知识表示的一个具体例子。

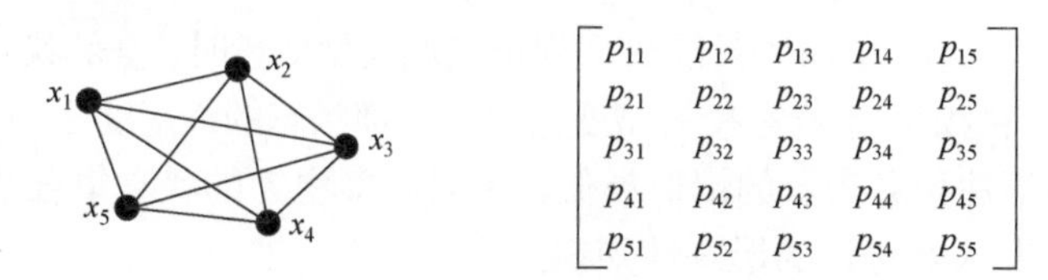

图 8.1.3　状态及其随机变化规律

为了从形式上表示某种事物运动状态，可以直接对这些状态赋以特定的表征符号，如 $x_1, x_2, \cdots$，其中每个表征符号对应事物的一种实际运动状态。为了从形式上表示状态变化规律，需要对事物运动的具体规律采取相应的具体表示方法。例如，如果事物状态变化遵循的是状态之间随机转移的规律，这种状态变化规律的形式就可以用状态之间的转移概率表征参量 p_{ij}。

除了这种状态转移图，还有很多方法可以用来表示这类知识。例如，状态空间方法、网络方法、图论方法、拓扑方法等。所有这些知识表示的方法，都能表达事物运动的状态及其变化的规律。

在图 8.1.3 中，状态转移概率图中各个顶点及其相应的符号 $x_i, i = 1, 2, \cdots, 5$，表示事物运动的各种可能状态，各个顶点之间的连线表示这些状态之间相互转移的关系，而转移概率矩阵中的各个元素则表示相应状态之间发生互相转移（状态变化）的统计规律。可见，这类（随机型）形态性知识的表示至少在形式上与概率型语法信息的表示是一致的。

类似地，如果事物是半随机变量（称为偶发变量），它的运动状态的表示方法同随机型形态性知识的表示也没有什么本质上的不同。不过，它的状态变化规律的表征参量则应当是状态转移的可能度。同样，如果事物是确定性模糊变量，它的运动状态的表示方法也没有什么不同，而它的状态变化规律的表征参量则应当是状态转移的隶属度。可见，认识论信息（全信息）的语法信息表示方法完全可以用来表示各种形态性知识。

根据莱布尼茨和伯努利等的分析，概率分布、可能度分布、隶属度分布在概念上是相通的，它们的统一概括便是肯定度分布 C。

定义 8.1.1（肯定度分布）　设事物 X 具有 N 种可能的运动状态 $x_1,\cdots,x_n,\cdots,x_N$，那么状态 x_n 在形态上呈现的肯定程度称为状态 x_n 的肯定度，记为 $c_n, n=1,2,\cdots,N$。由 X 的全部状态的肯定度构成的集合，称为 X 的肯定度的（广义）分布，记为 C。它可以刻画该事物状态变化的形式规律。

注意到，概率和可能度的归一性，隶属度的不归一性，肯定度 C 应当具有如下性质，即

$$0 \leqslant c_n \leqslant 1, \quad \sum_{n=1}^{N} c_n \text{任意} \tag{8.1.3}$$

具体来说，当给定的事物是随机型变量或偶发型变量时，全部状态的肯定度之和必定归一；当给定的事物是模糊型变量时，全部状态的肯定度之和不一定归一。

因此，与语法信息表示的情形类似，可以用事物 X 的状态集合及其肯定度广义分布 $\{X,C\}$ 表示事物 X 的形态性知识。

正如语义信息的作用是理解信息，内容性知识的作用是为了理解知识。如果一定要考虑内容性知识的知识量，那么关于内容性知识的比较恰当的共性表征参量是各个状态在逻辑上的合理性。

定义 8.1.2（合理度分布）　设事物 X 具有 N 种可能的状态 $x_1,\cdots,x_n,\cdots,x_N$，那么状态 x_n 在逻辑上合理的程度称为状态 x_n 的逻辑合理度，记为 $r_n, n=1,2,\cdots,N$。X 的各个状态的合理度构成的集合，称为 X 的合理度的（广义）分布，记为 T。

按照定义 8.1.2，显然有

$$0 \leqslant r_n \leqslant 1, \quad \sum_{n=1}^{N} r_n \text{任意} \tag{8.1.4}$$

因此，与语义信息表示的情形类似，可以用事物 X 的状态集合及其合理度广

义分布 $\{X,R\}$ 表示事物 X 的内容性知识。当然，为了对每个状态的合理度赋值，必须具有相应专业领域的知识。

类似地，可以建立价值性知识的描述，根据事物 X 各个状态 x_n 相对于主体目标显示的效用来定义相应状态的效用度 $u_n, n=1,2,\cdots,N$ 。

定义 8.1.3（效用度分布） 设事物 X 具有 N 种可能的状态 $x_1,\cdots,x_n,\cdots,x_N$ ，那么状态 x_n 相对于主体目标显示的效用称为状态 x_n 的效用度，记为 $u_n, n=1,2,\cdots,N$ 。X 各个状态的效用度构成的集合，称为 X 的效用度的（广义）分布，记为 U。

按照定义 8.1.3，有

$$0 \leqslant u_n \leqslant 1, \ \sum_{n=1}^{N} u_n \text{任意} \tag{8.1.5}$$

因此，与语用信息表示的情形类似，可以用事物 X 的状态集合及其效用度广义分布 $\{X,U\}$ 表示事物 X 的价值性知识。

注意到，从人类认识论的逻辑考虑，在形式性知识、内容性知识、价值性知识这三者之间，形式性知识是最先被观察到的要素，价值性知识是经过合目的性的检验而感受到的要素，它们两者是“第一性”的概念。内容性知识则是在形式性知识、价值性知识基础上抽象定义出来的要素，是“第二性”的概念。

(2) 针对“知识激活”的知识表示。

如上所述，在研究知识激活的时候，把形态性知识、内容性知识、价值性知识三者作为合而为一的统一整体会带来更多的便利。因此，有必要讨论这种情形的知识表示问题。

正如知识的定义，形态性知识、内容性知识、价值性知识作为一个整体所表达的概念，仍然是主体关于事物运动状态及其变化规律的表述，只是不再细分其中的形式、内容、价值分量。因此，知识表示的两个基本要素（状态及其变化规律）完全没有改变。

这样看来，知识表示方法（状态方程方法、状态空间方法、图论方法，以及拓扑方法等）仍然可以使用，只是其中的表征参量都不是单纯的形式性知识、单纯的内容性知识、单纯的价值性知识的表征，而是它们的整体表征。

除了上面提到的这些知识表示方法，在知识激活（演绎推理）的场合，用数理逻辑表示知识显得更加直观和方便，因为无论是命题逻辑还是谓词逻辑，无论是逻辑常量、逻辑变量还是逻辑函数，都是把逻辑对象的形式、内容、价值作为一个整体来处理的。

例如，知识“A 是桌子”“B 是桌子”“BOX 在桌子 A 上面”就可以用谓词逻辑表示为

TABLE (A)

TABLE (B)

ON (BOX, A)

动态知识“机器人从桌子 A 拿起 BOX”也可以用谓词逻辑表示，即

Conditions:　ON (BOX, A)

　　AT (ROBOT, A)

　　EMPTYHANDED (ROBOT)

Delete:　EMPTYHABDED (ROBOT)

　　ON (BOX)

Add:　HOLDS (BOX)

与数理逻辑表示方法非常相近的知识表示方法还有语义网络方法。它可以被看作数理逻辑与网络方法的结合。例如，上面的动态知识就可以用图 8.1.4 的语义网络来表示。

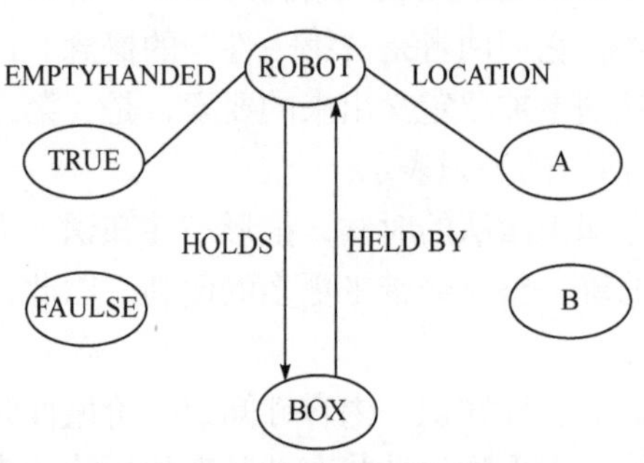

图 8.1.4　语义网络一例

在语义网络的表示方法中，节点可以表示具体的事物和抽象的概念，节点之间的连线可以表示事物(概念)之间的关系(相互作用或者互相转化)。当然，在具体的语义网络知识表示中，节点和连线都应赋予具体的语义。

此外，在人工智能研究中用得比较普遍的知识表示方法还有框架和框架系统的知识表示方法、脚本的知识表示方法等。考虑读者对这些方法比较熟悉，而且相关的资料比较丰富，可以方便查找，这里不做进一步的讨论。

8.2　知识的度量

这里首先需要研究的问题是，知识可以被度量吗？面对这个问题，学术界一直存在两种截然相反的观点。

一种观点认为，知识是不可以被度量的，而且目前还没有出现过任何有实际意义的知识度量方法。这种观点的主要论据是，知识是抽象的内容，度量手段是具体的，而具体的度量手段无法度量抽象的内容。

另一种观点认为，知识也可以被度量，至少可以被排序。这种观点的主要论据是，任何事物(包括具体的事物和抽象的事物)都具有质和量两个方面，因此原则上都可以从性质上被理解、从数量上被度量。有些事物的度量方法比较直观、容易，有些事物的度量方法比较抽象、困难，但是随着人们对这些事物的性质在认识上的逐步加深，同时随着人们掌握的数学方法不断发展，原来显得比较困难的度量方法会逐步变得比较容易。在科学技术的某些发展阶段上，有些事物的绝对定量度量会有困难，但是至少可以通过比较的方法建立某种相对的度量，这就是“序”。在一定意义上，“序”就是一种相对性的度量。

我们认为，第二种观点是正确的。知识定量处理的基本课题就是各种知识的定量测度和排序。恰好，在知识生成的场合，我们可以研究知识的度量；在知识激活的场合，可以研究知识的“序”(如因果序)。下面首先讨论知识的度量问题。

8.2.1　针对“知识生成”的知识度量

针对知识生成应用的知识度量方法与信息的度量方法是相通的。在人工智能研究的场合，人们往往不对知识的概念与信息的概念进行严格的区分。例如，对于语句“这是一张桌子”，人们既可以把它理解为认识论信息，认识主体关于桌子这个事物的运动状态及其变化方式的表述，也可以把它理解为常识知识，认识主体关于桌子这个事物的运动状态及其变化规律的表述。这样，两者的定量度量的相通性就显得更为自然。

定义 8.2.1(知识的数量称为知识量)　如同知识本身一样，知识量也可以进一步分为形态性知识量、内容性知识量、价值性知识量、综合内容性知识量、综合价值性知识量。其中，最具基础性意义的知识量是形态性知识的知识量。

下面的讨论从形态性知识的度量问题开始。

研究知识度量的一个直观而合理的思路是，用一个知识所能解决的问题量来度量相应的知识量。因此，知识量的研究就转化为问题量的研究。首先，应当设计一种合理的标准问题，把它所包含的问题量作为问题量的“单位”。然后，任何一个实际问题的问题量就可以同这个单位相比较，从而得出这个实际问题的问题量。

注意到，一个形态性问题的问题量与两个因素有关，一个是问题的可能状态数，另一个是问题各状态的肯定度分布。一方面，在同样的肯定度分布条件下，问题的可能状态数越大，问题量就越大；另一方面，在相同可能状态数的条件下，肯定度分布越均匀，问题量越大。因此，最容易被接受的合理标准问题是标准的二中择一问题,即一个问题只有两种可能的状态,且这两种状态的肯定度相等。标准的二中择一问题如图 8.2.1 所示。

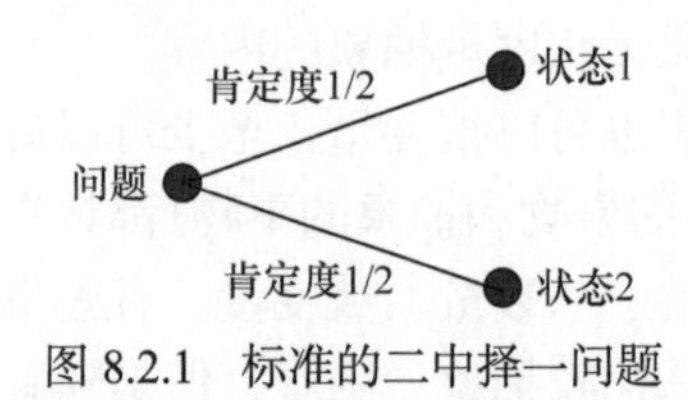

图 8.2.1　标准的二中择一问题

定义 8.2.2　把标准的二中择一问题包含的问题量定义为一个单位的问题量,单位称为奥特。如果某个知识恰好解决了 1 个单位问题,那么这个知识量就等于 1 奥特的知识量。

按照这个定义,所谓 1 单位知识量,就是(例如)解决一个标准的“是或非”问题、一个标准的“正或负”问题、一个标准的“男或女”问题、一个标准的“有或无”问题、一个标准的“好或坏”问题、一个标准的“输或赢”问题等所需要的知识量。

我们把二中择一问题的英文(alternative)前三个字母“alt”的译音(奥特)建议为问题量的单位(也可简称为奥)。单位的中文名称奥虽然译自英文,但它恰好含有“深奥”和“奥妙”的意思,与问题的含义正好默契相通,用作问题量的单位,确实不无美感。在统计问题场合,奥特可退化为比特。

有了问题量的单位,任何一个具体问题的问题量就等于它所包含的标准的二中择一问题的数量。例如,如果某个实际问题有 4 种可能的状态,且 4 种状态的肯定度都等于 1/4,那么这个问题实际上就包含 2 个标准的二中择一问题,它的问题量恰好为 2 个单位,即 2 奥特。又如,如果一个问题有 8 种可能的状态,而且这 8 种状态的肯定度都等于 1/8,那么这个问题包含的问题量就是 3 奥特。

虽然上述这种利用单位问题量来测度实际问题量的方法在概念上非常直观自然,但是在实际应用的时候却并不总是十分方便。这是因为,一方面,单位问题量是 1 奥特,小于 1 奥特的问题量不好度量;另一方面,当问题包含的可能状态数目不是正好等于 2 的 n 次方或者肯定度的分布不是均匀分布时,这种直观的方法反而不直观了,不好计算问题量。因此,还是要寻求一般问题量的度量方法。

因此,还需要引入新的概念和定义。注意式(8.1.1),肯定度有归一和不归一两种情形。这里首先研究归一的情形。

定义 8.2.3　均匀分布的肯定度和 0-1 型分布的肯定度代表肯定度分布的两种极端情形,分别把它们记为

$$C_0 = \left\{c_n \mid c_n = \frac{1}{N}\right\} \tag{8.2.1}$$

$$C_S = \{c_n \mid c_n \in (0,1)\} \tag{8.2.2}$$

定义 8.2.4　定义在肯定度分布 C 上的平均肯定度由下式给出，即

$$M_\phi(C) = \phi^{-1}\left(\sum_{n=1}^{N} c_n \phi(c_n)\right) \tag{8.2.3}$$

其中，ϕ 为待定的单调连续函数；ϕ^{-1} 为 ϕ 的逆函数，也是单调连续函数。

之所以选择式(8.2.3)作为定义在 C 上的平均肯定度表达式，主要是因为这个平均肯定度的表达式包含待定函数 ϕ。这样就可以通过施加某些合理的约束条件来确定这个待定函数的形式，从而确定度量知识量的函数形式。

定义 8.2.5　两个问题 X 和 Y 具有相同的状态数 N，各自的肯定度分布为 C 和 D，如果满足

$$\phi^{-1}\left(\sum_{n=1}^{N} c_n \phi(c_n d_n)\right) = \phi^{-1}\left(\sum_{n=1}^{N} c_n \phi(c_n)\right) \cdot \phi^{-1}\left(\sum_{n=1}^{N} c_n \phi(d_n)\right) \tag{8.2.4}$$

则称它们互相 ϕ 无关。

在以上讨论的基础上，可以得到下面的定理。

定理 8.2.1　满足定义 6.2.4 和定义 6.2.5 各项条件的待定函数 ϕ 必为对数形式。这是一个很重要的结果，它的证明可在文献[13]、[14]找到。

系 8.2.1　状态数为 N、肯定度分布为 C 的事件 X 的平均肯定度为

$$M_\phi(c) = \prod_{n=1}^{N} (c_n)^{c_n} \tag{8.2.5}$$

系 8.2.2　这样定义的平均肯定度的值介于 1/N～1，即

$$\frac{1}{N} = M_\phi(C_0) \leqslant M_\phi(C) \leqslant M_\phi(C_S) = 1 \tag{8.2.6}$$

系 8.2.1 和系 8.2.2 的证明是直截了当的。

系 8.2.2 的结果表明，肯定度为均匀分布时，平均肯定度最小；肯定度为 0-1 分布时，平均肯定度最大。前者是最不肯定的情形，相当于无知识的情形；后者是完全肯定的情形，相当于拥有充分知识的情形。这显然与人们的直觉一致。

由此，可以很自然地引进一个新的重要概念，某个观察者 O 对于某个事物是否拥有知识，或拥有多少知识，可以用这个观察者对这个事物所具有的平均肯定度的大小来判断。平均肯定度越大，拥有的知识越充分；反之，亦然。

如果把最小平均肯定度 $M_{\phi}(C_0)$ 作为一个比较的基准，就可以建立一个相对的形态性知识度量。

定义 8.2.6　观察者 O 关于事物 (X, C) 的形态性知识量，可用下式测度，即

$$K(C) = \log \frac{M_{\phi}(C)}{M_{\phi}(C_0)} = \log N + \sum_{n=1}^{N} c_n \log c_n \tag{8.2.7}$$

定义 8.2.7　观察者 O 在观察某事物 X 之前具有的关于 X 的肯定度分布称为 X 的先验肯定度分布，记为 C；观察之后，他具有的关于 X 的肯定度分布则称为后验肯定度分布，记为 C^*。

所谓观察者 O 通过观察获得关于事物 X 的形态性知识，就是指他在观察之后关于 X 的后验平均肯定度比观察之前的先验平均肯定度增大。

定义 8.2.8　观察者 O 通过观察 X 获得的形态性知识量可用以式（8.2.8）测度，即

$$K(C, C^*; O) = K(C^*) - K(C) = \sum_{n=1}^{N} c_n^* \log c_n^* - \sum_{n=1}^{N} c_n \log c_n \tag{8.2.8}$$

这是在肯定度分布归一的情形下关于形态性知识量的重要结果。可见，只要知道观察者在观察某一事物（或实验）的先验和后验肯定度分布，就可以利用式(8.2.8)计算出观察者在观察过程中实际得到的形态性知识量。

由式(8.2.8)可知，当先验肯定度为均匀分布，后验肯定度分布为 0-1 分布时，观察者可以获得的形态性知识量达到最大值。一般地，只要观察者的后验平均肯定度大于先验平均肯定度，就意味着在观察过程中获得某种程度的形态性知识。另外，不管先验肯定度和后验肯定度分布的形式如何，只要两者相同，观察者在观察过程中获得的形态性知识量就总是为零。反之 若观察者的平均后验肯定度小于平均先验肯定度，就意味着他在观察过程中丢失了形态性知识量（可以表现为原有信念的动摇）。若观察者的先验肯定度分布为 0-1 形式，而后验肯定度分布为均匀分布，那么观察者在观察过程中丢失的形态性知识量会达到最大值。这都是与人们的直觉一致的结果，因此是合理的结果。

不难看出，定义 8.2.2 规定的单位形态性知识量与定义 8.2.8 的理论结果是完全一致的。只要式(8.2.8)中的状态数 $N = 2$，$c_1 = c_2 = 1/2$，C^* 为 0-1 分布，就可以得到

$$K(C_0, C_S^*; O) = 0 - \log \frac{1}{2} = 1$$

其中，对数的底等于 2 ，单位为奥特。

在理想观察条件下，后验肯定度为 0-1 分布。此时，若假定先验分布为均匀

分布，那么由式(8.2.8)可以得到

$$K(C_0,C_S^*;O)=\log N$$

这时形态性知识量与状态数目呈对数函数关系。

如果对这一关系作进一步的人为简化，把 $\log N$ 简化为 N，就可以直接利用状态数目 N 近似计算知识量。这就是为什么情报界和文化界通常都用“字数”来估计情报量。显然，这只是一种非常粗糙的估计。

有了以上结果，现在考虑肯定度不归一的情形，即模糊实验的情形。

显然，由于这里的肯定度不归一，不能直接应用前面的结果。对于肯定度集合的任意元素，总可以相应地构造一个新的分布，即

$$\{c_n,(1-c_n)\},\forall n \tag{8.2.9}$$

不难看出，式(8.2.9)永远是一个归一的集合，因此可以应用上面的结果。由式(8.2.5)可得

$$M_\phi(C_n)=(c_n)^{c_n}(1-c_n)^{(1-c_n)} \tag{8.2.10}$$

由式(8.2.7)可以写出第 n 分量的先验形态性知识量，即

$$K(C_n)=c_n\log c_n+(1-c_n)\log(1-c_n)+\log 2 \tag{8.2.11}$$

根据式(8.2.8)可以进一步写出第 n 分量的形态性知识量公式，即

$$K(C_n,C_n^*;O)=c_n^*\log c_n^*+(1-c_n^*)\log(1-c_n^*)-[c_n\log c_n+(1-c_n)\log(1-c_n)] \tag{8.2.12}$$

对于确定性的模糊实验来说，显然可以直接写出相应的平均知识量，即

$$K(C,C^*;O)=\frac{1}{N}\sum_{n=1}^{N}K(C_n,C_n^*;O) \tag{8.2.13}$$

这样就可以建立形态性知识量的计算或测度的方法。

注意到，逻辑合理度 R、效用度 U 都具有模糊集合的性质，因此式(8.2.9)～式(8.2.13)的演算过程可以直接应用。只要把模糊肯定度参量换成相应的逻辑合理度和效用度，同样可以建立内容性知识、综合内容性知识、效用性知识、综合效用性知识的度量公式，即

$$K(R,R^*;O)=\frac{1}{N}\sum_{n=1}^{N}K(R_n,R_n^*;O) \tag{8.2.14}$$

$$K(U,U^*;O)=\frac{1}{N}\sum_{n=1}^{N}K(U_n,U_n^*;O) \tag{8.2.15}$$

详细的过程就不在此逐一列出了。

可以发现，知识的度量方法和全信息的度量方法并行不悖，而且互相贯通。这就为我们探索由信息生成知识的机制提供了极大的方便。显而易见，知识度量与信息度量之间的这种并行不悖、互相贯通的关系并不是人为设置的，它们在客观上本来就存在这种互通关系。

8.2.2 针对“知识激活”的知识度量

在知识激活的应用场合，人们倾向于把形态性知识、内容性知识、价值性知识作为一个统一的整体(就称为知识)来处理。这时，综合价值性知识度量可以作为知识度量的理论方法。

在更复杂的情况下，知识量的绝对度量更为困难。我们也可以根据适当的准则建立知识度量的某种相对性关系。表达这种相对性关系的一个方法就是“序”关系，或更典型的偏序关系。

偏序的含义是，若 P 是一个集合，$\leqslant$ 是定义在 P 上的关系，如果它能满足自反律、反称律、传递律，就是偏序关系。自反律、反称律、传递律的具体含义是，对于 P 中所有的 a、b、c，有

$a \leqslant a$，　自反律

若 $a \leqslant b$ 且 $b \leqslant a$，则 $a = b$，　反称律

若 $a \leqslant b$ 且 $b \leqslant c$，则 $a \leqslant c$，　传递律

存在偏序关系的集合，称为偏序集。

可以看出，在实际的问题中，很多集合(知识的集合)都具有偏序性质。因此，尽管在有些场合建立绝对的数值度量可能存在困难，但是只要在相关的知识集合中建立某种偏序关系，就可以比较不同知识之间的相对关系。这就是相对度量。

例如，在各种知识推理的场合，普遍存在前提知识与结论知识的关系，因此可以建立这些知识之间在推理意义下的因果序关系。这种因果序一般就具有偏序的性质。

又如，在那些给定问题、领域知识、问题求解目标的场合，各种相关知识之间相对于“问题求解目标”而言的价值就存在两种可能性：在某些条件下，它们的价值可以准确求出；在另外一些复杂的场合，没有办法计算这些价值的绝对值，但却可能估计出它们之间相对于目标而言的相对重要性。后者可以建立体现相对重要性的偏序关系，成为一种相对性的度量。

再如，在知识的复杂网络结构中，存在大量的分支(学科)，而在这些分支结构中又存在各种各样的子树(子学科)。在每个这样的子树结构中，存在相对的根节点、祖节点、父节点、子节点，更深层次的子节点等。节点代表不同层次的知识，它们共同构成某种层次序的偏序关系。

总之，在许多场合都可能建立某种有用的偏序关系。诸如此类，难以尽述。

8.3　知识的生态学

从总体上说，人类的知识经历着不断增长的过程。随着时间的推移，人类活动不断向深度和广度前进，人类的知识总量一直在不断地增长，这是一个有起点没有终点，也没有边界的过程。因此，如果以知识的基本元素——基础概念为根节点，以基础概念发展出来的各种概念为各类后继节点，以概念之间的关系为边，那么人类的总体知识就可以构成一个大规模的、开放的、动态生长的、多分支、多层次，而且在节点之间、分支之间、层次之间具有复杂交互关系的网络。

另外，从人类知识的基本生长形态来看，人类知识的生长确实具有自己稳定的生态学结构和生态学规律，也许任何个人(特别是在科学技术如此高度发达的现代)都无法把握和驾驭数量上巨大、结构上复杂、增长速度上日新月异的人类知识的总体，但是人们却可以理解和把握知识生长的生态规律，使自己成为知识的主人，而不被知识的海洋淹没。

因此，作为知识理论的基础研究，除了要论及知识的概念、分类、描述和度量方法，还应密切关注和了解知识的生态学规律。具体来说，就是要了解知识的生长过程具有哪些阶段、在各个不同的生长阶段知识的形态是什么，以及这些不同生长阶段之间如何转换与衔接的问题。

这个问题之所以非常重要，是因为以往人们在研究知识问题的时候没有注意到知识的生态规律，因此常常只注意知识的某一种形态，忽略其他的形态，尤其忽略这些不同形态的知识之间的联系，因此容易产生片面性和局限性。了解知识的生态学结构对于研究人类智能和人工智能理论都具有特别重要的意义。

8.3.1　知识的内生态学

知识生态系统表现为两个基本方面，即知识的内部生态系统和知识的外部生态系统。按照生态学的逻辑关系，本节先讨论知识的内部生态系统，然后考察知识的外部生态系统。图 8.3.1 所示为知识的内生态系统[11]。

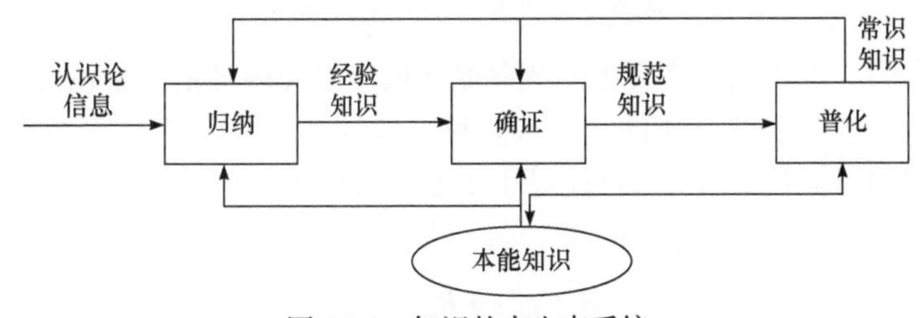

图 8.3.1　知识的内生态系统

人类知识的内部生长形态(阶段)包括本能知识、经验知识、规范知识、常识知识。本能知识是人类先天通过遗传机制获得的知识，经验知识、规范知识、常识知识是后天习得和积累的知识。在整个知识的生态系统中，先天本能知识是一切后天获得的知识的共同基础，没有本能知识，就不可能在后天获得任何知识。在本能知识的支持下，外部刺激呈现的本体论信息是各种后天知识共同的来源。在此基础上，各种不同知识形态(阶段)之间存在明确的生长进程关系。

下面解释图 8.3.1 所示的知识生态系统模型。

1. 本能知识

从生态学的意义来看，知识的最原始、最基础的形态是本能知识。这种知识与人类的生存和生命安全直接相关，是人类(包括各种生物)在长期进化的过程中获得和积累的系统发育成果，是与生俱来先天获得的知识，因此是一切正常的个体固有的。这种知识的获得基本上是遗传和继承的产物，而不是后天学习的结果。当然，我们确信，人类后天的知识也会以某种方式影响人类的先天本能知识(图上由常识知识指向本能知识的箭头)，使本能知识缓慢增长，人类的先天知识和学习能力一代比一代更强。人类后天知识对后代先天本能知识的影响机制非常复杂，至今很少见到这方面的研究成果。

人们最熟悉的本能知识表现是各种无条件反射式的知识。不管是什么人，无论是健康老人还是幼年儿童，甚至是各种动物(也包括某些植物，如含羞草、向日葵等)，当面临某种刺激的时候，就会立即做出相应的本能反应。例如，婴儿吃奶的时候懂得吸吮，当物体接近眼睛的时候懂得闭眼，当危险刺激接近的时候懂得躲避，感觉疼痛的时候会大哭，饥饿的时候会哭闹，舒适的时候会表现恬静，高兴的时候会发出笑声等。

本能知识的系统模型如图 8.3.2 所示。

图 8.3.2 本能知识的系统模型

模型表明，本能知识表现为系统刺激与反应之间的确定性联系，当且仅当出现第 m(m = 1,2,⋯, M)类刺激(1 种或多种具体的刺激形式)时，系统产生第 m 类反应。其中的指标数 K_1 和 k_M 可能等于 1 或者大于 1。

本能知识的数学模型就是一类映射，即

$$K: S_m \mapsto R_m, \quad \forall m \tag{8.3.1}$$

其中，K 表示本能知识；S_m 表示第 m 组刺激；R_m 表示第 m 种反应。

可见，本能知识确实也是一种知识，是认识主体关于事物的运动状态及其变化规律的表述。这里，事物运动状态的变化规律是先天确定的，而且是记录在人类遗传系统内的因果关系。

仔细考察人类和任何生命体的本能知识可以发现，不管这些本能知识的具体表现形式怎样丰富多彩，它们的共同特性都是为了生命体的趋利避害。因此，本能知识是一切生命体生存发展的最基本需求。这种知识看似简单，但是不知道经历了多么漫长的进化过程，也不知道付出了多少宝贵的生命代价，才在人类的遗传基因中生长了这些本能知识的密码。

人类的本能知识既不是来自于父母的谆谆教导，也不是来自于后天的勤勉用功，而是生来就有。这些本能知识看上去虽然简单，但是对于任何生命体来说都是极其重要的知识，因为这些趋利避害的知识都是保护生命体的生存与安全所必要的。正因如此，它们就构成生命体后天的发展，以及通过后天学习获得更多、更重要知识的不可或缺、不可替代的知识基础。如图 8.3.1 所示，如果没有本能知识这个共同的基础，任何生命体都不可能在后天习得新的知识。

与此直接相关但比本能知识更高级的是通过条件反射建立的知识。例如，巴甫洛夫关于高等动物条件反射的实验说明，某些高等动物具有条件反射的能力。与无条件反射情形不同，条件反射除了必须具备观察和感觉能力，还必须具备某种初步的归纳抽象和联想能力。在一定意义上可以认为，这是学习能力的萌芽，是一种比较高级的思维活动，积累的知识可以归入经验知识。

虽然本能知识非常基础、非常重要，但它是一切其他形态后天知识的共同基础。由于它是先天形成，后天难以控制和更改的因素(不是绝对不可以更改，而是更改的程序极其费事、费时)，这里不进一步深入展开讨论。

2. 经验知识

与本能知识不同且比本能知识更高级的形态是经验知识。经验知识不是先天的知识，而是人们通过实践积累的知识，是后天学习实践的结果。一切经验也都在一定意义上带有为实践者趋利避害的性质，因此如果没有本能知识的基础，经验知识的获得和积累是不可能的。

获得和积累经验知识的过程通常可以这样描述。面对某种特定的环境(包括自然环境和社会环境)，为了自身生存和发展的目的，人们(个人或集体)需要亲自实践某种探索性的活动，或者是与自然界打交道的生产活动，或者是与他人(或集团)打交道的社会活动，或者同时与自然和他人打交道的复杂活动。起初，人们并不完全清楚应当制定怎样的行动规划才能达到目的，才能获得成功，因此展开各种可能的探索(摸索)。其中有些探索失败了，有些探索成功了，有些探索取得了部分的成功。人们把成功的探索总结为有益的案例，把失败的探索吸取为负面的案例。因此，再出现同样或者类似的环境和目的的时候，人们就可以依照前面成功的案例来行动，并借鉴以前失败的案例防止重蹈覆辙。这些成功和失败的案例就成为人们可以借鉴的经验和教训。由于经验只是某种具体的成功案例，通常没有全程的严格数学描述，因此可以记为

$$\{E_n \cap P_n \Rightarrow A_n\}, \quad n = 1, 2, \cdots, N \tag{8.3.2}$$

其中，A_n 为第 n 个步骤所采取的行动；E_n 为第 n 个步骤的环境状态；P_n 为第 n 个步骤的问题状态。

它的含义是，在第 n 步，如果问题状态为 P_n，环境状态为 E_n，那么就可以采取行动 A_n。总共经过 N 个行动步骤获得成功，即 $P_N = G$，其中 G 是探索者预期的目标，或者是探索者可以接受的成功目标。

可见，经验也确实是一种知识，是事物运动状态及其变化规律的表述。这里的状态变化规律是人们实践成功的总结，是仍然有待进一步实践检验和科学证实的规律，是一种准规律、潜规律。例如，经验知识通常都不能深入揭示和清晰解释第 n 步和第 $n+1$ 步之间的关联方式。也就是说，经验知识通常并不理解为什么采取行动 A_n 之后要接着采取行动 A_{n+1}。

其实，作为成功案例的经验并不是一次试探就取得成功，其间可能存在许多反复修正的过程。在总结案例的时候，通常会把那些不成功的局部过程删除，保留那些能够通向成功的试探路径。可见，成功的经验实际上是人们在实践基础上总结的一种有目的的试探程序，一种有目的的学习程序。

这种成功的经验是否一定能够在同样的条件(同样的环境和同样的目的)或在类似条件(类似的环境和类似的目的)下获得成功，并没有必然的保证，因为人们并非对于影响活动成功或失败的所有环境因素都了如指掌。这样的成功也许包含许多人们没有注意到的偶然因素。因此，运用成功的经验解决新的同类问题或者类似问题的时候，可能取得成功，也可能失败。

如果某种经验在多次相同或相似情况下的运用都能取得成功，或者经过某些修正后能够稳定地取得成功，那么这种经验的成功可信度就会大大提高，它的可推广性就容易被人们接受。作为经验本身，并不能保证在第 1000 次或者第 10000 次取得成功之后不会出现第 1001 次或者第 10001 次的失败。这种失败可能是某些偶然因素造成的，可能是环境条件的改变造成的，也可能是以前被忽略的某些次要因素在这里变得比较重要造成的。

因此，经验知识必须不断地修改、更新和完善，而不能故步自封万古不变。如果经验知识运用成功的次数足够大(或者在实际上可以看作无限大)，而且从未有过失败的记录，那么这样的经验知识就在事实上成为可以确信的知识。如果经

验知识经过科学理论上的解释和科学的检验而被证实，那么这样的经验知识就成为特定时空条件下可信的科学知识，即规范知识。

3. 规范知识

如上所说，经验知识经过科学的确证和规范化就可以成为严格的科学知识。我们把这种严格的科学知识称为规范知识。可见，规范知识的重要来源就是对人们实践经验所做的科学总结、检验证实、提炼升华。

在人类的知识宝库中，这类由经验提炼出来的科学知识不计其数，特别是在科学发展的初期，绝大部分的科学知识都是经验知识的升华和结晶，如丈量土地的几何学、治病救人的中药学、捕猎耕种的农艺学、实物计数的初等算术、炼丹制药的早期化学、观察实验的天文物理等。直至今天，人们依然不断通过大量的考察、观察、实验、统计、总结等活动扩大和深化对自然和社会的认识。可以认为，只要人类希望继续改善自己的生存发展条件，扩展和深化对世界的认识，就必须不断地在实践中进行探索，不断地将成功经验总结升华成新的科学知识。因此，把经验知识提炼为规范知识，这是人类科学知识不断增长且永不枯竭的源泉。

经验知识一旦升华为规范知识，就具有了普适性和抽象性的品格。因此，就可以用同样具有抽象性和普适性的符号来表述，例如

$$1+2=3,1\oplus 1=0,A+B=B+A\ ,f=ma,y=f(x),v=\frac{\mathrm{d}x}{\mathrm{d}t},\cdots \tag{8.3.3}$$

与经验知识不同，规范知识的特点是，只要实验的环境条件相同，按照规范知识进行的实验就能够取得成功。即便在偶然的干扰情况下出现意外的结果，这种导致意外结果的原因和机制也是可以被解释的。因此，稳定性和在相同条件下的可重复性是规范知识区别于经验知识的基本特征。

规范知识的另一种来源是抽象的理论思维。例如，爱因斯坦的相对论和质能转换公式 $E=mc^2$ 公式就是理论思维成果的典范。其实，爱因斯坦并没有真的在光速条件下做过物体运动的实验，而是通过理论假设和推导建立光速条件下的物体运动方程。当物体运动速度远低于光速的时候，该运动方程就退化为经典的牛顿运动方程。爱因斯坦也没有做过任何质能转换的实验，但是质能转换公式却直接启发了原子能的研究。除此之外，在几何学和逻辑学领域，人们运用知识推理和逻辑演绎的方法可以从给定前提和约束条件推演出的新结果。人们已经发现许多行之有效的预测方法可以在一定条件下对某种现象的未来状态进行足够准确的预测。这些都是通过抽象的理论思维获得新知识的例证，而且这类方法正在越来越多的领域取得越来越多的新成就。知识演绎的一般过程可以表示为

$$\{P,C\}\overset{f}{\mapsto}R \tag{8.3.4}$$

其中，P表示已知的前提；C表示已知的约束条件；R表示推演的新结果；f为给定的前提和约束条件推演出结果所采用的方法和过程。

如果把由经验知识升华为规范知识的途径，在方法论上称为归纳方法，那么由已知规范知识推演新规范知识的理论推演途径在方法论上就可以称为演绎方法。实际上，归纳方法与演绎方法是人类获得新知识的两个互相补充、相辅相成的基本途径。

一般来说，在科学发展的初期阶段，由于人们拥有的知识非常有限，知识空间中只有少数已知的知识点，新的知识的建立主要通过经验升华的归纳途径，而通过演绎途径取得重大科学成果的可能性则比较小。只有当人们积累的知识足够丰富、知识空间中已知的知识点比较稠密的，演绎方法才能逐渐成为产生新知识的重要途径。随着知识越来越丰富，演绎途径的作用就越来越大。与此同时，归纳方法将继续发挥重要作用，只要人们认识的领域不断扩展，认识的深度不断推进，归纳方法就永远是产生新知识的有效途径。只需要理论演绎而不需要经验归纳的时代永远都不可能出现。

关于规范知识，特别是如何通过演绎方法获得规范知识，曾经存在一种比较普遍的误解。有些人认为，通过演绎方法获得规范知识就意味着通过数学方法获得规范知识，由此认为数学方法至高无上。

我们认为，无论通过归纳方法还是演绎方法，获得规范知识的主要基础至少可以归结为物理概念和数学方法，而且物理概念并不是单纯地局限于物理学的概念，而是泛指研究对象专业领域的概念。物理概念的作用是理解研究对象“性与质”的基础(或者说是定性认识的基础)，数学方法是把握研究对象“形与数”的基础(或者说是定量认识的基础)。在质的理解和量的把握两者之间，质的理解更为基础。这是因为，人类的认识规律总是由表及里、由浅入深、由具体到抽象、由个别到一般、由定性到定量。只有人们能够比较深刻地认识研究对象“质”的时候，才能知道应当利用何种数学方法，以及怎样利用这种数学方法来解决问题。因此，为了获得新的规范知识，不但需要掌握数学知识，而且需要掌握物理知识，以及所关注领域的专门知识。

如果爱因斯坦只懂得数学而不懂得牛顿力学，他能够创造相对论吗？如果华生和克里克只懂得数学而没有生物学领域的系统知识，他们能够提出 DNA 的双螺旋结构理论吗？如果没有神经生理学家 McCulloch 的合作，数学家 Pitts 能够单独提出人工神经元的数学模型吗？

4. 常识知识

常识知识是人们最熟悉、最常用的一类重要的知识形态，是人们在后天习得的那些人人公认且无须证明(实际上是不证自明)的知识。正因为常识知识有这样的特点，无论大学问家还是平常百姓，每个人都拥有大量的，甚至是不可胜数的常识知识。

后天获得的常识知识又可以细分为两类，一类是众所周知的普通经验知识，另一类是经过普及教育而成为人人通晓的规范知识。

早晨太阳从东方升起，傍晚太阳从西方降落；天冷了就要加衣服，天热了就要减衣服；如果室内光线太暗，就应当开灯，如果光线太强，就应当拉上窗帘；饥饿了就要进食，疲劳了就要休息等，这些既不是本能知识，也不是从课堂上或书本上通过学习得到的科学知识，而是后天积累的众所周知的经验性知识，也是人们的基本常识。

另外，1 + 1 = 2，1 + (–1) = 0，(在欧几里得空间中)两点之间的最短距离是连接这两点的直线，两条平行线永远不会相交；(在标准大气压条件下)水加热到100℃就会沸腾，水温度降低到 0℃就会结冰；合金材料比普通木材更加坚硬，同体积的气体比固体更轻；在均匀介质内，光沿着直线前进等。这些显然不是本能知识，也不是一般的实践经验的总结，而是科学知识经过普及而沉淀的结晶。

一般来说，人们后天获得的常识性知识，无论是长期积累的经验知识，还是经过普及教育的科学知识，都会随着人们阅历的增长和科学技术的进步而不断增加。例如，古代人们的经验认为，骑马是最为快捷的交通手段，近代的人们则体验到火车、飞机是更快速的交通工具，现代的人们肯定知道飞船的速度远远超过喷气式飞机，而且知道电磁波的传播速度最快。

可以认为，常识知识是经验知识和规范知识中最容易被人们直觉感知和直观了解的部分，也是人们基本活动和日常生活不可或缺的部分。因此，常识知识的总体数量是极其庞大的，而且与经验知识和规范知识之间的界限也不是固定不变的(会有越来越多的基本经验知识和基础规范知识转换为常识知识)。

在人们的日常生活中，常识知识扮演着极其重要的角色。在现代社会，如果没有科学知识，当然会在享受现代科学技术成就带来的社会文明方面碰到许多困难，但是如果没有或者缺少常识知识，不仅难以享受现代科学技术提供的文明成果，甚至会在基本的日常生活中四处碰壁。

5. 知识生长链

以上的讨论涉及和展示知识的各种生长形态，即从先天遗传的本能知识到后天学习的经验知识，从严格的规范知识到普通的常识知识。这些讨论不仅揭示了这些知识形态的基本特征，也揭示了它们内在的相互关系。

这个内在的相互关系其实就是知识生长的进程，称为知识的生长链，即本能知识是人类先天获得的知识，它是一切后天知识的前提。正是有了先天知识，人类才有可能在后天的实践活动中通过摸索、分析、总结等方法学习和积累各种各样的经验知识。有了经验知识的基础，才可能通过系统归纳和科学验证产生归纳型的规范知识，也才有可能通过演绎推理形成演绎型的规范知识。规范性知识和经验性知识经过普及和实践训练才可能不断地补充和丰富常识知识。常识知识又反过来成为人们在实践活动中学习和积累经验知识的基础。可见，人们积累经验知识和学习规范知识的基础不但包括先天的本能知识，而且包括后天习得的常识知识。

由此可知，知识生长过程表现的内部相互关系，也是知识生长的生态学系统。知识的这种生态学系统表明知识不是一成不变的东西，而是一个动态、鲜活的生长过程。知识的生态学系统也可以用图 8.3.3 来表示，它和图 8.3.1 实际上异曲同工，只是着眼点不同。图 8.3.1 的着眼点是知识生态系统的各种生长方法。图 8.3.3 的着眼点是知识生态系统的各种知识形态。

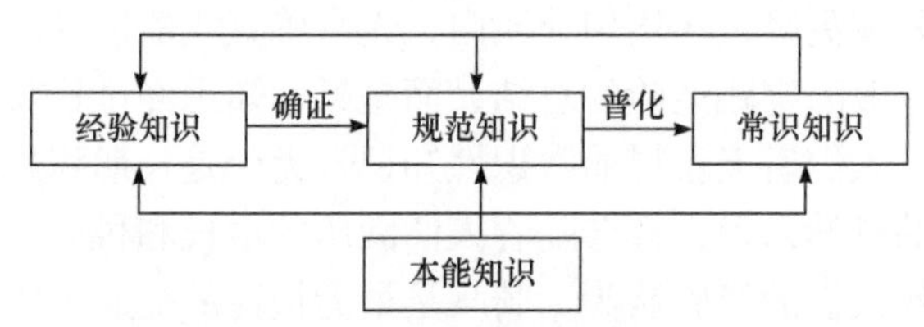

图 8.3.3　知识的生态学系统

图 8.3.3 表明，先天获得的本能知识是一切知识生成的共同基础。如果由于遗传等先天性缺陷的原因，一个人连先天的本能知识都不能具备，那么其他后天的更高级的知识形态便没有形成的可能。

从知识生长过程的观点来看，在人类后天学习和积累的各种知识形态中，经验知识是整个生态链的第一环，是一类欠成熟的知识；欠成熟的经验知识经过科学提炼确证，便成为规范知识，成为一类成熟的知识；经验知识和规范知识中的一部分经过普及则沉淀成为常识，这是一类过成熟的知识。

总之，知识不是铁板一块，而是一个生动的生长过程，即在认识论信息的激励下，在本能知识的支持下，后天学习积累的知识不断由欠成熟到成熟，再到过成熟。这就是知识的生长过程。任何一个正常的人类个体都是通过这样的知识生态规律不断地在继承前人本能知识的基础上通过实践和学习生长出自己的经验知识、规范知识、常识知识，活到老、实践到老、学习到老，不断地扩充和更新自己的知识体系。

最后，比较图 8.3.1 和图 8.3.3 可以发现一个有趣的问题。在图 8.3.1 中，连接常识知识和本能知识的是一个双向箭头。在图 8.3.3 中，连接常识知识与本能知识的是一个单向箭头。这个不一致现象表明，本书作者如下的一个疑惑和猜想。

一方面，图 8.3.3 中的单箭头和图 8.3.1 中的双箭头都说明，建立常识知识需要本能知识的支持，没有本能知识作基础，一切其他高级形态的知识都会成为空中楼阁，这应当是比较明确的结论。另一方面，图 8.3.3 中的单箭头表明，常识知识对于本能知识的形成没有贡献，图 8.3.1 中的双箭头表明，常识知识可能会以某种方式在某种程度上影响本能知识的生长。那么，究竟是图 8.3.1 正确，还是图 8.3.3 正确，这是一个有待深入研究的问题。

本书倾向于这样的认识，不能认为人们在后天获得的常识知识全部都会转化为后代人类的本能知识，但是至少应当有一部分可能成为后代人类本能知识的新来源，使人类的本能知识也有可能不断地增长，使后代人类有可能不断地比他们的祖先更聪明。也就是说，后代人类比他们的先辈更聪明，不仅仅因为后代人类在后天能够学习到更多的新鲜知识，同时也因为后代人类的本能知识比他们的先辈更加丰富，因此具有更好的发展基础和更强的学习能力。换言之，本书作者不相信人类本能知识是固定不变的说法，相信本能知识也在不断地进化。如果本能知识不能发展和进步，那么人类最初的本能知识究竟又是从哪里来的呢？难道真是万能的上帝安排的？显然不可能。

为什么图 8.3.3 没有把这个关系直接表示出来呢？这不是别的原因，主要是因为目前在科学上还没有直接的证据。上述关于常识知识与本能知识之间的双向关系还只是理论的推断。相信，随着人们对知识理论研究的不断深入，这个关系迟早可以得到证实。或者说，作者故意制造图 8.3.1 与图 8.3.3 之间的这个矛盾，是希望以此引起读者和相关人士的关注，由此引起有志者对这个矛盾展开认真地研究，从而使其得到解决。

自然，这个猜想不可能由信息科学和人工智能科学工作者单独证实或证伪。这主要是生命科学家、人类学家、遗传学家、社会学家的研究任务。如果这个猜想被证明是正确的，那么本能知识进化机制的揭示，也将是对生命科学、人类学、遗传学的贡献。信息科学和智能科学可以为此提供可能的合作。

我们把以上讨论的知识的内部生态过程简称为知识的内生态过程。它描述的是知识内部的生长过程，在本能知识支持下由欠成熟的经验知识生长为成熟的规范知识，再进一步生长为过成熟的常识知识的生态过程。

可以看到，这个看似并不深奥的“知识的内生态过程”在人工智能的理论研究中扮演十分重要的角色。

8.3.2　知识的外生态学

我们的研究还发现，不但在知识的内部存在一个重要的生态演化过程，而且在知识的外部也存在一个重要(或许在某种意义上更为重要)的生态演化过程，我们把它称为知识的外生态过程。它从知识外部演化的视角揭示知识的生长规律，即知识从哪里来，知识又会演化到哪里去。

正是知识的内生态过程和知识的外生态过程的联合作用，构成完整的知识的生态学理论。它的意义不但在于能够使人们更加深刻地理解知识本身发生发展的规律，而且在于可以帮助人们更加透彻地了解信息、知识、策略(智能)之间的内在本质联系，从而了解智能发生发展的规律。

知识的外生态系统如图 8.3.4 所示。

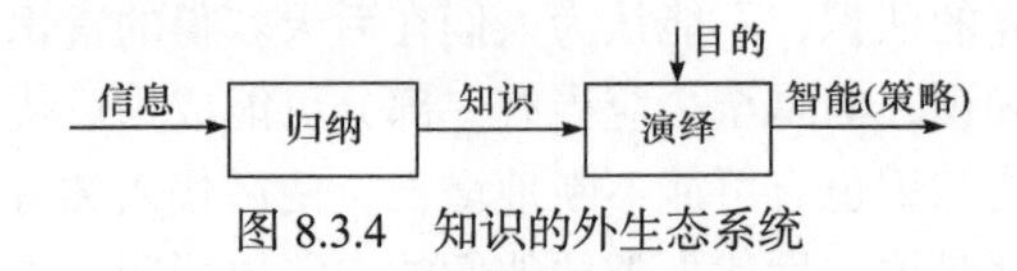

图 8.3.4　知识的外生态系统

图 8.3.4 明确地显示，一方面，知识是由信息(直接来看是认识论信息，更彻底地看是本体论信息)通过归纳型学习算法生长出来的，另一方面，知识在目的(更具体地说是目标)的引导下通过演绎型学习算法生长出智能策略(即核心智能或狭义智能)。这就是从知识的外部演化过程观察到知识的来龙去脉，也就是知识的外部生态过程。

当然，图 8.3.4 是一个原理性的模型，图中的归纳型学习算法指的是一种类型的学习算法，而不是某一个或某一些个别的特定归纳学习算法。但是，无论采用哪种或哪些归纳型的学习算法，它们共同的特点都是执行由现象到本质的归纳，即由个别到一般的归纳。同样，图中的演绎型学习算法指的也是一种类型的学习算法，而不是某一个或某一些特定的演绎学习算法。这些演绎学习算法的共同特点是，由已知的知识演绎出新的未知知识，使人们的认识空间得到新的开拓。在后面这种场合，由已有的知识在目标指引下演绎出解决问题的智能策略(策略本身也是一种知识)是一个典型的应用。

在图 8.3.4 的原理模型中，由信息到知识的生长过程原则上需要采用归纳型的学习算法，但是在许多实际的情形下，归纳也可能需要演绎学习算法的支持。同样，在由知识到智能策略的生长过程中，原则上要采用演绎学习算法，但是在许多实际情形下，演绎也可能需要归纳学习算法的支持。因此，归纳学习算法与演绎学习算法之间的交互迭代互相支持，甚至是反复迭代深度互动都是不可避免的，特别是在复杂环境下，情形更加如此。

总之，无论通过归纳学习算法从大量信息样本中生成知识，还是在目标引导下通过演绎学习算法由知识制定智能策略，它们在运算的意义上都是可行的，或者说是可操作的。为了一般化，可以把知识生成的运算称为信息-知识转换，把智能策略制定的运算称为知识-智能策略转换，把整个知识的外生态过程称为信息-知识-智能策略转换。在核心智能的意义上，后者也可以称为信息-知识-智能转换，简称信息转换。

值得指出，信息-知识-智能转换正是智能生成的共性核心机制。本书将对此展开进一步的探讨。

由此不难联想到，20 世纪 90 年代兴起的数据挖掘和知识发现执行的任务其实就是图 8.3.4 归纳学习算法的具体实现，即信息-知识的转换。应当指出，数据挖掘和知识发现并不是两个互相独立的概念。这是因为标准的知识发现一般包括三个互相衔接的步骤，即数据准备、数据挖掘、结果解释。因此，数据挖掘只是知识发现的一个核心步骤。

所谓数据挖掘与知识发现就是，面向给定的（通常是某个特定专业领域的大规模的）数据库，通过采用适当的方法从数据库的数据集内挖掘（发现）新颖的、稳定的、有价值的“知识”。

如上所述，给定的数据集合应当具有足够大的规模和统计的稳定性，能够满足统计集合（statistical assembly）的要求；从中挖掘的结果必须是新颖的、统计稳定的、有价值的知识。一般来说，这样挖掘出来的知识本质上是一类经验型的知识。这种经验型知识的稳定性一方面与数据集合的统计稳定性有关，另一方面与挖掘算法的合理性有关。需要注意的是，数据集合的统计性主要是指它的统计遍历性（各态历经），而不是单纯的数据规模，即使海量的数据集合，往往也会有数据稀疏现象，因此不一定满足统计的遍历性要求。

数据挖掘和知识发现获得知识的方法，包括预测方法、分类方法、聚类方法、时间序列法、决策树方法，以及关联规则挖掘方法等，原则上都是统计型的方法。统计方法的核心规则是大数定律，即多者为胜的法则。需要注意的是，这种统计型的归纳算法得到的结果，只是一种平均的行为，不能保证每一次现实都符合平均的性能。

同样可以联想到，20 世纪 70 年代，Feigenbaum 等提出的知识工程执行的任务其实就是演绎学习算法的一些具体实现。这是因为，当初提出知识工程的直接目的是满足专家系统设计的需要而研究各种知识的表示方法（如数理逻辑方法、状态空间法、状态图方法、语义网络方法、产生式系统方法、框架表示方法、戏剧脚本法等）和各种知识的推理方法（如基于数理逻辑的推理方法，以及各种搜索方法），以便在专家系统设计目标牵引下通过对知识的演绎推理求得解决问题的策略。这里涉及的知识都是领域专家的工作知识，原则上属于规范型知识，当然也不可避免地会涉及经验型知识和常识型知识。知识工程的研究没有关注如何由信息生成知识的问题，专家系统的知识通常都是通过系统设计者向领域专家询问的方法获取的。因此，知识工程只是执行了知识-智能策略的转换。

由于知识发现和知识工程基本上都遵循自底向上的研究路线，因此可以认为它们分别为信息-知识转换和知识-智能转换提供了许多具体的实际案例，但是并未形成完整的知识理论。事实上，一直以来很少有人专门关注如何把知识发现获得的知识应用于知识工程。换言之，知识发现和知识工程分别互相独立地发展起来，并没有形成互相之间的联系。

相反，知识的外生态学理论则以自顶向下的视野和方法，把信息-知识转换和知识-智能策略转换统一为信息-知识-智能转换(图 8.3.4)。它的理论意义在于，通过信息-知识-智能策略转换把知识发现(信息-知识转换的特例)和知识工程(知识-智能策略转换的实例)贯通起来，成为一个完整的统一知识理论。

8.4 本章小结

本章讨论知识的概念、定义、分类、描述、测度和各个生长发展阶段的知识问题，形成知识理论的基础框架。特别是，首次提出和总结了知识的生态学理论，包括知识的内生态学理论和知识的外生态学理论。前者揭示知识内部的生长发展规律，后者揭示信息、知识和智能之间的转换发展规律。这些讨论不仅深化了知识理论本身的认识，而且为探讨智能科学的基本理论——智能生长机制的共性核心理论奠定了坚实的基础。

参考文献

[1] Feigenbaum A. The art of artificial intelligence: themes and case studies in knowledge engineering. IJCAI, 1977, 5: 1014-1029
[2] Barr A, Feigenbaum A. Handbook of Artificial Intelligence. New York: William Kaufmann, 1984
[3] Agrawal R. Database mining: a performance perspective. IEEE Transactions on Knowledge and Data Engineering, 1993, 5: 914-925
[4] Agrawal A. Mining association rules between sets of item in large database//Proceedings of ACM SIGMOD International Conference on the Management of Data, Washington D.C., 1993: 207-216
[5] Fayyad U. Advances in Knowledge Discovery and Data Mining. Boston: MIT Press, 1996
[6] 史忠植. 知识发现. 北京: 清华大学出版社, 2002
[7] Shannon C E. Mathematical Theory of Communication. Boston: MIT Press, 1949
[8] Wiener N. Cybernetics. 2nd ed. New York: Wiley, 1961
[9] 钟义信. 信息科学原理. 3 版. 北京: 北京邮电大学出版社, 2002
[10] 钟义信. 知识论框架. 中国工程科学, 2000, 9: 50-64
[11] 钟义信. 机器知行学原理: 信息、知识、智能的转换与统一理论. 北京: 科学出版社, 2007
[12] Aczel J. Lectures on Functional Equations and Their Applications. New York: Academic Press, 1966
[13] Hardy G H. Inequalities. Boston: Cambridge University Press, 1973
[14] 钟义信. 知识论: 基础研究. 电子学报, 2001, 1: 526-534

第 9 章　智能生成机制的认知原理

第二类信息转换：语义信息→知识

认知是人工智能研究的核心问题之一，也是许多相关领域学术界共同关注且众说纷纭的热点问题。这种情形既表明认知问题的重要性，也表明人们对认知问题在认识上的分散性、差异性和困惑。

认识论的观点认为，人类认识世界和改造世界的活动是一个十分复杂的过程，既呈现若干不同特征的发展阶段，又呈现各个发展阶段之间紧密联系、相互作用、相辅相成的特点。为了研究的方便，人们根据活动的不同特点，把这个连贯统一的活动体系划分为相互联系、相互促进的两个阶段，即以认识世界为主要特点的认识阶段和以改造世界为主要特点的实践阶段。这两个阶段之间的联系表现在两个方面。一方面，只有通过认识世界的活动获得一定的知识，才能谋定指导实践的正确策略，有效展开改造世界的实践。另一方面，只有通过改造世界的实践活动，才能检验知识的正确性，实现生存与发展的阶段性目标；同时发现更多值得认识的问题，更好地揭示认识世界的可能方向。

进一步，人们又把认识世界获得知识的活动划分为获得感性认识的初级认识阶段和获得理性认识的高级认识阶段。感性认识是理性认识的基础和前提。理性认识是感性认识的深化和发展。同样，人们也把改造世界的实践过程划分为谋划行动策略的谋行阶段和实施行动策略的执行阶段。谋划策略是执行策略的基础与前提，实施策略是谋划策略的贯彻与落实。

在人工智能研究领域，通常把获得感性认识的阶段称为感知阶段，把获得理性认识的阶段称为认知阶段，把谋划行动策略的阶段称为谋行阶段(也有文献把谋行称为决策，但是称为谋行更确切)，把实施行动策略的阶段称为执行阶段。

颇为有趣的是，感知、认知、谋行、执行这四个认识与实践问题，不但构成人工智能的基本问题，而且恰好印证了中华文明的“知行”学说。知者，感知与认知也；行者：谋行与执行也。怎样正确而有效地“知”？怎样正确而有效地“行”？怎样做到“知行互促”和“知行合一”？这是知行学说的核心，可见，人类智能就是最为典型的“知行”问题。

9.1 认知概念解析

在人工智能理论的研究领域，认知是一个具有核心意义的重要理论。可以认为，没有认知就不可能有智能。在本书作者看来，这与“没有知识，就不可能有智能”是等价的说法。因此，在研究感知理论之后，必须把认知作为通用人工智能理论主体的重要部分加以研究。

同时，我们也清醒地注意到，由于研究者背景、研究出发点、研究角度，以及研究目的的不同，学术界对于认知的概念既存在一定的共识，也存在不少分歧。人们在讨论认知问题的时候之所以往往很难取得一致的认识，就是因为参与讨论的各方对于认知内涵的理解各有不同。诚然，存在分歧是前进中正常的现象，无须大惊小怪，但是为了建立一个清晰和谐的人工智能理论，还是有必要对本书的认知观，以及为什么要采取这样的认知观做出必要的论述和说明。

9.1.1 辞书对认知的解说

我们注意到，在不同版本的《牛津高阶英汉双解词典》中，“认知(Cognition)”的解释略有区别。一种解释是把认知理解为 Action or process of acquiring knowledge, by reasoning or by intuition or through the sense(通过推理、直觉、感觉获得知识的行为或过程)[1]。这种理解的核心部分是，获得知识的行为或过程。这显然与本书的解释是一致的。大家都认为，获得知识的过程就是认知的过程。不过，把通过感觉、直觉获得认识称为认知，就显得过于宽泛。本书把通过感觉获得的认识称为感性认识，把这种水平的认识过程称为感知。固然，感知与认知都是认识世界的认识活动，但是感知与认知获得的认识不在同一个水平层次。感知获得的是现象层次的感性认识，属于认识世界的初级阶段。认知获得的是本质层次的理性认识，是认识世界的高级阶段。因此，感知和认知分别表征人类认识世界这个活动过程的两个相继的阶段。《牛津高阶英语词典》把感知包含在认知的概念之内，是只看到两者之间的联系，忽视两者之间的区别，似有不妥。

当然，如果认为感知是认知的基础和必要前提，因此把感知当作认知的一部分，这也没有什么大错。不过，由两者各有自己的特点，把它们恰当地加以区分，会使理论更加清晰。

《现代高级英汉双解辞典》的另一个版本给出的解释是 Knowing; awareness including sensation but excluding emotion(知晓，包含感觉但不包含情感)[2]。这种解释与前一种解释的共同之处是，它们都对感知与认知不加区分，强调感知与认知在认识世界过程中的共性，忽视它们在认识世界过程中各自不同的个性、特点与发展阶段。不过，这种解释的可取之处是，把认知与情感做明确的区分。实际上，情感表达已不属于认识世界的范畴，而属于改造世界或影响他人(与世界打交道或与他人打交道)的范畴。

维基百科对认知的解释是 the mental action or process of acquiring knowledge and understanding through thought，experience and the senses(通过思维、经验和感觉获得知识和理解知识的思想行为或过程)。可以看出，这里对认知的解释抓住了获得知识和理解(知识)这个标志性的核心，是一种比较合理的认识。

辞书对各种术语的理解和解释稍微笼统一些，这并无大碍，反而有利于非专业人士的学习和掌握。作为人工智能理论的科学研究工作者，却不应当满足于此。

把认知理解为认识世界的全部活动和把认知理解为认识世界的活动中的高级阶段(而认识世界活动的初级阶段是感知)，这两种认识之间并不存在哪一个正确，哪一个错误的问题。只能说，前者的认识比较笼统，后者的认识比较精准。本书希望采用比较精准的认知概念。

9.1.2　认知科学的相关诠释

如果关注认知科学，可以发现，它对认知的理解就更加宽泛。从人们对认知科学的解释就可以看出这种宽泛的程度。

例如，罗跃嘉[3]认为，认知心理学、心理语言学、人工智能、人工神经网络都是认知科学的分支学科。换言之，认知科学是比人工智能、认知心理学更为宽阔的一类学科；人工智能和认知心理学都是认知科学的分支学科。

著名认知神经科学家 Gazzaniga 等[4]认为，认知科学的研究范围包括感觉、知觉、记忆、思维、想象、情绪、意识、语言、运动和控制等。这样，认知科学就不但覆盖感知，而且几乎覆盖认识世界和改造世界的全部活动领域。

对于认知科学领域学者的上述主张，我们表示充分的理解。因为，我们所处的时代是一个交叉科学的时代，学科领域之间存在一定程度的重叠和交叉是正常现象。另外，由于对认知的概念至今还没有形成明确而稳固的理解，确实使认知科学的学科边界难以准确界定。此外，作为一门科学，它的研究内容也应当比较系统化，因此多了一些内容通常没有问题，少了一些内容则会带来缺陷。

9.1.3　本书的理解

在本书作者看来，认知科学和人工智能两者并不存在谁包含谁的关系。也就是说，我们不赞成人工智能是认知科学分支学科的说法，而是倾向于认知科学和人工智能是一对软硬相济的学科，两者的目标都是探究生成智能的本质机制。认知科学是站在人的立场，从人的心理活动这一角度研究和理解人类生成智能的机制。人工智能是站在人的立场、研究如何理解并在机器上实现人类(包含生物)生成智能的机制。从这个意义上可以认为，认知科学是理解人类智能的学科，人工智能是在理解的基础上，用机器实现人类智能的学科。虽然人工智能和认知科学都关注人类生成智能的机制，但是由于两者的研究角度各有不同，它们的研究结果可能不完全相同。然而，人工智能的研究可以也应当借鉴认知科学的研究成果。同样，认知科学也可以从人工智能的研究成果中得到某种启示和回馈。

谈到认知概念本身，本书作者认为，可以从它的两个接口来界定。一方面，认知过程的前端接口是感知，因此认知是在感知(获得感知信息)的基础上认识世界、获得知识的高级认识活动，属于认识世界范畴的高级阶段。另一方面，认知过程的后端接口是行动策略的谋划，而策略谋划是在认知(获得知识)的基础上谋划策略解决问题的过程，属于改造世界的范畴。这样，在认知过程的前端，用第一类信息转换原理来研究感知；在认知过程的本身，用第二类信息转换原理研究认知；在认知过程的后端，用第三类信息转换原理来研究谋行(谋划行动策略)就非常合理、清晰了。

因此，把认识世界的认识活动理解为两个前后相继、相互联系、相互作用、相辅相成的感知(获得感性认识)与认知(获得理性认识)的活动就是比较精准的解释。认知是为谋行服务的。感知-认知-谋行的关系如图 9.1.1 所示。

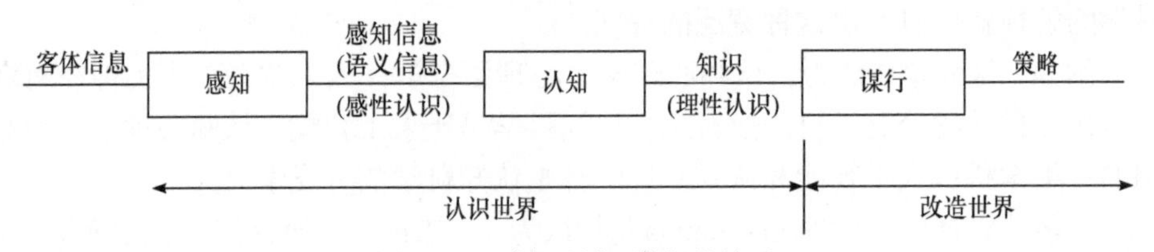

图 9.1.1　感知-认知-谋行的关系

需要说明的是，以获得理性认识为标志的认知实际上包含两种相辅相成的实现途径。

(1)把感性认识(表现为感知信息/语义信息)提升为理性认识的途径。

(2)由已有的知识(理性认识)推演出新的知识(新的理性认识)的途径。

前者称为归纳抽象的途径，后者称为推理演绎的途径。

我们注意到，皮亚杰的结构主义认知观认为，认知过程是通过对原有的认知结构对刺激物进行同化和顺应达到平衡的过程。可见，他也把认知活动放在知识的层次上。这种认识与本书的认知观具有很好的共识，而且也与第二类信息转换原理保持一致。

总之，本书秉持的认知观是比较准确的，因此也是比较合理的。这样，感知→认知→谋行→执行就构成人类认识世界和改造世界过程的基本回合。

9.2　知识的生成机制：第二类信息转换原理

当前，学术界对于认知问题的讨论十分热烈。但是，所有这些讨论基本上都局限于形式化的层次。显然，认知不应当是纯粹的形式化活动。真正的认知活动，不仅应当认知事物的形式，尤其应当认知事物的价值，从而达到认知事物的内容。这也再一次说明，全信息理论和语义信息理论的重要性。

因此，本节从语义信息的基本观念出发，研究认知活动的基本问题，包括认知过程的具体界定、认知的基本方法，以及认知研究中存在的问题等。

9.2.1　认知内涵的界定

既然本书把认知定义为在感知的基础上获取知识的认识活动，那么是否利用语义信息(感知的结果)、是否获得知识，就成为判断认知活动是否成功的判据和标志。只要利用语义信息而且又获得知识，相关的认知活动便可认为完成任务，相关的认知过程便可宣告结束。因此，一个基本结论便是，获得知识。这是认知活动的本质内涵，也是认知过程的合理终点。

那么，认知过程的起点是什么呢？由于本书区分了感知与认知的概念，认知活动当然就从感知活动的结果开始。具体地说，认知的过程应从感知活动的结果——感知信息开始。由于语义信息可以全面代表感知信息，因此如图 9.1.1 所示，认知过程的输入应当是语义信息。

认知过程从语义信息开始，这是本书关于认知的研究与其他各种人工智能和认知科学论著之间的重要区别。在此之前，国内外学术界关于认知的起点通常都是笼统地说“从信息开始”。它到底是从什么信息开始？是从客体信息开始？还是从感知信息/语义信息开始？并没有清晰的解释。其实，以往所有的认知理论都认为，认知是从传感器的输出(语法信息)开始的。这是一个很大的误解。

之所以会有这样的认识是因为，在此之前，国内外学术界对于信息的认识都很笼统，都存在许多误解和盲区。

一方面，学术界对于信息的理解，一般都停留在 Shannon 信息论的信息概念上。Shannon 信息论的原名是通信的数学理论[5]，而通信系统的任务是在有噪声干扰的情况下把发送端的信息(体现为信号的波形)尽量如实传送到接收端。因此，Shannon 信息论关心的只是信号的波形，并不关心信号波形是什么内容，也不关心信号波形有什么样的价值。Shannon 信息论的信息只是一种统计型的形式化信息。按照信息科学的术语，Shannon 信息论的信息只关注信息的形式方面(称为语法信息)，完全忽略信息的效用(语用信息)和内容(语义信息)。这显然只是一种浅层的信息概念，一种空心化的信息概念。

另一方面，虽然学术界在20世纪50年代初就注意到Shannon信息论的上述问题，提出语义信息的概念，并展开了相应的研究[6-12]，但是一直都没有理解语义信息的准确定义，也没有建立合理的语义信息生成机制。直到现在，人们都在仿照Shannon信息论的思路，在统计的轨道上理解和研究语义信息。近十多年来，由于受到Shannon统计信息论的影响，某些学者把词语的语义信息理解为词语在文本中出现的统计规律，把词语出现频率的某种函数称为语义向量。同样令人奇怪的是，自古至今，科学文献中几乎从来没有详细记载语用信息理论的研究，表现出对语用信息的漠视。

特别是，学术界至今都没有认真研究语法信息、语用信息、语义信息三者之间存在什么样的相互关系。在大多数场合，人们把语法信息、语用信息、语义信息三者看作各自定义的三个独立变量，有时也把语义信息与语用信息两者混为一谈。因此，语义信息和语用信息一直都是含混不清的概念，不同的人有不同的理解。

在这种情况下，“认知过程从信息开始”就更加显得扑朔迷离，即认知究竟是从哪种信息开始的。

一个新的重要进展是，语法信息是指主体从客体信息中感觉到的客体形式状况(指客体的状态及其变化方式)，语用信息是指主体从客体信息中检验到的效用状况(即客体对主体目标的利害关系)，语义信息是主体根据语法信息与语用信息两者的状况，感悟和理解客体的整体内涵。也就是说，语法信息和语用信息两者都是具体的，可以直接通过主体的感觉和检验获得和建立，语义信息则是抽象的，不可能直接通过主体的感觉和检验得到，只能通过主体对语法信息和语用信息两者的感悟和抽象(映射与命名)得到。正是这个缘故，语义信息才可以全面代表语法信息和语用信息，从而代表感知信息(全信息)[13,14]。

不仅如此，本书还首次阐明了语法信息、语用信息、语义信息的生成原理和具体实现这个生成原理的生成机制模型，证明了这样定义的语义信息的科学性和技术可实现性。

正因为有了这样明确的定义，而且有了在理论和技术上切实可行的生成机制，语义信息的概念才变得完全清晰了，“认知活动的过程从语义信息开始”的论断才成为一个真正的科学命题。

当然，前面也曾指出，由已有知识推演出新知识在性质上也是认知，即获得了新的知识，不是直接从语义信息获得的知识，而是从已有的老知识获得新的知识。因此，认知也可以从原有的知识开始。值得注意的是，随着科学技术的进步，这种从已有的老知识开始通过演绎获得新知识，实现新认知的情形，将越来越成为主流。但是，无论如何，从感知信息(语义信息)开始的认知活动永远都不可或缺，永远都是认知活动的源头。

9.2.2　认知方法

明确了认知过程的起点和终点，接下来需要深入探讨的就是怎样准确地描述认知的工作过程？应当怎样恰如其分地认识和实现从语义信息到知识的转换？或者更加确切地说，认知过程究竟是怎样从语义信息转换到知识？这个过程可以称为直接认知方法。本节从这种直接方法开始，稍后研究从已有知识开始的间接认知的方法。

分析认为，最一般、最重要的认知方法是学习。人类如此，各种生物如此，机器也是如此。由于人是万物之灵，人类的学习方法和机制最为优秀，最具有启发性和可借鉴性，因此有必要先简略地回顾人的学习方法。

1. 人类认知方法的成长：灌输型→从众型→自主型

人类的学习方法多种多样，这里不可能(也没有必要)逐一叙述。按照人类个体认知成长和群体认知进步的发展规律分析，人类的学习大体上存在三种最基本、最典型，而且互相形成生态链的学习方式。

(1)幼儿时期：权威灌输型(机械式学习)。

幼儿生活在父母和家庭长者创造的小世界之中，他们的认知能力正处在启蒙的最初阶段，因此还没有形成自己独立的思考能力。在这种阶段，父母是幼儿绝对可以信赖的权威。因此，父母教他什么，他就会不加思索地接受什么。这是一种“权威灌输，被动接受”的灌输型学习方式，是最为原始的学习方式，也是最容易实施的学习方式，最基本和绝对不可或缺的学习方式。它种下了最基本的认知种子，可以为日后更高级的学习奠定常识性知识基础。

机器学习理论中的机械式学习便属此类。应当承认，在常识性知识的学习方面，机械式学习确实是最基本的学习方法。但是，这种学习方法毕竟太过原始和刻板，而且效率低下。

(2)青少年时期：社会从众型(统计型学习)。

等到幼儿成长为青少年，他们的认知能力发展已经越过启蒙期，进入开放期和成长期。这时，他们开始走出家庭，进入学校和社会，摆脱对家庭权威的依赖。但是，这一阶段的青少年还缺乏经验和阅历，缺乏独立判断的理解能力。因此，这一时期最典型的学习方式便是“主动求知，众者为真”，社会公众中多数人认可什么(统计平均)，青少年就接受什么。书上说什么(老师和课堂书本传播的知识都是经过大众检验过的知识)，就接受什么。这是人生成长阶段中最为开放、最为多彩、最有收获的学习方式，青少年的大多数基础性知识和经验性知识都是在这个阶段形成的。而且，他们也会凭借这样学到的知识检验幼年时期所学知识的真伪程度，深化那些正确的知识，修正那些不完全确切的知识，摒弃那些明显错误的“知识”。

当代机器学习理论中的各种统计学习、人工神经网络支持的深度学习都属于这种类型。统计型学习方法虽然比机械式学习方法有很大进步，但是机械式学习方法是“父母教”，统计式学习方法是“公众教”。统计型学习和机械式学习共同的问题是没有或者缺乏自主理解能力。利用这两类学习方法虽然可以学到一些基础性的知识和其他知识，但是学习者基本上只是“相信”和“记住”了这些知识，并不一定完全“理解”这些知识。这就是当今人们十分熟知而倍感头痛的问题——机器学习结果的不可解释性。

(3) 成年时期：自主创新型(理解型学习)。

经过幼儿时期和青少年时期的学习和历练，成年人具有比较丰富的知识积累和一定的认知能力建构，也有了相当大量的社会阅历，逐步形成自己的世界观和方法论，形成独立思考、自主分析问题和解决问题的能力。到此，人的认知能力便发展到相当成熟的地步。因此，无论社会大众怎样众说纷纭，也无论面对怎样的陈规陋习，甚至书本上的成熟理论，他们都会进行自主的分析，只有理解了的东西才会自觉接受。这时的他们已经具备自主思考、自主判断、探寻未知、创造新知的能力，以及质疑、批判、创新的能力。而且，成年人也将以自己的理解能力对幼年时期和青少年时期学得的知识进行检验，使自己构建的整个知识体系处于科学合理的状态。

可见，成年时期基于理解的自主创新型学习是人生最为成熟、最为高级、最为先进的学习方式。事实上，人们毕生的创造发明和各种业绩建树，主要是在这种理解型学习方式的基础上实现的。

至此可以明白，认知的最高境界是理解，而实现理解必须“不仅要了解事物的形式(语法信息)，还要了解事物的价值(语用信息)，进而在此基础上了解事物的内涵(语义信息)”。这正是全信息理论，以及基于全信息理论(语义信息)的认知理论主张。

遗憾的是，目前流行的各种机器学习理论(包括深度学习)[15-18]都还没有发展到理解型的学习方式。当代人工智能包括机器学习和认知研究之所以未能上升到理解型学习层次，主要原因之一是，学术界至今还没有真正研究和接受全信息理论，特别是其中的语义信息理论。这是当前人工智能和认知理论研究的最大欠缺。为此，本书将把重点放在阐述理解型学习的认知策略。这既是人类认知过程的根本研究方向，也是当代机器认知研究，乃至整个人工智能理论研究的重要突破方向。

上述三种学习方式构成学习方式的生态体系，即权威灌输型学习→社会从众型学习→自主创新型学习。幼年时期的认知学习奠定了人生最基本的常识性知识基础(虽然还不理解)；青少年时期的认知学习为人生积累了大量的经验性知识和规范性知识基础(虽然不一定达到深刻理解的程度)；成年时期的理解型认知学习能力才有可能建立并发挥积极的作用。这是因为，幼年时期习得的常识性知识，是青少年时期学习经验性知识和规范性知识的必要前提，而常识性知识、经验性知识、规范性知识，则是探索能力和创新能力的基础。

另外，也存在自主创新型学习→社会从众型学习→权威灌输型学习的反馈充实和理解的生态过程。每个人都会有这样的经历和体会，幼年时期通过背诵记住的许多知识和青少年时期通过从众认可的许多知识，当时并不真正理解，成年之后，经过思考和理解才逐步懂得这些知识的真正含义和价值。这是学习过程中的“反刍”现象。

受此启发，人工智能领域也应有机械式学习→统计式学习→理解式学习的递进学习过程和理解型学习→统计型学习→机械式学习的反馈消化吸收过程。后一过程的作用是使以前学到的那些不理解或者没有完全理解的知识实现理解，从而形成基于理解的知识结构，成为日后学术创新的坚实基础。

因此，这些不同的机器学习方法不是孤立的，更不是矛盾的，而是相互补充和相互促进，构成机器学习方法的动态双向生态链。

事实上，在机械式学习积累的常识性知识、统计式学习积累的经验性知识和规范性知识、理解式学习形成的探索与创新知识三者之间，前者是后者的基础，它们形成一个开放的，有基础、有秩序、有层次、有深度、有协同、有前瞻的认知方法生态体系。同时，它们也必然需要不断反馈、反刍、调整和完善。这应当成为当今认知学习研究和知识库建设的重要准则。

2. 机器认知方法的进步：机械型→统计型→理解型

认知(学习)是生物(特别是人类)特有的高级能力。因此，人们研究机器认知方法的绝妙途径就是首先深入理解人类自身认知方法的基本原理,从中获得启发，然后结合机器的特定条件，寻求动态双向机器学习生态链的具体实现方法。

由此可以认识到，人类认知的生长规律是从幼儿时期的权威灌输式走向青少年时期的社会从众式，最终走向成年时期的自主理解式。因此，机器认知学习的规律也是从早期的机械式学习发展到当今的统计式学习,目标是走向理解式学习。

由于公众对于机械式学习和统计式学习已经了解得很深入，因此这里把注意力聚焦在基于理解的机器认知方向，特别是基于理解的归纳学习方向。

如果注意到关于知识概念和知识的外生态学的讨论，就可以得到结论，认知过程就是从感知信息到知识的转换过程。如果注意到感知信息和知识的定义，就可以进一步得到结论，从感知信息到知识的转换过程，就是由感知信息的代表——语义信息(感性认识)到内容性知识(理性认识)的抽象过程。

众所周知，哲学和逻辑学的基本理论都表明，由事物的现象到事物的本质的提升过程，就是由个别到一般的归纳学习过程。换言之，归纳是人类认识事物的基本认知学习方法，由此可以衍生出其他认知学习方法，如类比方法、联想方法等。事实上，在人工智能的发展过程中，人们早已展开了大量的归纳学习方法的研究。换句话说，归纳学习本身已经不是什么新鲜的学习方法。

不过,值得强调的是,历来的归纳学习方法研究都是严格基于语法信息(形式)的归纳，是纯粹形式化的归纳方法。本章要研究的则是基于语义信息(含义)的归纳学习方法。这是全新的归纳学习方法[19-21]。

由语义信息归纳知识的示意图如图 9.2.1 所示。它由主体感知的若干具体事物的语义信息抽象出共有性质，即知识。这是典型的理解型学习。

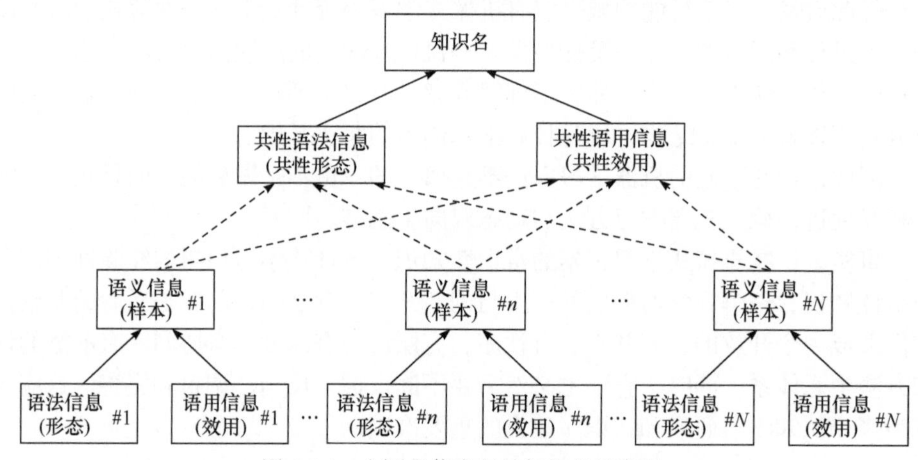

图 9.2.1　由语义信息归纳知识的示意图

图中，最底层表示的是主体从感知过程获得的关于某类(应当是同一类)事物的 N 个语义信息(即 N 个感知信息)样本，其中每个语义信息都由相应的语法信息(形态特征)和语用信息(效用特征)定义，即

语义信息 #1：{语法信息 #1，语用信息 #1}

…

语义信息 #n：{语法信息 #n，语用信息 #n}

…

语义信息 #N：{语法信息 #N，语用信息 #N}

如果语义信息样本数 N 足够大，那么从这些语义信息样本中得到的共性语法信息(共性形态特征)和共性语用信息(共性效用特征)向知识空间的映射与命名，就是这些语义信息样本归纳出来的知识及其名称。其中，共性语法信息就构成相

应的形态性知识，共性的语用信息就构成相应的价值性知识。它们两者在知识空间共同定义内容性知识(全知识)，简称知识。

如果最底层的语义信息样本不属于同一类，那么在实施归纳算法之前就需要进行预处理。首先，对各种不同类型的语义信息样本进行归类(把具有相同或相近语法信息和语用信息的语义信息样本归为同一类)。然后，保证每一类语义信息样本的数量足够多(具有足够的代表性)。最后，对每一类语义信息样本实施归纳操作，分别归纳各类知识。

需要再次指出，主体对某个事物的信息或概念实现了理解，就是指主体具有全信息(全知识)或者全信息(全知识)的代表——语义信息(内容性知识)，即主体不但了解这个事物(概念)具有什么形态，而且了解这个事物(概念)具有什么价值(效用)，即对主体有利、有害，还是无关，从而了解这个事物(概念)的含义(内容)。有了这样的理解，主体就可以决定对这个事物(概念)应当采取什么样的态度，是赞成、反对，还是不予理会。无论是信息层面的浅层决策，还是知识层面的深层决策，对信息(知识)的理解都是做出合理决策(智能决策)的必要前提。

鉴于此，我们说图 9.2.1 是理解型的归纳学习，就是因为在它的信息层面，人们得到语义信息(含义)就意味着掌握了语法信息(信息的形式)和语用信息(信息的效用)。同样，在它的知识的层面上，人们得到全知识(内容)，就意味着不但掌握了形态性知识(知识的形态结构)，而且掌握了价值性知识(知识的功效价值)，可以据此做出合理明智的决策。

需要注意的是，归纳逻辑是一种“非保真”的算法。一般来说，被归纳的同一类语义信息样本数越大，归纳出来的知识就越可信。但是，无论样本数有多大，也不能断言归纳出来的知识绝对可信。

图 9.2.2 是图 9.2.1 的一例，由钢笔、毛笔、铅笔的语义信息(由相应的语法信息和语用信息所定义)归纳出笔的知识(概念)。显然，无论是钢笔、毛笔，还是铅笔，都具有共性的形态特征和共性的效用(功能)特征，而这些共性的形态特征和共性的效用(功能)特征就定义了笔这个抽象的概念(知识)。

如上所述，归纳的特点是不能保真。在这个例子中，笔的概念由钢笔、毛笔、铅笔的共性形态特征和共性效用特征定义，但是不能保证不会出现形态与共性形态特征不完全一致的笔，或者效用(功能)与共性效用(功能)不完全一致的笔。后面这种情况就意味着，共性的形态特征或者共性的效用特征的共性，在实际情况下往往是近似的共性，而不会是绝对的理想共性。

应当指出，认知的过程一定是一个不断地由直观走向抽象、由抽象走向更加抽象的过程。随着人类认识的不断深化，这个抽象化的过程会一直持续发展下去。

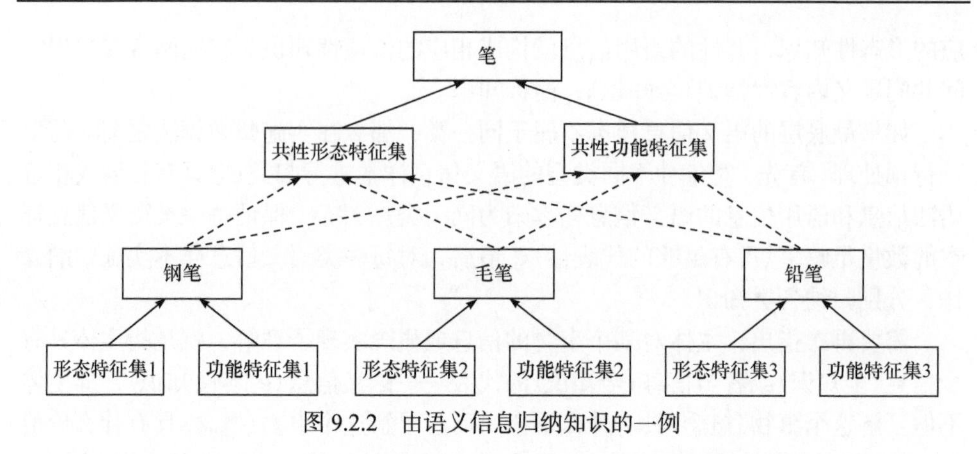

图 9.2.2　由语义信息归纳知识的一例

例如，由钢笔、毛笔、铅笔抽象出笔的概念之后，笔的概念又可以与墨、纸等概念一起被抽象为更高一级的概念“文具”。进一步，文具的概念还可以与水壶、水杯等概念一起被抽象为更高一级的概念“用具”。如此不断深化不断提升，就形成概念的金字塔结构，即越是处在金字塔低层的概念越具体，越是处在金字塔高层的概念越抽象。归纳的抽象化过程如图 9.2.3 所示。

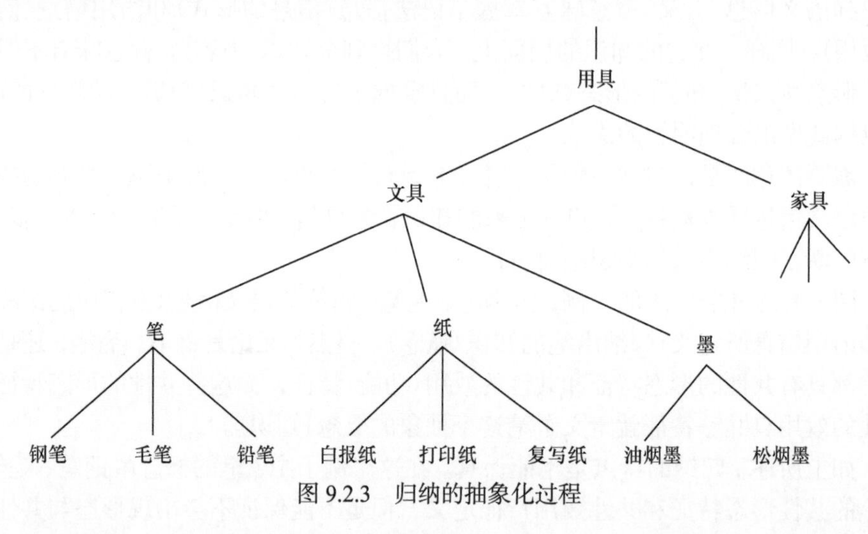

图 9.2.3　归纳的抽象化过程

每个领域、每个部门、每个学科都可以形成各自直观到抽象、抽象到更加抽象的纵向概念金字塔。这些不同领域、不同部门、不同学科之间也存在横向的联系，共同形成一个大规模、多层次、多类型、多维度的复杂概念网络(知识网络)。

值得注意的是，由于每个概念金字塔最底层的基础概念都是由相应语义信息样本群抽象出来的，因此每一层次的概念(无论多么抽象)都具有可追溯的共性形态特征和共性效用特征，都不会失去具体的意义。这就是基于语义信息的知识网络可理解可解释的原因。

应当指出，21 世纪以来，学术界先后提出语义网络的本体和知识处理的知识图谱[14]等概念和相应的理论。它们的目的也是提升信息网络中信息处理的可理解性。在这个意义上，它们与本书基于全信息理论(特别是语义信息理论)建立的理解型认知学习方法是相通的。但是，无论从学术概念的科学性和完备性，还是从技术上的合理性和可操作性来看，本书提出和建立的基于语义信息的理解型认知学习方法都更胜一筹。原因在于，语义网络和知识图谱虽然使用语义信息和知识的术语，但是都没有给出真正严谨的定义和有效的生成方法。

当然，由于本体知识库和知识图谱已经展开了大量的开发工作，形成了庞大的本体知识资源和图谱资源。这些资源都可以为基于语义信息的知识网络提供有益的支持，但是都必须经过相应的改造才有用。

图 9.2.3 表明，随着认知过程不断走向抽象化，在抽象概念之间也会发生越来越多的联系。因此，利用概念之间的抽象关系，也可以推进人类的认知活动。随着认知活动的不断深化，抽象概念之间的相互联系也必然越来越多、越来越深。其中，最典型的就是抽象的逻辑思维和数学思维，它们都可以有效地增进人类的认识。举例如下。

计算：$1+2=3$ 和 $a+b=c$。

比较：若 $x>y$ 且 $y>z$，则 $x>z$。

判断：人都是要死的。苏格拉底是人，所以苏格拉底也是要死的。

规划：据荆襄，主西川；东联吴；北拒魏，则天下三分可期也。

预测：础润而雨，月晕而风。

我们认为，现有人工智能的研究存在严重的理解能力低下问题，主要根源是整个研究都停留在纯粹形式化的认知水平，忽视了形式、价值和内容三位一体。形式化本身并没有错误，它是抽象认知必需的。问题是，不能仅停留在单纯的形式化水平上，而是必须在形式化的基础上继续前进和深化，形成形式-价值-内容的三位一体，才能实现对事物的完整认知。无论高层的抽象认知如何严谨，如果它们在最底层都完全没有内容和价值的根底，就必然导致“空洞无物，不知所云”。

本书作者认为，当今时代，特别是人工智能和其他复杂科学蓬勃发展的时代，必定是经典的纯粹形式化科学不可逆转地逐步走向内容性科学的时代。从这个意义上可以说，基于语义信息的认知理论是划时代的认知理论。

3. 演绎型认知

认知方法——学习(包括人类学习和机器学习)——在本质上都属于归纳型认知。现在研究另外一类认知方法——演绎型知识。它的特点是，利用已有的知识生成新的知识。

由于现有的演绎逻辑理论多种多样，因此应当说，演绎型的知识生成也有许多不同的具体途径。由于本书的宏观原理性质，这里只讨论几种典型的推理型知识生成的例子。

(1)推理型知识生成。

逻辑推理是演绎型知识生成的一种基本途径。它的具体方法可以归结为相对粗糙的经验推理、比较严谨的逻辑推理、更为高级的辩证逻辑推理。由于辩证逻辑推理在目前阶段还不够成熟，这里暂不涉及。

推理规则 9.2.1　推理的基本规则形式为

$$若\{前提事物为真\}，则\{结果事物为真\} \tag{9.2.1a}$$

或者写为

$$\text{IF }\{前提\}\text{ THEN }\{结论\} \tag{9.2.1b}$$

也可用符号表示为

$$\text{Premises} \Rightarrow \text{Conclusion} \tag{9.2.1c}$$

其中，Premises 表示推理的前提，可以是单一前提或多个前提；Conclusion 表示推理的结论，可以是单一结论或多个结论；双线箭头表示推理的方向和过程。

类比推理是常用的一种经验性推理，它的基础是相似性原理，具体含义如下。

若事物 A 有 N 个状态，事物 B 也有 N 个状态，事物 A 和 B 的前 N–1 个状态都相同或相似，A 和 B 的状态变化规律也相同或基本相似，那么结论 B 的第 N 个状态也与 A 的第 N 个状态相同或相似也应当为真。

推理规则 9.2.2　类比推理规则的符号表达式为

$$若\{A=\{A_n\}, B=\{B_n\}, n=1,2,\cdots,N;\ A_n=B_n\ \ n=1,2,\cdots,N-1\ 且\ R(A)\approx R(B)\} \tag{9.2.2}$$

则 $A_N=B_N$。其中，R 表示事物运动状态的变化规律。

严格地说，基于经验类比的推理一般不能保证推理结果必然正确，但是在经验和常识范围内却往往有效。经验类比推理容易理解、操作、接受，因此仍然是一种颇为有用的初级逻辑推理方法。这样，利用类比推理就可以由已有的知识演绎出新的知识。

比较高级、规范、理论化的逻辑推理是数理逻辑推理。它包括命题逻辑和谓词逻辑两种基本规范。数理逻辑推理的基本特征是，基于事物之间存在的某种因果性联系，或者某种默认的关系，建立一套严格的推理公式和推理程式。

下面是熟知的命题逻辑和谓词逻辑推理规则。

推理规则 9.2.3　典型的命题逻辑和谓词逻辑推理规则如下，即

$$W_1, W_2, \cdots, W_N \Rightarrow \wedge_{n=1}^{N} W_n \ W_n \tag{9.2.3}$$

$$W, W \to V \Rightarrow V \tag{9.2.4}$$

$$(\forall x) W(x), A \Rightarrow W(A) \tag{9.2.5}$$

运用这些基本推理规则和其他有关规则，可以有效地进行许多重要的推理。例如，著名的“三段论”逻辑推理就可以很容易表达出来，即

大前提　人都是要死的。

小前提　苏格拉底是人。

结论　苏格拉底也是要死的。

就可以很容易运用推理规则和归解原理证明，其结论逻辑为真。

经典逻辑推理虽然已经自成体系，但是还有许多问题没有充分考虑，导致一系列新的逻辑系统(即非标准逻辑)陆续问世。

首先，知识通常都通过语言表达，而语言学常包含大量的模糊现象，因此作为经典标准逻辑的补充，模糊逻辑得到越来越多的关注。模糊逻辑是通过在经典逻辑的基础上引入模糊因素形成的。模糊因素可以表现为前提模糊、结论模糊、推理模糊，或者前提结论和推理均模糊的情况。下面的推理就是一个典型的模糊推理：如果（能说一口流利的普通话)，那准是(在中国生活了相当长的时间)。

这里，推理的前提“能说一口流利的普通话”(有多流利?)和结论“在中国住了相当长的时间”(有多长？)都是模糊的；由前提到达结论的推理本身也是模糊的，因此才会有“准是”(有多大的准确性?)的模糊表述。

推理规则 9.2.4　模糊推理的公式可以表示为

$$\text{IF (模糊条件)} \to \text{THEN (模糊结论) 置信度} (b) \tag{9.2.6}$$

对照前例，式中的含义一目了然，而 $0 \leqslant b \leqslant 1$ 是推理置信度(模糊集合的隶属度)的表示。

其次，经典的标准逻辑不能表示语言的情态，因此作为补充，人们又提出所谓的模态逻辑。它是通过在一阶谓词逻辑的基础上引入必然算符和可能算符而形成的。此外，为了表达逻辑推理中的时间概念，又引入时序逻辑等。这里就不一一讨论了。

最后，还要特别指出，有时一个推理规则可能会得出多个不同的推理结论。这时需要计算由前提到达各个不同结论的合理度，然后选择其中最大者作为优选的结论，即

$$\text{若有合理度} \quad K(\mathfrak{J}_{k0}) = \operatorname*{Max}_{k} \{K(\mathfrak{J}_k)\} \tag{9.2.7}$$

则选择第 k_0 个结论作为优选的推理结论。

可见，知识推理和知识度量之间存在密切的关系，后者是前者的理论基础。

需要指出，以上关于演绎型知识生成(演绎型认知)的各种方法，仅是一些具体的例子，而不是系统的演绎型知识生成理论。这是因为，逻辑理论还在发展之中，已有的各种逻辑方法还没有能够形成一种统一的体系。特别是，标准逻辑(包括命题逻辑和谓词逻辑)的可用范围太过苛刻，为了适应更广泛的应用场合，出现各种各样的非标准逻辑。然而，各种不同的非标准逻辑之间又存在兼容性方面的问题。

《泛逻辑理论》[23]对现有的各种逻辑理论进行了系统地研究和梳理，提出泛逻辑的概念和相应的理论体系，通过对原有逻辑(可以称为刚性逻辑)的柔性化和参数化，完成逻辑体系的灵活建构，可以实现逻辑理论的统一。本节讨论的演绎型知识生成(演绎型认知)就可望借助泛逻辑理论实现体系化和统一。

这里还需要指出，严格说来，上述各种演绎型的知识生成方法都存在一个共同的问题，即这些推理逻辑原则上都属于形式逻辑。即使标准逻辑理论的命题逻辑和谓词逻辑，也都属于形式逻辑。

因此，在使用这些经典逻辑的时候仍然需要注意，应当把逻辑演绎中涉及的所有实体词语(实体名词、实体动词等)都赋予(形态性知识，价值性知识)。这样才能突破形式性认知框架的限制，实现真正的内容性认知。为此，就需要内容性知识库的支持。

4. 一种特殊的认知：由语义信息提取相关知识

归纳型认知方法和演绎型认知方法主要是为了适应知识库建库(积累知识)的需要。一旦知识库基本建成投入实际应用时，还需要另外一种认知的方法。这就是，由语义信息在知识库提取相关知识的方法。

参看图 5.3.4 的通用人工智能标准模型可以发现，当感知系统生成反映主体对客体主观感知的语义信息(它是感知信息的合法代表)时，系统就把语义信息送到综合知识库，获得求解问题需要的相关知识体系，以便支持谋行系统，生成求解问题需要的智能策略。

这里需要特别指出，把语义信息送到综合知识库，获得求解问题所需要的相关知识，是一种特别重要的认知方式。当然，它既不是前面讨论过的“归纳型”认知方式，也不是其后讨论的“演绎型”认知方式，而是 “提取型”认知方式。

这种提取型认知方式与众不同的特点是，它不仅可以实现一般意义上的语义信息→知识的转换，而且可以实现语义信息→相关知识体系的对应和提取。这里所说的相关知识体系，是指与求解问题(语义信息所表示的问题)相关的知识群体。因此，这是一种很特别，很重要的认知方式。

为什么提取型认知方式能够凭借一个特定的语义信息就把“与求解问题相关

的整个知识体系”提取出来呢？这既与语义信息内涵有关，也与知识库的结构密切相关。

一方面，语义信息的内涵是偶对(语法信息，语用信息)。认知系统收到某个语义信息的时候，从它的内涵就可以知道系统此刻关注的问题是什么。例如，当认知系统收到“笔”这个语义信息的名称时，系统就知道要关注的问题应是“与书写工具问题”有关的事情。

另一方面，按照通用人工智能系统的知识库要求，知识库存储的各种知识都必须按内容进行组织，成为模块式和层次式的知识体系。在知识库存储的知识结构中，每个节点都是一个知识名，即内容性知识(形态性知识，价值性知识)。如果语义信息的内涵与知识库某个知识的内涵实现归属匹配，那么这个语义信息就可以提取与之实现归属匹配的知识体系。

以语义信息名“笔”为例，当认知系统收到“笔”这个语义信息名的时候，认知系统就知道此时关注的问题是“与书写工具”有关的问题，因此就可以把知识库与“书写工具”相关的知识体系提取出来备用。这个知识体系包括，书写工具有哪些种类、它们之间有什么异同和优缺点、各自适用的场合是什么、书写工具都有哪些用途、它们的发展历史和前景如何等。因此，一旦收到语义信息为“笔”的时候，认知系统就在知识库里提取与“笔”相关的知识体系，在解决相关问题的时候提供相应的知识基础。

9.3　基于内容的认知记忆库

综上所述，知识库的作用包括存储知识、提取知识。这与人类自身的记忆系统类似，“记”是存储知识或存储信息，“忆”是回想/提取信息和知识。当然，人工智能知识库存取的对象都是知识，人类记忆库存取的是知识，也可以是信息，甚至是求解问题的策略。因此，记忆库的内涵比知识库更广泛。在图 5.3.4 中，我们用了综合知识库的表述，意思就是，它所存取的东西可以是信息、知识、策略。

更确切地说，本书的“知识库”一词应该理解为记忆库。记忆库是一切基于知识处理的智能系统的必备基础。对于人类来说，就是第 7 章讨论的记忆系统，是知识库的原型。显而易见，若人类没有记忆能力或者失去记忆能力，就会丧失智力能力、生存能力、发展能力。因此，记忆库是十分基础、十分重要的智力系统。

在计算机和人工智能研究领域，知识库的建构已是众所熟知的课题。不过，它们都是基于纯粹形式化数据和形式化知识的知识库建构方法。相比起来，基于内容记忆库建构的主要不同之处，在于它与众不同的知识表示方法。因此，这里不讨论知识库建构的一般性问题，只强调基于内容性知识记忆库的相关问题。

9.3.1 基于“语义信息/内容性知识”的知识表示

第 6 章曾经指出，$y=\lambda(x, z)$，$x\in X, y\in Y, z\in Z$，既可以看作语义信息的存在性定义，也可以看作语义信息的构造性定义，λ是映射与命名算子。因此，在给定映射命名算子的条件下，语义信息 y 的内涵就可以用与之相伴的语法信息 x 和语用信息 z 的偶对 (x, z) 表示。更加确切地说，语义信息 y 就是偶对 (x, z) 在语义信息空间映射结果的名称。因此，决定语义信息 y 的内涵的就是与之相伴的偶对 (x, z)。语义信息的这种关系在知识的场合同样成立，即一个知识的内涵 y 就是与之相伴的形态性知识与价值性知识的偶对 (x, z)。

例如，偶对(x = 顶部开口底部封闭的空心圆柱，z = 可以盛物)，可以被映射到语义信息空间，并命名为“语义信息 y = 容器”。因此，y = 容器，就是偶对(x = 顶部开口底部封闭的空心圆柱，z = 可以盛物)在语义信息空间映射结果的名称，即语义信息；偶对(x = 顶部开口底部封闭的空心圆柱，z = 可以盛物)就是“语义信息 y = 容器”的逻辑内涵。

可见，为了表达语义信息的内涵，就只需要写出与它伴随的(语法信息，语用信息)偶对内容。因此，人们可以给出无穷无尽的这类例证。

物件名 = ({该物的形态特征集合}，{该物的功能特征集合})

水杯 = ({顶部开口底部封闭的空心圆柱}，{用以盛水})

铅笔 = ({细长木质圆柱，内嵌铅芯}，{用以书写})

中药材 = ({药材的形态特征集合}，{药材的医药功能集合})

动作名 = ({动作的外部形态特征集合}，{动作的功能效用特征集合})

搬运 = (物件的外部空间轨迹变化特征)，{按需在空间转移物件}

行走 = ({行者的姿态及其时空变化特征}，{空间转移，健身})

…

总之，无论是事物还是动作，都可以根据它们的外部形态特征集合和功能特征集合给予恰当的描述和命名。语义信息名(无论是动词还是名词)的形态特征集合和功能特征集合描写得越是精细，它所对应的动作和事物名称和内涵就越准确。当然，在知识表示的精准度与知识表示所需资源量的简洁度两者之间总是存在矛盾，需要寻求恰当地权衡。这种权衡的具体把握，要依具体的问题来确定。

以上分析表明，与现有计算机科学和人工智能领域各种知识库的知识表示方法相比，现有知识库的知识表示方法都是基于纯粹形式匹配的原理，基于语义内容的记忆库的知识表示是基于内容理解的原理。这种基于内容的知识表示的最大优点是，使被表示的对象具有内容的可理解性。现有的各种知识表示方法则只具有形式的可匹配性，而不是内容的可理解性。

不难相信，形式匹配和内容理解对于知识库的有效使用而言，可以说具有天壤之别。基于形式匹配的原理，只可实现对事物形式的识别(但不能理解)和按照形式特征实现对事物的分类(但不能理解)，而基于内容理解的原理，则可以实现对事物内容的理解，懂得这个事物“是什么意思”和“有什么用处”。可以认为，形式匹配只涉及浅层表面的形态，内容理解才能深刻揭示事物的内在本质。

不仅如此，基于语义信息的知识表示方法还十分适合知识的提炼，也就是适合知识的抽象化(即求取共性的形态特征和共性的功能特征)，而提炼或抽象化是人类思维的核心能力之一。有了这种能力，就可以形成知识的组织结构体系，而不再是一群孤立的、表面化的概念或知识堆积。

如图 9.2.3 所示，我们日常的文具用品，如钢笔、毛笔、铅笔都有各自的形态特征集 1、形态特征集 2、形态特征集 3 和各自相应的功能特征集 1、功能特征集 2、功能特征集 3。另外，它们之间又都具有共同的外部形态特征集和共同的功能特征集。这样就可以根据它们的共同形态特征集和共同功能特征集把它们在整体上抽象命名为“笔”。“笔”是由钢笔、毛笔、铅笔提炼出来的物品名，或者说抽象名。

类似地，人们熟悉的商品墨、珍藏墨、礼品墨也有各自的外部形态特征集、功能特征集，根据它们共同的外部形态特征集和功能特征集可以建立整体抽象名“墨”。在此基础上，还可以根据“笔”和“墨”的共同外部形态特征集和功能特征集建立整体抽象名“文具”，甚至还可以用类似的方法建立更为抽象的名称“用具”，如图 9.2.4 所示。

经过逐级的抽象化，就可以构成越来越完整的知识体系，即在这个知识体系的最底层是那些最具体的概念；越是走向知识体系的高层，概念就越是抽象；各个层次之间都存在内在的联系，共同构成良性的知识体系。

当然，图 9.2.3 只是基于内容的知识表示的一个具体示例。但是，不难按照与这个示例同样的道理构建基于内容的其他各种类型的知识体系，并最终构成相对完整的基于内容的知识体系。

认知科学的研究指出，在人脑的长期记忆系统中，记忆系统存储的事项是按照它们的意义(语义)组织起来的。可以看出，图 9.2.3 所示的基于内容/语义信息的知识结构体系与认知科学揭示的知识组织体系原理完全一致。这可以说是信息科学研究与认知科学研究之间不谋而合的彼此印证。

不仅如此，图 9.2.3 所示的组织结构还清晰地揭示了概念抽象化的工作机制。概念的抽象化过程，就是在保持概念(语义信息)特征集合(语法信息的特征集合与语用信息的特征集合)中最本质特征子集的条件下不断降维的过程。当然，抽象化的结果是否合理，需要通过恰当的检验和反馈来确认。特征降维-反馈确认的工作机制可以为概念的抽象化提供清晰的实现途径。

以上讨论的记忆库知识组织方法,贯彻按内容自下而上由具体到抽象的原则,即在知识的组织结构体系中越是低层的概念越是具体,越是高层的概念越是抽象。这是一种纵向归属的知识组织原则,对事物分类的研究特别有利,而事物分类是人类认识世界的重要基础。

另一种知识组织的方法是横向联系的原则,即把每个知识节点(知识名)可能拥有的横向关联都表示出来,关联的强度可以用相应的权重表示。例如,知识节点(知识名)“汽车”,与它相联系的知识名就可以有司机、乘客、乘务员、汽车站、道路、汽油、加油站、旅游点、汽车收费站、汽车维修站、汽车公司、交通局、交通管理员、车库等。认知系统一旦收到以“汽车”为名称的语义信息,认知系统就可从记忆库提取出包含上述内容的知识体系备用。

顺便指出,当前流行的知识图谱就是按照这种横向联系的原则组织起来的知识体系。知识图谱的每个知识节点(知识名)只是一个知识的空名称,并没有知识名的内涵,即没有内容性知识(形态性知识,价值性知识)的存在,因此利用知识图谱得到的结果只是一些知识名称形式的关联,不具有知识内涵的可解释性。这是知识图谱不能与“语义信息/内容性知识”相提并论的重要原因。

显然,对于记忆库的知识组织方法来说,比较合理的原则应当是二维结构的原则,即纵向联系与横向联系共存的原则。两个维度之间的联系可以通过相同的知识名来建立。这样的联合机制,可以使知识的提取达到既有深度,又有广度的综合水平。

9.3.2 基于“语义信息/内容性知识”的机器学习

目前,认知有很多不同的定义,但最贴切的定义是,根据语义信息获得相应知识的学习过程。学习是人类生存与发展不可或缺的基本能力,也是机器智能的重要特征。如果没有学习能力,人类便无法适应环境的变化,更不可能有效地优化环境。同样,如果没有学习能力,机器也不可能很好地为人类服务。

学术界关于机器学习的研究,经过由早期的机械式机器学习方法到近期的统计式机器学习方法的发展历程取得了不少进展[16-18]。

现代计算机技术已经非常强大,由网络获得的数据也几近无限丰富,可以为统计型机器学习提供极好的条件。总体来看,机器学习的效果还远不能令人满意。其中最重要的缺陷,也是现代机器学习与人类学习之间存在的最大差别,就是还停留在统计的形式化学习阶段,没有利用语义信息(内容因素)。

由于学术界此前只有统计信息论,没有语义信息论,因此学术界一直在关注和研究的学习理论都是基于统计型语法信息的学习理论,也就是统计学习理论。因此,这是一种典型的社会从众型的经验性学习理论。

有了语义信息理论，人们就可以研究基于语义信息(基于内容)的自主理解型学习理论。可以看到，与形式化的社会从众型学习理论相比，自主理解型的学习理论最重要的优越性就是它的理解能力。这与人类自身最成熟、最高级的学习机理相通。

基于语义信息的自主理解型学习模型如图 9.3.1 所示[21]。

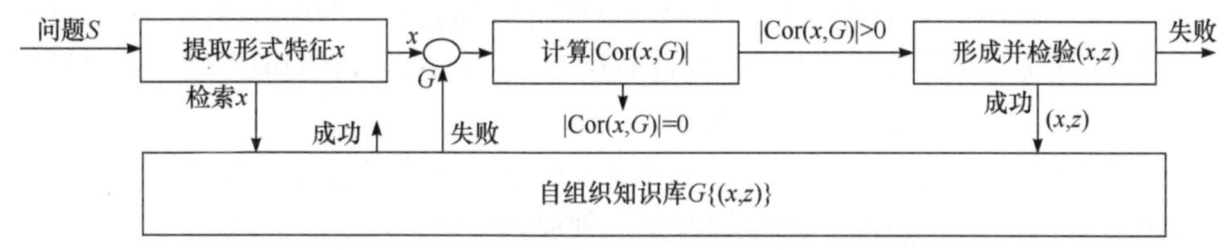

图 9.3.1　基于语义信息的自主理解型学习模型

图中具有自组织能力的知识库是整个模型的共同基础，它存储自主理解的学习目的 G，同时存储此前积累的大量先验知识/先验信息$\{(x, z)\}$作为理解的基础。这个知识库还具有自组织的能力，即能够按照存储的各个语法信息(形态性知识)与语用信息(价值性知识)偶对的具体情况(特征的多寡与强弱)在知识体系/信息体系中对它们进行准确合理地定位，使知识库的知识体系/信息体系处于合理的结构状态。

基于语义信息的自主理解型学习过程通常包含以下步骤(图 9.3.1)。

(1)当学习系统面临某个问题样本 S 时，系统首先提取问题的形式特征 x，并到知识库的偶对集合$\{(x, z)\}$进行检索。

(2)若检索成功，则说明系统面临的 S 是一个老问题，不必再行学习。如果检索失败(即 x 在$\{(x, z)\}$中找不到匹配项)，说明 S 是一个新问题，需要进行学习。

(3)系统启动形式特征 x 与学习目的 G 之间的相关性运算(形式特征 x 与目的 G 都可以表达为维数相同的矢量)，图中 Cor ( )是相关性运算符。

(4)若相关度为零(或小于某个较小阈值)，说明系统面临的问题 S 与设定的学习目的无关或关系不大，因此可以不予理会；如果相关度较大(大于某个阈值)，说明 S 对目的 G 而言具有一定的效用 z，因此把 x 和 z 送至下一环节，建立新的语法信息与语用信息的偶对(x, z)，进行映射和命名。这就是学习获得的新结果，即新的语义信息(学到的新内容)。

(5)对新的学习结果进行验证，若验证失败，就放弃；若验证成功，就输入知识库/信息库，经自组织定位后在知识体系/信息体系的恰当位置予以存储，从而扩展知识库/信息库的知识/信息。这就是以知识库已有的内容知识(语义信息)为基础，不断学习、不断更新和扩展新的内容知识(语义信息)的学习过程。

可以看出，这种基于语义信息的自主理解型学习系统的特点是，除了必须事先在知识库中存有一定数量的先验知识偶对/信息偶对$\{(x, z)\}$，还必须具有明确的学习目的G。因此，这样学习到的知识/信息在内容上都符合目的的需要，而且都是可以被理解的知识/信息。

学习目的非常重要，一切学习都应当有明确的目的。完全漫无目的的学习是没有实际意义的。当然，作为一个实际的学习系统，一般都具有许多不同的具体学习目的，因此可以通过学习，学到与这些具体目的相关的知识/信息。如果这些目的之间构成一个有机的体系，那么针对这个目的体系学到的知识/信息就会形成与这个目的体系相应的知识/信息体系。

前曾指出，自主理解型学习是一种高级的学习方式，社会从众型学习是一种基础性的学习方式，权威灌输型学习是一种原始性的学习方式。随着学习者自身智力能力的逐渐成长和他所积累知识的日益丰富，权威灌输型的学习方式会逐渐提升为社会从众型的学习方式，并最终发展为自主理解型的学习方式。

在这三种学习方式之中，只有最高级的“自主理解型”学习方式才需要以语义信息/内容知识为基础，其他两种学习方式则需要语法信息的基础。然而，只有发展到“自主理解型”学习方式，人类的学习才算发展到高级阶段。只有发展到“自主理解型”学习方式，人类的学习能力才全面超越动物的学习能力。对于机器学习理论的发展而言，情形也是如此。

这就是基于语义信息/内容知识的自主理解型学习方式的重要意义。

特别有意义的是，如果学习的目的不是仅仅局限于学习新的知识和信息，而是希望学习解决各种新问题的智能策略，图 9.3.1 所示的自主理解型学习模型就应当升级为图 5.3.4 所示的通用人工智能系统模型，即基于普适性智能生成机制的通用学习系统模型。

对比图 9.3.1 和图 5.3.4 可以发现，与学习新知识和新信息的学习系统一样，基于普适性智能生成机制的通用学习系统模型也要求系统具有明确的学习目的和足够的先验知识。考虑本书篇幅的均衡性，这里把智能决策的通用学习系统模型工作机理的分析放在下节。

9.3.3 通用学习

首先，通用学习意味着学习的对象、环境、目的应当是普遍性的，不是仅仅针对某个特定目的新知识和新信息的学习，而应当是任何环境下任何问题的学习。另外，通用学习意味着学习的目的是广泛的，不仅仅是为了认识而学习的对象，更是为了合理地同这些对象打交道，有利于系统的生存和发展。

因此，通用学习的能力包括，理解问题的能力，能够确切理解各种环境中发生的复杂问题；解决问题的能力，能够生成智能性策略，合理解决各种环境中发生的复杂问题。换言之，通用学习实际上就是通用问题的智能求解。这也是智能决策的等效表述。

不言而喻，系统的学习能力是系统智能水平高低的一个基本标志，在绝大多数情况下，智能来源于知识的演绎推理，而知识来源于信息的加工提炼。所以，智能的生成机制可以简单地描述为信息→知识→智能转换。

不过，需要再次提醒的是，这里的信息不是人们熟悉的 Shannon 信息论意义上的信息，而应当是待求问题呈现的客体信息和通过第一类信息转换而来的感知信息/语义信息。Shannon 信息只是感知信息的一种统计型语法信息分量。对照图 5.3.4 的通用人工智能系统模型可知，普适性智能生成机制的完整表示应当是，客体信息→感知信息→知识→智能策略→智能行为的复杂转换。由于感知信息可以由语义信息代表，因此普适性的智能生成机制也可以表述为客体信息→语义信息→知识→智能策略→智能行为的复杂转换。

在上述智能生成机制的转换表达式中，从客体信息到感知信息/语义信息的转换原理已经由图 7.2.1 阐明。其中，系统的输入 S 就是待求问题呈现的客体信息，系统的全部输出就是感知信息的三个分量，即语法信息 X、语用信息 Z、语义信息 Y。语义信息 Y 是以 $\lambda(X, Z)$ 的机制生成的，因此可以完整地代表语法信息 X 和语用信息 Z，进而全面代表感知信息。

此外，在上述智能生成机制的转换表达式中，由语义信息到知识的转换可以通过理解型学习原理来实现，即根据事先给定的问题和设定的目的从认知记忆库提取与问题-目的相关的知识集合。

因此，这里需要补充的就是，阐明如何实现由知识到智能的转换，以及语义信息在其中发挥的作用。我们可把图 5.3.4 的模型简化为图 9.3.2。

容易看出，图 9.3.2 是一个智能决策的简化模型，智能决策的产物就是解决问题的智能策略。为什么说，图 9.3.2 也是一个通用学习的模型呢？

这是因为，当把它产生的智能策略通过执行机构转换成为智能行为，作用于环境中的待求问题(客体)后，如果求解的结果与目标之间存在某种误差(由于复杂系统各环节都必然存在非理想性和不确定性，出现误差几乎是必然事件)，那么按照图 9.3.2 的要求，就要把误差作为一种新的信息(误差信息)反馈到系统的输入端，并根据这个新的信息学习，补充新的知识，进而优化策略，把新的优化策略转换为新的改进行为，重新作用于待求问题，以减小误差，改善求解的效果。这种效果检验-误差反馈-学习优化的过程通常需要重复多次，直至达到满意的求解效果。可见，这是一种全局学习机制，是对任何问题都适用的学习机制，是名副其实的通用型学习机制。因此，图 9.3.2 所示的也是一种通用型的学习模型。

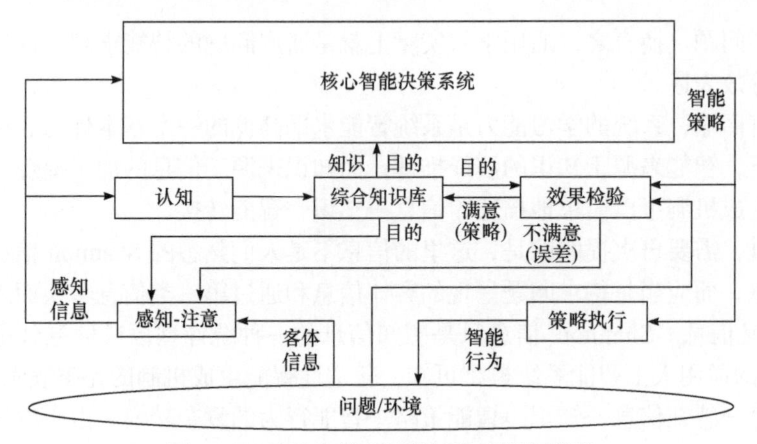

图 9.3.2　智能决策(通用学习)的简化模型

图 9.3.2 清楚显示了语义信息在智能决策问题求解中的基础作用。核心智能决策系统的输入激励就是以语义信息代表的感知信息 I_{sem}，输出是求解问题需要的智能策略 St，它的支持条件(也即约束条件)是相关的知识集合$\{K\}$，它的引导和控制因素是问题求解的目的 G。因此，有下述关系，即

$$\text{St} = f\,(I_{\text{sem}}, \{K\}, G) \tag{9.3.1}$$

其中，函数 f 为某种复杂的处理操作，一般而言，不是普通的数学运算，而应当是各种可能的逻辑演算(标准的命题演算和谓词演算，非标准的逻辑演算等)，也可能需要目前还在发展中的泛逻辑演算；在复杂的情况下，还不可避免地需要目前还处在萌芽阶段的辩证数理逻辑操作。

式(9.3.1)表明，不管智能策略生成函数的形式如何，语义信息都是不可或缺的要素。它代表感知信息，后者是客体信息在认识主体思维中的反映，是认识主体对于客体的感性认识。如果没有语义信息的参与，整个求解过程就会失去问题的针对性。如果仅仅拥有 Shannon 信息而没有语义信息，就不可能获得内容性知识。在这种情况下，决策的智能水平将无法保证。这就是语义信息在智能决策中的基础作用。

9.4　本 章 小 结

本章探讨和阐明通用人工智能理论的认知原理，这是通用人工智能主体理论的核心内容之一。

为此，本章首先面对众说纷纭的认知说法，阐明本书对认知的基本理解，包

括认知的基本含义，以及认知过程的起点和终点，并论述本书所持认知观念的科学性和合理性。这显然是十分必要的前提。否则，如果基本概念不科学合理，以它为基础建立的理论便会缺乏足够的科学性和可信性。

在此基础上，本书着重阐述认知的基本原理，即通用人工智能的第二类信息转换原理。认知过程的本质就是把感性认识提炼为理性认识的过程。当然，认知还包括由原有知识推演出新的知识，即演绎型认知。实际上，归纳性认知和演绎型认知是认知的两种相辅相成的途径。随着科学技术的进步，演绎型认知将越来越地扮演主要的角色，但是永远都不可能取代归纳型的认知。

本章关于机器学习的研究与众不同之处在于，强调了理解型的认知，而且特别阐述具有“反刍”功能的机器学习双向生态链。

可以看出，本章关于认知原理的研究与第 7 章关于感知原理的研究是十分和谐、默契的。第 7 章的感知原理把客体信息转换成为感知信息(语义信息)，本章的认知原理则在此基础上把感知信息(语义信息)转换成为知识。

参 考 文 献

[1] Hornby A S. 牛津高阶英汉双解词典. 4 版. 北京: 商务印书馆, 1998

[2] Hornby A S. 现代高级英汉双解辞典. 香港: 牛津大学出版社, 1978

[3] 罗跃嘉. 认知神经科学教程. 北京: 北京大学出版社, 2006

[4] Gazzaniga M S, Ivry R B, Mangun G R. 认知神经科学: 关于新质的生物学. 周晓林, 高定国, 译. 北京: 中国轻工业出版社, 2011

[5] Shannon C E. A mathematical theory of communication. BSTJ, 1948, 47: 379-423

[6] Bar-Hillel Y, Carnap R. Semantic information. British Journal for The Philosophy of Science, 1963, 4: 147-157

[7] Bar-Hillel Y. Language and Information. Mass: Reading, 1964

[8] Brilluion A. Science and Information Theory. New York: Academic Press, 1956

[9] Millikan R G. Varieties of Meaning. Cambridge: MIT Press, 2002

[10] Stonier J. Informational content: a problem of definition. The Journal of Philosophy, 1966, 63(8): 201-211

[11] Gottinger H W. Qualitative information and comparative informativeness. Kybernetik, 1973, 13: 81

[12] Floridi L. The Philosophy of Information. Oxford: Oxford University Press, 2011

[13] 钟义信. 信息科学原理. 5 版. 北京: 北京邮电大学出版社, 2013

[14] 钟义信. 信息转换: 信息、知识、智能的一体化理论. 科学通报, 2013, 85(14): 1300-1306

[15] Michalski R S, Carbonell J G, Mitchell T M. Machine Learning: An Artificial Intelligence Approach. Vol.1. California: Morgan Kaufmann, 1983

[16] Michalski R S, Carbonell J G, Mitchell T M.Machine Learning: An Artificial Intelligence Approach. Vol.2. California: Morgan Kaufmann, 1986

[17] Goodfellow L. Deep Learning. Boston: MIT Press, 2016

[18] 周志华. 机器学习. 北京: 清华大学出版社, 2016

[19] 钟义信. 机器知行学原理: 信息、知识、智能的转换与统一理论. 北京: 科学出版社, 2007
[20] 钟义信. 高等人工智能原理——观念·方法·模型·理论. 北京: 科学出版社, 2014
[21] 钟义信. 机制主义人工智能理论. 北京: 北京邮电大学出版社, 2021
[22] 王昊奋. 知识图谱: 方法、实践与应用. 北京: 电子工业出版社, 2019
[23] 何华灿. 泛逻辑学原理. 北京: 科学出版社, 2001

第 10 章 智能生成机制的求解方略：策略的理论

本书第 6 章阐明了信息是智能的激励与启动，第 8 章阐明了知识是智能的理性约束，那么在激励与启动的有效驱动和理性约束的严密护佑下，智能生成机制将生成怎样的结果呢？

这就是本章要探讨的一个基本理论问题——策略理论。

策略问题之所以重要，就在于它是智能的具体体现。正确的策略意味着有智能的策略，错误的策略意味着智能有损的策略。正因如此，在人工智能研究的场合，人们经常把策略叫作智能策略。这意味着，人工智能追求的一定是有智能的策略。

纵览整个人工智能理论可以看到，策略是贯穿整个智能生成机制的核心灵魂，即智能生成机制的前期工作（通过感知获得感知信息和通过认知获得知识）是为了生成解决问题的策略，而它的后期工作（执行策略和优化策略）是为了执行和完善所生成的求解问题策略。所谓智能水平的高低，表现在策略是否高明，是否能够取得成功。因此，策略是智能的理性结晶。

10.1 策略概念与策略研究

一般而言，策略是指人们根据客观的形势和主观目的而制定的行动计划方案。人们可以依据这种计划方案，在当时的客观形势下执行计划的实际行动，以达到主观追求的目的。

由于客观形势经常发生变化，主观目的也会经常进行调整。考虑这种情况，作为行动计划方案的策略就应当随之修正。而且，客观的形势往往比较复杂或者瞬息万变，人们对客观形势的认识很难做到全面而准确，因此通常都要制定多种备选策略来应对，不能一厢情愿地“吊死在一棵树上”。

因此，策略的研究至少要考虑以下几个方面。

(1) 如何具体制定和谋划策略方案？这就是策略谋划问题。

(2) 如何在多种策略方案中做出选择？这就是决策的问题。

(3) 如何把策略付诸实施？这就是策略执行的问题。

(4) 所有的策略都是在行动之前制定的，而实际的主观因素和客观因素又往往发生变化，因此在执行策略的过程中需要根据实际情况的变化进行恰如其分的修改和完善。这就是策略优化的问题。

(5)在许多复杂的情况下，对客观形势的估计往往会有偏差，可能导致主观目的不尽合理，即无论怎样进行策略优化，始终无法达成预设的主观目的。遇到这种情况，就需要重新学习和认识变化的客观形势，重新预设主观目的，重新谋划新的策略。这就是策略进化的问题。

根据第 5 章阐明的人工智能概念可知，人工智能是在人造机器上实现的人类智能。具体来说，人工智能的任务是针对人类主体事先给定的问题、目标、知识，在问题信息的启动下、知识的约束下、目标的引导下，解决问题，达到预定的目标。

对于人工智能的研究而言，解决问题达到目标是一切人工智能系统的终极性和标志性指标。其他的一切工作，都是为解决问题达到目标服务的。为了解决问题达到目标，就需要有好的问题求解策略。

具体而言，人工智能的策略，是指从问题出发到达目标所选择的路径和程序的集合。一个人工智能系统的优劣，主要表现在它解决问题到达目标过程实现的效率和成本，也就是取决于选择的路径是否为最佳、步骤是否充分和必要、调度的程序是否高效等。

同一般的情况类似，人工智能的策略研究也应包括策略的概念研究，策略的谋划、决策、执行、优化、进化等问题。本章讨论策略的概念研究。

所谓策略的概念研究，首先要阐明什么是策略。策略的研究如图 10.1.1 所示。

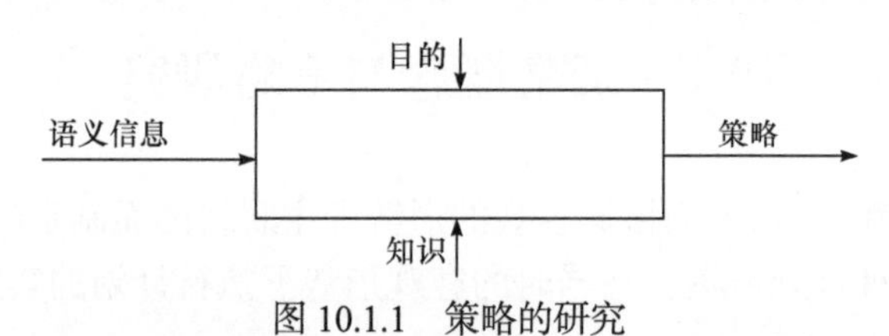

图 10.1.1 策略的研究

图 10.1.1 表明，策略研究的基本问题是，在给定语义信息（主体对问题的认识）的情况下，如何在目标的引导和知识的约束下，求得解决问题达到目标的策略（解决问题的行动计划）。

对照图 5.3.4 的通用人工智能理论标准模型可以知道，在语义信息的作用下，存在三类基本的反应策略需要研究，即人工基础意识的反应策略、人工情感的反应策略、人工理智的反应策略，以及作为三者协调机构的综合决策。因此，这里面临三类各不相同又相互协调的策略问题。

为此，至少需要研究，什么是人工基础意识，什么是人工基础意识对语义信息的反应策略；什么是人工情感，什么是人工情感对语义信息的反应策略；什么是人工理智，什么是人工理智对语义信息的反应策略。

10.2　基础意识及其反应策略

首先需要澄清的问题是，究竟什么是意识，怎样界定意识的含义。

意识是一个十分古老的问题。然而，国内外学术界至今普遍认为，意识又是一个非常复杂且充满神秘色彩而难以准确把握的问题。正如 Dennett 所说，意识问题大概是最后一个难解的谜，……，是常常使最聪慧的思想家也不知所措的难题[1]。这或许正是传统人工智能理论研究常常对它采取“敬而远之”态度的基本原因。

通常认为，意识问题属于社会科学特别是哲学的研究领域，与自然科学的研究领域几乎各不相关。这个理解其实并没有错，因为严格来说，自然科学研究的对象都是无生命的物质，而无生命的物质的确没有意识。但是，人工智能的情况又与此不同，它的基本研究对象是机器智能，机器智能的原型是人类智能，后者不能不涉及意识问题。因此，为了更好地模拟人类智能，机器智能的研究就不能不涉及意识的问题。

这样，机器意识便成为智能科学技术领域不能不充分关注的研究内容。从一般的意义上说，任何一门学科涉及的问题越是深刻，越是涉及自然本质、生命本质、思维本质等，它的研究就越不可避免地会与哲学思想难解难分。不可否认，人工智能的研究就属于这样的学科领域。

回顾人类对于意识问题研究的整个历史可以发现，人们几乎一直是在不断的争论中(最基本的争论课题之一是，先有意识后有物质，还是先有物质后有意识)摸索前进，走过了非常艰难、非常曲折的路程。

虽然人们对于意识问题的认识在整体上是不断深化和进步的，但同时也不得不承认，直到今天，人们对于意识问题的认识仍然“讳莫如深”，在学术观点上则是“仁者见仁，智者见智”，很难取得一致的认识。这就是本节的讨论要特别强调，限制在基础意识范围内的重要背景和原因。

所谓基础意识，不同于整体意识。它应当是意识概念中最为基础，因此也最为重要的部分。那么，究竟什么是基础意识？它与一般意义上的意识概念之间的关系应当怎样界定？这是需要首先回答的问题。

10.2.1　基础意识的含义

在具体讨论基础意识的概念之前，还有必要说明，一般认为，意识是人类大脑固有的属性，而且还有个体意识和社会意识之分。个体意识的主体是人类的个体。社会意识的主体是由人类个体组成的人类社会。一方面，没有个体意识就不会有社会意识。另一方面，也不存在完全独立于社会意识之外的个体意识。因此，个体意识与社会意识之间相互依存、相互联系、相互影响，很难截然分割开来。在一定的意义上也可以认为，个体意识是社会意识的基础。因此，研究个体意识也可以为研究社会意识奠定一定的基础。只要合理地定义个体意识的约束条件，个体意识的研究是完全可行的，而且也是十分有意义的。考虑通用人工智能系统本身的个体性质，这里着重研究个体意义下的意识问题。将来研究群体通用人工智能系统的时候，当然就必须特别关注群体意识、社会意识的问题。

1. 意识的哲学含义

广义的意识概念是哲学家特别关注的，他们认为，意识是与物质处在对立统一关系中的精神现象，是物质以外的全部对象。辩证唯物主义哲学认为，意识是人脑的机能与属性，是社会的人对客观存在的主观映像，具有感觉、知觉、表象的感性形式和概念、推理、判断等理性形式；意识是由物质的运动产生的，但是意识对物质又具有能动的反作用。

《现代汉语词典》给出了类似的解释，意识是人的头脑对客观物质世界的反映，是感觉、思维等各种心理过程的总和，其中的思维是人类特有的，反映现实的高级形式。存在决定意识，意识又反作用于存在[2]。其他辞书对意识的解释也大同小异。

显然，哲学意义下的意识概念包罗人类一切精神活动和精神现象，比智能本身的概念还要宽泛。面对这样浩如烟海的意识概念，人们(多数是哲学家)认为，意识是不可定义的。例如，著名的神经科学家 Frackowiak 等就不无遗憾地指出，我们不知道意识究竟是怎样从人脑的活动中产生出来的，我们也不知道非生物的物质(如计算机)是否能够产生意识。人们也许期望能够获得一个关于意识的清晰定义。但是，这种期待只会失望，因为到目前为止，意识还没有成为一个能够准确定义的科学术语。现在人们对意识的理解五花八门，而且都相当含糊。我们相信总有一天人们能够给出意识的准确定义，但是现在时机还没有成熟[3]。比这更为极端的是，哲学界的一些神秘主义人士干脆认为，人们永远也无法理解意识。

我们当然不赞成不可知论，因此不能赞同意识永远不可被理解的观点，但同时也认为，把这种无所不包的意识概念作为通用人工智能理论的具体研究对象是不明智的，至少在现阶段是不合时宜的。通用人工智能理论希望关注的意识概念是那些目前有可能被理解的部分。

2. 意识的医学含义

现代神经科学研究表明，意识是在人类认识世界和改造世界的过程中，由人脑活动加工出来的产物，而且不是由人脑的某一个神经组织决定的，也不是由固定的某几个神经组织按照机械的方式产生的，因此非常复杂，很难在短期内研究清楚。这里只能选择其中最为简单且最为基础的部分加以研究。相信，哪怕是对最简单和最基础的这部分意识的认识有些许的前进，也会具有十分重要的意义。

显然，最窄意义的意识概念是临床医学的解释。在临床医学看来，一个人的意识主要指他对周围环境、自身状况、周围环境事物之间的关系，以及自身与环境之间相互关系的觉察、理解、反应的能力。如果能够正确觉察周围的环境(包括人、事、物)，能够正确认识自身在环境中的存在，能够正确理解自身与周围环境之间的相互关系，从而做出合理的反应，就认为他具有正常的意识；否则就认为他的意识发生了某种障碍，存在某种缺陷。

例如，一个人在自己长期居住的街区散步却找不到回家的路，天气冷了也不知道要添加衣服，天气热了也不知道要减少衣服，就可以认为他的环境意识可能发生了障碍；一个名叫“张三”的人，如果有熟人呼唤“张三”这个名字的时候，他居然若无其事地没有任何反应，就可以认为他的自我意识可能有了障碍；一个人在大街上行走，居然不知道躲避车辆和行人，就可以判断他的环境意识和自我意识都可能有了障碍；如果一个人的言谈或者与别人的交谈不合常理、不合逻辑，就可以认为他的意识不清晰；如果医生在患者身上扎针或施加其他刺激而病人丝毫没有感觉和反应，就可以认为他没有疼痛意识。

可见，与哲学界的意识概念相比，临床医学意义上的意识概念确实比较基本、比较明确、比较具体，同时也比较容易进行相关的检验、测试、判断，在整个意识概念中，它是最为基础也最容易把握的部分。

3. 本书的“基础意识”含义

为了对基础意识展开有意义的研究，显然不能把哲学意义上的意识概念作为本书的研究对象，而应当把意识概念聚焦在便于检验和判断的类似于临床医学的意识含义上。我们把这样的意识含义称为基础意识。

根据通用人工智能理论研究的需要，除了要研究基础意识外，我们还需要研究情感与智能(以后将把它称为理智)。因此，我们不能孤立地定义基础意识，而应当在基础意识-情感-理智的相互关系中考察基础意识。在基础意识-情感-理智相互关系的视角下界定基础意识。

所谓基础意识，是指人们在本能知识和常识知识的支持下，以及在基于本能知识和常识知识所理解的生存目标制约下对外部环境刺激和自身内部刺激产生觉察、理解，并做出合乎本能、常识，以及目标的反应能力。

我们规定，基础意识必须有且仅有本能知识和常识知识的支持。这是因为系统对刺激的觉察、理解和反应(特别是理解)必然需要一定知识的支持，如果连本能知识和常识知识都没有，那么当面对来自外部和自身内部各种刺激的时候，系统就不可能产生合理的觉察、理解、反应能力。这样的系统就等于没有意识或者意识混乱。因此，这个规定是必要的，也是恰当的。

人们也许会问，人类的知识包括本能知识、常识知识、经验知识、规范知识，为什么基础意识只需要本能知识和常识知识的支持，而不需要全部知识的支持？我们的回答是，确实不必全部知识的支持。这是因为如果得到全部知识的支持，这样的意识能力就不再仅仅是基础意识的能力，而变成全部意识(包括智能)的能力。当然，本能知识和常识知识与经验知识和规范知识之间并没有绝对的界限，正如基础意识与情感、智能之间也不存在绝对的界限一样。这种区分，主要是为了研究的方便，又不至于违背常理。

我们规定，基础意识能力只需要本能知识和常识知识的支持，还有以下几方面的具体考虑。

首先，本能知识是指人类所有知识类型中最具基础性意义的知识，是在自然界和社会环境中维持人类基本生存需要的知识。它是人类按照“物竞天择，适者生存”的法则在长期进化的过程中通过无数的成功(进化)和失败(被淘汰)逐步积累起来的知识。本能知识不是对简单刺激的局部性反应，而是受到一定刺激便按预定程序展开的一系列行为活动的知识。本能知识是人类个体通过遗传机制从父代个体获得的，而不是通过后天学习获得的。本能知识是人类所有其他各种知识的天然基础，也是基础意识必要的知识。

其次，常识知识是人类正常生活需要的基本知识，是人类在本能知识的支持下，在生存目标导引下，在后天认识世界和改造世界的活动中通过实践体验和摸索学习积累起来的一类无师自通、不证自明的普通知识。例如，太阳每天早晨从东方升起，傍晚从西方降落；每年的季节有春夏秋冬之分，人人都有生老病死的过程；人们饿了要进食，渴了要饮水，冷了要添衣；草在春天发芽，在秋冬枯萎；树木有高矮大小，鲜花有五颜六色；$1+1=2$，$1+2=3$ 等。这些常识知识是人类后天学习和理解其他高深知识(经验知识和规范知识)的必要基础，因此也是基础意识必要的知识。

按照上面的定义，如果人们的行为(对各种内外刺激产生的反应)合乎本能知识和常识知识，就认为他具有基础意识。另外，如果人们接受的外部世界和自身内部的刺激超出本能知识和常识知识的范畴，因此不能正确察觉和理解，从而不能做出合理反应。我们认为，这种刺激超出了基础意识反应能力的范围，而不是基础意识有问题。这显然也是合理的。

注意到，基础意识的定义不但强调要有本能知识和常识知识的支持，同时强调对内部刺激和外部刺激的觉察、理解、反应能力。这就表明，基础意识是一个开放的动力学系统，一方面要接受外部世界的刺激，同时要通过产生的反应反作用于外部的世界；另一方面，检验这种对外部世界做出的反应是否合乎情理，既要看这种反应是否合乎本能知识和常识知识，也要看是否合乎基于本能知识和常识知识的生存目标，同时看反应产生的结果是否有利于自身的生存和发展。一般来说，应当既符合自身个体的目标，又要符合相关群体的目标。后者更多地属于社会意识。

由此还可以引出一个重要结论，基础意识系统中的信息必须是全信息，而不能是目前流行的 Shannon 信息论意义下的信息，因为只有全信息才能表示刺激和反应对主体系统目标的价值，才能给出是否有利于目标的判断。Shannon 信息是统计型语法信息，不能提供这种判断的基础。

在上述定义中，我们把觉察、理解、反应作为基础意识能力的三个要素。仔细分析它们之间的关系可以发现，觉察是基础意识能力的基础和前提，如果没有觉察的能力，就不可能有理解和反应的能力；理解是基础意识能力的核心，因为觉察了的东西不一定能理解，而理解了的东西必定是实现了觉察。理解能力又是反应能力的基础，在一般情况下，只要真正理解，就知道应当怎样产生符合常理和目标的反应。换言之，反应是理解顺理成章的结果。可见，虽然反应是基础意识能力的最终表现，也是判断基础意识是否健全的外在体现，但是从它们之间的相互关系来看，觉察和理解则是更为基本的要素。也可以认为，觉察和理解是基础意识的建立过程，而反应则是它的结果。

Farber 和 Churchland 曾指出，意识问题有三个不同的层次。第一个层次是意识觉知，包括对外部刺激的觉知、对身体内部状态的觉知、能觉察到自己认知能力范围内的事物、能觉察到过去发生的事物。第二个层次是高级能力，包括注意、推理、自我控制。第三个层次是心理活动[4]。其中，第一层次所说的意识觉知的概念大体上就是觉察的概念；第二层次所说的高级能力大体上是指理解的能力；第三层次的心理活动概念大体上是指反应的概念。可见，具体的表述虽然各不相同，但是实质上还是所见略同。

Gazzaniga 等曾经表示，意识这个术语有多个含义，第一个含义即现象学觉知，可以简称为觉知。然而，意识的其他几个含义则超越了纯粹的神经生物学描述[5]。可见，他们对于意识第一个含义的认识与觉察、意识觉知的认识相去不远。他们对其他几个含义的认识虽然没有给出明确表述，但表明是超越神经生物学描述的判断。也许，对于外部刺激的理解和反应就认为超出了神经生物学的描述。因为神经生物学的研究不涉及对外界刺激的理解。

总体来看，我们给出的基础意识定义具有可以方便地检验、测试、判断的优点，而且大体上与国内外学术界关于意识的基础层次、意识的基础含义比较接近。在某种意义上也可以说，上述基础意识的定义与觉知的概念有一定的等效性。不过，觉知通常更关注觉察和理解，而不强调反应。因此，为了不引起歧义和争论，我们宁愿采用已经明确界定的基础意识这一定义，而不采用觉知的术语。

10.2.2　基础意识的反应策略

在明确基础意识的定义之后，我们就可以说，在外来刺激的作用下，基础意识系统产生的反应就体现了基础意识的工作策略。

基础意识是指人们在本能知识和常识知识支持下，以及在基于本能知识和常识知识理解的生存目标制约下，对外部环境刺激和自身内部刺激产生觉察、理解，并做出合乎本能、常识，以及目标的反应能力。

因此，如果对照图 10.1.1 中的策略问题模型，就可以说，在模型中其他条件不变的情况下，当模型中的知识仅限于本能知识和常识知识时，模型系统生成的反应本身就体现了基础意识的工作策略。

这个结论非常自然。在图 10.1.1 中，输入的语义信息代表系统的认识主体对客体信息(外部刺激)的理解，即这个外部刺激具有什么样的外部形态，它对主体的目标具有怎样的利害关系。这样就可以根据系统拥有的本能知识和常识知识(其中必定包含许多趋利避害的本能和常识知识)采取相应的对策，做出相应的反应。

可见，基础意识的工作策略来自语义信息表明的外部刺激对系统主体目标的利害关系；系统设定的生存与发展的目标；知识库提供的趋利避害、保障生存与发展的知识。有了这些准备，基础意识系统的工作策略生成就是“水到渠成”的事情。

需要指出，基础意识模块的工作结果可能出现以下三种不同的情况。

(1) 如果基础意识模块的工作正常，而且由输入刺激转换而来的语义信息内容也正好属于本能知识和常识知识范围，那么基础意识系统就会产生符合本能知识、常识知识，以及系统目标的合理反应。因此，后续系统就会认可这个反应，没有必要进一步参与处理。这时，这个通用人工智能系统就表现为意识正常。

(2) 如果基础意识模块的工作正常，但是与输入刺激相应的语义信息内容超出本能知识和常识知识的范围，即超出基础意识所能处理的范围。这时基础意识模块就会自下而上向后续的情感处理和理智处理模块发出报告，并把它收到的语义信息转送给后续的情感生成和理智生成模块进行更深入的处理。因此，这个通用人工智能系统就会表现出更高的智能水平。

(3) 如果基础意识模块的工作发生严重障碍，既不能对输入刺激做出合理的反应，也不能向后续模块发出报告，那么由输入刺激转换的语义信息就到此止步，不会有任何后续处理发生。在这种情况下，人工智能系统就表现为意识障碍。

由此可见，在第 (2) 种情况下 (语义信息的内容超出本能知识和常识知识的范畴)，情感生成和理智生成模块系统就必须进入工作状态，启动对语义信息的情感处理和理智处理。

10.3　情感及其反应策略

神经科学的研究表明，情感处理和理智处理是由两个不同的组织和回路并行承担的。本节按照由简至繁的原则先探讨情感处理模块的工作机制。

10.3.1　情感的基本概念

同研究任何其他问题一样，首先需要明确情感的确切含义是什么。只有概念理解准确，研究的结果才有意义。

1. 情感的定义

情感，是人们非常熟悉的一种心态现象。它是人类与生俱来的一种心理感受和表现，即从幼儿到成年，从成人到老年，人们无时无刻不在经历各种各样的情感体验，也无时无刻不在表现自己多姿多彩的情绪感受。因此，情感的研究具有重要的意义，通用人工智能的理论也不能回避人工情感的研究。

《牛津高阶英语词典》认为，情感是情绪与情感的通称。情绪是心灵感觉、感情的激动或骚动，泛指任何激越的心理状态。

著名的脑神经生理学家 Frackowiak 等曾在 *Human Brain Function* 指出，情感是人类的核心体验。它使我们对世界的感知丰富多彩，并影响着我们的决策、行动、记忆。如果没有情感，精神世界就会变成冷漠的认知信息加工过程[3]。

著名认知神经科学家 Gazzaniga 等在 *Cognitive Neuroscience : The Biology of the Mind* 指出，如果没有情感生活，人们就无法想象自己会变成什么样，无法想象如何与世界交流。同时，他们也指出情感问题的复杂性。他们指出，情感不能被理解为独立于其他更高级的认知能力之外。情感和其他认知功能的神经系统是互相依存和互相作用的[5]。

维基百科也指出，情感是人类个体的精神状态在内部与生物化学因素、在外部与环境因素互相作用的过程中产生的复杂心理体验，至今还没有形成各个学科一致公认的情感定义。

由此可见，与意识的情形颇为类似，情感的概念也非常复杂，甚至近乎神秘。实际上，情感的问题不但与心理学直接关联，而且与脑神经科学、生理学、医学、认知科学、信息科学、人类学、社会学、哲学等众多学科密切相关。各个学科都从各自的特定领域研究情感，建立各自领域的情感理解。因此，要想形成各个学科都能接受的情感定义，并不是一件容易的事情。有人甚至认为，给情感下一个各个领域都认可的定义是一件不可能的事情。

但是，人们并没有因此放弃这个目标。还是有许多人继续为探讨情感的定义而不断努力。其中，Kleinginna 等对 1980 年以前的各种相关文献进行了系统性地梳理和分析，总结了上百种不同的情感定义。在发现各种情感定义的广泛离差性和普遍争议性的同时，也发现一些共同的内核，因此提出情感定义。他们指出，情感是环境的客观因素和人的神经/激素生成的主观因素之间复杂相互作用的产物，能够引起愉快和不愉快一类情绪体验，产生感知、评价和判断一类认知过程，激起广泛的心态生理调整，导致适应性和有目的的行为[6]。

在很长一段时间里，学术界一直存在相当激烈的争论，即究竟是生理变化(肌体唤起)引起心理变化(情感体验)，还是心理变化引起生理变化。例如，人们在森林中遇到猛兽时，究竟是先发生肌体紧张奔跑逃命然后才感觉到心里害怕，还是先出现心里的紧张然后才想起奔跑逃命。James 和 Lange 等认为是生理变化引起了心理变化，而 Cannon 和 Bard 等坚持相反的因果关系。

我们认为，Kleinginna 提出的定义正确地指出，情感是环境的客观事物与人的主观因素相互作用的产物，同时也明智地摆脱了孰前孰后的争论。现在看来，生理的变化和心理的变化往往互为因果。例如，生理上的不适会引发痛苦的情绪(生理变化在前)，心理的紧张也会引起生理上的调整(心理变化在前)。这是人人都可以体验到的。因此，究竟是生理变化在前还是心理情绪变化在前，这并没有绝对必然和铁定不变的关系。

我们还注意到，在众多情感定义中，《心理学大辞典》给出的定义可能更为准确和清晰，可以成为情感定义研究的基础。《心理学大辞典》指出，情感是人对客观现实的一种特殊反应形式，是人对于客观事物是否符合自己需要而产生的态度体验[7]。

我们认为，如果把客观事物是否符合自己的需要说得更明白准确一点，即客观事物是否符合自己的价值追求，才是激发人的情感的主客观关系的实质。情感的表达通常都不是深思熟虑和反复估量的结果，更多的是凭经验、凭直觉的即兴表达。

因此，我们可以把上述定义调整为如下表述。

定义 10.3.1 情感是人们在本能知识、常识知识、经验知识框架下关于客观事物对主体价值关系的一种主观反应。

我们可以把这个表述作为本书关于情感的基本定义。

虽然这个情感定义只关注人与客观事物相互作用过程中发生的心理体验，丢掉了人与身体内部因素相互作用过程中产生的心理体验，但是对于人工智能系统而言，由于机器系统不存在身体内部的生化过程，因此可以不必考虑身体内部生理变化引起的情感因素。

应当认为，这个定义给出的情感概念相对而言比较合理，是现有情感定义的共同交集。这个定义不但指出人们的情感是人们与客观事物之间相互关系的反映，而且明确指出情感是人类主体对客观事物价值关系的一种主观反映。如果某个客观事物对某人呈现正面的价值关系，他就会产生正面、积极的情绪感受；反之，则会产生负面、消极的情绪感受。如果这个客观事物呈现中性的价值，他就可能产生无动于衷或者无所谓的情绪感受。

注意到，价值是与人们追求的目标相联系的概念，某个事物对某个认识主体的价值应当根据该事物对认识主体目标的可实现程度来衡量，即有利于实现主体目标的事物就会引发认识主体的正面价值判断，不利于实现主体目标的事物就会引发认识主体的负面价值判断。因此，上述情感定义也可以表述如下。

定义 10.3.2　情感是人们在本能知识、常识知识、经验知识框架下关于客观事物对于主体目标达成关系的一种主观反应。

在价值与目标之间，人类的目标是更为基础的标尺，任何人类或人类个体都具有自己的目标；人类的价值则是人类的目标产生的次级标尺。面对同一个事物，如果人们的目标不同，就会产生不同的价值体验。因此，在上述两种情感定义之间，后者比前者更具有基本的意义。

这个定义表明，在研究情感问题时，需要采用全信息的概念，而信息论的信息概念将于事无补。这是因为，全信息的语用信息提供的正是一种相对于认识主体目标而言的价值效用判断和度量；Shannon 信息只是一种统计的语法信息，完全没有语用判断的功能。全信息概念不但对注意能力的生成、长期记忆的信息存储与提取，以及基础意识能力的生成都至关重要，而且对情感的生成同样至关重要。这是因为只有当认识主体获得关于某事物的全信息(包括语用信息)，才能判断该事物相对于目标而言的价值效用。

还要说明，我们把情感的知识基础限定在本能知识、常识知识、经验知识范围内，主要的根据是，在大多数情况下，人们的情感是感性的，即经验性的心理过程，而不是理性的心理过程。当然，这种划分不是绝对的。有一些感情的表现是极为理性的，甚至是故意伪装和扭曲的。此外，经验知识只能建筑在常识知识和本能知识的基础上，不可能脱离常识知识和本能知识。在这个意义上，经验知识、常识知识、本能知识是不能截然分割的。

2. 情感与情绪

与情感概念关系特别密切的一个概念是情绪。

心理学的研究认为，情绪和情感都是人对客观事物价值关系的主观反映。这是两者的共同之处。但是，情绪更倾向于个体基本需求欲望上的态度体验，而情感更倾向于社会需求欲望的态度体验。也就是说，情绪更多的表现是，与人类个体利害直接相关的、与具体事物和具体事件相关的、即兴的、短时的态度感受，表现的是个性；情感更多的表现是，与群体利益相关的、与宏观事物和事件相关的、稳定的、长时的态度感受，表现的是共性。前者如某人对某个具体事件或某个具体人物的喜爱、偏好、厌恶、反感、愤怒等，后者如人们的爱国情怀、道德感、历史感、责任感、荣辱感、正义感等。

我们认为，情绪与情感的这种区分是有一定道理的，但是也不应把这种区分绝对化。仔细分析可以发现，群体的情感是在个体情绪的基础上提炼出来的，而群体的情感通常也要通过个体的情绪来表现。另外，个体的情绪也往往受群体情感的影响和制约，不能完全独立于群体的情感之外。因此，既不应当把情感和情绪两者混为一谈，也不能把情感和情绪看作两个独立的概念。

在人工智能的研究中，人们通常都是针对具体的人工智能系统来研究情感的，因此似乎应该关心系统的情绪表现。但是，如果把人工智能系统真的看作某个“个体”，反而没有意义。它究竟能够代表哪个“个体”呢？实际上哪个也不是。虽然一个人工智能系统本身确实是一个“个体”系统，但是它却应当被理解为某个“群体”中的“个体”，这样才有意义。因此，就像在心理学研究的情况一样，在人工智能研究的场合，人们也不应当过分强调系统的情绪，而应当强调它的情感。或者说，不宜过分强调情感和情绪的区别。实际上，在大多数情况下，人们倾向于把情绪和情感两者统称为情感，或者把情感和情绪当作同义语。在没有特别申明的情况下，我们就采用情感来表达它们。

10.3.2　情感的分类

人类的情感丰富多彩，而且变化多端。为了便于研究人工系统的情感，人类多姿多彩的情感表现可以划分为有限种类的基本情感类型(相当于模拟信号的离散化和数字化)。因此，人工系统的情感研究问题就被大大简化，变成研究在哪些情况下会产生此类情感，在哪些情况下会产生彼类情感。换句话说，通过对情感的分类，就会把复杂的连续情感表现转化成相对简单的离散情感表现。

然而，分类本身也是一个非常微妙的问题，即对于任何事物的分类，由于存在许多不同的分类目的，人们都可以制定出多种多样的分类准则，产生多种多样的分类结果。因此，任何事物的分类结果都不是唯一的。当然，这些分类结果之间并不是完全杂乱无章的，它们之间还是存在一定的内在联系。

情感的分类也是如此。例如，按照情感的主体，可以分为个人的情感、团体的情感、社会的情感等；按照情感的对象，可以分为对人的情感、对事的情感、对物的情感、对团体的情感、对国家的情感等；按照情感表现的性质，可以分为正面的情感、负面的情感、中性的情感等；按照情感表现的强度，可以分为强烈的情感、和缓的情感等；按照情感的道德水平，可以分为高尚的情感、低俗的情感等；按照情感的真实性，还可以分为真实的情感、虚伪的情感等。

我们认为，既然情感被定义为人类主体关于客观事物价值关系的主观反映，那么最自然、最有意义的分类准则就应当是按照事物价值关系的主观反映来确定情感的类型划分。具体来说，根据价值的正负变化方向，可以把情感划分为以下基本类型。

(1) 正面价值产生的情感，如兴奋、愉悦、喜欢、信任、感激、庆幸等。

(2) 负面价值产生的情感，如痛苦、忧虑、鄙视、仇恨、愤怒、嫉妒等。

(3) 中性价值产生的情感，如无所谓、淡然、泰然、漠然等。

这也是学术界和社会公众最熟悉和最实用的情感分类。

考虑情感的问题具有极强的主观性，虽然对于"三分类"这样的划分原则上会有比较普遍的可接受性,但是具体在每一大类内部(特别是正面情感和负面情感内部)应当建立怎样的细分却还没有取得普遍的共识。

文献调研表明，人们对于正面类型情感和负面类型情感的细分确实存在很多不同的主张。例如，有些学者建议把基本情感分为 8 个类型，即愤怒、兴奋、开心、厌恶、羞耻、害怕、惊讶、沮丧(图 10.3.1(a))；有些学者主张分为 7 个类型，即欢喜、愤怒、忧愁、容忍、悲伤、恐惧、惊讶；还有些学者建议分为 6 个类型，即愤怒、恐惧、温和、兴奋、快乐、悲伤(图 10.3.1(b))[8]。

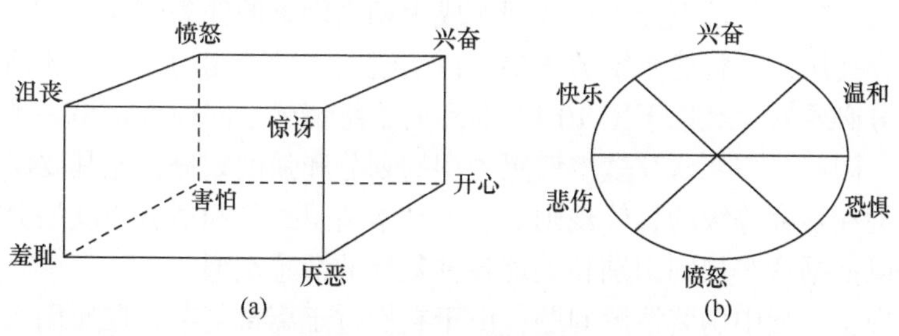

图 10.3.1　情感分类的不同方案

可以看出，虽然各种情感分类方案中有不少公共项，如愤怒、开心(快乐)、害怕(恐惧)、沮丧(悲伤)，但是七分法并不是八分法的真子集，同样六分法也不是七分法的真子集。总之，情感的分类还是比较复杂、比较微妙，还需要做进一步的研究。

Ekman 等注意到一个有意思的现象，各国人关于 6 种情感的面部表现都相同，即愤怒、恐惧、厌恶、高兴、悲伤、惊讶。因此，可以把这 6 类称为基本情感[9]。

顺便指出，虽然 Ekman 等主张的基本情感在数量上恰巧也是 6 类，但是这 6 类和图 10.3.1(b) 的 6 类也不尽相同。前者没有温和与兴奋(如果高兴等效于快乐)，后者没有厌恶与惊讶。

其实，仅有情感类型的划分还不足以满意地解决情感表现的问题，还需要引入关于各类情感表现强度的参量加以补充。以基本情感为例，对于每一类基本情感，需要引入强、中、弱三种不同强度等级的描述，甚至还可以进一步细分为很强、强、次强、中等、弱、更弱、很弱等。根据具体需要，可以灵活地确定划分强弱等级的级差粒度。这样，把基本情感和相应的表现强度结合起来，成为二维的情感分类体系，就能更细致地描述和更恰当地划分情感的类型。如图 10.3.2 所示，我们把其覆盖的空间称为基本情感空间。

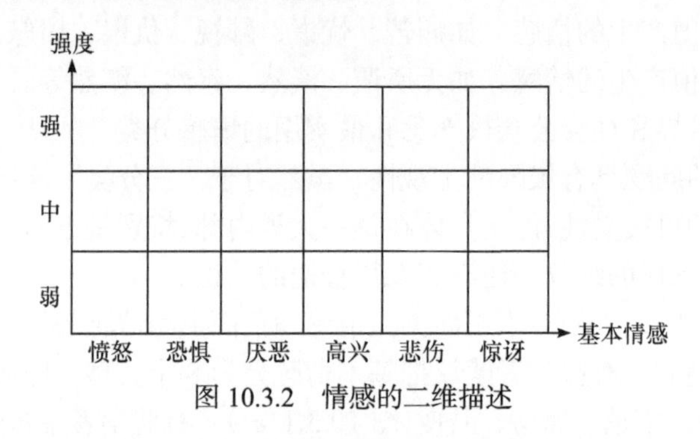

图 10.3.2 情感的二维描述

不难看出，一方面，由于人类实际情感类型本身的丰富多彩和复杂多变，另一方面，由于人们对情感分类在理解上的多种多样和意见分散，使寻求建立严格的、通用的、唯一的情感分类标准问题成为相当困难的任务。

从研究通用人工智能系统的需要来说，建立一种通用的、统一的情感分类标准却是十分必要的。类似于图 10.3.2 所示的二维情感空间模型，是一种有希望的解决办法。因此，需要研究基本情感类型的划分和强度划分，尤其要明确划分基本情感类型和强度等级的具体规则。有了基本情感类型和情感强度划分的具体规则，才可以依据这些规则识别和处理各种基本的情感类型。

至于现实生活中伪装情感问题，由于它们过于离奇复杂，在通用人工智能系统目前的研究阶段可以暂不考虑。

10.3.3 情感的反应策略

与基础意识策略的情形一样，也可以借助图 10.1.1 的策略模型表述情感的策略问题。在模型其他条件不变的情况下，当模型系统知识库拥有的知识为本能知识、常识知识、经验知识时，系统对外部刺激生成的反应策略就是情感策略。

10.4 理智及其反应策略

在展开具体研究之前，有必要先说明理智的含义，因为这是人工智能研究领域很少使用，甚至从未使用过的术语。这里重申，本书所说的理智，大体上属于现行人工智能研究所说的智能层次，但是更深刻、更全面。现行人工智能的智能是一种由形式化的数据和形式化的知识演绎出来的纯粹形式化智能。通用人工智能理论讨论的理智是一种由形式、内容、价值三位一体的全信息(它的代表是语义信息)和全知识演绎出来的全智能(具有形式、内容、价值全部要素)。

为什么这里要改称为理智呢？因为在通用人工智能系统的功能模型中有基础意识和情感单元模块的存在，而它们两者都是智能的重要组成部分，即基础意识是智能的直接基础，情感是智能的情智部分。与此相应，传统人工智能研究的智能从本质的意义上来说就应当属于理智。与此相应，也可以把情感称为情智。这样，在通用人工智能研究领域内，基础意识、情智、理智就构成一个完整的智能概念。理智是完整智能概念中与情智相辅相成的部分。

到这里，有必要再一次提及意识的概念。前面说过，通常(特别是哲学意义上)的意识，是相对于物质而言的无所不包的精神范畴，因此很难对这样笼统和无所不包的意识概念进行深入的研究。按照通用人工智能的理解，可以把意识划分为既相互联系，又相对独立的感知(含注意)、认知、基础意识、情智、理智、决策等子概念，从而可以对这些子概念进行具体的研究。换句话说，在通用人工智能的概念体系中，意识和智能几乎成为同义语。它们都是由感知(包含感知和注意)、认知、情智、理智、决策组成的相互联系、相互作用的统一体。从这个意义上，研究智能(包括感知、注意、认知、基础意识、情智和理智)就几乎研究了意识(物质以外的存在)。

也许有人会提出问题，既然本书一再宣称“分而治之，各个击破”的方法论不适应智能科学研究的要求，这里为什么又把智能(或意识)分解为基础意识、情智、理智来研究呢？

提出这种问题的朋友可能没有注意到一个重要的事实，即与经典的“分而治之”方法大不相同，这里把智能(或意识)分解为基础意识、情智、理智进行分别研究的时候，不但没有丢失它们之间相互联系、相互作用的信息，相反，特别做到保证它们之间的信息联系，特别是保证反映外部刺激与系统目标之间利害关系的全信息联系。因此，这里始终贯彻“保信而分”，因此可以做到“保信而合”，完全不存在经典“分而治之”方法论丢失信息的缺陷。

10.4.1 理智的基本概念

图 5.3.4 所示的通用人工智能系统功能模型表明，在基础意识模块之后，系统生成两类智能，一类是基于本能知识、常识知识、经验知识的情智，一类是基于本能知识、常识知识、经验知识、规范知识的理智。相关章节已经探讨了感知、注意、认知、基础意识、情智的生成机制，现在需要研究的是理智的生成机制。

不难想到，我们也可以像定义基础意识和情感那样，把理智定义为：在本能知识、常识知识、经验知识和规范知识框架下关于客观事物对于主体目标达成关系的主观反应。这样也很好地保持了基础意识、情感、理智之间的定义的和谐性。不过，我们还是希望对理智定义进行更深入的探讨。

在深入分析和具体阐述理智的概念之前，有必要再次重申，通用人工智能理论所说的理智粗略地说就对应于现行人工智能研究中的智能。但是，前者比后者更深刻、更全面，因为准确地说后者只是形式化智能(不考虑内容和价值)。这从图 5.3.4 所示的模型中也可以清楚地看出。

因此，最准确的处理方法是，把现行人工智能研究中的智能概念如实地称为形式化智能，把通用人工智能理论中的理智称为形式、内容、价值三位一体的全智能。这样的称谓虽然很准确，也没有误解，但是在文字表述方面却显得不够干净利索。因此，在容易引起误解需要强调的地方，我们就保持理智的称谓；在不会引起读者误解的场合，我们也把理智称为智能。同样，为了照顾习惯，也会把情智叫作情感。

由于智能本身的高度复杂性，历史文献中出现过许多颇不相同的表述。

例如，1931 年 Burt 就说过，智能是人类固有的通用认知能力。异曲同工的是，Gottfredson 在 1998 年的说法，智能是处理认知复杂性的能力[10]。这大体上是心理学家对于智能的理解。当然，这种认识并没有错，但是缺乏对智能概念的深入剖析，只做了一些概念的转移。因此，人们会问，人类固有的通用认知能力是什么，或者什么是认知复杂性？特别是，考虑人们对认知科学本身的定义还存在不同的理解，这种用认知科学的术语来解释智能的术语的方法自然就不能令人满意。

钱学森先生和一些研究思维科学理论的学者曾经在 20 世纪 80 年代初期提出一种看法，即思维科学与认知科学几乎是同一个学科的两种不同名称而已，而智能的核心过程正是思维过程[11]。

Sternberg 等认为，智能是在目的导引下的适应性行为[12]。这个说法比上面的说法进了一步，明确地指出智能的一个重要特征要素，即目的性。有目的且始终为实现目的而不懈努力，是人类的固有本性，也是人类智能的固有特征。因此，阐述智能的概念便不应当忽视目的要素的存在。实际上，如果没有目的，人们的行为就会失去方向，变成盲目的行为，因此就谈不上有什么智能。不过，这个概念也存在很大的片面性，即把智能仅仅归结为适应性行为。行为只是智能的一种外部表现形式，远远不是全部；适应性行为也只是智能的一种外表性的结果，不是智能的内涵。对于人类来说，它的智能也远不是适应环境，更重要的还是改变环境。

Gottfredson 提出一种比较具体化的智能描述，即智能是一种非常广泛的心智能力，包括推理、规划、解决问题、抽象思维、理解复杂问题、从经验中学习、有效地适应环境等[13]。Neisser 和 Perioff 等也发表过类似的看法，他们认为，人们的智能多姿多彩，能够理解复杂的概念，有效地适应环境；能够从经验中学习，进行各种推理任务；能够通过思考克服各种困难[14, 15]。

他们的理解列举了智能的许多具体重要表现(优点)，使人们对智能的认识比较具体、比较清晰。列举特征的方法从来都不是刻画概念的最好方式，这是因为像智能这样非常复杂的概念，任何列举都可能不完全，甚至挂一漏万。仅列举这样的特征要素，而没有深刻描述它们之间的内在联系，并不能有效揭示智能这一复杂概念的内在本质。

在讨论人工智能概念的历史文献中，人们对人工智能概念的解释同样不能令人十分满意。例如，提出“人工智能”的 McCarthy 也只是认为，人工智能是研究制造智能机器的科学和工程[16]，而没有对研究和制造智能机器的人工智能做出更明确的阐述。Winston 则说，人工智能系统是能够做那些原来只有人才能做的事情的机器系统[17]。他的这种解释类似于 Turing 双盲测试的观点，都是行为主义的表述，而且都是把人作为智能的基准。虽然看上去蛮有道理，但是都巧妙地回避了关于智能概念的实质性说明。

直到 20 世纪 90 年代，Nilsson 和 Russell 等才提出，人工智能是研究和设计智能体的学科，后者是一种能够感知环境并产生行动，使成功机会得以最大化的系统[18, 19]。这种解释从比较完整的行为过程和工作目标的角度描述智能体的能力，使人们对这种智能体有比较形象的了解。正是按照这种解释，利用现有人工智能的研究成果，他们分别设计了一些实际的智能体。由于这种解释没有深入揭示智能体普遍有效的工作机制，因此他们研究和设计的智能体并不能成为人工智能的通用范本。另外，这种解释的另外一个重要缺点是，只关注适应环境，而没有关注能动地改变环境的能力，因此也不能成为完全的智能概念。

可见，为了深入研究通用人工智能的理智问题，我们必须在前人关于物种起源(进化论)、人类学、哲学、信息科学、认知科学、人工智能等相关学科研究成果的基础上继续探索，寻求关于智能本质更为深刻、更为科学、更为规范的理解。

容易想到，理解和把握智能本质的最有效途径，莫过于展开如下的深入考察。人类通过不断的失败和成功的摸索，不断汲取和总结成功的经验与失败的教训，形成适应环境和改变环境的能力。通过这样的深入考察和科学分析，首先理解人类智能的基本概念，以及生成智能的本质规律。然后，在此基础上，思考通用人工智能的理智概念及其生成的工作机制。唯有如此，才有可能突破现有认识上的局限，找到解决问题的出路。

为此，我们需要提出一些合理且能获得公认的基本假设。

基本假设一，历史事实表明，人类是具有不断谋求更好生存与发展条件这种战略目的的物种。目的是支配人类一切活动的“看不见，又无时不在和无处不在”的手。

基本假设二，人类具有足够灵敏的感觉器官和足够发达的自主神经系统，能够适时地获得外部环境和自身内部各种变化的信息，并根据自己的目的选择需要注意的信息，排除不需要的信息。

基本假设三，人类具有庞大而复杂的传导神经系统。它可以把人体联系成为一个有机的整体，并把获得的各种环境信息传递给身体的各个部位，也可以把自己的决策传递到相应的部位。

基本假设四，人类具有各种各样的信息处理系统，特别是其中的思维系统。它们具有十分强大的归纳、分析、演绎的能力。通过它们，人类可以从纷繁的信息现象中分析、归纳、演绎出经验和知识。

基本假设五，人类拥有容量巨大的记忆系统，能够对获得的各种信息和经过各种处理获得的中间结果(包括经验知识)进行分门别类的存储，供此后随时随处的检索应用。

基本假设六，人类拥有先天遗传的本能知识和大量简明的常识知识。前者是他们在成为人类之前就通过进化逐步积累起来的求生避险知识。后者是他们在后天逐步学习和积累起来的实用性知识。

基本假设七，人类具有发达的行动器官(也称效应器官或执行器官)，人类能够通过行动器官把自己的意志和集体的思想转变为实际的行动，对外部环境的状态进行干预、调整和改变。

基本假设八，人类具有语言能力，能够通过语言表达自己的意愿，理解他人的思想，因此能够与同伴进行交流和协商，形成有效的合作和社会行为。

总的来说，具有上述各项基本能力要素的人类，能够利用自己的感觉器官感知外部环境变化的信息，通过神经系统把这些信息传递到身体的各个部位。特别是，传递给思维器官，根据大脑记忆系统中存储的信息和知识(起初只有本能知识和初步的常识知识)对外来的信息进行各种程度的加工处理。这些处理的结果就成为人类对环境的某些新鲜认识(经验知识和规范知识)，然后依据自身的目的和这些新旧知识对环境的变化做出评估，产生应对的策略，通过行动器官按照策略对环境做出反应(适应环境和改变环境)或者对自身做出调整(学习和进化)。人与人之间还可以通过语言等手段交流经验，形成某些共同的认识，不断增加个人和团体的知识，改进个人和团体的生存与发展能力。

有了以上这些基本的认识，我们就可以更加具体地考察，人类究竟是怎样利用自己的上述能力与周围的环境发生相互作用，并从中逐渐发展和壮大自己，成为地球上最具智慧的物种。

设想处在某种自然条件和社会环境中的早期人类，当他们感受到环境及其变化的某种信息的时候，只能依据本能知识和初步的常识知识对环境的变化做出评估和判断。假定他们通过判断认为，这种环境变化有利于他们的生存和发展的目的和需要，他们当然就会本能地接受这种变化，而不需要对自身的生存方式做出任何改变和调整，更不需要对外部环境做出任何干预。如果他们依据本能知识和常识知识做出判断，认为这种环境的变化不利于自己的生存和发展，他们就会面临以下几种不同的选择。

(1) 维持自己的生存方式不变，结果可能会被改变的环境淘汰。

(2) 改变自己的生存方式以适应环境的变化，从而使自己得以保存。

(3) 干预环境变化而不改变自己的生存方式，争取继续生存与发展。

(4) 双管齐下，干预客观环境的变化，同时调整自己的生存与发展方式。

原则上，这四种选择都可能有人去实施。不过，由于第四种选择比较复杂，早期人类的知识和能力都难以做到，因此通常不会选择这种复杂的方式。这样，我们可以对前三种选择继续进行考察。

假设有些人选择了第一种方式，这些人就有可能因为环境发生变化而不再适应，从而遭到变化的环境的淘汰。这毫无疑问是一种失败的选择。也许这种类似的失败事件发生千百万次之后，这种不适应环境变化就会被环境淘汰的事实才终于引起人们的警觉和关注，并成为一种直观的经验，保存在人们的记忆系统中。从此以后，在发生环境变化的时候，越来越多的人就不会再选择第一种方式了。这是从无数的失败和牺牲中学来的惨痛教训。耳闻目睹、口口相传、经年累月，这种教训渐渐成为人们的一种经验知识。虽然是负面的经验知识，但是对人类的生存发展发挥了极为重要的作用，因此被人们记忆和传承。人类的知识就这样得到增长。

如果另外一些人选择第二种方式，即调整自己的生存方式来适应变化的环境。这里就会发生另外的问题，即究竟什么样的调整策略才能有效地适应变化的环境。早期的人类只能按照本能知识和初步的常识知识做出调整。如果这样的调整产生积极的效果，而且所有这样做了的人都获得好的效果，那么这种调整策略就会成为他们的新的常识知识，使人们的常识知识得到丰富和扩展；反之，调整不得法的人会遭到环境变化的淘汰，失败的教训被其他人汲取，成为另一种负面的经验。无论是成功的正面经验还是失败的负面经验，总会使人们的经验知识在与环境打交道的过程中得到增长。为什么把这种知识称为经验知识呢？因为人们虽然懂得这些结果，但是并不真正懂得发生这些结果的道理，即知其然而不知其所以然。

如果面对外部环境的变化，人们仅凭自己的本能知识和已有的常识知识根本不知道应当如何调整自己的生存方式来应对，情形又会怎样呢？显而易见，在这种情况下，人们只能采取随机应对的策略。这样随机应对的结果当然可能产生多种多样的结局，但是归结起来也不外乎两大类型，即各种不同程度的成功、各种不同程度的失败。按照上面的分析，无论是成功还是失败都会使人们增长新的正面的经验知识或者负面的经验知识。如果这种经验知识足够简单且屡试不爽，就会成为新的常识知识。

自然，也会有人选择第三种方式，即积极干预环境的变化。在这种情况下，同样会发生至少两种不同的结果。一种是干预不成功，使这些人们因为干预行动的失败而遭到环境的淘汰。另一种是干预成功，这些人们得以继续生存，甚至得到更好的发展。前一种情况导致的后果必定同前面的结果类似，成为负面的经验。后一种情况会使这些人在成功后获得一种信心，只要采取的措施得当，人们是可以主动改变环境，使其符合生存需要。因此，人们就会思考，为什么这样的干预能够成功，为什么其他的干预方式招致失败？一般而言，这种成功的干预起初只是一种尝试、一种侥幸、一种偶然，但是当人们在类似的主动干预中多次成功，甚至总是获得成功之后，偶然的、盲目的成功就逐渐变成为必然的、自觉的成功。这种干预的成功和其他干预的失败有助于人们了解其中的道理和奥妙，进而成为一种主动改变世界的知识。此后，人们慢慢明白，为什么这种干预方式能够成功，而别的干预方式总是归于失败。这样明白了的知识就可以称为理性的知识或规范知识，而那些知其然不知其所以然的知识则可以称为感性的知识或经验知识。即使这种规范知识起初是非常简单和粗糙，但它们毕竟成为人们宝贵的能动知识、掌握自己命运的知识。这对人类的生存与发展具有革命性的意义。

需要指出，谁也不知道曾经遭受了多少次失败，谁也不知道曾经淘汰了多少先人，才使那些留存下来的后人积累了越来越多宝贵的能动知识，逐渐变得越来越聪明。随着人类不断地进化，他们积累起来的正面经验知识和规范知识，以及负面的经验知识和规范知识终于变得越来越丰富，起初那种侥幸的和偶然的尝试终于变得越来越少，而自觉的分析和有意识的推演则变得越来越丰富，他们的智能水平也由此变得越来越高明。人类自觉地、能动地改变环境和世界的努力也越来越成功。

可以毫不夸张地说，正是凭借着这种“不但知其然，而且知其所以然”的改变环境的知识和能力，人类才逐渐在大自然面前真正站立起来，开始能够主动地改变环境，成为环境的主人和朋友。

面对自然环境的变化，上述三种不同的选择都会在长期的进化过程中千百万次地反复出现，因此正面的经验知识和规范知识，以及负面的经验知识和规范知识就不断地丰富起来。特别有意义的是，第三种选择(包括成功和失败)带来的结果，使人类能够不断扩展自己的常识知识，不断摸索和积累自己感性的经验知识和理性的规范知识，不但逐渐学会如何适应环境的各种变化，而且使人类逐渐学会在适应环境变化的同时，主动采取措施，通过改变环境来改善自己生存发展的环境和条件。

不仅如此，人类在能动地改变环境的过程中同时也逐渐(自觉或不自觉地)改变了自己对于环境的认识，甚至是生存发展的方式，也就是自觉或不自觉地走上了第四种选择。

正是通过这样极为漫长、曲折、痛苦、充满失败、偶尔成功的进化历程，人类才终于逐渐进化发展为地球环境中最聪明、最智慧的物种，成为真正意义上的万物之灵。

通过以上系统地考察和简略地分析，我们可以归纳出一个关于人类智慧的初步概念。

人类智慧是人类在长期进化过程中逐渐形成的、独有的卓越能力。凭借这种能力，可以根据战略性的生存发展目的和已有的先验知识发现应当解决且能够解决的问题，预设问题求解的目标。进而，根据问题-目标-先验知识这些具体信息，提取求解问题所需的专门知识，在目标导控下利用这些信息和知识生成求解问题的策略，并把策略转换成求解问题的实际行为。如果求解结果与目标之间存在误差，就把这个误差作为新的信息，反馈到系统输入端，通过学习补充和完善知识，优化求解策略，改善求解效果，直至满意地解决问题，进而发现新的问题，解决新的问题，不断向前迈进[20-22]。

可以看到，这个人类智慧的概念简明、系统而深刻地描述了人类认识问题和解决问题的过程和机理。推而广之，也可以认为，它描述了人类认识世界和改造(优化)世界的过程和机理，表现了人类在长期进化过程中逐渐形成的智慧的基本要素，以及这些要素之间的内在关系。

容易看出，这个人类智慧的概念包含以下具有表征意义的关键词，即战略目的、先验知识、发现问题、定义问题、预设目标、获得信息、生成知识、目标导控、制定策略、执行策略、优化策略、解决问题。因此，可以在人类智慧概念的基础上提炼出人类智慧基本定义：人类智慧是人类根据长远目的和先验知识去发现问题(定义问题、预设目标)、解决问题(获得信息、生成知识、制定策略、执行策略、优化策略、解决问题)，并在解决问题的过程中改进自己，从而不断改善自己生存与发展条件的能力。

不难理解，发现问题、定义问题、预设目标的能力主要是在看不见的思维过程中完成的，因此具有内隐的性质，可以称为隐性智慧；获得信息、生成知识、制定策略、检验策略、优化策略、解决问题需要通过外部操作才能完成，因此具有外显的性质，可以称为显性智慧。

隐性智慧负责提出问题、描述问题、预设求解问题的目标，提供问题求解的基础、出发点、归宿。显性智慧负责运用信息和知识在目标引导下具体解决问题。在这个意义上可以认为，隐性智慧比显性智慧具有更加基础的性质和更为根本的意义，而且也更加复杂。按照这种理解，人们就可以说，人类智慧是隐性智慧与显性智慧相互作用、相辅相成的有机整体，隐性智慧发现问题(定义问题和预设目标)，显性智慧解决问题(利用信息和知识达到目标)。更确切和全面地说，隐性智慧制定解决问题的工作框架，而显性智慧是在工作框架内解决问题。

应当指出，这个人类智慧定义表明，人类智慧是人类固有的卓越能力，定义中关于发现问题、定义问题、预设目标的隐性智慧是由人类固有的生存目的和长期积累的先验知识共同支持的。没有明确的生存目的和足够的先验知识，便不可能形成发现问题、定义问题、预设目标的能力。正是这种能力，使人类能够在活动中自觉地认识环境、能动地优化环境，而不是像其他生物物种那样仅仅适应环境。

另外，或许也是更为重要的一个方面，人类智慧的定义也表明，虽然人类具有主动改变环境的能力，但这丝毫不意味着人类可以在环境面前为所欲为。这是因为，人类能动地改变环境的能力来自两个因素的共同制约。一个因素是，人类的主观意志(不断追求更好的生存与发展条件)，这是人类生存发展的不竭动力，没有这种动力就不会有能动改变环境的主观愿望。另一个因素是，客观规律(必须遵守由先验知识体现的，以及尚未完全认识却客观存在的规律)，这是客观因素的制约。没有人类主观动力的推动，就不会有发展进步的可能性；没有客观规律的约束，能动地改变环境就可能变成破坏环境，给人类带来意想不到的灾难，更不要说实现真正意义上的发展了。因此，主观意志和客观规律缺一不可。只有那些既满足主观意志又符合客观规律，也就是主客双赢的改造世界的活动，才能获得成功。人类的“赢”表现为实现自己追求的目标，客观环境的“赢”表现为客观规律得到遵守。这是千百万年来人类在长期进化过程中经历的无数成功经验与失败教训证明了的永恒真理。

最后需要指出，由于问题的复杂性和人类知识的有限性，人类在认识世界和改变世界的过程中，必然会经常遇到主观意志与客观规律不一致或者矛盾的情况。由于客观规律具有不依人们主观意志为转移的不可抗拒性，而主观意志中那些与知识不完善相关联的部分则应当是可以被改变和修正的。因此，在这种情形下，主观意志服从于客观规律也是一个不可抗拒的法则。这就叫作“服从真理，修正错误”，这是在认识世界和改造世界的过程中不断改造和完善主观世界的过程。

可以发现，这里给出的人类智慧的定义确实比较深刻地揭示了人类智慧的内在本质和外在表现，即不但揭示了人类智慧的主观动力和客观制约，而且阐明了人类智慧发生发展的基本规律，论述了人类求解问题的普遍原理和具体途径。

进一步的分析表明，人类智慧的隐性智慧和显性智慧不但担负的工作任务不同，而且工作的复杂程度也不同。隐性智慧依赖目的、知识、悟性、想象力，是内隐的、抽象的，甚至是神秘的。显性智慧依赖信息的处理、知识的运用和问题的理解，是外显的、具体的、操作性的。这种差别带来的结果是，隐性智慧难以在机器上实现，而显性智慧则有可能在机器上实现。

这样，我们就把有可能在机器上实现的显性智慧称为人类智能，把机器实现的人类智能(显性智慧)称为人工智能。这样，我们就可以得到下述人工智能的两种程度不同，但实质完全相同的定义。

(1) 人类智能特指人类的显性智慧能力(解决问题的能力)。

(2) 人工智能是人类在机器上实现的人类智能(显性智慧)。具体地说，它是在人类隐性智慧给定的问题、问题求解目标、相关领域知识的前提下，获得信息、提取知识、制定策略、执行策略、检验策略、优化策略，直至成功解决问题的能力。

对照人工智能、人类智能、人类智慧的定义可以发现，人工智能和人类智能两者共有的是，获得信息、生成知识、制定策略、实施策略、检验策略、优化策略和成功解决问题的能力。它们涉及的都是人类的显性智慧，都是人类智慧的真子集。

人类智能与人工智能之间具有相同点是十分重要的，这是机器能够拥有一定智能的原因。然而，人工智能与人类智能都是人类智慧的子集，更具根本性，这是机器不可能拥有与人类同样智慧水平的根据。

具体来说，由于机器没有生命，没有自身追求的生存与发展的目的与欲望，因此它不会自己去发现问题，也不会为解决问题设定目标。也就是说，机器自身不具备隐性智慧。这是人工智能与人类智慧之间最重要的区别，是不可能逾越的鸿沟。至于显性智慧，虽然人类和机器两者都能拥有，但是由于人类赋予机器的问题和预设目标不一定天然合理，人类赋予机器的先验知识不一定能够达到充分的程度，因此机器的显性智慧(人工智能)在解决问题方面的创造能力也不一定能够达到人类智能的水平，更不可能超越。

可以确信，机器能够在人类隐性智慧给定的问题求解框架内拥有一定的显性智慧——人类智能，即对隐性智慧给定问题的语义信息，在预设目标的导引下，利用相关的知识寻求解决问题的策略，并把策略转变为行为去解决问题，实现目标。

显然，由于机器具有远胜于人类的运算速度、运算精度、操作力度、工作持久力和环境耐受力，因此机器实现的人类显性智慧(人工智能)在上述这些工作性能方面可以远远胜过人类的相关工作性能水平。然而在创造力方面，机器却很难企及人类的水平。何况机器不可能拥有隐性智慧，后者是创造力的决定性因素。因此，机器的整体智能水平只能逐步向人类的智能水平学习和靠拢，而不可能达到或者超越人类智能的水平。

如果进一步注意“人为主、机为辅”的人机共生律，人的能力应当是人类自身的能力加上人类为了扩展自身能力而创造的智能机器的能力，即

$$人类的能力 = 人类自身的能力 + 智能机器的能力$$

那么，人类的能力与机器的能力的关系就更加不言而喻了。如果忘记或者不承认这个结论，就等于忘记或者不承认人类创造科学技术的根本目的，忘记或者不承

认科学技术的辅人、拟人、共生的根本规律。

10.4.2 理智的反应策略

在阐明理智的概念之后，同基础意识及情智的情形类似，也可以借助图 10.1.1 的模型描述理智的策略问题。在系统模型其他条件不变的情况下，当模型系统知识库拥有的知识为本能知识、常识知识、经验知识、规范知识时，系统对外部刺激生成的反应策略就是理智策略[23-27]。

10.5 本章小结

基础意识的概念与一般意识概念的基本区别在于，它的知识基础是本能知识和常识知识。因此，它是最为基础的意识概念。把基础意识从一般意识概念中抽取出来研究，此举具有非常重要的意义；否则，人们很难对无所不包的意识问题进行深入的探讨。

根据情智的定义，可以合理地界定基础意识、情智、理智的概念，既揭示它们之间的联系和共同本质，又反映它们之间的重要区别。因此，这个情智定义(连同基础意识和理智的定义)也是十分有意义的研究结果。

通过深入探讨理智的本质和基本定义，给出人类智慧、人类智能、人工智能的定义。其中，发现问题的能力称为隐性智慧，解决问题的能力称为显性智慧。人类智能特指人类的显性智慧，是人类解决问题的能力。人工智能是机器实现的人类智能，是在人类给定问题、问题求解目标、先验知识的前提下，获得信息、提取知识、制定策略、执行策略、检验策略、优化策略，直至成功解决问题的能力。阐明这些定义，对于深入认识人类智慧、人类智能、人工智能，以及它们之间的相互关系具有重要意义。没有这种明确的理解和界定，人工智能理论的研究将面临巨大的困难。

参考文献

[1] Dennett D C. The Consciousness Explain. Boston: Little Brown, 1991

[2] 中国社会科学院语言研究所. 现代汉语词典. 3 版. 北京: 商务印书馆, 1996

[3] Frackowiak R S J, Friston K J, Frith C D, et al. Human Brain Function. Amsterdam: Academic, 2004

[4] Farber I B, Churchland P S. Consciousness and the Neuroscience: Philosophical and Theoretical Issues. Cambridge: MIT Press, 1995

[5] Gazzaniga M S.Cognitive Science: The Biology of Mind. New York: Norton & Company, 2006

[6] Kleinginna P R, Kleinginna A M. A categorized list of emotion definition. http://148.202.18.157/

sitios/catedrasnacionales/materia/[2021-12-10]
[7] 林崇德. 心理学大辞典. 上海: 上海教育出版社, 2003
[8] Ekman P, Friesen W V. Constants across cultures in the face and emotion. Journal of Personality and Social Psychology, 1971, 17: 124-129
[9] Russell J. Affective space is bipolar. Journal of Personality and Social Psychology, 1979, 37: 345-367
[10] Gottfredson L S. The general intelligence factor. Scientific American Presents, 1998, 9(4): 24-29
[11] 山西省思维科学学会. 思维科学探索. 太原: 山西人民出版社, 1985
[12] Sternberg R J, Salter W. Handbook of Human Intelligence. Cambridge: Cambridge University Press, 1982
[13] Gottfredson L. Mainstream science on intelligence, forward to “intelligence and social policy”. Intelligence, 1997, 24(1): 1-12
[14] Neisser U. Intelligence: Knows and Unknowns. Washington D.C.: Annual Progress in Child Psychiatry and Child Development, 1997
[15] Perioff R. Intelligence: Knows and Unknowns.Washington D.C.: American Psychologist,1996
[16] McCarthy J. What is Artificial Intelligence? http://www-formal.stanford.edu/jmc/whatisai/ [2007-10-08]
[17] Winston P S. Artificial Intelligence. New York: Addison Wesley, 1984
[18] Nilsson N. Artificial Intelligence: A New Synthesis. New York: Morgan Kaufmann Publishers, 1998
[19] Russell S J, Norvig P. Artificial Intelligence: A Modern Approach. Englewood Cliffs: Prentice Hall, 2003
[20] 钟义信. 机器知行学原理: 信息、知识、智能的转换与统一理论. 北京: 科学出版社, 2007
[21] 钟义信. 高等人工智能原理: 观念·方法·模型·理论. 北京: 科学出版社, 2014
[22] 钟义信. 机制主义人工智能理论. 北京: 北京邮电大学出版社, 2021
[23] Hawkins J, Blakeslee S. On Intelligence. New York: Levine Greenberg, 2004
[24] 涂序彦. 人工智能机器应用. 北京: 电子工业出版社, 1988
[25] 蔡自兴, 徐光佑. 人工智能及其应用. 3 版. 北京: 清华大学出版社, 2004
[26] 史忠植. 高级人工智能. 2 版. 北京: 科学出版社, 2006
[27] 何华灿. 泛逻辑学原理. 北京: 科学出版社, 2001

第 11 章　智能生成机制的谋行原理

普适性智能生成机制的理论包含四类信息转换原理。它们分别阐明通用人工智能的感知能力、注意能力、记忆能力、认知能力、基础意识反应能力、情智反应能力、理智反应能力、综合决策能力、策略执行能力和策略优化能力的生成机制。

本章阐明第三类信息转换原理，即如何在各种不同类型的知识支持下把语义信息(代表主体认识的外部刺激问题)依次转换为通用人工智能系统基础意识的反应策略、情智的反应策略、理智的反应策略，以及由此综合产生的智能策略。不难理解，这些反应策略都是通用人工智能系统智能行为的各种抽象表示。因此，本章的任务就是在语义信息的驱动下，在系统目标的导引下，利用已经获得的相关知识，谋划这些智能行为的抽象表示——智能策略。

应当指出，这里所说的通用人工智能的基础意识、情智、理智、综合决策、智能策略都是对人类智能系统相关术语的借用。需要注意的是，虽然与传统人工智能理论相比，通用人工智能理论的智能水平要更为深刻、更为完整、更接近于人类，但是仍然不可与人类智慧的相关能力完全相提并论。

本章研究通用人工智能理论的语义信息→智能策略转换理论。其中，包括语义信息→基础意识反应策略(A 型)、语义信息→情智反应策略(B 型)、语义信息→理智反应策略(C 型)，以及在此基础上通过综合决策生成的智能策略。

这里，我们用到人的意识、人的情智、人的智能、人的行为作为研究机器意识、机器情智、机器理智、机器行为的原型目标，但是又不能完全用人的意识、人的情智、人的理智、人的行为标准和水平来要求机器。

为了行文的简洁和方便，我们经常会把机器意识、机器情智、机器理智、机器行为简称为意识、情智、理智、行为。希望这种简化不会引起读者的误解。

11.1　基础意识反应策略生成机制：第三类 A 型信息转换原理

这里将继承第 10 章关于意识和基础意识的认识[1-5]，并在此基础上研究基础意识在人工系统中的实现途径。

通用人工智能的基础意识生成共性核心机制，就是关于面对来自外部世界的刺激，通用人工智能系统如何在本能知识和常识知识的支持下，在目标导控下生成合理反应的共性核心理论。

合理的反应，是指符合本能知识和常识知识相关运动方式的反应。合乎目标要求的反应，是指符合基于本能知识和常识知识界定的主体生存与发展需求目标要求的反应。

由于人工智能系统是无生命的系统，没有觉察系统自身内部生理状况的功能要求，只关注系统对于外部刺激的反应，因此在以下的讨论中，所有的刺激都可以理解为外来刺激。同时，由于本能知识和常识知识都是直接为维持人类基本生存服务的知识，因此凡是符合本能知识和常识知识的反应原则上就可以认为一般是符合系统生存目标的反应。

研究表明，通用人工智能系统基础意识生成机制是信息转换与基础意识创生的过程，即在(由第一类信息转换原理转换而来且体现外来刺激与系统目标利害关系的)语义信息触发下启动(觉察)、在本能知识和常识知识支撑下展开(理解)、在目标导控下完成(生成基础意识反应)的信息转换过程。

我们把这个信息转换的过程命名为第三类 A 型信息转换，也可以用符号把第三类 A 型信息转换过程表示为一种复杂映射，即

$$C_A:(I\times K_a\times G)\mapsto \text{Consc} \tag{11.1.1}$$

其中，符号 C_A 表示第三类 A 型信息转换；I 表示由第一类信息转换原理转换而来，体现外来刺激与系统目标利害关系的语义信息；K_a 表示本能知识和常识知识；G 表示系统目标；Consc 表示生成的基础意识反应。

语义信息触发，是指这个基础意识生成机制的启动是由反映外来刺激性质的语义信息触发的。具体来说，是由第一类信息转换原理生成的体现外来刺激与系统目标利害关系的语义信息触发的。虽然基础意识是系统本身的能力，主要应当取决于系统内部的各种因素(本能知识、常识知识和目标)。但是，如果没有外来刺激转换而来的语义信息的触发条件，就不会启动基础意识生成的过程。所谓“外因是条件，内因是根据”，说的就是这个道理。

这里需要澄清的概念是，人们可能认为智能(包括基础意识)生成机制的触发条件是外部刺激呈现的客体信息。这是一个误解。客体信息尽管可以刺激智能(包括基础意识)生成系统，但是如果这个客体信息被证明与系统的目标无关，就不能触发和启动智能生成过程。在这种情形下，系统不会产生任何输出。只有被证明是与本系统目标相关的客体信息，才能触发和启动系统的工作。完成这种证明过程是系统的“注意”功能。只有在这种情况下，系统才会生成语义信息，从而启动智能(包括基础意识)生成的过程。因此，基础意识的触发者是语义信息，而不

是客体信息。换言之，客体信息可以刺激主体，但是主体是否会作出反应，这要取决于语义信息做出的判断，即客体信息是否值得主体关注(是否与主体目标有关)。

知识支撑，是指这个过程一旦启动就要在知识(本能知识和常识知识)支撑下展开对外来刺激的理解，没有这些知识的支撑，第三类A型信息转换的理解过程就不可能正确展开，不可能把由第一类信息转换原理转换而来的语义信息再行转换，成为合乎常理的基础意识反应。

目标导控，是指第三类A型信息转换的过程必须自始至终在系统目标的导控下运行，包括是否需要作出反应；如果需要作出反应，那么如何做出合乎常理、合乎目标的反应。没有系统目标的导控，信息转换过程就可能漫无目的，产生不了正确的结果。目标导控下生成基础意识反应的过程就是基础意识创生的过程。

可见，基础意识生成的共性核心机制就是这样一种信息转换过程，它的启动是因为收到由外来刺激转换而来的语义信息的触发。它的展开过程是在系统本能知识和常识知识的支持(约束)下实现对语义信息的理解。它的完成是在系统目标的导控下，在理解语义信息基础上生成对外来刺激合乎常理和合乎目标的反应。可见，贯穿整个过程的是体现刺激与系统目标之间利害关系的语义信息。

简言之，这个过程就是，在第一类信息转换的基础上，在系统目标导控和本能知识、常识知识支持下实现的由(体现外来刺激与系统目标利害关系的)语义信息到基础意识反应能力的转换，称为第三类A型信息转换。

采用第三类A型信息转换意味着，我们后面将会有多种形式的第三类信息转换(图5.3.4)，其中语义信息-基础意识转换是第三类A型信息转换。随后就可以陆续看到第三类B型、C型、D型的信息转换。

如果稍加分析就可以看出，基础意识生成的机制是以第一类信息转换原理和注意生成机制为基本前提。这是因为，这两个单元都是基础意识必不可少的先决条件，基础意识必须能够对注意系统选择的外来刺激做出反应，注意系统本身的工作又必须以语义信息为基础(通过对相应语用信息的分析，判断外来刺激与系统目标之间的相关程度，通过对语义信息的分析判断外来刺激的新颖程度)。或许正因如此，在认知科学领域，大多数认知科学工作者都坚持把感知和注意看作意识的一部分。

上述转换原理表明，基础意识生成的共性核心机制为通用人工智能系统生成的共性核心机制(信息-知识-智能转换)提炼了一种标准化的表述模式，即由客体信息的刺激而唤醒；由语义信息的触发而启动；由本能知识与常识知识的支撑(约束)和目标的引导而展开；由目标的满意实现而完成。

根据以上分析，我们就可以构建通用人工智能系统基础意识生成的共性核心机制的功能模型，即第三类A型信息转换模型，如图11.1.1所示。

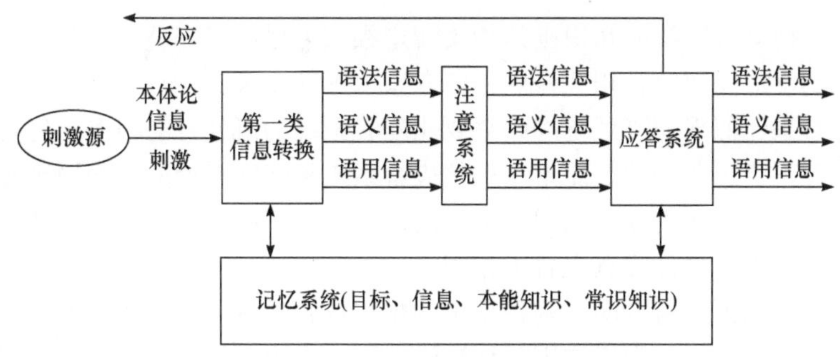

图 11.1.1　第三类 A 型信息转换模型

如图所示，基础意识生成机制是在第一类信息转换基础上展开的第三类 A 型信息转换过程。模型表明，外部刺激呈现的本体论信息首先在基础意识记忆系统支持下经过第一类信息转换系统生成包含语法信息、语义信息、语用信息的全信息(语义信息就是语法信息和语用信息偶对的映射与命名)。后者随即接受注意系统的检验，如果“注意”系统发现这个全信息反映的外来刺激与本系统目标高度相关，就把这个全信息转送到下一个环节——应答系统；否则，就抑制或过滤。到达应答系统的全信息，在记忆系统(包含系统目标和本能知识与常识知识的记忆库)的支持下进行理解，并在此基础上产生对外部刺激的反应。与此同时，全信息将继续向前馈送，供后续处理之用。

其中，应答系统的理解过程包括以下步骤。

(1) 分析语用信息，以更具体地判断外来刺激与本系统目标之间是正相关还是负相关，以及相关的程度。

(2) 分析语义信息(分析语法信息和语用信息)，以理解外来刺激的具体内容，明确当前面临的刺激究竟是什么，并给出刺激的名称。

(3) 利用以上结果，在知识库系统(存储着本能知识和常识知识，以及系统目标)进行检索查询，搜索合理的应答，针对已经明确的刺激，究竟什么样的反应方式才符合本能知识和常识知识的常理。

根据第(3)步检索的结果，基础意识系统就可以生成具体的反应，通过自然语言生成方法产生语言的应答，也可能通过动作生成系统生成动作的应答，或者同时生成语言的应答和动作的应答。

关于应答系统生成的具体实现方法，已经有许多研究成果。它们属于比较专门的应用问题，限于篇幅这里不再展开讨论。

下面对应答系统的工作原理稍作如下补充。这里所说的应答系统的工作原理在很大程度上与人们熟悉的问答系统(question answering，QA)十分相似，两者都是要对收到的刺激做出合理的反应。只是，支持基础意识应答系统工作的知识局限在与刺激相关的本能知识和常识知识范畴，因此它做出的反应只需要合乎常理的要求；支持问答系统的知识则是相关特定领域内尽可能完整的各种知识，因此它所做出的反应需要符合相关特定领域专家水平的要求。

这样看来，似乎应答系统的研究要比问答系统的研究容易很多。但是，实际的情形却并不是想象的那么简单。虽然应答系统和问答系统的工作原理很像，但是支持这两种系统所需要的知识并不相同，系统与刺激交互作用的方式也不完全一样，导致它们的设计难点也各不相同。

首先，在知识支持方面，两种系统的难点各有千秋。设计应答系统的难点在于，人类的本能知识和常识知识犹如汪洋大海，无边无际，即使人们可以举出许多关于本能知识和常识知识的具体例子，也不可能穷尽本能知识和常识知识的全部内容，因此没有办法建立一个真正完整的本能知识和常识知识的知识库。设计问答系统的难点在于，虽然问答系统通常都会限定特定领域或领域群，但是相关知识仍然难以胜数，因此同样没有办法设计一个无所不包的特定领域知识库。

其次，在系统与刺激之间的交互方式方面，应答系统具有比问答系统更多的挑战。一方面，应答系统接受的外部刺激可能是语言类的输入，也可能是各种物理、化学的刺激，甚至是某种行为动作，而问答系统原则上只接受语言类的问题输入。另一方面，应答系统的反应方式也更加多样，不但要能合乎常理地回答问题，在许多场合可能还要产生恰当的动作，问答系统的反应方式基本上只是回答问题，几乎没有行为动作的要求。

可见，应答系统的研究不但不会比问答系统的研究容易，相反更富于挑战。不过，问答系统研究的成功经验仍然可以为应答系统的研究提供许多有益的启发和借鉴。就像问答系统的研究那样，我们也应当把应答系统研究的关注重点放在对于刺激的理解。实际上，对于基础意识系统而言，真正的难点是它的理解能力，而不仅仅是觉察和反应的方式。

所谓基础意识的应答系统对于(反映外来刺激与系统目标之间利害关系的)语义信息实现了理解是什么意思？分析表明，理解主要表现为达到以下两个要求。第一，通过对于语义信息(全信息)的分析，应当能够知道，这个外来刺激究竟是什么(叫什么名字)。第二，应当能够知道，应答系统对这个刺激产生什么样的响应才算合乎由本能知识和常识知识界定的常理。

不难明白，为了实现理解的第一个要求，可以由语义信息(全信息)本身提供答案；为了实现理解的第二个要求，需要由本能知识和常识知识提供答案。在应答系统收到语义信息(全信息)的情况下，本能知识和常识知识的丰富程度就成为实现理解的关键。本能知识和常识知识越是丰富，应答系统对全信息的理解就越到位，在此基础上生成的反应方式就越合乎常理。

为此，首先有必要澄清本能知识和常识知识两者的内涵和外延。因为上面的分析已经表明，正是本能知识和常识知识决定了基础意识系统的理解能力，而且决定了基础意识系统与后续情智生成系统和理智谋略系统之间的区别与衔接。

相对而言，本能知识和常识知识的内涵比较容易描述，但是它们两者的外延却难以枚举。具体来说，本能知识的内涵可以表述为通过遗传获得的先天性知识；常识知识的内涵可以表述为通过后天习得的尽人皆知的实用性知识。但是，通过遗传获得的先天性知识究竟有多少，具体内容是什么，通过后天习得的尽人皆知的实用性知识又有多少，有哪些具体内容？世界上没有人能够说清楚。

一个可能有用的方法，是把本能知识和常识知识进行适当的分类，而不是试图罗列本能知识和常识知识的所有内容。这样，当分类的粒度逐渐细化的时候，它们的外延就会显露出大致的端倪。

按照这个思路，我们可以尝试粗略地给出本能知识和常识知识内容的一种分类。这里只给出相关分类的第一层次和第二层次。这里给出的两个层次也只是示例的性质，而不是真正的结构和内容，更不可能是准确的结构和内容。

本能知识是人类在长期进化过程中通过无数的失败与成功的检验积累起来的先天遗传知识，包括求生和避险的基本知识。这类知识在相当大的程度上与其他生物特别是高等生物的本能知识相差无几，可以大致分为两个基本层次。

第一层，可以设想包括两个大类，即①对来自身体内部刺激做出反应的知识；②对来自外部刺激做出反应的知识。

第二层，把上述第一层的第①类本能知识进一步分为：对舒适感的反应知识、对饥渴感的反应知识、对排泄感的反应知识、对疲劳感的反应知识、对病痛感的反应知识，以及对体内其他各种与生命安全相关的刺激的反应知识，还有关于生殖的知识等。由于人工智能系统是没有生命的系统，这类本能知识可以不予考虑。

第二层，把上述第一层的第②类本能知识进一步分为各种无条件反射知识，各种条件反射(包括第二信号系统的条件反射)的知识，对于外界天气冷热感觉的反应知识，对于食物口味的反应知识，关于与其他动物相处的知识，关于躲避各种危险的知识等。这类与外部世界交互作用的本能知识，是通用人工智能系统需要加以考虑的内容。

常识知识是人们后天习得的普通实用性知识，也可分为两层。

第一层是常识知识的最顶层发出的分类。这一层的常识知识可以粗略地分为自然常识类和社会常识类。

第二层是在第一层分类基础上的进一步分类，即自然常识和社会常识的进一步细分。

(1) 自然常识又可进一步分为，白天黑夜的时令知识、日月星辰的天象知识、春夏秋冬的季节知识、阴晴雨雪的气象知识、东西南北的方位知识、前后左右等的空间知识、道路桥梁等的出行知识、树木花草等环境知识、山川河流等的地理知识、粮食菜蔬等的食品知识、豺狼虎豹等凶猛野兽的知识、鸡鸭牛羊等的家禽家畜知识等。这些自然常识是通用人工智能系统必须包含的常识知识。

(2)社会常识又可分为，家庭成员的知识、亲戚朋友的知识、老师同学的知识、学校和社会团体的知识、商场商店的知识、社区邻里的知识、政府机关的知识、人际关系的知识、交通规则的知识、基本行为规范的知识、军队警察的知识、国家和社会安全的知识、人物称谓的知识、父母叔伯的知识、兄弟姐妹的知识、亲戚朋友的知识、老师同学的知识、读书学习的知识、身体锻炼的知识、穿衣保暖的知识、进食充饥的知识、娱乐游戏的知识、道德规范的知识、人身安全的知识等。这些社会常识也是通用人工智能系统必须具备的常识知识。

不难看出，这些本能知识和常识知识直接体现人们在自然界和社会环境中维持自身生存的最基本需求，可以看作人类和通用人工智能系统应当拥有的基本知识。如果应答系统的记忆系统存储这些本能知识和常识知识，当系统接收到某种外来刺激的时候，就可以根据这些本能知识和常识知识判断受到的外来刺激与系统追求的工作目标之间最基本的利害关系，从而对外来刺激产生相应于基础意识的反应。

为了使全信息和本能知识，以及常识知识能够提供“这个刺激是什么，它对系统有什么利害关系，如何产生合理的反应”的答案，还需要以恰当的形式把它们表示出来。这就是全信息、本能知识、常识知识在应答系统中的表示问题。

信息(全信息)和知识(本能知识和常识知识)在回答问题方面的作用并不相同，即全信息应当回答“是什么”的问题，如外来刺激是什么，这种外来刺激对系统目标呈现的利害关系是什么；本能知识和常识知识应当回答“怎么做”和“为什么”的问题，如面对这种外来刺激应当怎样生成对它的响应，为什么这样生成的响应符合本能知识和常识知识界定的常理？为了行文的简便，虽然可以把信息库和知识库都笼统地称为知识库，但是由于信息和知识扮演的角色各有不同，用法也各不相同，信息库的信息表示方法和知识库的知识表示方法还是各有特色。

具体来说，第 6 章讨论的全信息的表示方式，即

$$\text{语义信息 } Y(\text{名称}):\{\text{语法信息 } X;\ \text{语用信息 } Z\} \tag{11.1.2}$$

语义信息(名称)直接回答了“是什么”的问题，还给出了“叫什么名字”的答案；语法信息与语用信息的共同满足又为这个“名称”给出了具体的解释。这个名称的外来刺激具有什么样的外部形态和哪些实际的功用。换言之，只要外来刺激的语法信息是 X，它的语用信息是 Z，那么这个外来刺激的名称就是 Y。因此，式(11.1.2)就是全信息的恰当表示。

为了回答“怎么做”，本能知识和常识知识又应当采用什么样的表示方法呢？稍加分析就知道，所谓回答“怎么做”的问题，在具体操作的意义上就是回答“在什么条件下，怎么做”的问题。因此，本能知识和常识知识的表示方式应当采用

"若-则"的规则表示方式，即

若(外来刺激是 XXXX)，则(反应方式为 YYYY)　(11.1.3)

如果通过式(11.1.2)在全信息库判明"外来刺激是 XXXX",那么按照式(11.1.3)就可以通过本能知识和常识知识的知识库知道"应当产生 YYYY"作为对于这个外来刺激的合理反应。

明确了全信息与本能知识和常识知识的表示方法之后，接下来需要考虑的问题便是如何在信息库检索相关的全信息，以便得到外来刺激是什么的答案，以及如何在知识库检索相关的本能知识和常识知识，获得应当对这个外来刺激产生什么样反应的答案。

这就涉及信息库和知识库的检索查询问题。对于全信息库的检索来说，关键是要利用反映外来刺激形态的语法信息作为索引在全信息库的语法信息-语用信息偶对集合，寻求语法信息项的匹配。一旦在偶对集合内发现与外来刺激的语法信息匹配的语法信息项，就把该语法信息项对应的语用信息检索出来作为外来刺激对系统目的而言的语用信息，并把匹配确定的语义信息作为这个外来刺激的名称。

关于信息库检索的信息表示精度和匹配程度精度问题，原则上说，只要语法信息表示足够精细，它对应的语用信息和语义信息就可以唯一确定而不会产生歧义。另外，语法信息项的匹配精度则要依具体问题的要求而定，从很精细到比较模糊都有可能接受。

对于本能知识和常识知识的知识库检索来说，关键是利用反映外来刺激内涵的语义信息作为索引。在本能知识和常识知识知识库的"若外来刺激是 XXXX，则反应方式是 YYYY"规则集合内寻求条件项的匹配。一旦在规则集合内发现匹配的条件项，就把这个条件项对应的结果项作为应答系统对这个外来刺激的合乎常理的反应。

知识库检索的条件项匹配问题比信息库检索的语法信息匹配更复杂。这是因为，在实际情况下，同样的外来刺激却有可能出现不同的表现形式，所以怎样才能把这许多看似各不相同的表现形式判断为同一个意思的条件项就不是形式匹配能解决的问题，需要依据内容理解才能解决。例如，以下几个不同的外来刺激实际上是同一个意思，都是招呼张三(系统的名字)。

"张三！"

"喂，张三！"

"嘿，老张！"

"哎，小张！"

"你好，张三！"

对于这些不完全相同的外来刺激(给系统打招呼)，张三的反应都可以是“哎，你好！”。

这里再一次看到，仅从语法信息(字形)很难解决上述理解问题，只有通过语义信息才能处理好条件项的内容匹配、条件性的柔性匹配，而不是条件项的形式匹配、条件项的刚性匹配。也只有这样，应答系统才能表现出比较好的灵活性。如果系统只能实现条件项的形式匹配和刚性匹配，那么系统的知识库就要存储过多的规则。但是，这样的反应显得很呆板。

例如，若某人工智能系统收到“邻近有火，并且着火点与本系统的距离小于火警安全距离”的外部刺激。这时，第一类信息转换系统就把这个刺激的本体论信息转换为相应的语义信息=λ(语法信息，语用信息)，它的名称为“发生火警”。根据语用信息和语义信息，注意系统就会判断这个刺激与系统的“防火安全”目标高度负相关，因此就把这个语法信息、语用信息、语义信息及其名称“发生火警”转发到应答系统。由于应答系统的知识库系统中存储如下本能知识，即

若发生火警，则发出“火警救援”的音响

这个规则(本能知识)的条件项被成功匹配，因此这个通用人工智能系统的应答系统就会产生“火警救援”的声音反应。

又如，如果将某个通用人工智能系统命名为“张三”，那么当这个系统从外部世界接收到“张三！”这样一个语音刺激(本体论信息)的时候，感觉系统立即通过第一类信息转换系统把它转换为具有语法信息(语音波形)、语用信息(与系统高度相关)、语义信息(系统的名字)的全信息。注意系统从全信息中发现这个外部刺激与系统的工作目标高度相关，因此把这个全信息转发给应答系统。这个输入的全信息就试图在应答系统的本能知识和常识知识的知识库寻求能够与之匹配的工作规则。如果知识库确实存储了这样的规则，即

若呼叫张三，则发出“您好，我是张三”的声音应答

输入的语义信息与“呼叫张三”实现匹配，因此根据常识知识库的知识，系统就会生成“您好，我是张三”的应答。

如果知识库存储更丰富的本能知识和常识知识，就可以表现出如“对话系统”功能的基础意识系统。例如

访客：哎，张三！
系统：您好，我是张三。
访客：您忙吗?
系统：还好。您呢?
访客：我也还好。今天天气不错。
系统：是的，天气不错。

访客：想去外面玩吗？
系统：去哪儿？
访客：颐和园怎么样？
系统：好哇，……

如上所述，为了完成这样的对话，确实需要基于内容的自然语言理解技术来理解外部刺激的各种同义异形的外部刺激。同时，还需要自然语言生成技术生成系统的回答，由相应的动作生成系统来支持基础意识系统的行为动作。这些都属于人工智能领域的专门应用技术，目前已经取得不少的进展，而且还在不断改进。

如果输入到基础意识系统的全信息不能在本能知识和常识知识的知识库系统中发现可以实现匹配的条件，就意味着外部刺激超出了本能知识和常识知识所能处理的范围，也就是超出了基础意识能够关注的知识范围。这时，应答系统就不应当自作主张地擅自产生应答，而应把输入的全信息转交给后续的情智处理系统和理智处理系统。后者可以运用经验知识(情智处理系统)、规范知识(理智处理系统)进行更深入地处理。

前面曾经提到，基础意识模块与后续的情智处理、理智处理，以及综合决策模块之间的衔接与合作关系，应当是自下而上的报告与自上而下的巡查相结合。这就是说，一方面，一旦基础意识模块发现“对外来刺激的应答超出基础意识反应能力范围”的时候，就应当立即自下而上地向情智处理和理智处理模块报告，以便后者及时介入；另一方面，情智处理模块和理智处理模块也要经常自上而下地对基础意识模块的反应能力进行巡查，检验基础意识模块的反应是否正常和合理，对于基础意识系统的正常反应应当予以认可，反之应当纠正，一旦发现超出基础意识模块反应能力的外来刺激则立即进行处理。这样，就既能避免发生基础意识模块的错误反应，又能避免出现“哑反应”的问题。

也许有人会指出，基础意识系统的工作应当不止这些。它要比上面的讨论更复杂，还需要有一个不断在实践中自行纠错、学习、生长、评判的工作机制。原则上，基础意识应当是一个具有反馈的动力学系统。对于人类群体来说，基础意识依赖的本能知识也许还应当在发展进化过程中逐渐有所增广(虽然增广的速度可能极其缓慢)，常识知识也应当随着科学技术的进步不断扩展。对人类个体来说，他的本能知识虽然植根在 DNA 中，在他的一生中不可能再有新的发展，但是常识知识会随着年龄的增长、阅历的丰富、社会的进步不断得到扩充。

对于通用人工智能系统，人工基础意识系统依赖的本能知识和常识知识是系统设计者事先给定的，肯定很不完全。因此，应当考虑在系统工作实践过程中通过有奖惩规则的学习机制不断补充和完善。一方面，本能知识和常识知识都相对比较稳定，学习和扩展的特点不很显著。另一方面，目前人们对人类本能知识和常识知识在进化过程中学习和扩展的机制还缺乏成熟的研究成果。因此，本书暂不考虑基础意识系统对这两类知识的学习和扩展问题，留待将来条件成熟和有明确需求的时候再做补充。

在结束基础意识生成机制的讨论之前，还要顺便提及“下意识”的问题。虽然人们已经注意到下意识的现象，也提出相关的研究课题。遗憾的是，这些方面的研究成果还相当薄弱和稀少。人们之所以在意识的问题上存在神秘感，也与下意识的谜团有关。国际学术界对于下意识的问题不太看好，主要的原因可能是确切的科学研究成果太少。目前还没有一致公认的“下意识”定义。

究竟什么是“下意识”？有的人认为，在心理学意义上，下意识是指由人的本能或其他先天因素引起的不自觉的行为趋向，是没有意识自觉参与下发生的心理活动。它是在人类大脑未发育完全之前便拥有的能力，控制着人的整个自主神经系统，以及身体的所有生理进程，包括生理状况(如心跳、脉搏、血压、做梦等)、生理感受、生理机能，掌握和控制着所有无声的、非主动性的、植物性的功能，在人们进入深睡时，负责呼吸、消化、成长等活动，捕捉一般视力无法看到的东西，并对即将到来的危险发出预警。

通常认为，下意识系统的工作就像一台超高速计算机，能够以人们无法想象的超高速度处理所管辖的各种事务。曾经有人提出这样的估计，下意识在一分钟内处理的信息量，甚至比科学家全年所能处理的信息量还要多。

本书作者曾经亲眼目睹过一场极其惊险的“车祸逃生”情景。许多年前，在北京市北三环中路的环路上，一位沿环路南侧由西向东骑自行车的青年人刚调头快速由南向北横穿环路，突然一辆汽车也从南侧由西向东飞驰而来。眼看就要发生一场惨烈的车祸，却见骑车人猛地把自行车向旁边一撂，自己则弃车倒地朝环路南面人行道方向一个翻滚，滚出环路的路面，侥幸逃过一劫。当时，就有路人好奇地上前问骑车人:你怎么想到用这种方法逃生脱险？他却惊魂未定地回答说:什么也没有来得及想，当时自己整个儿都吓蒙了，完全不知道是怎么过来的。真是后怕！这也许就是“下意识”这台“超高速计算机”帮助这位年轻的骑车人快速制定和实施了脱险方案，而他自己则全然不知。这类“急智”是怎么生出来的，目前还说不明白。

从人工智能系统的研究来说，虽然“下意识”的现象非常引人入胜，但是我们对它的了解却少之又少，几乎没有任何稳定的研究成果可用。因此，很难把这类神奇功能作为眼下的研究课题。

11.2　情智反应策略生成机制：第三类 B 型信息转换原理

情智是人们关于客观事物相对于自己价值(目标)关系的主观反映。这也就是说，在人们的心目中，任何客观事物对他们都具有一定的价值(目标)关系。正是这些价值(目标)关系，会激起他们对这些客观事物的某种情感[6-9]，如喜欢或者讨厌、赞成或者反对。

现在要考虑的问题是，面对各种各样的客观事物和情境，人们是怎样形成某种价值(目标)关系从而产生某种情感呢？这就是情境-情感的复杂映射机制问题，即情感的生成机制问题。

无论是作为个体的人，还是作为群体的人群，他们都有自己追求的长远目的和近期目标。依据是否有利于实现他们追求的目的和目标，人们自然会对面临的客观事物产生正面或负面的价值关系判断。这种关系既深刻，又明确。

对于团体成员来说，他们的共同目标通常是十分明确的。这就是团体的纲领、章程，或者口头的盟约、誓言，这是一切团体成员的行动纲领和行为准则。对于个体的人来说，也许他们并没有清晰地意识到自己是否有目的或者有什么样具体的目的，但是这个目的必然存在于他们的脑海深处；不但存在，而且还在事实上主宰着他们的情感、对客观事物的态度和基本行为，只是他们自己没有明确意识到。人人都有目的，人人都有目标，这是一种天性，是天生固有的潜质，是人类群体在千百万年不断进化的过程中形成的稳固产物，是人类个体通过遗传过程传递下来的内在本能。

人类学和社会学的研究表明，无论是个体的人还是人类群体，最基本的目的是在任何自然条件和社会环境下不断求得生存和发展，并为改善这种生存发展的条件而不断努力。换言之，生存是人和人类的本能，发展是人和人类社会的基本需求，是人和人类社会各种活动的长远目的和近期目标，也是人和人类社会发展的根本动力。

生物进化的法则是物竞天择、优胜劣汰、适者生存。人类改变环境的基本准则必然是：凡是有利于人类生存发展的客观事物，人类就认为它们具有正面的价值，就会肯定它、欢迎它、维护它、保留它；凡是不利于人类生存发展的事物，人类就认为它们具有负面的价值，就不喜欢它、回避它、排斥它，甚至实施某种改造和消灭。

当然，如果人们对客观事物的改造符合事物发展的客观规律。这种改造就有可能取得成功，达到改善人类生存与发展的目的；如果这种改造违背事物发展的客观规律，就可能导致失败，反过来对人类的生存发展造成负面影响，人类就不得不为此付出某种代价，甚至做出牺牲。因此，在长期适应环境和改造环境的实践过程中，人类也在不断地接受客观规律给予的奖赏或惩罚，从中领悟到改造世界必须遵循的客观规律，逐渐形成至今仍在不断发展的自然科学知识和社会科学知识，以及由此提炼出来的哲学思想。同时，激发和锻造人们对各种事物的价值观念和复杂情感。

这就是人类在漫长的求生存谋发展过程中逐渐形成的目的-价值-情感法则。

可以发现，人的情感大体上包含两部分。一部分是，天生遗传来的本能性情感表现，例如婴儿在饥渴的时候会通过哭闹表达不舒适的情感；在妈妈喂奶之后，则通过微笑表达满足和开心的情感等。另一部分是，人们在后天适应环境改造环境和认识世界改造世界的实践过程中，面对各种各样的客观事物，遵循“目的-价值-情感”法则逐步形成和发展起来的常识性和经验性的情感。

作为基础意识部分的先天本能性情感和常识性情感的生成机制是第三类A型信息转换，它是“在由刺激呈现的本体论信息转换而来的全信息的激励下而唤醒、由语义信息的生成而启动、在系统本能知识和常识知识的支持下而展开、在系统目标的导控下而完成”的信息转换与情智创生。因此，需要探讨的只是经验性情感的生成机制。

类比基础意识生成机制的唤醒-启动-展开-完成的模式，可以判断，人们在后天习得的经验性情感的生成机制也是一种信息转换。具体来说，就是信息-情感转换。这个转换模式也可以表达为，由客体信息的刺激而唤醒；由语义信息的触发而启动；由本能知识-常识知识-经验知识的支持和目标的引导而展开；由目标的达成而完成。

这个信息-情感转换称为第三类B型信息转换。因此，以情感生成为任务的第三类B型信息转换可以表达为

$$C_B:(I\times K_b\times G)\mapsto \varPhi \tag{11.2.1}$$

其中，C_B为第三类B型信息转换；I为主体关于客体认识的全信息；K_b为本能知识、常识知识、经验知识集合；$\varPhi$为人工情感。

之所以要把本能知识和常识知识列出作为后天习得的经验性情感生成的支持者，是因为经验知识的形成本身就离不开本能知识和常识知识的基础作用，没有本能知识和常识知识的基础不可能形成经验知识。因此，原则上说，经验知识、本能知识，以及常识知识是不能截然分割的。由于研究基础意识(其中实际上包含了本能性和常识性情感)生成机制的时候，已经讨论了本能知识和常识知识对本能情感和常识情感生成的作用，因此为了避免重复，可以只研究经验知识对于后天习得的经验性情感生成的支持作用。

另外，这里把支持生成情感的知识限制在本能知识、常识知识、经验知识的范围内，没有考虑规范知识。这是因为，规范知识属于理性的范畴，人类的情感一般来说更多地属于感性的范畴。因此，人的情感基本上是建立在本能、常识、经验知识的基础之上。当然，理性的规范知识肯定也会影响情感的生成。这种影响通常不是表现为情感的生成，更多的是表现为理性的规范知识对情感的策略性调节。这是后面要讨论的情感与理智之间相互关系的一部分。

众所周知，经验知识本身的生成和积累过程构成一个开放的动力学系统。当人们面对某个客观事物的时候，首先要判断它是新的事物还是已知的事物。如果是已知的事物，就按照已有的经验处理；如果是新的事物，就要以已有的经验知识为基础来尝试新的解决办法。至于新的解决方法是否正确，还需要在实践中加以检验，看它的实践效果是否符合预期的工作目标和价值准则。符合目标与准则的尝试就算是一个成功的新经验知识；否则，就算失败。

面向经验性情感生成需求的知识库，在实践的过程中会不断积累越来越丰富的经验知识。知识库存储经验知识的一种可能的格式为

$$\text{若条件(语义信息)，则结论(情感类型)} \tag{11.2.2}$$

这个经验知识说的是，当客观事物呈现的本体论信息转换为全信息的时候，如果它的语义信息是 XXXX，那么根据系统的经验知识和价值准则生成的情感就是 YYYY。当然，这种经验性的因果关联是人们在实践活动中摸索出来的。

在经验性情感生成的场合，当人们感受到客观事物呈现的本体论信息，就在自己的头脑里按照第一类信息转换的原理把它转换为包括语法信息、语义信息、语用信息的全信息，如果随后的注意系统根据全信息的语用信息判断这个客观事物与系统目标的相关性比较高，就把这个全信息转送到后面的基础意识系统。后者对全信息的语义信息进行分析，如果这个语义信息是在本能知识和常识知识能处理的范围内，基础意识系统就可以直接做出相应的反应；如果输入语义信息的内涵超出本能知识和常识知识能涵盖的范围，就把全信息转送到情感处理模块。情感处理单元在经验知识支持下对全信息的语义信息进行分析，在记忆系统(知识库)找到可以匹配的经验知识条目。如果输入的语义信息与知识库某个经验知识的条件可以实现足够好的匹配，就把知识库的这个经验性知识对应的情感类型输出，作为情感系统的反应。当然，由于经验性知识并非普遍真理，根据经验知识生成的情感反应不一定在任何场合都能符合系统目标，因此有必要对这样生成的情感反应做检验。

如果在知识库内找不到能够与输入语义信息匹配的经验知识条件，情感处理系统就在知识库内寻找条件部分接近于输入语义信息的经验知识条目，并把其情感类型输出作为情感系统的尝试性反应。但是，情感处理系统不能在这里止步。

这时情感处理系统还要观察和检验这个尝试性情感反应的实际效果，看它是否符合系统的目标价值。如果符合或者基本符合，就算成功的尝试，把这个匹配条目当作成功的经验知识，在知识库中保留下来以备后用；反之，放弃这个匹配条目，寻找新的匹配条目，或者进行新一轮的尝试、观察、检验。

可见，经验性情感生成的情况比本能性和常识性情感生成的情况要复杂，它需要对尝试的情感反应的效果进行反馈、检验、确认、修改。显然，成功的尝试将得到奖励(积累新的经验)，失败的尝试则会受到惩罚(重新尝试)。

当在知识库内搜索与输入语义信息匹配的经验知识条目的时候，有很多不同的搜索方法可供选择。最简单的方法是盲目搜索方法，按知识库内经验知识的条件部分(语义信息)逐一进行检查，直到实现匹配。显然，这种盲目搜索的方法效率通常很低。

考虑通用人工智能系统知识库存储了与外来刺激相应的全信息，因此经验知识条件部分也可以设定为语用信息，即直接根据输入的语用信息与数据库存储的语用信息(经验知识的条件部分)的比较确定匹配的可能性。这样也有可能会提高搜索和匹配成功的机会。换言之，当在知识库中找不到与输入语义信息匹配的经验知识条目的时候，作为一种可能性的试探，也可以考虑放弃语义信息的匹配搜索，转而检查输入全信息的语用信息。

此外，知识库的经验知识存储格式也可以和式(11.2.2)不一样。例如，它的结论部分也可以不直接表示为情感，而是表示为它的中介——价值，即

$$\text{若有条件(语义信息)，则有结论(价值)} \tag{11.2.3}$$

在这种表示方式下,经验知识没有直接提供面对什么样的客观事物(与之相应的语义信息)应当生成什么样的情感类型的知识,只提供客观事物对系统目标呈现的价值关系知识。因此，为了最终生成情感反应，还需要另外与之匹配的知识。后者可以表示为

$$\text{若有条件(价值)，则有结论(情感类型)} \tag{11.2.4}$$

实际上，这相当于把式(11.2.2)的经验知识分解为式(11.2.3)和式(11.2.4)。应当认为，经验知识的这两种表达式在本质上是完全互相等效的，各有优缺点，究竟哪种表达格式更好，需要具体情况具体分析。

在上述讨论的基础上，还有一个重要的事项需要特别关注，当知识库的经验知识不够用的时候，应当怎样建立新的经验知识?

一种可能的方法是，在已有经验知识的基础上进行实验。具体来说就是，当面临一个新的客观事物的时候，如果能够根据第一类信息转换原理生成相应的全信息，那么就可以把它同已有经验知识对应的全信息进行比较，找到与输入全信息最为接近的那个经验知识对应的全信息，以这个经验知识为基础，运用类比、

联想、外推、内插、归纳、推理等方法对它的语义信息和情感类型做适当的调整，作为尝试的情感类型，然后检验这个尝试的情感类型是否符合系统的目标价值要求。如果不符合，就放弃，进行重新调整。由于拥有输入的全信息(语法信息、语义信息、语用信息)和经验知识条件部分对应的全信息，因此拥有的经验知识越丰富，通过类比、联想、内插、外推、归纳、推理等方法找到合适的情感类型就越有可能。这就是积累新的经验知识的学习过程。

可以看出，虽然情感生成的机制比基础意识的生成机制复杂，但仍然是一种信息转换过程，即由本体论信息到全信息，再到情感反应能力的转换。这是第三类 B 型信息转换原理的结果。

作为讨论的小结，我们可以用更为简明的方法把情感的生成机制原理模型表示在图 11.2.1 中。图中给出了在知识库存储经验知识不足的情况下，系统通过实践检验生成新的经验知识的学习环节。

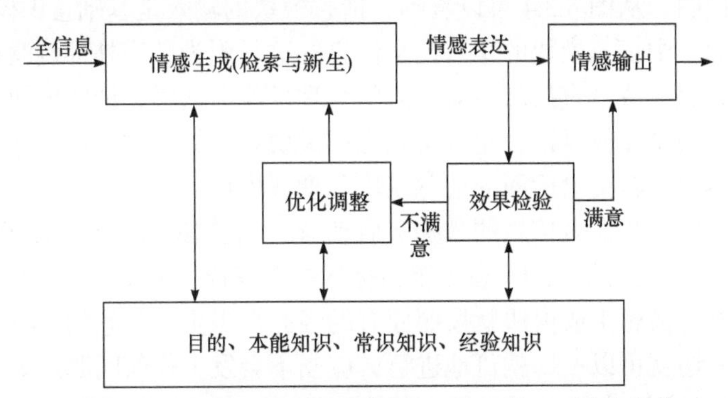

图 11.2.1 情感生成机制原理模型：第三类 B 型信息转换

可以认为，图 11.2.1 情感生成模块(图中左上部单元)与图 11.1.1 的基础意识生成整体模块在原理上是一致的，都是一种复杂的映射过程。这是一个很重要的特点，也是基础意识的生成与情感生成能够互相沟通衔接的基础。

在式(11.2.1)中，C_B(第三类 B 型信息转换)是把全信息 I、知识 K_b(本能知识、常识知识、经验知识的集合)、系统目标 G 的联合空间 $I \times K_b \times G$ 映射到情感空间 E 上。E 是有限元素(6 种或 8 种)的矢量空间，每个矢量的方向表示情感的特定类型，矢量的模表示情感的强度。

由于外来刺激的多样性，情感生成模块面对的全信息也会呈现多样性的特点。由于人工情感类型的有限性，式(11.2.1)实际上描述了一种多对少的映射关系。多对少映射示意如图 11.2.2 所示。

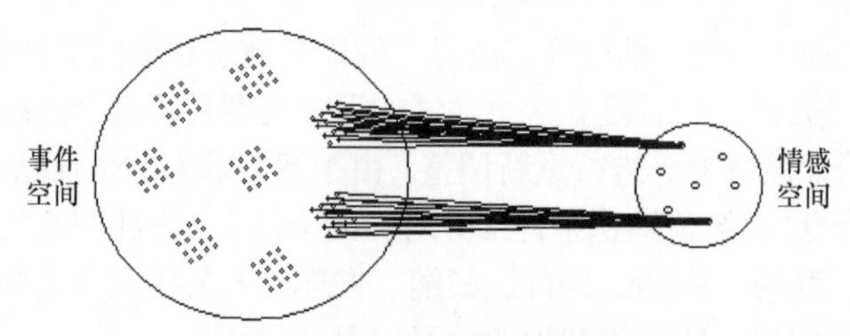

图 11.2.2　多对少映射示意

关于图 11.2.1 中情感表达的问题，如果单纯是情感本身的表达，只要系统生成具体的情感类型和相应的强度，就可以直接把它表示出来；如果要表达的不仅仅是情感本身，还需要通过语言和行为动作等方式表示，就涉及在这种情景下自然语言生成和行为动作的生成问题。不过，这些都属于技术实现方面的问题，已经有很多专门的研究，本书暂不涉及。

还需要说明，从图 5.3.4 可以看到，情感模块的输入是基础意识模块的输出，为什么图 11.2.1 中情感模块的输入是全信息？这是因为，当外部刺激比较简单的时候，基础意识模块就直接产生对刺激的合理反应。这时，情感模块和理智模块轮空。当外部刺激比较复杂，超出基础意识模块处理能力的时候，会将它收到的全信息原原本本地转交给后面的情感模块和理智模块。

情感生成模块是在全信息的激励下启动，在本能知识、常识知识、经验知识(主要是经验知识)的支持下展开，在系统目标导控下完成。如果面临的客观事物是已经熟悉的事物，情感生成模块就按照原有的经验知识生成熟悉的情感类型。在这种情况下，一切就可以按部就班地进行，应当不会发生任何问题。如果面临的客观事物是未曾经历的新事物，就不可能在知识库内找到可以匹配的经验知识，而要在输入的全信息 I、知识库内存储的系统目标 G 和相关知识 K_b 的联合支持下生成新的情感类型作为反应。不过，在这种情况下，新的情感类型是否符合系统目标所确立的价值准则呢？这需要通过实践加以检验。如果检验的结果是满意或者基本满意，这种新的情感类型就可以存入记忆系统(知识库)保存，而产生这种新情感类型的规则作为新的经验知识加入原有的经验知识集合，使其得到扩展。相反，如果检验的结果是不满意，就要通过某种适当的调整建立新的经验知识，使后者可以支持新的更合适的情感类型的生成。判定效果满意或不满意的唯一依据，仍然是看新生成的情感能否真的有利于系统目标的实现。如果有利于系统目标的实现，就满意，否则不满意。可见，系统的目的和工作目标始终是情感生成系统检验所生情感是否合适的首要标尺。

可以看出，在整个情感生成进程中，最关键、最困难的问题是，在面对新的客观事物刺激的时候，究竟怎样才能正确地选择新的情感类型？或者等效地说，在面对新的客观事物的时候，究竟怎样才能生成一种新的经验知识，使系统能够选择一种正确的情感类型?

为了解决这个问题，必须遵守以下基本约束。

(1)必须关注系统的工作目标,因为它是确定客观事物对系统是否有价值和有怎样的价值的唯一判断依据。

(2)应当充分利用反映客观事物(外来刺激)性质的全信息。

(3)设法尽可能妥当地利用原有的经验知识,因为原有的经验知识有可能为生成新的经验知识提供基础和某种有益的启发，新的经验知识与原有经验知识之间总可能存在某种联系。

在这三方面因素的联合约束下，有两类基本方法可以生成新的经验知识，即随机试探法和解析推演法。

随机试探法，就是首先随机产生一种经验知识，把它生成的新情感类型在实践中加以检验，以确定可以接受还是需要进一步修改?如果可以接受，就表明成功地生成了一种新的经验知识；如果需要修改，就运用随机试探法，再次经受检验，直至最后成功。

解析推演法，就是在目标、全信息、原有经验知识等约束条件下，试图以原有经验知识为基础，采用前面提到过的分析、类比、联想、内插、外推等各种可能的恰当算法，对原有的经验知识从形式、内容、价值等方面进行解析推演，演绎新的经验知识。这样演绎出来的新的经验知识自然也需要经受检验。

显然，随机试探和解析推演是在给定约束条件下产生新的经验知识的两种比较极端的方法。这两极之间也存在许多其他可行的学习算法，这里不再详述。

人们可能还会注意到另一个问题，即情感会不会反过来影响注意和基础意识系统的工作?这种情况是有可能发生的。如前所说，情感模块和理智模块都应当自上而下地检验基础意识模块生成的反应的合理性。如果基础意识生成的反应合理，就予以认可；反之，就予以纠正。情感模块和理智模块之所以有能力检验基础意识模块反应的合理性，是因为它们拥有比基础意识更丰富的知识。

一般来说，在研究情感生成的问题之后，还应当附带地提及与此紧密相关的情感识别问题。之所以说这是附带的事情，是因为本书没有把情感识别作为主要的研究内容，虽然情感识别的问题几乎与情感生成问题同样重要。

关于情感识别的问题，实质是情感分类问题。最基本的要求是，识别基本情感类型和基本情感强度。在实际的研究和应用中，主要有两种不同的情感识别问题。一种是针对人的面部表情的图像情感识别，另一种是针对文本和语音的情感识别。虽然世界各地人种不同，但是他们关于基本情感(情绪)的面部表现都几乎相同，因此可以进行共同的研究。在文本和语音的情感识别问题中，相对而言，文本的情感识别更为基本，语音的情感识别比文本情感识别具有更多的相关因素(包括有利的因素和不利的因素)。因此，可以把图像情感识别和文本情感识别作为两种更基本的问题类型。不难理解，这两种情感识别的问题既有内在的联系，又有重要的区别。

从方法论的意义来说，无论是图像情感识别还是文本情感识别，共同的途径都应当是尽可能地利用情感生成的各种约束条件，通过对于约束条件的分析求得正确的答案。根据上面的讨论可以知道，情感生成的约束因素主要包括两个方面。一方面是，关于对象(图像的原型和文本的作者)的主观目的，这是情感生成的主观约束，或者说是情感生成的内在根据。另一方面是，关于对象所处的客观环境，这是客观的约束，或者说是情感生成的外部条件。此外，还有第三个可以利用的因素，即关于经验知识的先验知识，也就是在上述两个方面约束下存在多少种可能的经验知识的解，这对于具体识别情感类型很有帮助。

从具体的方法来说，无论是图像情感识别还是文本情感识别，共同的原则都是利用全信息的表示方法。这是因为，当给定具体的图像或文本时，图像或文本本身就提供了语法信息。如果能够了解到图像原型或文本作者的主观目的，那么由语法信息和主观目的之间的相关性、极性就提供了语用信息，由此就可以判断图像原型或文本作者的情感类型和强度等级。

图像情感识别和文本情感识别在具体方法上的差别，主要表现在语法信息的描述方面。图像情感识别中语法信息的描述对象是图像的几何关系及特征。文本情感识别问题中语法信息的描述对象是文字的笔画结构及特征。两种情感识别问题中主观目的的语用信息描述方法则没有什么不同。由于识别问题不是本书的重点，更具体的问题就不在此讨论了。

最后需要指出，一般来说，人类的情感构成一个复杂的连续空间。但是，由于人们对人类情感进行了分类，即对连续情感空间进行了离散化的处理，而且只分成有限(6～8类)的情感类别。一方面，对人工情感生成的理论研究和技术实现都带来巨大便利，使式(11.2.1)表示的情感生成映射成一种“多对少”的映射。另一方面，这种离散化措施和“多对少”映射也会带来负面的效果，使人工系统的情感变得不自然、不真实。因此，关于情感分类的问题还需要不断改进。

11.3　理智反应策略生成机制：第三类C型信息转换原理

探讨人类智慧、人类智能(理智)、人工智能(理智)生成机制是研究通用人工智能理论的中心任务，而探索人类智慧、人类智能、人工智能生成机制需要的理论基础，正是人类智慧、人类智能、人工智能的基本概念[10-21]。这些概念(定义)和生成机制在理论上必须是相融一致的。

从人类智慧的定义不难看出，人类智慧的内在根据是，人类固有的生存发展目的和人类逐步积累的先验知识，而它的外部条件则是环境中各种客观事物给予的刺激。正是由于人类具备主观的生存发展目的，积累了相应的先验知识，当面临外来刺激的时候，就能把外来刺激呈现的本体论信息转换成为主体的认识论信息，包含语法信息、语义信息、语用信息的全信息，使注意系统能够判断这个外来刺激是否值得关注，是否应当把生成的全信息向后续环节转送。正是由于人类具备主观的生存发展目的，积累了相应的先验知识，基础意识系统才能正确地做出符合本能知识和常识知识所界定的反应，而且一旦外来刺激的内涵超出本能知识和常识知识界定的范围，就能把任务转交给后续的情感生成系统与理智生成系统。因此，情感生成系统才能根据本能知识、常识知识、经验知识做出符合情理的情感反应，在所处理的内容超出本能知识、常识知识、经验知识界定的范围时，能够等待理智生成系统的处理结果，并与后者相互协调。至于理智生成系统本身，也因为人类具备主观生存发展目的，积累了相应的本能知识、常识知识、经验知识、规范知识，才能生成合理的谋略，并与情感生成系统互相协调，共同支持后续的综合决策。

对于实现显性智慧的人工智能系统来说，人类设计者为系统提供的系统目标和领域知识是生成通用人工智能的内在根据，来自环境的外来刺激是系统生成智能的外部条件。外来刺激激励下生成的全信息是沟通系统内外因素，使系统能够生成理智的媒介和纽带。

由此可知，通用人工智能系统理智的生成机制也是一种信息转换的过程，即信息-理智转换更准确地说是信息转换与理智创生过程。这类转换模式也可以表达为，由客体信息刺激而唤醒，由语义信息的触发而启动，由本能-常识-经验-规范知识的支持和目标的引导而展开，由目标的满意实现而完成。

信息-理智转换就称为第三类 C 型信息转换。

这样，我们就可以把理智生成的机制更形象、简洁地表示为图 11.3.1 所示的模型。

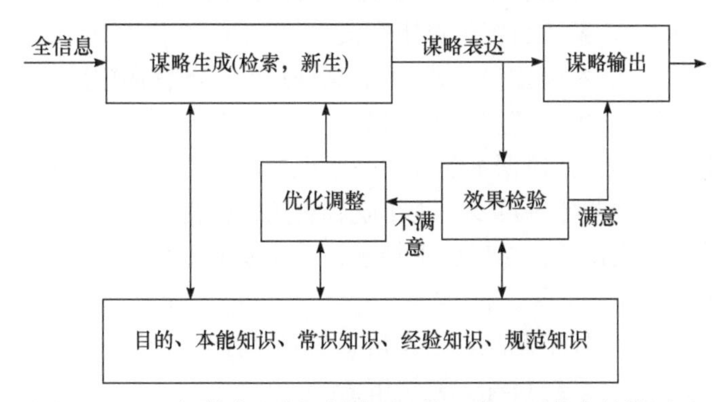

图 11.3.1 理智谋略生成机制模型：第三类 C 型信息转换原理

表面来看，这里的理智谋略生成机制模型(图 11.3.1)与基础意识生成机制模型(图 11.1.1)、情感生成机制模型(图 11.2.1)似乎并无本质区别，只是核心单元从基础意识生成模块和情感生成模块变成谋略生成模块。这正是基础意识生成、情感生成、理智生成能够互相沟通衔接需要的基础。

实际上，谋略生成的情况要比情感生成的情况复杂得多。在情感生成的场合，由于系统情感与系统目标直接相关，只要外来刺激和系统目标不发生改变，系统生成的情感也不会改变；由于系统情感只有很少几种类型，因此支持情感生成的知识(包括本能知识、常识知识、经验知识)就可以直接表示为，“若(由外部客体信息转换而来的语义信息)，则(系统情感类型)”的形式。因此，只要由外来刺激转换而来的语义信息能与系统某个知识的条件项实现匹配，就可以产生系统的某类情感。

在理智谋略生成的场合，情形就有很大的不同。一方面，虽然系统谋略也与系统目标直接相关(系统谋略总是为实现系统目标服务的)，但是系统谋略与系统目标的关系比较复杂。在同样系统目标的前提下，系统可以有多种不同谋略的选择，而不是像情感那样只有一种选择。另一方面，在比较复杂的刺激下，系统谋略要包含若干步骤才能实现系统目标，而不是像情感那样可以一步到位，因此需要把系统目标分解为若干个相互衔接的子目标。这样，支持理智谋略生成的知识表示就不能像情感生成场合那样简单了。在这里，知识表示中的条件项不仅应当包含由外来客体信息转换而来的语义信息、系统目标，而且还要包含系统目标的分解实施而引出的过渡目标。只有外来刺激名称、系统目标、系统过渡目标都明确定义之后，才能确定系统应当采取何种谋略。

假如一个饥肠辘辘的猴子面临的外来刺激是“在房间的天花板上挂着一串清香诱人的香蕉”，那么在情感生成场合，无论根据本能知识，还是常识知识和经验知识，面对充饥解渴的目标，系统必定会产生欣喜渴望的情感，即

外来刺激：语义信息(香蕉高挂)
系统目标：充饥解渴
本能知识：若(香蕉高挂)，则(欣喜渴望)
生成情感：欣喜渴望

在谋略生成的场合，根据本能知识、常识知识、经验知识、规范知识，高挂在天花板上的香蕉并非唾手可及；为了吃到香蕉，就得采取若干措施。例如，先找一副梯子放在适当位置，然后爬上梯子，才能取下香蕉。这样，生成的谋略就包含以下步骤。

外来刺激：语义信息(香蕉高挂)
系统目标：充饥解渴
过渡目标：缩小与香蕉的距离

先验知识：若(香蕉高挂)，则(使用梯子)

一步谋略：搬来梯子

当第一步谋略完成后，把它的结果与系统目标进行比较，就可以确定，第二步谋略应当是爬上梯子。

外来刺激：语义信息(香蕉高挂)

系统目标：充饥解渴

过渡目标：接近香蕉

先验知识：若(香蕉高挂且有梯子)，则(爬上梯子)

二步谋略：爬上梯子

当第二步谋略完成以后，再把它的结果与系统目标进行比较，就可以确定，第三步的谋略应当是取下香蕉。

外来刺激：语义信息(已近香蕉)

系统目标：充饥解渴

过渡目标：取下香蕉

先验知识：若(已近香蕉)，则(取下香蕉)

三步谋略：取下香蕉

这个非常简单的例子表明，在相同外来刺激(香蕉高挂)的情况下，生成的情感永远都是相同的(总是会感到欣喜和渴望的情感，而不会生成恐惧、悲伤、愤怒的情感)。在同样外来刺激的情况下，为了实现充饥解渴的目标，系统需要生成的谋略却不会像生成情感那样简单，可以一步到位，需要谋划好若干个过渡步骤才能实现系统目标，而且各个过渡步骤之间的过渡目标在逻辑上要能互相衔接。这就是人们熟悉的规划问题。

可见，在谋略生成的场合，需要表达的内容应当比情感生成的场合更为复杂。在情感生成的场合，它只需要表达代表外来刺激名称的语义信息和系统目标。在谋略生成的场合，需要表达的内容不但要包含代表外来刺激名称的语义信息、系统目标，而且要表达实现系统目标需要的过渡步骤及其具体谋略。为了导出实现目标需要的各个步骤，通常应当具备一定的演绎推理能力。这是理智生成最困难、最具有标志性意义的环节。

换言之，在谋略生成的场合，全信息 I、系统目标及其过渡目标 $\{G_n\}$、系统先验知识 K_c 的共同作用才能确定系统生成什么样的谋略 Σ。

因此，在原理上可以建立类似于描写情感生成机制的某种复杂映射，即

$$C_c:(I\times K_c\times\{G_n\})\mapsto\sum \tag{11.3.1}$$

同样，式(11.3.1)似乎与式(11.2.1)非常相像，分别是由全信息、知识、系统目标构成的情景空间到情感和谋略的复杂映射。但是，由于情感与情景的联系非

常直接，以至于在式(11.2.1)的情况下，通过全信息 I、目标 G 和知识 K_b 的共同约束就可以确定系统应当产生的情感 Φ。在式(11.3.1)的情况下，目标项要包含系统目标及其过渡目标 $\{G_n\}$，只有通过全信息 I、目标系列 $\{G_n\}$、知识 K_c 的共同作用才能明确定义系统应当产生的谋略∑。

需要特别说明，如何由问题、相关知识、目标导出过渡目标系列 $\{G_n\}$，这不是(也不可能是)设计者事先设定的，而是理智生成系统演绎推理的产物。这是理智生成的核心环节。由于这一部分内容在传统的人工智能理论(特别是规划理论)研究中已经积累了相当丰富的成果[15-21]，而且这些成果在通用人工智能理论研究中仍然可以发挥作用。为了节约篇幅，这里不再详述。

当然，知识表示的方法并不限于“若…，则…”的形式，还可以有许许多多其他的表示方法。但这并不十分要紧，因为毕竟这些不同的知识表示方法之间总有办法互相等效(或者近似等效)地转换。一般来说，就知识的表示方法而言，逻辑表示的方法应当是比较合理和方便的方法。只是目前的逻辑学理论本身还不够成熟，即标准逻辑(命题逻辑和谓词逻辑)的适用条件比较苛刻，各种非标准逻辑又比较个性化，而且各种不同的非标准逻辑方法之间也还不够默契，因此本书并没有把知识表示的问题限制得很具体。我们相信，随着逻辑学理论(特别寄希望于泛逻辑学理论[28])的不断发展，知识的逻辑表示方法会逐渐完善起来。

按照式(10.3.1)生成的理智谋略是否合适需要检验,看它是否有利于实现系统的目标。如果生成的理智谋略有利于实现系统的目标，检验模块就会产生满意的结果，允许这个理智谋略输出；否则，需要调整谋略生成模块的策略，生成更合理的理智谋略，再经受检验，直至满意。这就是理智谋略生成机制模型表示的效果检验。

此外，如果系统面对某种全新的外部刺激，应当怎样生成新的理智谋略呢?原则上，可以像情感生成那样采用随机实验的方法、演绎推理的方法，或者两者之间的各种启发式搜索方法。但是，不管采用哪种方法，生成的新的理智谋略仍然需要经受必要的检验(可能是仿真模拟的检验，也可能是真实的实践检验)。检验的最终标准依然是要看这个新的理智谋略是否有利于实现系统设定的目标。总而言之，在通用人工智能理论的研究中，系统目标是一个极为基本和极为重要的要素。它既是智能系统一切操作的出发点，又是智能系统一切操作的归宿。没有系统目标，就谈不上系统智能。

至此，我们看到，在整个通用人工智能系统的工作过程中，负责感知的第一类信息转换原理把外部刺激呈现的本体论信息转换为主体的认识论信息——语法信息、语义信息、语用信息三位一体的全信息，使“注意”系统选择和过滤客体信息的工作有了依据，也使记忆系统按照语义来存储信息和知识成为可能；负责认知的第二类信息转换原理把全信息转换成为相应的知识；负责谋行的第三类信息转换原理在本能知识、常识知识、经验知识、规范知识的支持下，以及目标的导控下把全信息依次转换为基础意识反应的生成能力、情感反应的生成能力和理智反应的生成能力,从而完成通用人工智能核心能力的生成(只剩下针对情感与理智谋略的综合决策)。

由此，可以顺理成章地说，正是第一类信息转换原理、第二类信息转换原理和第三类 A 型、B 型、C 型信息转换原理一起，构成通用人工智能生成的共性核心机制。或者更确切地说，信息转换与智能创生是生成通用人工智能共性核心机制。这是本书最重要的结论之一。

Hawkins 在 *On Intelligence* 曾经这样写道:人的智能是通过记忆能力和对周围事物的预测能力来衡量的。大脑从外部世界获得信息并将它们存储起来，然后将它们以前的样子和正在发生的情况进行对照比较，并以此为基础进行预测。

他所说的智能就是这里讨论的理智。他要表达的意思是，人的智能是由记忆和预测能力决定的。具体来说，通过记忆记住各种事物的样子，从而在记忆系统里建立“世界模式”。以后遇到什么事物的时候，就把遇到的事物同记忆系统的世界模式做比较。如果是记忆中出现过的事物，就可以凭记忆识别出来；如果是记忆中没有出现过的事物，就利用记忆中的事物对它进行预测，从而形成决定。因此，他断言，人工智能主要应当关注记忆能力和预测能力。

可以认为，Hawkins 强调记忆能力和预测能力对于生成智能有重要作用，确实有一定的道理。因为一个连记忆能力都没有的系统，就不可能积累任何有用的信息和知识，当然不可能生成智能；一个只有记忆能力但没有预测能力的系统，就会成为一种只是死记硬背而不懂如何利用所积累的信息和知识的系统。因此，它积累的全部信息和知识都成为一堆死而无用的东西。知识再多而不会运用，也不可能生成真正的智能。正是在这个意义上说，Hawkins 的论点有一定的道理。

不过，我们也要如实地指出，Hawkins 的论断其实并不完全正确。第一，因为他所说的记忆，只是对语法信息的记忆。第二，因为他所说的预测是纯粹根据语法信息进行的预测。第三，因为他忽视了系统目标的作用。显然，纯粹语法信息的记忆是一种没有内容和价值因素的记忆，是一种纯粹表面化的肤浅记忆。纯粹基于语法信息的预测也是一种完全形式化的预测，是一种很难获得有用新知的预测。如果一个系统仅具有他所说的记忆能力和预测能力，而没有理解能力，没有系统目标的全程导控作用，也没有全信息和全知识的支持，那么它就会成为一个漫无目的，没有基于理解的学习能力的系统，因此不可能是一个智能系统。

事实上，如果没有明确的系统目标，不能根据系统目标把外来刺激呈现的本体论信息转换成为全信息，那么注意系统就不知道按照什么原则确定对外来刺激的选择和过滤。这样盲目的系统就称不上是智能系统。

同样，如果没有明确的系统目标，不能根据系统目标把外来刺激呈现的本体论信息转换成为全信息，那么基础意识生成系统就不懂得对外来刺激应当做出什么样反应的能力，成为一个“傻系统”。

如果没有明确的系统目标，不能根据系统目标把外来刺激呈现的本体论信息转换为全信息，那么情感生成系统和理智谋略生成系统也无法判断外来刺激对系统目标的利害关系，从而无法准确地表达情感，生成解决问题的谋略。

当 Hawkins 设想的系统面对已经熟悉的外来刺激的时候，可以根据记忆系统存储的世界模式做出合理的反应，这在原则上不会发生什么大问题。当系统面对基本已知，但是只有微小部分未知的新刺激的时候，可以根据原有知识对刺激做出比较准确的外推预测，从而生成比较合理的反应，原则上也不会有大的问题。如果外来刺激基本上是未曾经历和处理过的新事物，Hawkins 的系统将如何在世界模式基础上做出准确的预测？这会遇到很大的困难。他的系统会如何判断预测的正确性？如果没有明确的系统目标作为判断的依据，没有基于全信息和全知识的理解能力，就更谈不上正确的判断了。

由通用人工智能系统的功能模型(图 5.3.4)不难理解，对智能系统来说，记忆能力当然非常基础。如上所述，这种记忆很要紧的是对系统目标的记忆，而且应当是全信息的记忆。当系统面对未知外来刺激的时候，系统能够基于记忆系统存储的目标把外来刺激呈现的本体论信息转换成为全信息，使注意系统能够判断这个外来刺激是否值得关注。如果不值得关注，注意系统就拒绝这个外来刺激；反之，注意系统把这个刺激的全信息转送到基础意识系统、情感生成系统、理智生成系统。如果基于本能知识和常识知识的基础意识系统和基于本能知识、常识知识、经验知识的情感生成系统都不能对这个未知的外来刺激做出合理的反应，外来刺激的全信息就会转送到理智生成系统。理智生成系统可以根据记忆系统存储的知识做出相应的预测，同时可以根据记忆系统存储的系统目标对预测的结果做出评价，使系统能够对这个未知的外来刺激做出合理的反应。

可见，对于理智谋略(传统人工智能意义上的智能)生成的机制而言，仅仅一般地具有记忆能力和预测能力是远远不够的，还必须强调系统目标的存储，以及全信息、全知识的记忆和利用。记忆能力和预测能力只是智能生成机制的必要前提和条件，而不是充分条件。智能生成系统必须具备明确的系统目标，必须能够理解信息和知识，在系统目标导控下把信息转换为基础意识、情感和理智的信息转换系统。

最后还要说明，我们探讨了通用人工智能系统的注意生成单元、认知单元、基础意识生成单元、情感生成单元、理智谋略生成单元的基本概念和工作机制。在实际系统中，这些单元的工作并不是互相独立的，而是互相合作、互相协调的。它们在外部刺激呈现的本体论信息，以及由第一类信息转换原理转换来的全信息的激励下，在统一系统目标的导控下，利用记忆系统存储的本能知识、常识知识、经验知识、规范知识有序地展开工作。不仅如此，它们的互相协调还表现在，如果外部刺激是基础意识单元能够处理的问题，基础意识单元就会生成合理的反应，并把生成的反应报告给情感与理智生成单元核准，并由综合决策单元最终确定；如果超出基础意识单元处理能力的范畴，基础意识生成单元就会立即自下而上地报告，并把全信息转送给情感生成单元和理智谋略生成单元处理。反过来，理智谋略生成单元和情感生成单元也可以自上而下地对基础意识和注意单元的工作进行检验和校核。情感生成单元和理智生成单元之间的相互协调，则可在综合决策单元得到妥善的处理。因此，整个通用人工智能系统的工作是有机和谐的。

11.4　综合决策

根据图 5.3.4 所示的通用人工智能系统模型，在情感生成与理智谋略生成之后应当执行的任务是综合决策。在这里，综合决策主要是指在系统生成的情感表达和理智谋略两者之间实施的某种协调平衡。

之所以要在系统的情感表达与理智谋略之间实施专门的综合决策，是因为情感生成和理智谋略生成分别由两个不同的子系统执行。它们所依据的知识类型不同，生成过程的复杂程度、速度、内容也各不相同，而通用人工智能系统对外部的反应必须在情感表达与理智谋略之间实现协调一致，避免出现情感与理智互相分离、互相矛盾的情形。

稍加分析就可以发现，图 5.3.4 模型中明显表示出来的综合决策是对情感表达和理智谋略而言的，实际上必然涉及包括注意系统、基础意识系统、情感系统、理智谋略系统在内的综合协调。只有这样，才能使通用人工智能系统成为一个有机的整体。一方面，下一级单元的工作结果必须向上一级单元报告，上一级单元的工作必须以下一级单元工作的结果为基础。另一方面，上一级单元可以接受或者纠正下一级单元工作的结果。原则上说，这些相互作用过程的实现并不困难，但是比较繁复，因此在模型中没有具体表示出来。

这里需要着重说明的是，综合决策环节中关于情感系统与理智系统的协调方法问题是综合决策的主要内容。

注意到，我们在介绍通用人工智能系统模型的时候曾经指出，由于基于本能知识、常识知识和经验知识的情感生成过程相对简单，因此生成速度比较快捷；基于本能知识、常识知识、经验知识、规范知识的理智谋略生成过程相对复杂，需要执行演绎推理等过程，因此生成速度比较缓慢。这样就造成情感生成与理智谋略生成在反应速度和反应质量两方面都不均衡。为此，理论上至少存在以下几种典型的协调策略可供选择。

⑴允许两者不同步，即允许情感先行表达，同时继续展开理智谋略的生成过程。

⑵两者同步生成，即适当忍耐(延迟)并缓和情感的表露，使之与理智谋略的表达同步。

⑶强行抑制情感的对外表达，只输出理智谋略。

在实际应用的场合，究竟应当采用哪种协调策略需要具体情况具体分析。不过，既然情感生成的速度比较快，出现得比理智谋略更早，那么决策者可以根据生成的情感类型，对一些极端情形加以协调。

⑴如果系统生成的情感属于异乎寻常的惊骇、超乎常态的恐惧、难以控制的紧张等极端类型，就表明可能出现高度危险、十分紧急、不容迟缓的情况。为了及时应对高危和紧急的事态，应当允许情感的即时表达，以唤醒后续的程序。

⑵如果系统生成的情感属于异常暴怒、极度悲愤、充满仇恨等类型，就表明可能已经面临非常容易发生矛盾激化的情况。在这种情况下，为了避免事态恶化，应当设法有效控制(忍耐并缓和)这种情感的爆发，做到“三思而后行”。

⑶如果系统生成的情感属于疑惑不解、犹豫不决、左右为难等类型，就表明可能出现比较复杂离奇而又微妙敏感的情形。在这种情况下，最好不要让情感直接表达出来，而应做到临危不乱，等待生成理智的谋略来妥善处理。

显然，综合决策的协调方式多种多样，一言难尽。根据各种不同的实际情况，人们可以设想和采用各种可能的综合方式，协调和平衡通用人工智能系统生成的各种情感表达与理智谋略，达到最满意的效果。

优秀的决策者不但需要本能知识、常识知识、经验知识、规范知识，而且需要优良的心理素质、过人的决策胆识、高超的决策艺术、杰出的决策智慧，以及现场灵感、技巧。这是比上述各种知识更加复杂、更加高级、更加微妙的一类“知识”。遗憾的是，关于这类知识的研究还很不成熟，在综合决策过程中如何应用这些知识和能力的研究也很不充分。因此，这里只能就普通的综合决策方略进行简要分析。这也是通用人工智能难以企及人类智能的重要原因。

当然，对于综合决策，除了要关注上述这些决策的策略，同样重要的问题是关心决策的效果。在这方面，通用人工智能理论并没有与众不同的要求。综合决策也需要特别关注系统的长远目的和工作目标。因为决策效果的判断依据，仍然是要考察生成的策略对于目标实现的满足程度，所以需要把策略转变为相应的动作行为，并反作用于外部世界，检验策略的实际效果。这就是策略执行的问题。

还要指出的是，第三类信息转换原理内部也存在多方面的互相协调关系。这种协调是通过基础意识生成单元、情感生成单元、理智生成单元三者共享，体现外部刺激与系统目标利害关系的感知信息实现的。三者共享感知信息，因此既可以通过由基础意识单元向情感和理智单元自下而上的报告来协调，也可以通过由情感与理智单元自上而下的巡查来实现。协调的原则是，凡是基础意识能够处理的外部刺激(即本能知识和常识知识范围内的客体刺激)，就由第三类 A 型信息转换原理处理。这时，第三类 B 型、C 型信息转换原理就处于“直通”工作方式。凡是超出基础意识处理范围的外部刺激，情感单元和理智谋略单元就以“接管”的方式，进入自己的工作状态，接替基础意识单元的工作。实际上，第三类 B 型和 C 型信息转换原理两者之间处于并行工作的关系，它们最终的结果可以由综合决策单元协调生成。

上述第三类信息转换原理的 B 型与 C 型之间的工作关系，在通用人工智能系统模型图 5.3.4 中已经表示出来。可以看出，整个通用人工智能系统的工作过程，就是体现通用人工智能策略生成和执行的过程，也是四类信息转换原理协同工作的过程。这些工作过程就是普适性智能生成机制——信息转换与智能(基础意识、情智、理智)创生的实现过程。

四类信息转换原理一起共同构成通用人工智能理论的主体，成为通用人工智能理论与传统人工智能理论之间的主要区别。

11.5 本 章 小 结

本章讨论的基本内容也是现有一般人工智能学术著作基本未曾涉足的领域，是通用人工智能原理开辟的研究新领域，也是通用人工智能理论的主体理论和特色内容之一。

11.1 节论证并阐明基础意识的共性核心生成机制(即普适性的基础意识生成机制)。由客体信息的刺激而唤醒、由语义信息的触发而启动、由本能知识和常识知识的支撑及目标的引导而展开、由目标的满足而完成的信息转换与基础意识创生过程，即第三类 A 型信息转换过程。它使人们在机器系统上生成人工基础意识的尝试成为可能。

11.2 节探讨并阐明情感生成的共性核心机制(即普适性情感生成机制)。由客体信息的刺激而唤醒、由语义信息的触发而启动、由本能知识-常识知识-经验性知识的联合支持和目标的引导而展开、由目标和价值的维护而完成的信息转换与情感创生过程，即第三类 B 型信息转换过程。它为人们研究机器情感(人工情感)阐明了可行的途径。

11.3 节探讨和阐明理智的生成机制(即普适性的理智生成机制)。由客体信息的刺激而唤醒，由语义信息的触发而启动，由本能知识、常识知识、经验知识、规范知识的联合支持和目标的引导而展开、由目标的实现而完成的信息转换与理

智创生过程，称为第三类 C 型信息转换过程。它为人们研究机器理智（人工理智）阐明了可行的途径

在此基础上，研究情感与理智两者的相互协调-综合决策的问题。它是在系统生成的情感与理智谋略激励下启动，在本能知识、常识知识、经验知识、规范知识、决策规则支撑和目标引导而展开，在目标的达成下完成策略综合。

毫无疑问，第三类 A 型、B 型、C 信息转换原理不是互相独立的一组原理，而是一个和谐的有机体系。这种和谐有机关系的形成既有赖于自下而上的报告程序，也有赖于自上而下的巡查程序，或者更确切地说是依赖自下而上的报告与自上而下的巡查相结合的工作程序。

参考文献

[1] Dennett D C. The Consciousness Explain. Boston: Little Brown, 1991
[2] 中国社会科学院语言研究所. 现代汉语词典. 3 版. 北京: 商务印书馆, 1996
[3] Frackowiak R S J, Friston K J, Frith C D, et al. Human Brain Function. Amsterdam: Academic, 2004
[4] Farber L B, Churchland P S. Consciousness and the Neuroscience: Philosophical and Theoretical Issues. Cambridge: MIT Press, 1995
[5] Gazzaniga M S. Cognitive Science：The Biology of Mind. New York: Norton & Company, 2006
[6] Kleinginna P R, Kleinginna A M. A categorized list of emotion definition. http://148.202.18.157/sitios/catedrasnacionales/materia/[2021-12-10]
[7] 林崇德. 心理学大辞典. 上海: 上海教育出版社, 2003
[8] Ekman P, Friesen W V. Constants across cultures in the face and emotion. Journal of Personality and Social Psychology, 1971, 17: 124-129
[9] Russell J. Affective space is bipolar. Journal of Personality and Social Psychology, 1979, 37: 345-367
[10] Gottfredson L S. The general intelligence factor. Scientific American Presents, 1998, 9(4): 24-29
[11] 山西省思维科学学会. 思维科学探索. 太原: 山西人民出版社, 1985
[12] Sternberg R J, Salter W. Handbook of Human Intelligence. Cambridge: Cambridge University Press, 1982
[13] Gottfredson L. Mainstream science on intelligence, forward to “intelligence and social policy”. Intelligence, 1997, 24(1): 1-12
[14] Neisser U. Intelligence: knows and unknowns. Annual Progress in Child Psychiatry and Child Development, 1997
[15] McCarthy J. What is Artificial Intelligence? http://www-formal.stanford.edu/jmc/whatisai/[2007-10-09]
[16] Winston P M. Artificial Intelligence. New York: Addison Wesley, 1984
[17] Nilsson N J. Artificial Intelligence: A New Synthesis. New York: Morgan Kaufmann, 1998

[18] Russell S, Norvig P. Artificial Intelligence: A Modern Approach. Englewood Cliffs: Prentice Hall, 2003
[19] 钟义信. 机器知行学原理: 信息、知识、智能的转换与统一理论. 北京: 科学出版社, 2007
[20] 钟义信. 高等人工智能原理: 观念·方法·模型·理论. 北京: 科学出版社, 2014
[21] 钟义信. 机制主义人工智能理论. 北京: 北京邮电大学出版社, 2021

第 12 章　智能生成机制的执行原理

第四类信息转换：智能策略→智能行为

按照通用人工智能的系统功能模型(图 5.3.4)，在外部事物(问题)呈现的客体信息刺激下，感知系统首先通过第一类信息转换原理的作用把客体信息转换为语法信息、语义信息、语用信息三位一体的感知信息(全信息)。在此基础上，注意系统根据其中的语用信息决定究竟应当舍弃还是应当选择这个客体信息。如果决定舍弃这个感知信息，就表示系统对这个外部刺激不予理会；反之，系统就把它传送到认知系统，并利用第二类信息转换原理依据这个感知信息生成和获得相应的知识。与此同时，把感知信息传送到谋行系统，利用第三类信息转换原理对这个感知信息先后谋划生成基础意识的反应策略、情感的反应策略和理智的反应策略，并在此基础上完成对上述三种反应策略的综合协调决策，生成解决该问题的智能策略。

从认识论的观点看，形成智能策略，就意味着人们的认识活动不但完成从生成感性认识到生成理性认识的过程，而且完成从生成理性认识到生成行动的智能策略过程。接下来要考虑的问题是，究竟怎样才能使智能策略转变成为智能行为，从而把智能行为反作用于外部事物，产生执行策略的实际效果。

显然，为了使执行单元准确执行智能策略，调整对象的状态，首先就要把智能策略表示成执行单元能够识读和执行的形式，这就是“策略表示”的问题。智能策略得到恰当的表示，执行单元才能把它转变成为相应的智能行为，完成“策略-行为”的转换。

不过，考虑问题的完整性，本章研究的第四类信息转换不但要包括策略-行为的转换，而且还要进一步研究智能行为作用于客体之后的实际效果是否达到预定的目标？如果没有实现目标，又应当如何根据误差信息，通过学习来增加新的知识从而优化智能策略，逐步逼近预定的目标，完成人工智能的最后过程？

12.1　策 略 表 示

策略执行的任务是，把通用人工智能系统生成的智能策略变成可以被执行的智能行为，以便把智能行为反作用于外部的对象，调整对象的状态，直至达到预定的目的。

在图 5.3.4 中，综合决策系统生成的智能策略既具有适当的形式描述，也具有相应的效用表达，还具有相应的含义表示，因此具有全信息的性质。只有这样，才便于判断智能策略的优劣程度。对于策略执行单元而言，需要把这种具有全信息性质的智能策略描述转换成便于执行单元识读和执行的表达形式，这在通常的情况下就是策略的语法分量。

作为策略执行单元，它的具体情况必然多种多样。一种极端的情况是，完全没有理解能力的简单执行单元。目前，多数的简单控制技术系统就属于这种类型。例如，普通的门控系统，只要向门控系统输入一个符合开门条件的码字序列(控制指令)，门就会打开。这里并不要求门控系统对码字序列进行理解，只需要关心输入的码字序列是否与开门的码字序列匹配。这就是模式识别问题，模式被识别(匹配)了，就执行开门的动作，否则就不开门。这是一种强制型的简单控制系统。

另一种极端情况是，具有高度理解能力的智能执行单元。典型的应用是人类执行者。例如，城市街道的交通灯就是由行人担当理解者和执行者的策略执行系统。这是一种理解型或自觉型的策略执行系统，在技术上就是“显示”系统。

还有一种情形，即非完全智能的执行者。例如，具有效果反馈的控制系统(能够根据执行效果调整控制策略)，甚至是具有学习和优化能力的控制系统。这类策略执行系统就是智能控制的策略执行系统。

总的来说，对于策略表示而言，对不同类型的执行单元，应当考虑把智能策略表示成恰当的方式才能有效实现策略执行的任务。总的要求就是，必须使执行机构能够根据表示的策略执行相应的策略操作。

下面简要讨论策略表示的问题。对于没有理解能力的强制型执行单元来说，它们不需理解智能策略的效果，也不需了解智能策略的含义，只需根据智能策略的形式因素(语法因素)行事，即从什么状态开始，按照什么路径转移到什么新状态，最后到什么状态结束。在这种情况下，策略表示就是把具有全信息性质的智能策略退化为适合操作的语法信息。强制型执行系统的策略表示如图 12.1.1 所示。

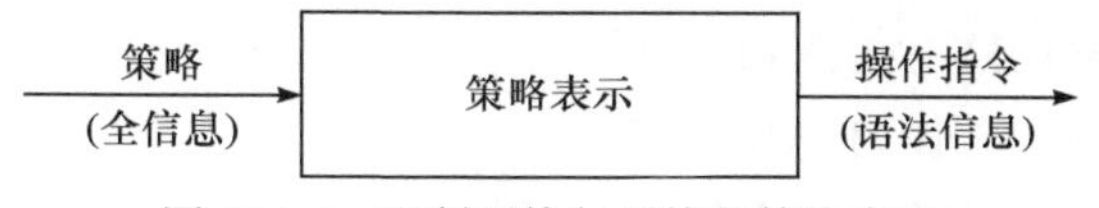

图 12.1.1　强制型执行系统的策略表示

从强制型执行单元的操作性意义来说，智能策略应当能够准确地告诉策略执行者，从何处开始、如何转移、到何处终止。因此，这种策略表示必须包含三个基本要素，即初始状态、转移状态的操作路径、目标状态。

前曾述及，一方面，策略是一类高级的信息，是主体(或智能机器系统)产生的用来表示应当如何改变客体的状态及其变化方式才能达到最佳效益的操作信息。另一方面，策略也是一类高级的知识，是主体(或智能机器系统)产生的用来改变客体状态及其变化规律，达到预设目标的操作知识。在信息、知识、策略三者之间，信息应回答和能回答的问题是“是什么”(What)，知识应回答和能回答的问题是“为什么”(Why)，策略应回答和能回答的问题是“怎样做”(How)。也就是说，信息是事物的现象，知识是事物的本质，策略是主体应对事物的操作方法，三者构成一种生态关系。其中，知识是信息加工的高级产物，策略是知识加工的高级产物。因此，可以在一定意义上把策略看作知识，也可以在一定意义上把策略看作信息。无论怎么理解，把具有全信息性质的策略退化为具有语法信息性质的操作指令的过程是完全可以实现的。

下面介绍两类基本的策略表示方法：一类是适用于智能控制单元的策略表示方法，如逻辑表示的方法和语义网络表示的方法；另一类是适用于简单控制单元的策略表示方法(图 12.1.1)，包括状态空间表示方法和图论表示方法等。

考虑策略的逻辑表示方法[1, 2]。作为一个具体的例子，考察图 12.1.2 所示的物件搬运策略表示问题。图中的情景和角色都非常简单，这是一大一小互相连通的两间屋子，小屋(ALCOVE)内有一个空闲的机器人(ROBOT)，大屋内放着两张桌子 TABLE A 和 TABLE B，在桌子 A 上放着一个盒子，桌子 B 上空无一物。

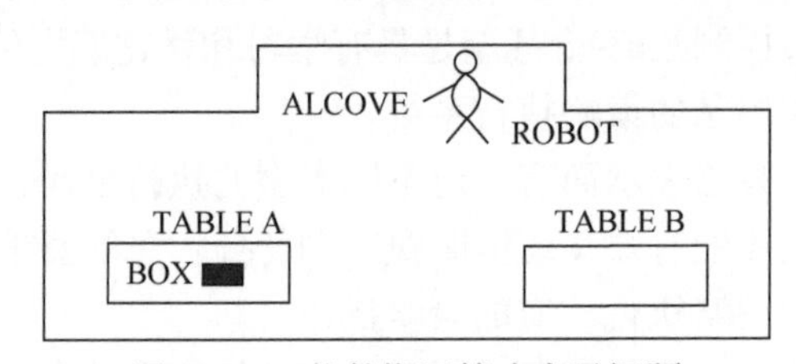

图 12.1.2　物件搬运策略表示问题

假设要执行的一个简单策略是，让机器人从小屋中出来，把桌子 A 上的盒子转移到桌子 B 上，然后返回小屋休息。

为了使这个策略能够被机器人执行，就需要把它用恰当的方法表示出来。假定机器人能理解一阶谓词逻辑，那么图 12.1.2 的情景状态就可以表示为

ROOM (ALCOVE)
IN (ROBOT, ALCOVE)
EMPTY-HANDED (ROBOT)
TABLE (A)
TABLE (B)
ON (BOX, A)
CLEAR (B)

上述策略可以分解为以下几个步骤。

第一步，让机器人从小屋走到桌子 A 旁边。这意味着，机器人不再停留在小

屋，它将来到桌子 A 的旁边。因此，原始状态中关于机器人位置的表述需要做出改变，即撤销“机器人在小屋”的表述，增加“机器人在桌子 A 旁”的表述。可以看出，“机器人从小屋走到桌子 A 旁”是可以直接实现的，不需要有中间步骤。因此，第一步可以表示为

Condition: ROOM（ALCOVE）
IN（ROBOT, ALCOVE）
EMPTY-HANDED（ROBOT）
TABLE（A）
TABLE（B）
ON（BOX, A）
CLEAR（B）
Delete: IN（ALCOVE, ROBOT）
Add: AT（ROBOT, A）

第二步，让机器人从桌子 A 上拿起盒子。这一步可以表示为

Condition: ROOM（ALCOVE）
EMPTY-HANDED（ROBOT）
TABLE（A）
TABLE（B）
ON（BOX, A）
CLEAR（B）
AT（ROBOT, A）
Delete: EMPTYHANDED（ROBOT）
ON（BOX, A）
Add: HOLD（ROBOT, Box）

第三步，让机器人走到桌子 B 旁边。这一步可以表示为

Condition: ROOM（ALCOVE）
TABLE（A）
TABLE（B）
CLEAR（B）
AT（ROBOT, A）
HOLD（ROBOT, BOX）
Delete: AT（ROBOT, A）
Add: AT（ROBOT, B）

第四步，让机器人把盒子放在桌子 B 上。这一步可以表示为

Condition: ROOM（ALCOVE）

TABLE（A）
TABLE（B）
CLEAR（B）
AT（ROBOT, B）
HOLD（ROBOT, BOX）
Delete: CLEAR（B）
HOLD（ROBOT, BOX）
Add: ON（BOX, B）
EMPTY-HANDED（ROBOT）

第五步，回到小屋休息。这一步可以表示为

Condition: ROOM（ALCOVE）
TABLE（A）
TABLE（B）
ON（BOX, B）
AT（ROBOT, B）
EMPTY-HANDED（ROBOT）
Delete: AT（ROBOT, B）
Add: IN（ROBOT, ALCOVE）

不难看出，上述步骤能够理解一阶谓词逻辑的机器人就可以成功执行上述策略。从小屋走到桌子A旁，把盒子从桌子A转移到桌子B，然后回到小屋，恢复休息状态，实现预定的目标。由此可见，只要控制单元具有理解一阶谓词逻辑表达式含义的能力，就可以顺利执行所描述的策略。

下面来看策略的状态空间表示方式[3, 4]。

例如，传教士与食人兽问题求解策略。三位传教士和三个食人兽偶然相遇在一条河的此岸，他们都想到河的彼岸。可是，此岸只有一条小船，它最多能够容纳两个(或者是两位传教士，或者是两个食人兽，或者是一位传教士和一个食人兽)。可是，无论何时何地，如果传教士的数目少于食人兽的数目，传教士就会被食人兽吃掉。现在的问题是，怎样才能使他们都能到达彼岸，并保证传教士的安全。

按照上述问题的约束条件(即给定的先验知识)和求解的目标，不难生成求解问题的策略。假设安全渡河策略的执行者只会按照形式指令行事(不需要深入理解策略的内容和价值)，那么就应当把这个策略表示为直观的状态空间表示，如图 12.1.3 所示。

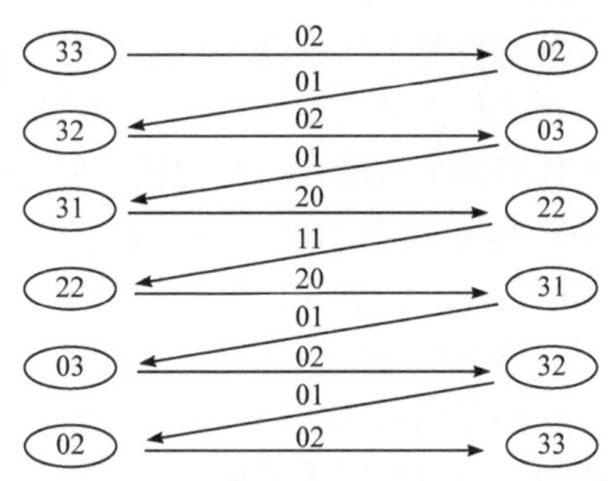

图 12.1.3　传教士与食人兽问题的状态空间表示

图中的圆圈表示当时当地传教士和食人兽的数目状态，圆圈内的第一位数字表示传教士的数目，第二位数字表示食人兽的数目。例如，此岸第一个圆圈内标注的数字是 33，表示此岸当前有 3 位传教士和 3 个食人兽；彼岸第一个圆圈内标注的数字是 02，表示彼岸当前没有传教士，有 2 个食人兽。箭头表示小船渡河的方向，箭头旁边标注的第一位数字代表船上传教士的数目，第二位数字代表食人兽的数目。

问题的起始状态是，此岸有 3 位传教士和 3 个食人兽，且有一只可以乘坐 2 人的小船。策略的第一步是派出 2 个食人兽渡河，于是彼岸就有 2 个食人兽，此岸留下 3 位传教士和 1 个食人兽。可见，无论在此岸、彼岸、船上，都符合安全规则。第二步，1 个食人兽乘坐小船由彼岸回到此岸，使此岸的状态变成 3 位传教士和 2 个食人兽，彼岸留下 1 个食人兽，仍然符合安全规则。第三步，指派 2 个食人兽渡到彼岸，使彼岸留有 3 个食人兽，此岸则有 3 位传教士。如此一步一步进行，最终实现 3 位传教士和 3 个食人兽全都平安到达彼岸的目标。

可见，这样的策略表示已经完全形式化了。

总之，针对不同情况的执行单元，可以构造不同的策略表示方法，使智能策略能够被执行单元执行。

如上所述，考虑策略可以理解为信息，也可以理解为知识，而知识表示的方法已经在专家系统、知识工程相关的著作中有了相当系统地阐述，这里就不展开讨论了。

12.2　策略执行机制：第四类信息转换原理

从通用人工智能系统的基本信息过程(基本回合)来看，策略执行是整个基本信息过程的最后环节。这里的基本问题是，在生成求解问题的智能策略并把它表示为执行单元能够识读和执行的形式后，执行单元怎样把抽象的智能策略转换成为相应的智能行为，改变外部世界客体事物的状态，使之符合系统目标的要求。

回顾通用人工智能系统的信息转换原理可以看到，通过第一类信息转换原理的作用，来自外部世界客体事物的刺激在系统内被转换为感知信息，通过第二类信息转换原理把感知信息转换为相应的知识，进而通过第三类信息转换原理A型、B型、C型信息转换原理的作用，把感知信息和相应的知识相继转换为基础意识反应能力、情感反应能力、理智谋略反应能力，最后通过综合决策生成求解问题的智能策略。现在，通过第四类信息转换原理的作用就可以把求解问题的智能策略转换为解决问题的智能行为，以便完成通用人工智能系统的工作目标。问题来自外部世界的客体，通过通用人工智能系统的工作(获得客体的信息和知识，生成解决问题的知识和策略)，解决问题的策略又要反作用于外部世界的客体。因此，在理想情况下，第四类信息转换原理是通用人工智能系统基本工作过程的最后环节。

由智能策略到智能行为的转换，更一般地说就是由策略信息到行为的转换。由于智能行为在很多情况下表现为改变事物状态的力，因此信息-行为的转换也可以等效地理解为信息-力的转换。

以前，人们认为由事物的行为(运动)转换为信息是很自然的过程，因为信息的定义就是事物呈现的运动状态及其变化方式。反过来，由信息转换为行为(力)就不可思议了。他们说，信息怎么会转换成行为(力)呢？如果注意到信息和行为都是相应的状态函数，那么通过策略执行的作用把智能策略信息转换为智能行为(策略的执行力)就不成问题了。

无论考虑的具体对象是什么，一切形式的执行，归根到底总是改变(或者是维持)对象原来的运动状态和方式。例如，改变某种物体的结构、位置、关系、相互作用的方式，改变生物体的状态、习性、行为的方式，影响或改变人的生理状态、心理状态、思维方式、行动方式，维持或改变社会的结构、关系、发展的方式，包括政治的、经济的、观念的状态和方式等。

显然，为了实现执行的物理作用，执行系统就应产生各种相应形式的执行力来实施状态方式的改变或维持。例如，为了控制机械系统，就应当产生相应的机械力来维持或改变这个机械系统的状态和方式；为了控制电气系统，就应当产生相应的电磁力；为了控制化学过程，就应当产生相应的化学力；为了控制观念系统，就应当产生相应的观念“力”。信息与力的转化如图 12.2.1 所示[5]。

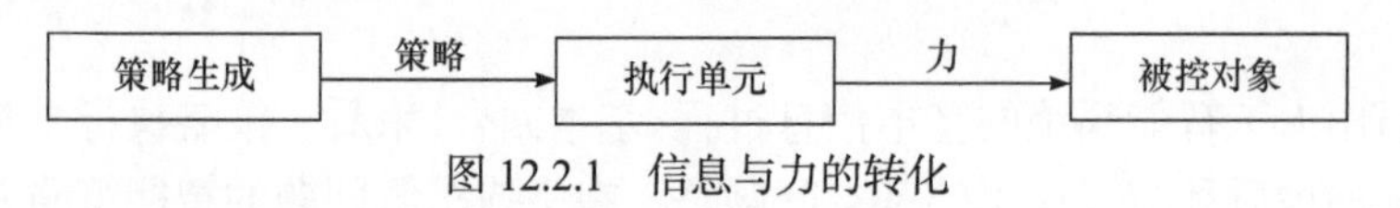

图 12.2.1　信息与力的转化

图中，策略信息由策略生成(综合决策)单元给出，它指明被控对象的运动状态和方式应当怎样改变。真正实施改变被控对象运动状态和方式的力，则是执行单元根据策略信息产生出来的。顺便指出，执行单元也称施效单元、效应单元、控制单元，因为通过这个单元，信息才能最终施展它的实际效用。

图中执行单元的功能是把策略信息转换为力。稍加分析，这种转化并不奇怪，转化的过程也不神秘。正如我们经常强调的，作为事物运动状态和状态变化方式的信息源于事物，但又不是事物本身。它可以脱离源事物而相对独立地存在。然而，正如我们经常指出的，信息的这种独立性是相对的；信息可以脱离它的源事物而负载于别的事物。没有任何载体的信息或者同一切事物彻底脱离的信息是不存在的。正因如此，输入到执行单元的策略信息总是负载在一定形式的载体上。这种载体以自己某种参量的变化表现载荷的信息。因此，在执行单元发生的策略信息转化为力的过程中，不过是把策略信息的载体的状态转换成为相应的力的载体的状态。执行过程则是策略信息载体的状态和方式转换为被控对象状态和方式的过程。显然，在这个转换过程中，信息本身并没有发生改变(如果发生改变，控制的效果就会失真)，改变的只是载体物质和能量的形式。

这是控制过程的一个重要的机制，称为控制过程的施效机制或执行机制。这种机制表明，在信息施效过程中，信息是一个不变量。但是，信息载体物质和能量的形式可以根据具体的需要来选择。

这里以人们熟悉的水位控制器(图 12.2.2)的工作过程为例来说明这个道理。

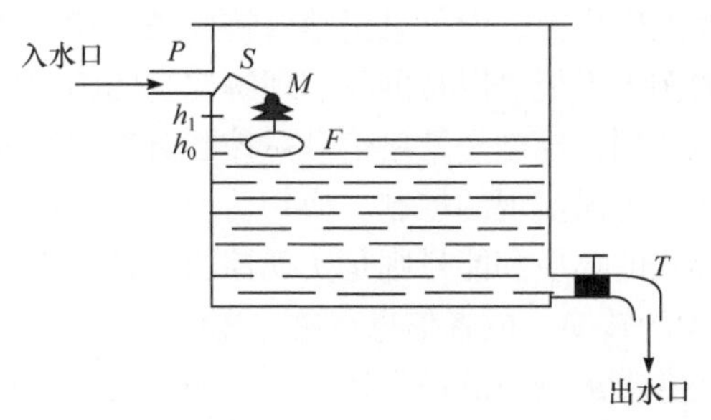

图 12.2.2　说明“信息-力转换机理”的例子

图中显示，水罐中的水位由于用户的使用(打开龙头 *T*)而不断下降。当水位下降到刻度 h_0 时，由浮漂 *F*、连杆 *M* 和进水开关 *S* 组成的水位控制器就会把进水开关 *S* 打开，外部的水就通过进水口 *P* 流入水罐，使水罐内的水位提高。当水位达到 h_1 时，*F-M-S* 系统又会把进水开关 *S* 关上。这样，就可以使水罐内的水位保持在 h_1 与 h_0 之间。在这个控制系统中，策略信息实际就是水罐内水的位置(状态) h_0 和 h_1，以及这种状态变化(水位上升和下降)。这个策略信息的载体是水罐中的水，执行单元则是 *F-M-S* 系统。策略信息转化为调节力的过程就是，策略信息的载体(水)转换为连杆开关这种机械装置的过程。水这种载体以水位的高低状态来表现信息，而连杆开关这种机械装置则以开关状态的开和关来表现同样的信息。h_0 对应 S 的开状态，h_1 对应 S 的关状态。信息是一个不变量(水位有两个状态，开关也有两个状态，状态的转换关系也一一对应)，改变的只是载体的形式。水载体变成了机械载体，后者能够产生适当的力，改变被控对象的运动状态和状态变化方式。

还可以再看看车辆行驶的控制问题，当司机(控制者)希望提高车速时，在他的头脑中就产生一个相应的信息——策略信息。它规定了应当如何改变车辆(被控对象)的速度状态和行驶方式。当这个信息刚由司机头脑输出的时候，它的载体是司机头脑中的生物电信号。但是，要想真正实施车辆行驶状态和方式的改变，则要通过人机接口系统，把生物电信号某种参量的变化(表现策略信息)转换为车辆连杆齿轮系统的动作状态方式(表现同样的策略信息)。这样，策略信息从司机的头脑中发出一直传到齿轮系统，其间策略信息并不发生改变，只是载荷信息的载体由生物电信号的形式变成机械的形式。

在其他各种类型的控制系统中也有类似的情形。例如，在一种最简单的社会控制的例子——队形操练中，指挥员(控制者)头脑中产生的策略指令信息通过神经系统与语言器官传送给被控对象(被训练者)。被控对象依照收到的指令信息改变自己的运动状态和状态变化方式，排演指挥指令规定的队形。在这个例子中，控制单元是指挥员，确切地说是指挥员的头脑，执行单元是他的神经系统与语言器官。指令信息在头脑中的载体是生物化学信号，执行单元输出的信息的载体则是振动的空气。载体发生变换，而信息仍然保持原来的状态和状态变化的方式。

以上这些具体的例子不但可以帮助我们理解控制的施效机制或执行机制，而且使我们十分清晰地看到，控制是策略信息对控制对象进行的控制，是策略信息借助一定的物质与能量手段实现的控制。换句话说，对于控制而言，核心的问题是策略信息，一定形式的物质和能量则是实现控制的具体手段。这就是说，控制的实质正是信息-行为的转换，或者信息-力的转换。

可是，这一问题常常被表面的现象迷惑。例如，骑手对马匹奔跑速度的控制通常是用“鞭打”实现的。于是有人就认为，对马的控制作用是由鞭子这种物质和抽打时的能量产生的。其实不然，鞭打只是一种手段，它的实际作用只是传达“快跑”的信息，是这个信息指挥马奔跑的。事实上，人们可以不用鞭打这种手段来传达让马“快跑”的信息，用别的手段和方式同样可以指挥马匹快跑，只要马匹能够“辨认”和“理解”这种信息。例如，对于受过训练的战马，就可以用口令来指挥它。由此不难明白，为了实现控制的目标，物质和能量的手段可以有所选择，既可以选择这种物质和能量手段，也可以选择那种物质和能量手段。然而，策略信息的情形却不同，策略信息不能任意选择，只能根据控制的对象、环境、目标确定，而不能随意改变，否则将使系统偏离预定的目标。

总之，通过第三类 A、B、C 型信息转换原理的作用，通用人工智能系统先后生成基础意识能力、情感能力、理智能力，经过综合决策单元的协调生成求解问题的智能策略，再经过第四类信息转换原理的作用，就可以把智能策略转换为解决问题的智能行为，实施问题的求解。

值得强调的是，第四类信息转换原理与第一、二、三类信息转换原理之间既有本质上的相通之处，又有原则性的不同。相通之处在于，这四类信息转换原理所涉及的都是关于信息的转换规律，而且后一类信息转换原理一定要在前一类信息转换原理的基础上才能进行。不同之处在于，这四类信息转换原理涉及的具体转换内容完全不同。第一类信息转换原理处理的是由外部事物呈现的本体论信息到主体感知信息的转换,第二类信息转换原理涉及的是由感知信息到知识的转换，第三类信息转换原理涉及的是由感知信息依次到基础意识生成能力、情感生成能力、理智谋略生成能力、智能策略生成能力的转换，第四类信息转换原理涉及的是由智能策略到智能行为的转换和系统目标的达成。

可见，策略-行为转换的技术实现不存在原理上的障碍。至于具体的实现方法则是多种多样的。读者可以参考有关控制方法和显示方法的文献[6,11]。前者属于简单强制型的策略执行方法，后者属于智能理解型的策略执行方法。

12.3 目标实现机制：误差信息→优化策略→目标调整

在理想情况下，策略执行的结果就可以达到预设的目标，人工智能系统的工作任务就可告结束。在实际情况下，有很多原因使策略执行的结果往往出现误差，不能满意地达到目标。

这些致偏因素至少包括,系统内部的每个环节(单元)都不可能处于理想状态；系统的外部总会存在各种干扰；系统的人类主体对“问题”的描述和理解不可能绝对准确；系统的人类主体提供的“知识”通常不可能完备；系统的人类主体预设的“目标”可能设置得不够合理。此外，还有其他不可预见的不确定因素等。

因此，通用人工智能理论系统的工作不可能“一锤定音，一劳永逸”，不可能仅依赖上述四类信息转换原理就顺利达成目标，而是需要采取一系列的措施来不断地“发现误差-评估误差-反馈误差-学习新知-优化策略-改善行为-实现目标”。只有这样，才能真正完成任务。

这便是机制主义人工智能理论模型(图 5.3.4)评估检验的必要性。具体来说，评估检验的重要作用包含两个基本方面[12,13]。

一方面，如果智能行为产生的结果符合要求(即达到目标，或者与目标之间的误差小到可以接受的程度)，就把这个智能策略送到综合知识库(策略库)保留下来，成为可供将来应用的策略资源(称为先验策略)。这是系统解决问题能力不断增长的基本方式；否则，如果不把成功的智能策略保存到系统的策略库，系统求解问题的能力就无法增长，下次遇到同样问题的时候还是要重新谋划解决这种相同问题的智能策略，造成资源的浪费。

另一方面，如果智能行为产生的结果与预设目标之间存在的误差比较大，不能满足预设的要求，就意味着执行这个智能策略不成功。因此，就有必要把这个误差作为一种补充性的新客体信息反馈到系统感知注意单元的输入端，开启策略优化的进程。

为了实现智能策略和智能行为的优化，首先需要获得的信息是，在系统的智能行为反作用于客体之后，客体的实际状态与预设的目标状态之间究竟存在怎样的差异，称为误差信息。这样才能有的放矢地根据误差信息的性质确定如何对智能策略实施优化。

需要强调指出的是，这里的误差信息不能仅仅是误差的语法信息，而必须是关于误差的全信息，包括误差的语法信息、语用信息，以及在此基础上定义的语义信息。这样才能真正理解误差，不但知道误差的表现形态，而且知道误差的利害关系和利害程度，知道误差的确切含义，从而通过图 12.3.1 所示的原理实施策略和行为的优化。

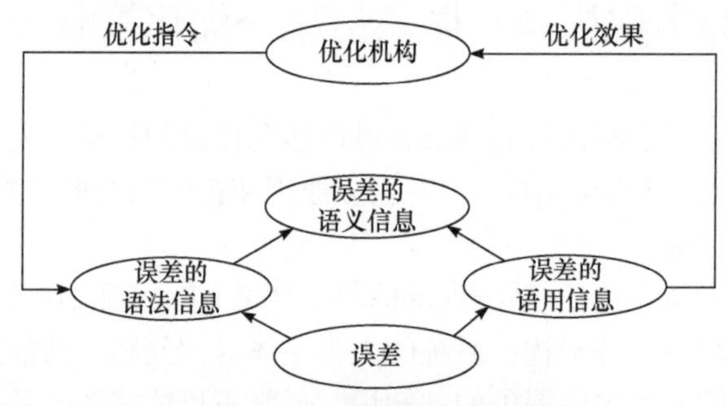

图 12.3.1　策略优化原理

图 12.3.1 表明，为了优化系统的智能策略，首先需要获得误差的全信息。误差呈现的形态就是误差的语法信息。误差对实现目标具有的效果就是误差的语用信息。它们二者的联合在语义信息空间的映射和命名就是误差的语义信息。

那么，怎样才能获得误差的全信息呢？解决这个问题的方法仍然是运用感知与注意的原理，通过传感系统获得误差的语法信息，检验、经验、回忆获得误差的语用信息。在误差的语法信息和语用信息的基础上就可以生成与之相应的语义信息。

策略优化的过程就是首先由优化机构根据对误差的感知获得误差的语法、语用、语义信息，通过三类信息转换原理生成优化指令，按照优化指令调整误差的形态(改变误差的语法信息)，调整的结果既改变误差的形态(语法信息)，也改变误差的语用信息，后者显示了执行优化指令取得的效果。以误差的语用信息为导向调整误差的形态结构，直至达到最优(最满意)。

至于如何根据误差的语用信息调整和更新智能策略？根据图 5.3.4 给出的提示可知，需要首先在感知环节根据误差的语法信息、语用信息、语义信息修正系统原来的感知信息，在此基础上，根据新的感知信息调整原来用于求解问题的知识，并根据新的感知信息和新的知识，在目标引导下生成新的智能策略。这个过程实际上就是在新的条件下再次运用通用人工智能系统基本回合的过程。系统智能策略的优化过程，通常需要经过多个回合才能完成。如螺旋式上升的过程一样，每一个回合得到的优化效果都比前一个回合更满意，直至完全满意。

如果经过上述调整达到满意的效果，实现满意的智能策略，就把这个智能策略存入动态综合知识库(策略库)备用。在实际的应用过程中，知识库的知识(策略)数量将不断增长，意味着系统的能力将不断增强。随着知识库的知识(策略)不断增多，知识库本身需要不断进行知识(策略)维护。如果新知识(策略)与原有的知识(策略)存在矛盾，就需要按照优胜劣汰的规则进行仲裁，使知识库总是处于最佳状态。如果新知识(策略)与原有知识(策略)相容，就要把新老知识(策略)进行整理，形成相容有序的一体化知识(策略)结构。

这就是人工智能系统优化的过程，但是也可能存在这样的情形，按照图 12.3.1 的原理，无论怎样进行优化，无论怎样增补知识，总是得不到满意的智能策略，达不到满意的效果。在这种情况下就有必要考虑，可能当初主体预设的目标不够合理。这样就必须提请系统的人类主体：针对面临的客体(问题)，需要重新设置系统的目标，根据新的目标和客体信息重新运用第一类信息转换原理，把客体信息转换为新的感知信息，运用第二类信息转换原理把感知信息转换成为新的知识，运用第三类信息转换原理生成新的智能策略，运用第四类信息转换原理把新的智能策略转换成为新的智能行为。这也是通过实践改进和更新人类认识水平的过程。

可见，通过执行误差信息-优化策略的转换，可以使人工智能不断逼近预设的目标；通过执行改进认识-重设目标，可以使人工智能系统的人类主体的认识水平得到改进。

总之，通过策略执行(包括策略-行为的转换，误差信息-优化策略的转换，改进认识-重设目标)的过程，人工智能系统就最终完成“不但协助人类不断地认识世界和改造世界，而且协助人类在认识世界和改造世界的过程中不断改造自己”的全部任务。

12.4　智能生成机制的总结：形式科学→内容科学

作为“主体篇”的小结，这里还需要探讨一个既有人工智能理论性意义，又具有整体科学意义的课题。这就是科学研究中的语义问题，以此来总结和深化普适性智能生成机制。

研究这个课题的直接目的是，探寻为什么语义的问题对智能的生成如此重要？进一步的目的是阐明形式科学向内容科学转变的问题。

本书的讨论已经表明，普适性智能生成机制就是信息转换与智能创生定律。后者可以表达为一系列的转换，即客体信息→感知信息→知识→智能策略→智能行为→误差反馈→学习新知→优化策略→改善行为(包括目标调整)。其中，外界对象的客体信息是纯粹形式化的事物，但是其后的感知信息、知识、智能策略、智能行为等都变成形式、效用、内容三位一体的事物。注意到语义信息的定义及其生成机制就是内容/语义，其内涵是(形式/语法，效用/语用)，因此普适性智能生成机制的关键要素是形式/语法→内容/语义的转换。也可以说，如果没有形式/语法→内容/语义的转换，就不可能实现普适性智能的生成。可见，内容(语义)对智能(包括人类智能和人工智能)的生成是何等的重要。

研究表明，在学术研究领域没有形成语义概念之前的漫长年代，所有学术的研究一直处在面对物质对象的形式化的阶段，只有语义进入人类认知活动领域之后，学术研究才会迎来革命性的转折。

可见，语义问题的涌现就成为学术研究的革命性事件[14]。这个结论等于宣告，没有语义支持的信息科学(含人工智能)理论和有语义支持的信息科学(含人工智能)理论之间，存在初级阶段与高级阶段之间质的差别，绝对不可同日而语。

12.4.1 何谓语义？

目前，学术界理解的语义概念都是从符号学借来的。需要再次指出的是，符号学阐述的语义概念并不明确，所以误解甚多。

第 5 章阐明了全信息的概念，是语法信息、语用信息、语义信息的三位一体。其中，语义信息是与之相伴的语法信息与语用信息两者的偶对在语义信息空间影射结果的名称。

如果希望讨论的问题不限于信息的层次(如知识的层次和智能的层次)，那么我们就可以给出语义的一般性概念，而不必仅仅局限于信息的层次。

语义是与之相伴的语法与语用两者的偶对映射到语义空间的结果的名称。

语义定义示意图如图 12.4.1 所示。

如果把它们表达成日常的用语，那么语义就是内容，语法就是形式，语用就是效用(价值或利害关系)。因此，我们也可以说，内容是与之相伴的形式与效用两者的偶对抽象结果的名称。由此可以认为，只有语法和语用而没有语义，就意味着只有直观的能力，没有抽象理解的能力。

长期以来，学术界(包括符号学的创始者)把语义、语法、语用三者看作同一层次的三个互相并行的概念。这是一个严重的误会。这个误会使人们无法正确地理解、建立信息科学和人工智能的基本理论。

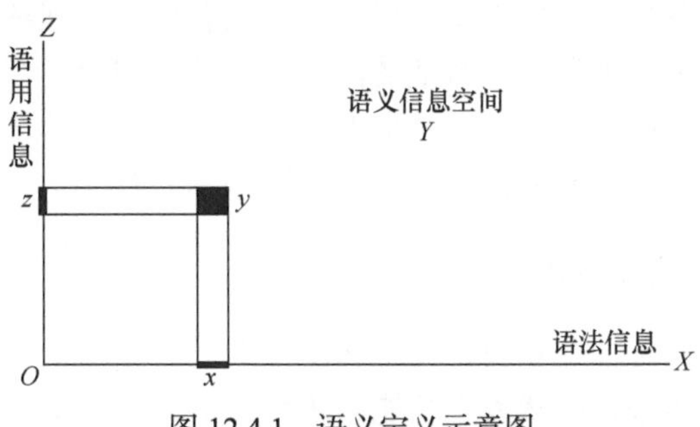

图 12.4.1　语义定义示意图

其实，语法是直观性的概念，人们可以通过直接观察获得事物的语法信息(形式)；语用也是直观性的概念，人们可以通过直接感受检验出事物的语用信息(效用)。但是，语义却不是直观的概念，人们不可能通过直接地观察或检验获得语义信息(内容)，只能通过对语法(形式)和语效用(价值)共同体的抽象(映射)获得相应的语义信息(内容)。因此，语法和语用两者是同一层次的概念；语义是由它们的共同体抽象出来的概念，是比语法和语用更高层次的概念。

根据以上解释就可以发现，长期以来，人们对于形式与内容之间的关系也存在同样的误解，即把形式和内容当作同一层次的概念，把价值看成高层次的概念。

如果人们只了解某个事物的形式(语法信息)，就只能得到这个事物的表层信息。如果人们了解一个事物的内容(语义信息)，就不但能得到这个事物的形式信息，而且能得到这个事物的效用(利害关系)信息。正因如此，如果人们只了解某个事物的形式(语法信息)，便难以确定究竟应当对这个事物采取什么态度和措施，只有了解这个事物的内容(语义信息)，人们才能了解这个事物的形态，懂得这个事物对自己的利害关系，从而才能在此基础上作出决策——应当如何对待这个事物。

这就是为什么我们要强调，在认识和理解事物的时候，语义(内容)比语法(形式)更重要；在制定决策的时候，语义(内容)因素也比语法(形式)因素更重要。这也是为什么当人们与事物打交道的时候一定要特别关注语义(内容)的原因。

人类是有思想的高等物种。人类的进步和人类社会的发展，在很大程度上是人类思想不断丰富和不断深化的结果。特别是，人类的智能，更是人类思想的升华达到高级程度的标志。

思想一定会突破语法(形式)层次，深入到语义(内容)的层次。因此，对于人类和人类智能的研究，如果只涉及它们的语法(形式)而回避语义(内容)，是远远不算合格的研究。人工智能是在机器上实现的人类智能，自然也不应当只关注问题的语法(形式)而回避问题的语义(内容)。

因此，无论对于人类智能，还是人工智能，语义(内容)都是一个非常重要、非常本质的问题。在很大的程度上可以认为，只有深入地理解并正确地利用语义(内容)，人们对人工智能和人类智能的研究才算基本到位；否则，人工智能的研究就只能做到形似，而不可能达到神似的水平。这对于科学研究，特别是人工智能和其他复杂信息系统的研究而言，具有特别深刻的意义。

12.4.2 为何长期没有重视语义？

既然语义(内容)是如此重要，为什么历来人工智能理论的研究都没有真正重视语义(内容)？近年来，虽然人工智能的研究开始关注语义问题，但是令人遗憾的是，人们迄今关注的语义并非真正的语义，只是关于语义的臆想物。

事实上，这样重要且基本的问题，不仅在人工智能研究的历史上从来没有被认真关注过，更没有被深入研究过，即使在整个自然科学研究的历史上也几乎没有被认真关注，更没有被深入研究过。整个自然科学研究的历史就是一部关于自然界(和人类社会)各种事物的形式描述、分析、演绎的历史。

这个现象不奇怪。数千年来的自然科学研究都明确地把研究任务定位在物质客体的研究上，因此主张排除一切与主观有关的因素。这就是物质学科的范式。这种范式明确宣布，研究的目的是阐明物质的结构。显然，为了阐明各种物质对象的结构，就需要形式化的描述、分析、演绎方法。这就是数千年来自然科学秉持的科学观和方法论(即研究范式)。

自然科学的这种研究范式也很自然，因为人类生活在自然界和人类社会之中，人们首先必须了解和深刻认识自己生活环境面对的各种物质对象，了解它们的结构，以便正确地同它们打交道，认识和利用大自然与人类社会的各种物质对象。

因此，重视形式(语法)，对于古代、近代、现代自然科学的研究来说，是无论如何都必须要首先关心的事情，是天经地义的事情，无可指责。

问题在于，人工智能的研究已经不再是单纯地以自然界和人类社会的物质客体为对象，不再是排除人类主观因素的自然科学的研究，而是关于人类自身，以及人类与环境相互作用的研究，是关于人类智能(具有明确主观因素)，以及在智能的水平上与环境打交道的研究。这是与自然科学差别极大，甚至是相反的研究。因此，人工智能理论的研究范式应当与只重视形式(语法)、忽视内容(语义)的自然科学(物质科学)研究范式迥然不同。人类智能和人工智能研究的目的是，阐明人类在与环境客体相互作用的过程中如何实现更好生存与发展的规律，因此人工智能理论的研究范式不仅要重视语法(形式)，更要重视语义(内容)。

按照社会存在决定社会意识，社会意识滞后于社会存在，社会意识反作用于社会存在的法则，在人工智能的研究成为社会存在之后，还需要经过长期的摸索、总结、提炼才能升华为自己的社会意识(研究范式)。可惜的是，当时人们没有认真探索和确立自己应当遵从的科学观和方法论(研究范式)，而是习惯性地沿用当时现成的传统自然科学的科学观和方法论(研究范式)，使自己在不知不觉之中走上重视形式(语法)、忽视内容(语义)的研究轨道，使人工智能理论研究远远不能到位。

重视语义是信息学科研究范式的核心理念。为什么在长达半个多世纪的信息科学技术发展的过程中也没有实现从重视语法到重视语义的转变呢？这里的原因很复杂。

其中一个重要的原因是，在传统学科研究范式的约束下，新生的处于初期阶段的信息学科研究就自然而然地走上了物质学科范式的轨道。因此，在研究方法接受分而治之和单纯形式化的双重分割(一重分割是，对学科体系整体的分割，分出传感、通信、计算、控制等这样一些纯粹形式化的分支，丢弃感知、认知、谋行等需要语义的分支；另一重分割是，对学科对象内涵的分割，分出形式因素，丢弃效用和内容因素)，因此初期阶段信息学科研究的目光只局限于被分而治之方法分割出来，又被单纯形式化方法分割出来的那些不需要语义的学科分支(如传感、通信、计算、控制、模式识别等)，怎么可能产生对语义的需求？

虽然由于社会需求的推动，后来出现一些需要语义支持才能深入研究的学科分支，如信息检索、中文信息处理、自然语言理解、图像理解、机器翻译、机器学习等，但是由于没有建立正确的语义理论和方法，因此人们都采用大样本的统计方法，通过样本间的形式对比(匹配)实现对语义的认识，绕过语义的研究。

再往后，语义的问题实在回避不过去了，人们又走到通过词频统计来刻画词语语义向量的道路。这种方法虽然用到语义的术语，走的却不是理解词义的道路。

人们对于研究对象的认识必须由表及里，从形式(语法)走向内容(语义)，这是科学进步不可阻挡的趋势。在社会需求的强烈推动下，信息学科的研究终于逐步从这些被传统学科范式双重分割制约的初级阶段走出来，摸索着走向需要对学科的结构整体和对象的内涵整体进行研究的高级阶段，才开始正视需要重视语义和学科整体的需求。不过，这已经到了 21 世纪 20 年代前后的时期。

这表明，从重视语法(形式)因素到语义(内容)因素，从形式科学到内容科学，确实是信息学科自身从初级阶段发展到高级阶段的主要标志。这真是一条不平坦的发展之路。

12.4.3　语义是怎样涌现的？一个谜团的破解

现在考察，语义究竟是怎样从形式的因素中涌现出来的，人类的智力革命是怎样发生的，我们从中能够吸取什么样的经验与教训，人工智能理论研究应当做出什么样的改变？这是一个在学术界广受困扰，而且一直没有被解决的重大学术课题。

众所周知，人类获取信息的感觉器官、传送信息的神经系统，以及处理和转换信息的大脑皮层(包括古皮层、旧皮层、新皮层)系统都只能对各种内外刺激的形式参量(大小强弱等语法信息)具有敏感性，无法直接生成相应的内容，那么这些形式因素是怎样被加工出内容因素的呢？

为了回答这个问题，我们必须考察由形式生成内容的学习过程。这个过程既蕴藏在人类群体发育的过程之中，也蕴藏在人类个体发育的过程之中。其实，人类个体发育过程大体是人类群体发育过程的缩影。考虑人们对人类个体发育的过程有比较熟悉的了解，因此可以先从人类个体发育的过程寻求如何生成内容的答案，然后启示群体发育的同一道理。

毫无疑问，如果仅从人类的神经生物学和神经生理学的角度分析，肯定找不到确切的答案，因为受传统方法论(特别是分而治之方法论)的局限，它们研究的层面过于微观，也过于局部，因此神经生物学和神经生理学的研究仍然没有能够揭示内容(语义)是如何涌现的。

正确的研究方法是，在认可神经生物学和神经生理学研究成果的基础上，应当运用整体观的理念,全面考察人类与环境之间相互作用(即人类认识世界和改造世界)活动过程中的认识论(学习)机制。

在人类个体发育的初期阶段，他们只能感觉到周围各种事物和人物的形式：妈妈是什么样子、父亲是什么样子、玩具是什么样子、食物是什么样子等。在这个阶段，他们只知道这些人和物的形象(形式，语法)，却不懂其中的意思(内容，语义)。在这一阶段，他们都是就事论事地记住一个一个人物和事物的形象(形式，语法)。这种学习的方式属于机械式的死记硬背，不求甚解。因此，这一阶段的智力发展特点，就是人们熟悉的灌输式学习、计算机机械式学习的特点。

当人们处在一个形式又一个形式的“博闻强记”的阶段时，他们又是怎样去学习新的未知的东西呢？

为此，他们会把未知对象的形式(语法)和此前学习过的老对象的形式(语法)进行对比，看看这个未知对象的形式(语法)同哪个老对象的形式(语法)一致或者相近，因此就把这个未知的对象看作与那个老对象一样或差不多一样的对象。这样就算认识这个未知的对象。这就是传统人工智能研究的模式识别的情形。

如果找不到与这个未知的对象相同或者相近的老对象，他们就会把这个未知的对象单独设置为新的类型。这就是传统人工智能理论中模式聚类的思想。

为了确保每次都能认识这种未知的对象，就要求作比较的对象样本数量必须足够多(大样本)，以便能够包含各种可能类型的样本；否则，就可能在样本中找不到与未知对象的形式(语法)相同或相近的样本。这就是统计学习的样本遍历性要求。

这种依赖大样本遍历来学习新对象的方法，显然非常自然、直观。在计算机技术高度发达、数据样本极其丰富的当今时代，操作起来也十分方便、轻松。

这种统计学习方法的最大问题是，它仅通过形式(语法)的对比来识别未知的对象，但是却不懂得被识别对象究竟是什么意思(语义)。因此，肯定也算不上是智力革命的水平。

这些人物和事物的形象(形式，语法)究竟在什么时候、通过什么方法才在人们的心目中产生实在的意义(内容，语义)，从而引发真正意义上人类“智力革命”的呢?

显然，一定要在人们与环境中的这些人物和事物的大量接触(相互作用)的实践过程中，才能逐渐体验到这些人物和事物对自己生存与发展的目的有什么样的作用(效用，语用)。换言之，人们在与环境相互作用过程中对各种人物事物的理解一定要发生在主体目标的参与之后。因此，可以断言，只要没有主体目标的参与，就不会有理解能力的涌现；反之，一旦有主体目标的参与，就会产生理解的能力。因此，语义涌现的决定因素是主体目标，以及主体与环境的相互作用。

具体来说，为了使人们正确地体验到环境中的各种人物和事物对他们实现自己生存与发展的目的而言所具有的作用(效用，语用)，从而实现理解至少必须具备以下两个必要的条件。

(1) 人们要具有明确的生存与发展的主体目标。

(2) 人们一定要直接参与实践的过程，即把那些形象(语法)在实践的过程中进行检验，看看它们是否有利于实现自己的目标，还是根本没有关系。

这样，人们才可以通过实践理解，具有特定形式(语法)的这些人物和事物对自己实现生存与发展的目标究竟具有怎样的价值(效用，语用)。

有了这样检验的过程，人们就可以把环境中那些与自己相互作用的人物和事物的形式(语法)与被实践检验出来的效用(语用)逐一相互联系起来，即每个人物和事物的形式(语法)都对应一个相应的效用(语用)，从而逐渐建立和形成规模越来越大，对未来学习意义重大的{形式(语法)，效用(语用)}的偶对集合。

根据第 6 章的定义，每个(语法，语用)偶对，就定义了一个相应的语义。若用符号 y 表示语义，符号 x 和 z 分别表示语法和语用，则有

$$y = \lambda (x, z)$$

这样，通过具有明确目标的人们与外部世界的相互作用，人们在相互作用过程中考察面对的各种事物究竟与自己生存发展的目标具有什么样的价值效用，语义就在理解中涌现出来了[15]。

如果没有人们与环境的相互作用(认识世界与改造世界的实践)，没有人们在

实践中关注事物(对于人们生存发展目标的)价值效用的考察检验，那么事物的形式就永远是形式，不可能产生语义。

这时候，人们便达到对人物事物的理解，不但知道这个人物或事物的外部形态(语法)，而且知道它对自己的目标而言的利害关系，因此就可以对这个人物或事物做出正确的决策，即赞成(反对)、欢迎(反对)的程度，还是根本不予理会。

一旦实现这样的理解型学习方式，就可以建立由此及彼的逻辑推理演绎方法。这时人们才具备条件，开始基于理解的真正智力革命。

注意到，在上述条件基础上的实践检验过程，正是通用人工智能理论的策略生成、策略执行和策略优化的过程。由此可以非常清楚地说明，对于人工智能理论的研究来说，策略生成、策略执行和策略优化的过程是何等的重要。

不难理解，如果不施行人工智能(更确切地说是信息学科)的范式革命，人们就不可能关注到语义问题的重要性和语义生成的可实现性，形式性科学就不可能转化升级为内容性科学。

可以断言，随着语义的问题在科学研究活动中越来越不可或缺，随着人们对语义的认识越来越深刻，内容的科学将在信息科学和各种复杂科学的发展中扮演越来越重要的角色。

这是学术研究由表及里的重要标志。

12.4.4　内容科学的深远意义

形式科学适用于对客观物体对象的研究，内容科学适用于对生物主体及其与客观物体之间相互作用的研究(如信息学科、人工智能，以及各种以信息为主导研究对象的学科)。因此，两者并非对立或排斥的关系，而是互相补充的关系。

本书第 1 章就阐明，科学技术的天职是“辅人”的，这就注定了科学技术的发展规律是“拟人”的，而科学技术发展的归宿则必然是与它所辅助的人类“共生”的。只要把辅人律、拟人律、共生律作为一个整体来思考，就可以明白无误地理解，这里所说的“共生”不是人与科学技术两者的平等与并立，而是科学技术作为“辅人”的身份与人类共生。

既然如此，从人类自身进化的进程可以理解，科学技术最初阶段的任务是辅助人类扩展其体质的能力(材料科学技术)，进而辅助人类扩展其体力的能力(能量科学技术)，更高的阶段则是辅助人类扩展其智力的能力(以人工智能为高级篇章的信息科学技术)。

显而易见，以扩展人类体质能力为目标的材料科学技术和以扩展人类体力能力为目标的能量科学技术都属于物质学科。在科学技术的这个发展阶段中，科学研究需要的理论、方法、技术、工具、手段，用形式化的方法进行描述和分析是完全足够的。

然而，以扩展人类智力能力为目标的信息学科的研究，使情形发生了重要的变化。在信息科学技术发展的初级阶段(传感、通信、计算、控制等)和中级阶段(互联网、物联网、初级阶段的人工智能)，由于主体的作用在这里并不明显，因此依然可以通过形式化的研究方法达到研究的目标。到了信息学科的高级阶段(完整意义的人工智能，即高级阶段的人工智能)，由于涉及生物主体(特别是人类主体)的智能，人类主体是一定要关注问题内容的，因此纯粹形式化的研究方法就远远不能解决问题了。

人类的科学研究从初级阶段单纯关注客观的物质世界发展到同时关注客观物质世界与主观精神世界、主观世界与客观世界的相互作用，以及在这种相互作用的过程中实现主观世界与客观世界的合作共赢，这是科学进步的必然要求。可见，对于整个科学研究的发展历程来说，当完整意义的人工智能研究成为社会真正需求的时候，处于科学研究发展高级阶段的内容科学就是不可回避的了。

这是内容(语义)和内容科学的重要意义。

到这里，本书关于通用人工智能理论的研究和论述就可以暂告一个段落。

作为总结，两种范式下的人工智能理论如表 4.3.2 所示。

仔细分析表 4.3.2 可以发现，物质学科范式下的人工智能理论(包括人工神经网络理论、专家系统理论和感知动作系统理论)与信息学科范式下的人工智能理论(机制主义通用人工智能理论)之间，不是存在个别性能、数量上的些微差别，而是全方位、实质性的差别。这样实质性的差别，绝不是算法的优劣、算力的强弱、数据量的大小等中低层的技术因素所能解释的。这样巨大的差别，是它们遵循不同范式(科学观和方法论)造成的。这就是人工智能范式革命的意义。

12.5 机制主义通用人工智能理论的示例

虽然本书的性质属于理论性的著作，但是在系统阐述机制主义通用人工智能基本理论之后，还是想尽可能地为机制主义通用人工智能理论提供一些示意性的简明案例。

12.5.1 经典案例：猴子与香蕉问题

求解猴子与香蕉的问题是人工智能的一个经典问题。通过这个例子可以明显地看出，基于全信息(感知信息)和由全信息生成的全知识的概念，机制主义通用人工智能理论在求解问题的时候，相比于经典人工智能理论的求解方法，能够显示出十分显著的优越性。机制主义通用人工智能理论生成的智能策略，之所以具有大大超越现有人工智能理论生成的智能策略的智能水平，一个重要的原因就是前者具有基于全信息和全知识的理解能力。

机制主义通用人工智能理论求解问题的基本过程就是实施普适性智能生成机制，它的标志是信息转换与智能创生定律，即

客体信息→感知信息→知识（+目标）→智能策略→智能行为

作为简化，这里着重介绍它的核心部分，即

知识(+目标)→智能策略

以下就是机制主义通用人工智能理论求解该问题核心部分的描述。

1. 问题的描述

一只饥肠辘辘的猴子发现，有一串的香蕉挂在室内天花板上。怎样才能拿下这串香蕉来充饥，成为猴子急需解决的问题。

2. 主体的目标

猴子希望拿到香蕉。

3. 与问题相关的知识

全知识的表示，K（形态知识；价值知识）
K1（香蕉离地面 2.5m；猴子拿不到香蕉）
K2（猴子身高 1m；猴子不能单凭身高直接拿到香蕉）
K3（室内有一根 1m 长的木棍；可以用来缩短猴子与香蕉之间的距离）
K4（猴子把木棍举起；但是距离香蕉还有 0.5m 的距离）
K5（室内有一张 1m 高的桌子；可用来进一步缩小猴子与香蕉间的距离）
K6（把桌子挪到香蕉下方；就可以有效缩短猴子香蕉之间的距离）
K7（猴子跳上桌上举起木棍：果然可以取下香蕉）
K8（室内还有一张 0.5m 高的小凳；也可用来缩短猴子与香蕉间的距离）
K9（把小凳放到香蕉下方；确实可以缩短猴子与香蕉之间的距离）
K10（猴子站上小凳举起木棍；恰好能够取下香蕉）
K11（室内也有一个 0.3m 的小箱；也可用来缩短猴子与香蕉间的距离）
K12（猴子站上小箱举起木棍；但与香蕉还有 0.2m 的距离）

4. 生成策略

把上面给出的这些全知识与主体的目标对照，可以发现，把某些知识按照一定的顺序组织起来，就能生成解决问题的策略。这种按照一定顺序调度和组织知

识的过程就是知识推理的过程。

如果把推理规则记为 R（Ki → Kj），表示由知识 Ki 到知识 Kj 的推理，那么可以生成如下两个策略 S1 和 S2，即

S1: R1（K1→K4）, R2（K4→K6）, R3（K6→K7）

S2: R1（K1→K4）, R2（K4→K9）, R3（K9→K10）

比较这两个策略，主体可能最终选择 S2。这是因为，虽然两个策略都能够解决问题(取下香蕉)，但是对于主体(猴子)来说，跳上小凳(S2)比爬上桌子(S1)可以耗费更小的体能。

不难理解，如果没有全知识，那么由知识到策略的转换就遭遇到实质性的困难，即猴子应当根据什么标准来选择下一个知识状态。

机制主义通用人工智能理论的知识是全知识(形态性知识，价值性知识)，因此十分明确且方便。它应当选择相邻各个知识状态中具有最大价值性知识的那个全知识作为下一个知识状态。

现有的各种人工智能理论的知识都是形态性知识，应当根据什么准则来选择下一步的走向呢？这里没有价值性知识，也没有内容性知识，只有形式性知识。因此，无法明确方便地完成选择，只能绕一个大弯，通过统计方法寻求满足最优形式化匹配条件的知识状态。这样就需要提供遍历性的样本(足够大量的数据样本)寻求统计意义上的最优形式匹配。这样就产生以下几个问题，即需要大量的参考性数据样本；统计意义上的匹配不等于现实意义上的匹配；得到的结果不可理解和解释。

由此，机制主义通用人工智能理论与现有人工智能理论之间的优劣差异便一目了然。

当然，本案例只关注普适性智能生成机制的核心部分，并未完整讨论实现这一机制的完整过程，没有讨论核心机制的前端和核心机制的后端。然而，仅这一部分(机制的核心)的讨论就已清晰地说明两种不同范式引领的人工智能理论的天差地别。

为了弥补这一点，本书会选择更加全面地反映机制主义通用人工智能理论的示例。这就是将机制主义通用人工智能理论用于中医诊断。

12.5.2　新的案例：在中医学领域的应用

颇为有趣的是，机制主义通用人工智能理论与中医学存在惊人的高度相通性。这种相通性表现在两者的各个方面，特别是它们具有相同的学科范式(科学观和方法论)。

首先，在科学观方面，机制主义通用人工智能理论和中医学都遵循信息学科范式的科学观，即整体观。它们认为，研究对象既要包含主体，又要包含与主体

相联系的客体，特别要包含主体与客体之间的相互作用。更准确地说，它们都认为自己的研究对象是主体与客体相互作用产生的信息过程。

需要指出，这里所说的整体观不等于人们熟悉的系统观。这是因为，系统观仅关注系统及其要素的形式，整体观不仅关心系统及其要素的形式，尤其关注系统及其要素的价值和由此生成的系统要素的内容。

在本书整个机制主义通用人工智能理论的建构研究中，已经反复说明和贯彻了这种整体(对立统一体)观的科学观。

至于中医学，它的整体观思想也是非常清晰、明确的。例如，中医学对于人体组织、脏器组织和经络穴位等的介绍，不仅要描述它们的形态，尤其要描述它们的价值功能(对健康所发挥的功能效用)，以及在形态和价值基础上的命名。中医学对各种中药材和中成药的介绍也是如此，不仅要详细描述各种中药材和中成药的具体形态特征，尤其要描述中药材和中成药的药用价值，以及基于形态与内容的命名。

学科的科学观回答的问题是，学科的本质是什么。因此，两者科学观的一致就表明，机制主义通用人工智能理论与中医学的学科本质一致。这是机制主义通用人工智能理论能够在中医学领域成功应用的首要基础和根本前提。

其次，两者的方法论也相同。学科方法论回答的问题是，这个学科应当怎样研究。因此，方法论的一致就必然导致两个学科的研究方法也相同。具体来说，在方法论方面，机制主义通用人工智能理论和中医学都遵循信息学科范式的方法论，即信息生态方法论，以及由此导出的以“信息转换与智能创生定律”为表征的普适性智能生成机制。

不难回想，机制主义通用人工智能理论就是在信息生态方法论，以及由此导出的以信息转换与智能创生定律为标志的普适性智能生成机制的基础上建构的。

同样，中医学的全部诊疗过程也十分完美地体现了信息生态方法论的精髓，即信息转换与智能创生定律，客体信息→感知信息→知识→智能策略→智能行为。中医学的典型诊疗过程如下。

(1) 医生通过望、闻、问、切获得关于对象本身的形态信息，同时考虑相关的环境信息。这便是客体信息。

(2) 由于感觉器官只能获得客体的形态信息，医生需要根据诊疗目标把它们转换为形态、价值、内容三位一体的信息。这就是医生得到的感知信息。

(3) 感知信息虽然具有全信息的特点，但是仍属于感性认识。医生必须通过自己的经验和思考把感知信息转化提升为关于客体的相关知识。

(4) 根据这些知识，医生可以推断出对象的病理病名(理解)，针对治疗目标制定治疗处方。这就是医生生成的智能策略。

(5) 根据处方实现辨证施治，把智能策略转换为智能行为。

(6) 医者还要观察处方的疗效(效果检验)，在有必要的情况下按照以上步骤调整处方(优化)，直至达到康复的目标。

如果把中医学的完整诊疗过程绘制成为流程(图 12.5.1)，正好就是图 5.3.4 表示的机制主义通用人工智能理论系统模型的工作流程。由此可见，机制主义通用人工智能理论与中国中医学的高度一致性。

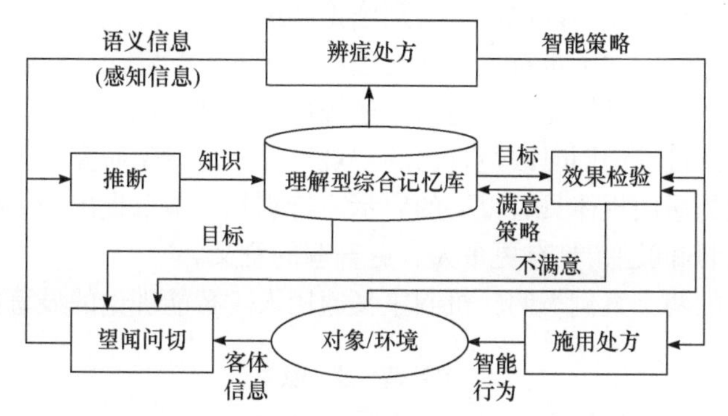

图 12.5.1　中医学诊疗流程：机制主义通用人工智能理论用例

这当然不会是偶然的巧合。恰恰相反，它是普适性智能生成机制——信息转换与智能创生定律使然。简言之，机制主义通用人工智能理论的普适性智能生成机制恰好就是中医学的智能诊疗流程，也可称为中国中医学的诊疗机制。这也再次证明智能生成机制的普适性。

12.6　本 章 小 结

本章研究和讨论通用人工智能理论的最后环节。通过第四类信息转换原理把智能策略转换成为可以执行(可以改变客体/问题的状态)的智能行为，并把智能行为反作用于客体(问题)。这样就完成了通用人工智能系统从接收问题(接收客体信息)到产生智能行为解决问题(把智能行为反作用于客体/问题)的一个基本回合。

在大多数实际的场合，完成一个基本回合并不能真正解决问题。由于诸多原因，智能行为实施的结果难免出现误差。误差本身表明，系统产生的智能行为实际上不够智能，应当对感知和认知等过程做出相应的优化。

因此，需要把误差信息看作对客体信息的补充，把它反馈到感知模块的输入端，获取关于误差的全信息(感知信息)，运用第二类和第三类信息转换原理生成新的知识，以便改进原来的智能策略，改善智能策略/智能行为的效果，从而更满意地达到预设目标。这就是，反馈-学习-优化的回合。这种回合通常需要进行多次，才能逐步逼近预设的目标。这是优化成功的情形。

但是，理论上不能排除优化失败的情形。主要的原因是，人类主体的知识总是有限的，人们在预设目标的时候很可能带有不够科学、不够合理的成分，使目标预设得不够合理。当上述优化过程无法达到满意效果的时候，就需要把优化失败的情况提供给系统的人类主体，提示需要合理化预设的目标。设置新的目标以后就重新运用上述四类信息转换原理，实现更优的问题求解。这个过程的重要意义在于，它使人类主体的认识从中得到修正和进步。

本章讨论的问题除了具有人工智能理论领域的科学意义，还具有重要的人类学和哲学意义，即人类智能也是遵从上述规律来实现认识世界、改造世界，并在改造客观世界的过程中同时改造自己的主观世界。这对于研究人类智能，以及人类与机器智能的通用规律具有重要的启示。特别是，本章提出的“语义涌现”和“内容科学”回归问题，具有更重大、更普遍的意义。

本章提出的两个案例表明，机制主义通用人工智能理论的显著优越性。

参 考 文 献

[1] Graham N. Artificial Intelligence, Making Machines Think. Blue Ridge: Tab Books, 1979
[2] Winston P. Artificial Intelligence. 2nd ed. New York: Wiley, 1984
[3] Nilsson N. Principles of Artificial Intelligence. Berlin: Springer, 1982
[4] Nilsson N J. Artificial Intelligence: A New Synthesis. New York: Morgan Kaufmann Publishers, 1998
[5] 钟义信. 信息科学原理. 5 版. 北京: 北京邮电大学出版社, 2013
[6] 万百五. 自动化(专业)概论. 武汉: 武汉理工大学出版社, 2002
[7] 王耀南. 智能控制系统: 模糊逻辑·专家系统·神经网络控制. 长沙: 湖南大学出版社, 1996
[8] 戴先中. 自动化科学与技术学科的内容、地位与体系. 北京: 高等教育出版社, 2003
[9] 汪晋宽, 于丁文, 张健. 自动化概论. 北京: 北京邮电大学出版社, 2006
[10] Glorioso R. Engineering Cybernetics. Englewood Cliffs: Prantice-Hall, 1975
[11] Fogel I J. Artificial Intelligence Through Simulated Evaluation. New York: Wiley, 1966
[12] 钟义信. 机器知行学原理: 信息、知识、智能的转换与统一理论. 北京: 科学出版社, 2007
[13] 钟义信. 高等人工智能原理: 观念·方法·模型·理论. 北京: 科学出版社, 2014
[14] Kuhn T S. The Structure of Scientific Revolution. Chicago: University of Chicago Press, 1962
[15] 钟义信. 机制主义人工智能理论. 北京: 北京邮电大学出版社, 2021

第四篇（总结篇）　评述与拓展

本书多次强调，一个学科的范式是指这个学科的科学研究应该遵循的科学观和方法论。它是抽象的学科意识，是指导这个学科研究与发展活动的最高支配、引领与规范力量，是名副其实的“看不见却决定学科命运的手”。范式正确，学科就能发展前进；反之，学科就会遭遇挫折，甚至失败。

同时，本书也多次指出，不同大类的学科具有不同的基本研究对象，因此需要不同的科学观和方法论，不同的研究范式。这里，不同的大类学科主要指物质科学学科和信息科学学科，因为物质和信息是几乎“相反相成，对立统一”的两种不同的研究对象。物质科学学科有自己的范式，信息科学学科也有自己的范式。无论是科学观还是方法论，这两种范式都相反相成（相成，是指在真实的信息系统中，物质分系统必须适应和支持信息分系统的运行；信息分系统必须统管和调度物质分系统的工作），因此构成对立的统一关系。

众所周知，学科意识（学科的范式）必定滞后于学科存在（学科的研究活动）。由于这个原因，信息学科在20世纪中叶迅猛兴起，并得到快速发展，但是至今都没有在学术共同体形成自己明确的范式，因此就自然而然地借用了物质学科的范式，进而导致范式的张冠李戴，使信息学科的研究在方法论上落入分而治之（学科被肢解）和纯粹形式化（智能被掏空）的羁绊束缚中，无法建立统一的信息学科理论和统一的人工智能理论，无法获得真正的智能。

显然，信息学科及其高级篇章人工智能要想摆脱这种羁绊，就必须全面实施范式的大变革，用信息学科自己的范式引领和规范信息学科的研究与发展。

鉴于此，本书系统总结和确立了信息学科的研究范式，在人工智能研究领域实施了范式大变革。由此，就产生一系列体现真正信息学科时代精神的科学研究成果。

（1）人工智能应遵循的范式：是信息学科的范式，而不再是物质学科的范式。

（2）人工智能的科学观：主体驾驭和环境约束下的主客互动信息生态过程（整体观）。

（3）人工智能的方法论：信息生态方法论（辩证论）。

（4）人工智能的研究模型：主体驾驭和环境约束下的主客互动产生的信息生态过程模型。

（5）人工智能的研究路径：基于普适性智能生成机制的机制主义研究路径。

(6)人工智能的学术结构：由原型、核心、基础、技术等学科构成的交叉学科群。

(7)人工智能的基础规格：满足整体观与辩证论的逻辑基础与数学基础。

(8)人工智能的基础概念：全信息、全知识、全智能、感知、认知、谋行、执行、优化、进化等。

(9)人工智能的根本原理：信息转换与智能创生定律。

(10)人工智能的整体理论：机制主义的通用人工智能理论。

第 13 章　评　　述

人工智能理论范式革命的成果汇聚成机制主义通用人工智能理论。因此，评价工作可以聚焦于两个焦点。一个是对范式革命本身的评价，另一个是对范式革命产生的结果——机制主义通用人工智能理论的评价。

作为自评，作者将本着实事求是、认真负责的精神，坦诚表述自己的认识，努力做到客观公正。同时，欢迎读者提出质疑和批评，以求更深刻地认识和更好的科学进步。

13.1　范式革命的意义及其被长久忽视的原因

客观来说，本书的全部成果归根结底得益于，突破科学与哲学的界限，发现范式(科学观与方法论)对学科研究与发展的决定性作用，由此发现人工智能(整个信息学科)范式的张冠李戴，进而推动人工智能范式的大变革。

关于信息学科范式和范式的大变革，本书做了大量的阐述。特别是，围绕表 2.1.1 展开的系统论述可以确信，学科的范式在学科生长与发展的全部过程中确实发挥着至高无上的引领者与规范者的作用。同样，关于现行信息学科(含人工智能)范式张冠李戴的判断也有理有据，信息学科范式也比较符合信息学科的性质、特点与需求。信息学科范式大变革的结果产生的机制主义通用人工智能理论具有的首创性(表 4.3.2)、优胜性和通用性，也说明这一理论的正确性、必要性和有效性。

可以认为，对于信息学科(含人工智能)的研究来说，如果没有范式的大变革，如果不摆脱物质学科范式的束缚，如果没有信息学科范式的确立、引领和规范，就不可能实现信息学科的重大突破和全面创新。毫无疑问，信息学科(含人工智能)的范式大变革是科学发展时代的分水岭；范式大变革之前是物质学科范式主导的科学时代，范式大变革之后则是信息学科范式主导的科学新时代，范式大变革本身就成为学科发展历史上划时代的大事件，范式大变革产生的成果是划时代的研究成果。这就是本书作者对信息学科(含人工智能)范式大变革的认识。

由此引出一个值得信息学科共同体深思的问题，即为什么世界学术共同体至今都没有深入关注本学科的范式和范式大变革的问题，为什么只有包括本书作者在内的相当少数成员意识到信息学科范式和范式大变革问题的重要性，是什么原因造成学术界的这种集体忽视(漠视)？

我们认为，这个问题与人们的智商水平无关，但非常值得人们分析和思考。分析清楚其中的成因对于信息学科(含人工智能)，以及其他各种复杂科学的研究与发展一定会有特别重要的意义。

按照本书作者的理解，造成学术共同体长期集体忽视范式问题的原因主要包括三个方面，即科学技术发展规律方面的原因、社会(学术共同体整体)方面的原因、研究者个人方面的原因。

13.1.1　科学技术本身的原因：范式革命“千年未遇”引起的误解

从宏观上看，人的能力发展的宏观进程是首先有体质能力的发展，然后是体力能力的发展，最后是智力能力的发展。因此，按照拟人规律发展的科学技术，最先(自古代开始)启动扩展人类体质能力的是材料科学技术的发展，然后是近代登上舞台的扩展人类体力能力的能量科学技术的发展，最后才是现代展开的扩展人类智力能力的信息科学技术的发展。

材料科学技术和能量科学技术都属于物质学科的范畴，它们遵从同样的科学观和方法论，遵从同样的研究范式，不存在范式变革问题。材料科学和能量科学的发展从农耕时代到工业时代，直到今天仍在不断进步，绵延数千年从未发生过范式变革问题。科学发展的这个“千年不变”历史事实的确可能使人们不曾想到，在科学研究发展中居然还会有范式和范式变革问题的存在。

正是因为千年的发展从来不曾经历过范式变革问题，所以在 20 世纪中叶信息学科迅速兴起以后，人们只注意到，信息学科需要信息、熵、不确定性等新概念，需要用到概率论、编码理论、矩阵理论等新的数学工具，却没有意识到还有范式变革的深层问题。

从来没有想到过范式变革的问题，或者从来没有经历过范式变革的问题并不等于真的不存在范式变革的问题。就像人们经常误以为，人的世界观对人的成长不会起什么作用并不等于世界观就真的不起作用。其实，人们具有什么样的世界观，就会给人们带来什么样的人生和命运。范式的问题也是如此，有什么样的范式(适合的，不适合的)就会导致学科的研究有什么样的前途(成功的，失败的)。

总之，在几千年物质学科发展的历史上从来没有发生过范式变革的这一历史事实，给人们造成科学研究的范式就是“一如既往，千年不变”的错觉。换句话说，这种历史事实给人以物质学科的范式是放之四海而皆准的误识。在这样的历史背景下，当信息学科兴起的时候就想不到要建立信息学科自己的范式，而一如既往地沿用千年不变的物质学科范式。当信息科学和人工智能的研究由初级发展阶段迈向高级发展阶段，而不得不需要信息学科自己的研究范式来引领和规范研究活动的时候，使人们完全注意不到竟会有千年一遇的范式变革了。

说透了，道理也很简单，信息学科是与物质学科性质颇为不同的两大类学科，自然需要与物质学科颇为不同的观念(科学观)和方法(方法论)。因此，信息学科(含人工智能)范式的变革只是时候(火候)未到。这个时候(火候)，正是信息学科由初级发展阶段向高级发展阶段迈进的当下。

让我们深入分析一下这个“火候”。

如前所述，物质学科范式的主要特征包括，坚持研究纯粹客观的物质客体和关注物质客体的结构与功能的机械唯物科学观，以及由此采取的分而治之和单纯形式化的机械还原方法论。

显然，在信息学科发展的初级阶段，物质学科范式关注物质结构的科学观念和分而治之的方法论尚能使信息学科的研究在一些局部环节和局部场景取得某种局部性进展。同样，物质学科范式关注物质结构科学观念和单纯形式化的方法论也能使信息学科的研究在浅表层次(即对象的结构和形式功能)做出某些成果。

到了信息学科发展的高级阶段，研究的视野需要从局部性转变为全程性和全局性、从浅层性转变为包括浅层和深层在内的整体性研究。因此，在科学观念上就必须把坚持纯客观的观念转变为，坚持主体驾驭和环境约束的主体与客体相互作用的新观念，同时把关注物质结构与功能的观念转变为关注主体目标的实现和客观环境运行规律维护的新观念；在科学研究方法论方面就必须把分而治之和单纯形式化的机械还原方法论转变为,体现整体观和辩证论精神的信息生态方法论。

到了这个“火候”，信息学科的范式革命就变得“箭在弦上，不得不发”了。

13.1.2 社会管理方面的原因：学科划分和学科管理的过分刚性

科学研究对象的复杂性决定了科学研究内容的深刻性和广泛关联性。与此相对的问题是，具体研究人员具备的知识领域和研究能力存在局部性。这种深广性与局部性的矛盾促使科学研究的活动呈现出深化与分化的两种要求。为了科学研究的不断深化，要求实行研究领域的不断分化(分门别类)和细化。因此，整个科学发展的过程就是一个不断分化、深化互相促进的历史。最顶层的分化结果是，整个科学领域被明确地划分为自然科学领域、社会科学领域(数学和哲学则贯穿于这两个领域)。进一步，自然科学领域和社会科学领域又分别划分为更低层次，更细、更窄的子领域。

这种划分显然有其必要性和合理性。问题在于，这种划分在实践中逐渐演变成互相割裂、不得轻易逾越的壁垒和戒律。从事自然科学领域研究的人不得涉足社会科学领域的研究活动，否则，就可能得不到科学共同体评价专家的认可，也得不到项目和经费支持。

这种壁垒和戒律在大多数情况下(特别在科学相对平稳发展的情况下)不会发生什么问题。但是，随着科学研究的不断深化，人们发现，某些自然科学问题的深层根源超出自然科学领域范围，涉及哲学领域和社会科学领域。在这种情况下，如果研究人员要追根求源，就必须跨越自然科学学科的边界，进入哲学或社会科学领域去深耕。这时该不该去冒“越界”的风险，承担相应的后果就成了难题。

信息科学，特别是高级篇章人工智能的研究就是典型的代表。例如，为什么完整的人工智能的研究会被分解为结构主义的人工神经网络学派、功能主义的物理符号系统/专家系统学派、行为主义的感知动作系统学派(俗称人工智能的“三驾马车”问题)？为什么这三个学派具有相同的研究目标，却不能实现殊途同归形成合力？为什么三个学派的所有研究成果都具有“碎片化、局域化”和“智能水平低下”的严重缺陷？表面看起来，也许是相关的算法还不够优秀，算力还不够强大，数据还不够充分。但是，深入分析就会发现，算法、算力、数据这些问题都是人工智能研究遇到的困难在自然科学领域的直观表现。这些困难的深层根源不在自然科学领域内部，而在哲学和社会科学领域。人工智能的“三驾马车”问题的深层根源从本质上归咎于，沿用传统物质科学分而治之的方法论，智能低下问题的深层根源则是因为借用了传统物质科学纯粹形式化的方法论。方法论的根源又在相应的科学观。因此，为了有效地解决人工智能研究中的这些深层问题，就必须从科学观和方法论(范式)的高度着手。这就要冒跨越学科边界、得不到经费支持、得不到学术界认可的风险。在这种困难面前，人们只好止步。

既然不能跨越学科边界，那就只能在自然科学技术领域的内部寻求解决问题的方法。因此，人们不断地从改进算法、提高算力、增加样本、完善数据等技术性的层面寻求解决办法。但是，这些努力不可能从根本上解决问题。最著名的代表是 Russell、Norvig 的 *Artificial Intelligence: A Modern Approach* 和 Nilsson 的 *Artificial Intelligence: New Synthesis*，他们都希望从具体的技术策略方面解决“三驾马车”的问题，结果是都没有达到目的。所有这些人工智能科技工作者的不成功，决不说明他们的智商不够高。他们之所以没有取得成功，主要原因是受到自然科学领域与社会科学领域之间边界的刚性限制，以及科学领域与哲学领域边界的强力约束。

事实上，许多科学领域深层问题的根源都在社会科学和哲学领域。如果不允许自然科学领域的研究工作者跨越学科边界进入哲学社会科学领域去追根求源，那么许多深层的自然科学问题就不可能得到真正地解决，甚至一些深层的自然科学问题也会无人问津。

21 世纪越来越成为复杂科学的世纪，人类面临越来越多的复杂问题和复杂科学问题。因此，从 21 世纪中叶开始，人类社会进入信息科学、人工智能和其他各种复杂科学蓬勃发展的时代。人工智能等复杂科学的研究将成为 21 世纪中叶以来的“时代精神”。

为了适应 21 世纪复杂科学研究所体现的“时代精神”，有效促进人工智能、信息科学和其他复杂科学的研究，有力地推动时代的不断进步。本书作者提出以下倡议。

(1) 大力宣传普遍联系和复杂联系的科学辩证法观念。

(2) 深入宣传学科范式对于学科研究的引领、支配作用。

(3) 深刻理解复杂时代背景下复杂学科的学科研究范式。

(4) 改革科学研究领域的生产关系，破除学科边界的刚性约束。

(5) 把科学研究生产力从这些羁绊和束缚中解放出来。

(6) 改革条块分割的学科评价标准和经费管理制度。

(7) 大力倡导自然科学与社会科学的深度联盟。

(8) 高度重视和支持交叉学科的研究。

(9) 鼓励追根求源的科学探索精神。

(10) 鼓励人们正确处理看得见的事物和看不见的事物之间的辩证关系。

13.1.3　研究者方面的原因：科学研究过分追求“短平快”

个人方面的原因其实比较简单，个人的活动方式总是遵从(或受限于)社会的基本规则。如果社会规则营造的是温馨鼓励、积极提倡、大力支持人们在科学研究中大胆探索、寻根问底、追求真理的氛围，那么科学研究领域中的那些“禁区”就会逐渐被打破。

对于从事科学研究的个体而言，应当大力引导人们在科学研究中不要满足于浅尝辄止，不要追求急功近利，不要满足于短平快，不要被潮流裹挟，要有独立思考和刻苦钻研的精神，对所研究的问题要有“追根求源，穷追到底”的精神，要敢于啃硬骨头，要敢于坐冷板凳，耐得住寂寞，要敢于走前人没有走过的路，勇闯科学前沿的“无人区”。同时，要悉心培养为追求科学真理而勇敢献身的精神，培养迎难而上、知难而进的探索精神，培养敢于破除陈规、突破障碍的精神。

这样，作为科学观和方法论统一体的范式就一定会成为科研人员衷心敬仰和乐于亲近的“导师”，成为他们高度信赖的引领者，帮助人们攻克科学难题、创造科学辉煌。

13.2　关于机制主义通用人工智能理论的初步评估

机制主义通用人工智能理论是本书整体性和标志性的研究成果。关于这一成果的评价，一方面要接受广大读者的检验，更重要的是要看将来应用的实效。为了总结，也为了给读者提供一份参考，下面对机制主义通用人工智能理论做一番自我评价。

13.2.1 理论的首创性

前曾指出，机制主义通用人工智能理论是在总结信息学科范式的基础上、以信息学科范式全面取代物质学科范式的前提下，面对普遍适用的人工智能全局研究模型、基于普适性智能生成机制的机制主义方法、基于形式、内容、价值三位一体的全信息理论，建构的普遍适用的人工智能理论。

机制主义通用人工智能理论的首创性，可以归纳为表 4.3.2 所示的各个方面。

1. 理论整体的首创性

从总体上看，国内外人工智能理论的研究基本上还是要么沿着结构主义路线(人工神经网络)前进，要么沿着功能主义路线(专家系统)发展，要么沿着行为主义路线(感知动作系统)研究，都是一些个案性、局域性的人工智能理论，还没有任何真正通用的人工智能理论问世。

不少人还强烈地怀疑是否存在通用的人工智能理论，甚至怀疑是否有必要研究通用的人工智能理论。换言之，他们一直在怀疑通用人工智能理论的存在性、可能性、必要性。

在这种背景下，基于普适性智能生成机制的机制主义通用人工智能理论不但可以有力地消除上述关于通用人工智能理论的各种疑虑，而且对整个人工智能理论研究具有特别重大的指导意义。

2. 范式研究的首创性

本书关于范式的研究具有以下方面的首创性，对人工智能理论的研究具有重要的指导意义。

(1)明确范式概念的科学含义。

应当指出，范式一词源于库恩(Kuhn)的著作。在以往的学术文献中，范式的解释多种多样，缺乏统一的规范和一致的理解。把学科的范式理解为学科的科学观和方法论的有机统一体，是本书对范式内涵做出的明确定义。无论在文字的形式上还是在内涵的实质上，这种范式的定义都是科学的、合理的、有价值的。

(2)发现范式对科学研究的引领和规范作用。

把范式定义为科学观和方法论的有机整体，可以揭示范式在科学研究活动中至高无上引领和规范的地位和作用。这是因为，科学观在宏观上规范了学科的研究内涵（“是什么”），方法论则在宏观上规范了学科的研究路径（“怎么做”），因此科学观与方法论一起，就在宏观上规范了学科的研究活动方式。如果学科的研究活动方式遵循本学科的范式，研究工作就能够在正确的轨道上发展，无论研究有多大的困难，都一定会朝着正确的方向逐步前进。反之，如果学科的研究活动方式偏离本学科的范式，研究工作就必然走偏方向，遭受挫败。

在此基础上，本书明确地指出，范式是针对特定的研究对象的。不存在“一统天下，放之四海而皆准”的范式。如果研究对象不同，学科就不同，学科的范式也不同。因此，物质学科的范式与信息学科的范式就各不相同，不能“张冠李戴”。

(3)总结和发现信息学科的范式。

本书作者根据自己数十年的研究积累，深入分析了信息学科的研究应当遵循的科学观和方法论，在此基础上总结和发现信息学科的范式。这在国内外学术界是第一次。书中还证实，信息学科的范式和物质学科的范式几乎是相反的。

物质学科范式的科学观认为，研究对象是各种物质客体，要彻底排除主观因素的干扰；研究对象的运动遵从确定性演化规律；研究的目的是要搞明白研究对象的物质结构(与功能)。

物质学科范式方法论要求，为了描述物质对象的结构(与功能)，应当采用纯粹形式化的方法；既然研究对象遵循确定性演化规律，对于复杂的研究对象就可以实施分而治之的处置方法。

信息学科范式的科学观认为，研究对象是主体驾驭下的主体与客体相互作用的信息生态过程(而不是单纯的物质客体)；主客相互作用的信息生态过程充满各种不确定性；研究的目的是阐明在这个相互作用的过程中实现主客双赢，既能实现主体生存与发展的目的，又能维护环境运行规律。

信息学科范式的方法论要求，为了实现主体驾驭下主体客体相互作用的主客双赢目标，必须采用形式、内容、价值三位一体的整体化描述与分析方法(而不能采用单纯形式化的描述与分析方法)；由于主体客体相互作用的信息过程构成一个典型的信息生态链，而且充满不确定性，因此必须保持整个信息过程遵守信息生态法则(整体化的法则、生态演化的法则)。

可以看出，信息学科的范式与物质学科的范式之间确定存在巨大的差别。

(4)发现人工智能的范式“张冠李戴”。

本书发现，作为开放复杂信息系统的人工智能，其遵循的范式竟然不是信息学科的范式，而是物质学科的范式。

具体来说，它的科学观基本上是物质学科的科学观，把研究对象看作与认识主体无关的纯客观的脑物质模型，认为脑物质系统的运动遵从确定性演化规律，研究的目的是阐明脑物质系统的结构。它所遵循的方法论是典型的物质学科的方法论，根据分而治之方法论的思想，把人工智能分解为结构主义的人工神经网络研究、功能主义的专家系统研究、行为主义的感知动作研究；采用单纯形式化方法，只描述人工智能系统的形式，不理会它的价值和内容。

(5)实施了人工智能范式的颠覆性变革。

针对人工智能范式“张冠李戴”的现实状况，本书在人工智能研究领域全面摒弃物质学科范式，确立了信息学科的范式，开启了人工智能理论研究的全新局面。

同时明确指出，人工智能的信息生态过程在服从信息学科范式的同时，支持人工智能信息生态过程的物质与能量系统则服从物质学科的范式。两种范式在整体人工智能系统中对立而统一，相反而相成。统一或相成的原则是，人工智能的物质与能量系统必须支持和服从人工智能的信息生态过程。

3. 全局模型的首创性

学科的全局模型，是学科理论研究的出发点和归宿。学科全局模型的失准将导致学科研究的挫折和失败。

按照信息学科范式的科学观，本书否定了现行人工智能把排除主体作用的孤立脑模型作为人工智能理论研究全局模型的观念，重新构筑了主体驾驭下的主体与客体相互作用的信息过程作为人工智能理论研究的全局模型，使人工智能理论研究符合人类智能/人工智能的真实情形。

4. 研究路径的首创性

在全局模型确定之后，能否确立正确的研究路径就成为决定整个学科研究成功或失败的关键。

按照信息学科范式的方法论思想，摒弃现行人工智能理论“鼎足而立，分道扬镳”的研究路径(结构主义路径、功能主义路径、行为主义路径)。针对主体驾驭的主客互动信息过程的全局模型，根据信息生态方法论思想，揭开了普适性智能生成机制的奥秘，开创了机制主义的研究路径，为普适性(通用)人工智能理论奠定了理论基础。

机制主义路径的基本表述是，客体信息→感知信息(语义信息)→知识→智能策略→智能行为。因此，可以称为信息转换与智能创生的路径，即信息生态(信息转换)的路径。

机制主义路径的意义在于，无论面对什么问题，无论采用生物手段，还是非生物手段，只要抓住普适性智能生成机制——信息转换与智能创生定律，就都可以创生解决问题的智能策略和智能行为，开创人工智能研究的普适性方法。

5. 基本概念的首创性

普适性智能生成机制的基本表达是，客体信息→感知信息(语义信息)→知识→智能策略→智能行为。其中，核心的概念是感知信息(语义信息)、知识、智能策略。本书根据信息学科范式的信息生态方法论思想，摒弃现行人工智能理论关于信息、知识的形式化定义，重新创建形式、内容、价值三位一体整体化的感知信息、语义信息、知识的定义，从而保证通用人工智能理论的智能基础——理解能力。

6. 基本原理的首创性

本书根据信息学科范式构筑全局模型，由此开辟机制主义研究路径，提出客体信息→感知信息(语义信息)→知识→智能策略→智能行为四类信息转换的原理。

在此基础上，对它们进行综合抽象，揭示意义更为重大的“信息转换与智能创生定律”。它与物质学科领域的质量转换与物质不灭定律、能量学科领域的能量转换与能量守恒定律，一起构成科学领域相辅相成的基础定律完备体系，对科学技术的发展和人类社会的进步具有不可估量的意义。

13.2.2 理论的优胜性

基于普适性智能生成机制的机制主义通用人工智能理论具有巨大的优胜性，可以全面消除现有人工智能的痼疾顽症，展现通用人工智能理论巨大的优越性能。

1. 实现了结构主义、功能主义、行为主义的“三分归一”

现有人工智能理论最大的弊病之一就是结构主义的人工神经网络、功能主义的专家系统、行为主义的感知动作系统“三驾马车”不能形成合力，无法建立人工智能的统一理论。在信息学科范式引领下，我们揭示了普适性的智能生成机制，开创了机制主义研究路径，并以机制主义方法统一了结构主义、功能主义、行为主义方法，从而形成统一的通用的人工智能理论。结构主义、功能主义、行为主义都是机制主义的特例，如表 13.2.1 所示。

表 13.2.1 结构主义、功能主义、行为主义都是机制主义的特例

类型	信息→	知识→	智能策略	特例
A 型	信息	经验性知识	经验性智能策略	人工神经网络
B 型	信息	规范性知识	规范性智能策略	专家系统
C 型	信息	常识性知识	常识性智能策略	感知动作系统

表 13.2.1 表明，基于人工训练的经验知识的结构主义人工神经网络是机制主义的 A 型、基于规范知识的功能主义专家系统是机制主义的 B 型、基于常识知识的行为主义感知动作系统是机制主义的 C 型。它们都是机制主义人工智能在不同知识条件下的特例。

需要注意，机制主义方法并非结构主义、功能主义、行为主义三种方法的简单相加，这是因为，结构主义只利用即时训练获得的经验知识，而没有常识知识和足够经验知识的支持，功能主义只利用部分规范知识，缺乏相应的经验知识和常识知识的支持，行为主义则宣称无须知识，实际是利用了常识性知识，而机制主义对知识的利用更加系统、全面、科学。因此，机制主义人工智能远远优于结构主义的神经网络、功能主义的专家系统与行为主义的感知动作系统三者之和。

2. 消除了现行人工智能系统“智能水平低下”的痼疾

智能水平低下，是现行人工智能系统普遍存在的另一类痼疾。任何人工智能要解决的问题和要达到的目标必然都具有形式、内容、价值三位一体的属性，但是现行人工智能理论只考虑形式的因素，丢掉了智能的内核(价值因素和内容因素)。这是现行人工智能智能水平低下的根源。

与历来的信息理论和人工智能理论不同，机制主义通用人工智能理论的信息不是 Shannon 信息论意义上的信息，而是补齐内核的信息，即语法信息(形式)、语用信息(价值)、语义信息(内容)三位一体的全信息。人们获得事物的全信息，就不但知道了事物的形态(语法信息)，而且知道了它的价值(语用信息)，因此也知道了它的内容(语义信息)，在信息层次上就理解了事物，可以做出决策。理解力正是智能水平的直接来源。因此，全信息理论就为机制主义通用人工智能理论的智能水平提供了坚实的理论基础。

3. 消除了现行人工智能系统“结果不可解释”的顽症

不可解释，是现行人工神经网络系统(特别是深层神经网络系统，以及相应的深度学习系统)的顽症。因为现行神经网络系统也是一类纯粹形式化的系统，丢掉智能的内核，所以必然智能水平低下。为了提高它的智能水平，现行人工智能求助于统计学的方法来解决问题。统计是大量(遍历)样本的平均处理方法，无法溯源，而且，统计也是形式的统计，不问内容，这也是不可解释的根源。

如上所述，机制主义通用人工智能理论的智能水平不是靠统计，也不是靠形式，而是靠理解，因此不存在不可解释的问题。

4. 消除了现行人工智能系统“需要大量训练样本”的弊病

需要大量的训练样本，是现行人工智能理论的另一个严重弊病。这个弊病的根源是统计方法固有的，因为统计就要求样本具有遍历性。

如前所说，机制主义通用人工智能理论的智能水平不是靠统计，而是靠理解。这就从根本上排除了需要大量试验样本的需求。

5. 揭示了人工情感与人工意识的生成机制

所有现行人工智能理论都对意识和情感问题讳莫如深。因此，没有情感、没有意识，就成了所有现行人工智能的通病。这是因为，现有人工智能理论是分而治之和单纯形式化的理论，所以无法理解内容、情感、意识究竟是怎么生成的。

机制主义通用人工智能理论的基础是全信息，因此它知道，内容(语义信息)是由与之相应的形式(语法信息)和价值(语用信息)两者的共同体经过抽象映射与命名生成的。内容的生成机制如此，基于内容的意识和情感的生成机制也是如此。由此便揭示了内容、意识、情感的生成机制，为有内容、有情感、有理智的人工智能理论与系统奠定扎实的理论基础。

13.2.3 理论的通用性

相对于现有的人工智能理论而言，自上而下地全面颠覆物质学科范式束缚、全程贯彻信息学科范式的机制主义通用人工智能理论可以克服现行人工智能的弊端，显示它在性能上无可比拟的巨大优胜性。

不仅如此，正像它的名称表明的那样，机制主义通用人工智能理论的另一个令人印象深刻的表现是，它具有意义非凡的通用性。

1. 关于通用人工智能理论的释疑

提到通用人工智能理论，有人一厢情愿地联想到“巨无霸”，因此指责通用人工智能理论企图制造一个无所不包、无所不能、无处不在、集一切智能于一身的人工智能巨无霸系统。

这是一个莫大的误会。由于机制主义通用人工智能理论是建构在普适性智能生成机制的基础上，因此只要系统给定的问题、目标、知识是合理的，利用普适性智能生成机制就可以生成利用提供的知识、解决给定的问题、达到预设目标的智能策略和智能行为。因此，不妨把机制主义通用人工智能理论生成的机制主义通用人工智能系统理解为一种机制主义通用的人工智能孵化器。不管是什么问题，只要问题、目标、知识合理，就可以孵化出相应的机制主义人工智能系统，解决用户提出的问题，达到用户预设的目标。这就是机制主义通用人工智能理论的准确含义。

事实上，人就是最典型的通用智能系统，即无论面对什么问题，人们解决问题达到目标的工作机制都是一样的，即获得信息、提取知识、生成智能策略和智能行为、解决问题达到目标。问题和目标不同，所利用的知识不同，生成的解决问题的策略也不同，但是生成智能策略的机制(客体信息→感知信息(语义信息)→知识→智能策略→智能行为)却是普适的。

同样的道理也适用于人工智能。既然我们已经发现并建立了普适性智能生成机制，只要提供合理的问题、目标、知识，当然就具有通用人工智能的能力。

以下就分析机制主义通用人工智能理论在应用方面的几种典型的通用性。

2. 机制主义通用人工智能理论是“大数据智能”的聪明型

大数据智能，是指专门用来处理大数据任务的人工智能系统。大数据，是指具有 4V 特征的数据，即超越现有最高的速度水平(velocity)、超越现有最高的数据规模(volume)、超越现有的数据类型(variety)、具有潜在价值(value)的数据，是现有信息技术无法处理的大数据流。

目前，处理大数据问题的常规方法是，动用超大规模的云存储系统和超大规模的云计算设备，需要耗费超大规模的物质资源和能源资源，显然是一种不符合可持续发展理念的处理方式。

机制主义通用人工智能理论处理大数据的方法与此完全不同。对照图 5.3.4 所示的机制主义通用人工智能理论标准模型，它通过对感知与注意模块和目的性检验与选择功能，可以在大数据流中只选择与本系统目标有关的数据进行后续处理，同时删去所有其他数据。通常大数据必定是海量规模的不同目标充斥的数据流，因此与本系统目标有关的数据只是大数据流中极小的一部分。经过合目的性检验与选择以后的数据就变成现有信息技术完全有能力处理的“小数据”，这样就不需要超大规模的云存储和云计算设备。

可见，机制主义通用人工智能理论系统是符合“有舍才有得”理念和可持续发展要求的大数据智能系统。

3. 机制主义通用人工智能理论是“群体智能”的基本型

群体智能，是指面对某种大型任务或复杂任务，需要由若干智能系统成员协同工作才能胜任的智能系统体系。例如，在基层负责执行某些操作性任务的基层成员，负责协调基层成员工作的协调者。在大规模群体智能体系的场合，可能需要包含更多的层次，因此可能有在更高层次负责协调全局的成员等。

在群体智能的场合，图 5.3.4 的机制主义通用人工智能理论标准模型可以看作群体智能中智能系统成员个体。由于每个智能成员都具有普适性智能生成机制，因此只要赋予各成员相应的问题、目标、知识，它们就可以担当相应的成员角色，如基层成员、中间协调者、全局协调者等。

可见，机制主义通用人工智能理论系统可以担当群体智能的各种角色，是群体智能的基本型。

4. 机制主义通用人工智能理论是混合智能的最佳型

混合智能，是指人类智能与人工智能机器之间协同合作形成的混合式智能系统。这种系统比单纯的人类智能或单纯的人工智能机器系统拥有更高的智能水平。

由图 5.3.4 可知，通用人工智能理论正是人类智能与人工智能机器系统协同合作所形成的混合智能系统。其中，人类智能表现在以下方面。

(1) 机制主义通用人工智能系统中综合知识库的目的、先验知识、先验策略是人类提供的。

(2) 机制主义通用人工智能系统要解决的问题是由人类设定的目标所选定的。因此，通用人工智能系统是在人类给定的问题、目标、先验知识、先验策略的框架内工作的。

(3) 人工智能系统解决问题的质量需要检验，当检验结果不合格的时候，就需要人类重新设定目标。

具体来说，机制主义通用人工智能系统的混合智能表现在以下方面。

(1) 人类负责选定问题、预设目标、提供知识。这些职责体现人类隐性智慧专有的创造性贡献，机器则没有这种能力。

(2) 机器负责获取有关问题、目标、知识的信息，生成感知信息，提取相关的知识，在目标引导和知识支持下生成解决问题的智能策略和智能行为、利用误差信息通过学习补充知识优化策略。这是机器做出的智能操作性贡献，人类则没有这么优越的操作性能。

(3) 当发现预设的目标不够合理时，人类负责提供更多的知识，重新预设更合理的目标。这也是人类隐性智慧做出的贡献，机器则没有这种能力。

当然，可以设计各种不同类型的人机协同合作方式。但是，机制主义通用人工智能系统可以在人类卓越的创造性和机器的超人操作性之间实现“强强合作、优势互补”，是最佳的人机合作的“混合”智能。

5. 机制主义通用人工智能理论是“自主智能”的母体

自主智能，是指无须人类干预而能自主执行某种特定任务的人工智能系统。例如，交通领域的无人驾驶系统，生产企业的无人工厂，服务企业的无人服务系统等。

显然，自主智能系统是由一般的人工智能系统简化而来的。具体的操作方法是，把它的问题、目标、知识加以固化(至少是把问题和目标固化)，不再变更，成为针对特定问题的自主人工智能系统。

可见，机制主义通用人工智能系统能够通过固化任务成为自主智能系统。

6. 机制主义通用人工智能理论是“跨媒体智能”的自然路径

跨媒体智能，是指这样一种人工智能系统，在它收到某种媒体形式的信息(如声音信息)时，就能从这种媒体信息正确地“联想”到另一种媒体的信息。最简单的例子是，当听到“张三”的声音的时候，系统就能把“张三”的形象联想出来。这就是从声音媒体跨到图像媒体的例子。

对机制主义通用人工智能系统来说，只要在它的综合认知记忆库系统中把事物的各种媒体(声音、文字、图像等)的表示互相关联到一起，就可以实现跨媒体智能的功能。这种多种媒体之间的关联在技术上并无重大障碍，唯一的问题是记忆库的资源消耗比较大。

7. 机制主义通用人工智能理论是“各种专用智能系统孵化平台”和“智能化社会基础设施”的基础理论

通用人工智能理论标准模型能够生成应用于各种场景的机制主义人工智能系统(只要它们接受的问题、目标、知识是合理的)。这就表明，机制主义通用人工智能系统实际就是一种孵化平台，凭着它的普适性智能生成机制，可以面对各种不同的任务和应用场景，孵化出各种合理的通用机制主义人工智能应用系统。这就是各种专用人工智能系统的通用孵化平台，以不变的智能生成机制应对千变万化的应用场景。

鉴于现行的人工智能系统都是个案性的系统，如果给定一个新的应用场景，就需要重新设计这个新的人工智能系统。相比之下，机制主义通用人工智能系统的通用孵化平台功能就具有特别重要的意义，即利用通用人工智能理论的原理，建立功能强大的通用孵化平台，用户只要把他需要的、合理的描述(问题、目标、知识)提供给通用孵化平台,后者就能按照普适性智能生成机制孵化出各种人工智能应用系统。人工智能系统的通用孵化平台如图 13.2.1 所示。

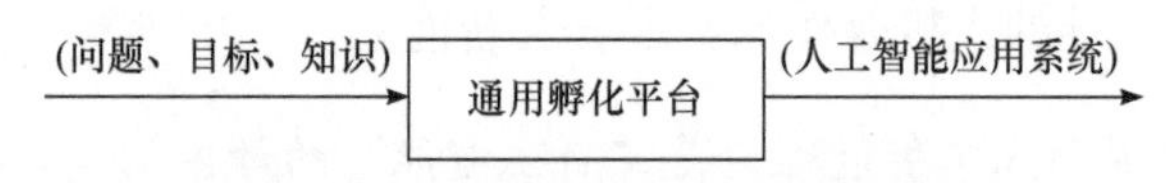

图 13.2.1　人工智能系统的通用孵化平台

由此可知，通用孵化平台的本质就是普适性智能生成机制的生成平台。它对任何具体应用场景都是通用的。不同的是，不同应用场景(不同的问题)具有不同的问题信息，需要不同的知识、目标、策略。因此，通用孵化平台建设的重要内容之一是综合认知记忆库。记忆库的知识通常掌握在用户手中，需要由用户提供，因此孵化平台与用户的合作方式是，用户提供问题、目标、知识的描述，孵化平台把问题、目标、知识表达为普适性智能生成机制需要的规格，然后启动智能生成生成机制，生成需要的智能策略和智能行为去解决问题。

在具体的操作上，也可以按照机制主义通用人工智能理论的原理，设计具有各个行业需要的通用综合认知记忆库的行业性通用孵化平台，行业内的各个用户就可以利用行业性通用孵化平台孵化具体的人工智能应用系统。

由于不同行业的通用孵化平台都是基于普适性智能生成机制，因此它们孵化出来的所有行业的巨量的机制主义人工智能应用系统很容易互联成为巨量的机制主义人工智能系统网络，从而高效地支持社会的生产、消费、交换、服务、民生、生态、安全、国防等各种活动，实现社会的智能化。

8. 意义重大的“不谋而合”和“互相印证”

如果把机制主义通用人工智能理论的系统模型进一步抽象成为图 13.2.2，就可以看到人工智能系统从主体接受“待解的问题、预设的目标、相关(种子)知识”之后，就按照普适性智能生成机制生成解决问题达到目标的智能行为，完成问题的智能求解。

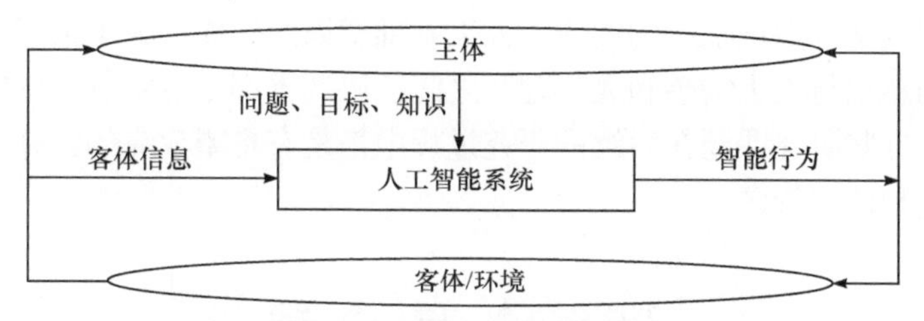

图 13.2.2 机制主义通用人工智能理论的抽象模型

换言之，主体只需要对人工智能系统下达需要解决的任务和检验人工智能系统求解问题的质量，求解问题的一切工作都由人工智能系统承担和完成。

发人深省的是，机制主义通用人工智能系统的工作情形竟然与 100 多年前马克思所描述的景象“不谋而合”。

马克思说，随着大工业的充分发展，劳动者将不再是生产流程中的一个环节，而是站在生产流程的旁边对生产流程进行管理和监督。在这里，马克思所说的劳动者就是(人类)主体，他所说的充分发展的大工业实际上就是机制主义通用人工智能系统形成的产业。他所说的管理，就是给机制主义通用人工智能系统指定问题、目标、知识。他所说的监督，就是对机制主义人工智能系统的求解结果进行检验。

马克思 100 年前从政治经济学的分析得出的预见，竟然与今天我们从人工智能基础理论研究得出的结论惊人地相符。

9. 需要继续探索的问题

世上本无绝对理想的东西，机制主义的通用人工智能理论自然也不例外。因此，继续进行研究和完善是绝对必要的。这里主要考虑两方面需要进一步探索和研究的内容。一方面是机制主义通用人工智能理论本身的内容，另一方面是为了把机制主义通用人工智能理论转化为应用系统时需要解决的技术创新问题。

在理论方面，本书提供的是相对完整的原理性成果。其中，一部分原理比较易于实现，如感知、认知、执行、优化、进化等原理，也有一部分原理比较难实现，主要是谋行原理的人工基础意识、人工情感、人工理智的生成机制，以及三者的互相协同方面。作者认为，本书关于人工基础意识、人工情感、人工理智生成机制的“客体信息唤醒、感知信息(语义信息)启动、知识约束、目标导引”理论是一个重要的创新成果。由于本能知识、常识知识、经验知识、规范知识之间的界限模糊，因此如何实现人工基础意识、人工情感、人工理智之间“各就各位、适时递进、和谐协同”仍是需要深入完善的问题。

在理论转化过程中需要的技术创新方面，也存在大量的研究课题。由于机制主义通用人工智能理论是颠覆性创新的重大成果，它的实现技术基本上没有现成的技术可用，需要通过技术创新研究来解决。例如，感知信息(语义信息)生成的技术、机制主义认知记忆库的构建、人工基础意识的生成、人工情感的生成，以及人工基础意识与人工情感和人工理智之间的协调等都是技术创新的内容。

幸好，这些研究课题在后续的研究过程中都是有希望攻克的，并不存在绝对的理论盲区和认识禁区。

13.3　本章小结

本章从首创性、优胜性、通用性三个方面对通用人工智能理论进行分析性评价。总的来说，机制主义通用人工智能理论从科学观、方法论、全局模型、研究路径、基本概念和基本原理都是重大的创新成果，而信息转换与智能创生定律更是具有划时代的意义。

当然，机制主义通用人工智能理论目前处在理论成果的状态。在把理论成果转化为应用性成果的时候，还需要一系列的技术创新。这是因为机制主义通用人工智能理论的实现技术基本上都不是现有人工智能技术所能支持的，如第一类、第二类、第三类、第四类信息转换原理，综合认知记忆库等都是全新的技术。

由于机制主义通用人工智能理论的所有优势都来源于范式大变革，即用现代信息学科的范式取代传统物质学科的范式，因此机制主义通用人工智能理论的全部优势就源于信息学科范式代表的信息时代精神，是真正的信息时代的科学成果。

第 14 章　拓　　展

基础理论研究的成果不能仅停留在理论的状态，把基础理论研究的成果转化为现实的先进社会生产力才是它的真正目的和意义。

在通用人工智能理论的研究告一段落之后，应当怎样进一步发展是机制主义通用人工智能理论本身的拓展问题。

14.1　把理论转化成现实的先进社会生产力：洛神工程

由于机制主义通用人工智能理论的核心是普适性智能生成机制，即信息转换与智能创生定律，因此按照这个理论设计的普适性智能生成系统，实际上就是功能强大的机制主义通用人工智能系统通用孵化平台。具体来说，只要给这个孵化平台输入合理的问题、目标、知识，就会按照普适性智能生成机制(信息转换与智能创生定律)，生成能够利用给定的知识、解决给定的问题、达到给定目标的人工智能系统。如果输入的问题、目标和知识改变，那么只要新的问题、目标、知识是合理的，它就会按照同样的普适性智能生成机制(信息转换与智能创生定律)生成新的人工智能系统，后者能够利用新的知识、解决新的问题、达到新的目标。

总之，问题、目标、知识可以根据应用场景的需要而改变，孵化平台利用知识、解决问题、达到目标的人工智能应用系统就随着它的改变而改变，而孵化这些各不相同人工智能系统的普适性智能生成机制(信息转换与智能创生定律)却保持不变。这就是普适性的含义，也是人工智能系统通用孵化平台的含义。

通用人工智能系统孵化平台的工作奥秘在于，普适性智能生成机制可以保证孵化平台工作机制的通用性和稳定性；综合认知记忆库(之所以不再称为知识库，是因为这个记忆库既存储知识，也存储信息，还存储智能策略)，可以保障孵化平台工作对象的个体性和普适性。

因此，今后首先要做的事情是根据机制主义通用人工智能理论开发它的通用孵化平台，孵化各种场景需要的各种人工智能应用系统，并通过联网形成覆盖全社会的智能化基础设施——机制主义通用人工智能应用系统的和谐网络体系。通过这种无处不在的机制主义通用人工智能网络体系，可以有效地实现社会生产力的全面智能化，推动人类社会走向智能社会。

毫无疑问，覆盖全社会的机制主义通用人工智能应用系统网络体系就是智能时代支持人类各种活动(工业生产、农业生产、公众消费、社会服务、民生福祉、环境生态、国家安全)的智能化社会基础设施。

这种智能化社会基础设施是由信息时代初期相对简单的信息基础设施(电信网络)经过技术创新升级形成的高级版。

(1)初级版：电信网，只具有单一的信息功能(传输)。

(2)中级版：互联网，具有两种信息功能(传输、处理)；物联网，具有四种信息功能(传感、传输、处理、控制)。

(3)高级版：机制主义通用人工智能理论网，具有全部信息功能，即智能(感知、传输、处理、认知、谋行、执行、优化、进化)。

初级版的社会基础设施(电信网)支持信息时代初级阶段发展的基本需求，这就是人与人之间的即时信息共享。中级版的社会基础设施(互联网和物联网)支持信息时代中级阶段发展的基本需求，这就是在共享信息基础上对外界事物的浅层认识和调控。但是，只有高级版的社会基础设施(机制主义通用人工智能应用系统网络体系)才能支持和满足信息时代高级阶段——智能时代发展的基本需求。这就是支持人类更好地认识世界和优化世界，并在不断优化客观世界的同时优化人类的主观世界。

通过人工智能系统的通用孵化平台孵化各行各业各种场景需要的人工智能应用系统，并通过全社会的人工智能应用系统联网，构成覆盖全社会的机制主义通用人工智能系统网络体系，成为全社会生产力的智能化生产工具体系，实现社会整体的智能化发展。我们把这一宏伟工程定义为“洛神工程”。洛神是中华文明的一个象征性符号,用洛神工程来命名全社会的通用人工智能系统网络体系建设,意在表现中华文明的现代智慧。

洛神工程是把机制主义通用人工智能理论转化为先进社会生产力、实现社会智能化、造福人类的伟大社会工程。关于它的详细内容，很难在此介绍，需要另外一部著作论述。

14.2　把机制主义通用人工智能理论拓展为统一智能理论

除了机制主义通用人工智能理论成果转化，还有另一项意义深远的工作值得深入探讨。这就是人工智能基础理论的进一步深化发展，即统一智能理论的研究。这里所说的统一,不但关注各种不同应用场景的人工智能系统生成机制的通用性,而且是关注通用人工智能的生成机制与自然智能(特别是人类智能)生成机制的统一性。

关于统一智能理论的研究，也不应当只是泛泛的智能理论研究，而应当是高度聚焦机制主义通用人工智能理论与人类智能理论在核心问题(智能生成机制问题)的统一性研究。一方面，这一研究将深化已有机制主义通用人工智能理论的研究；另一方面，有利于加深人们对各种自然智能生成机制的理解和探究，真正收到人工智能与自然智能“交相辉映、相得益彰”的效果。

14.2.1 统一智能理论的论证

关于统一智能理论研究的思路，确实应当从人工智能系统普适性智能生成机制的研究说起。这是智能问题的核心。

普适性智能生成机制指的智能生成都是针对人工智能展开的，认为各种人工智能系统的智能生成机制都具有如下共同基本特征。

(1) 以客体信息的刺激唤醒。

(2) 由语义信息的生成启动。

(3) 由主体目标导引。

(4) 由领域知识和先验策略支持和约束。

(5) 由语义信息转换(转换为知识，再转换为智能策略与智能行为)展开。

(6) 由语用信息和价值性知识的最大化来优化。

(7) 由语用信息和价值性知识的最大化满足来完成。

由此，我们曾得出结论，人工智能的普适性智能生成机制是，在主体驾驭和环境约束下为了实现主客双赢的目标而展开的主体与客体相互作用产生的信息生态过程，即客体信息→感知信息(语义信息)→知识→智能策略→智能行为的转换过程。其中，在主体驾驭和环境约束下，为了实现主客双赢目标而展开的主体与客体相互作用是工作框架，而这个工作框架产生的信息生态过程及其智能策略与智能行为是在这个工作框架下产生的标志性产物。普适性智能生成机制的学术本质就是信息转换与智能创生定律。

这一结论对于人们正确理解人工智能具有十分重要的意义。

如果追问，怎样才能生成人工智能系统的智能？回答是，实施普适性智能生成机制。具体来说，应当在主体驾驭和环境约束下通过主客的相互作用来生成信息生态过程及其标志性产物。这里强调的是，这种条件下的信息生态过程及其标志性产物。换言之，这种信息生态过程才是人工智能的本质过程，其标志性产物正是在此条件下解决问题达到主客双赢目标的智能(表现为智能策略和智能行为)。

这和以前人们渲染的“人工智能是计算机科学的应用分支”，或者“人工智能是自动化学科的延伸”的说法显然大相径庭，也与结构模拟、功能模拟、行为模拟的思想风马牛不相及。显而易见，普适性智能生成机制对人工智能理论的重要意义就如同空气动力学原理对飞机设计的重要意义。

值得指出的是，在主体驾驭和环境约束下的主客互动的工作框架中，对主体提出的唯一限制条件是，他提供的问题、目标、知识必须合理。对客体提出的唯一限制是，它产生的客体信息应当作用于主体，并与主体的目的相关。不难理解，在绝大多数情况下，主体和客体的限制条件都属于自然满足的条件。换言之，这些限制实际上就等于没有限制。

可见，上述智能生成机制几乎不受各种具体应用场景限制，或者说，这种智能生成机制在应用场景上是普适的。在这种情况下，普适性智能生成机制可以表达主体目标驾驭和环境约束下主客互动的完整信息生态过程，即客体信息首先经过主体感知生成感知信息(语义信息)，然后经过认知生成知识，经过谋行生成智能策略，经过执行生成智能行为的复杂转换过程。简言之，就是信息转换与智能创生过程。普适性智能生成机制示意图如图 14.2.1 所示。

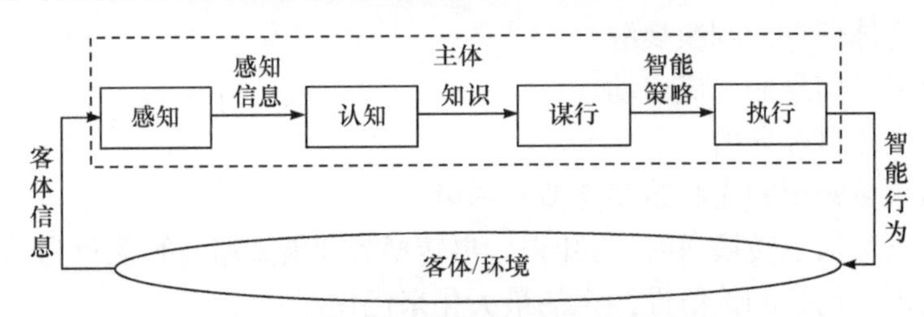

图 14.2.1　普适性智能生成机制示意图

图 14.2.1 可以这样理解，当确定主体和客体之后，通过普适性智能生成机制(感知→认知→谋行→执行)就可以保证，在主体目标牵引、相应知识支持和约束下，把问题的“客体信息”有序地转换为解决问题达到主体目标的智能行为。

颇有意思的是，普适性智能生成机制(感知→认知→谋行→执行)恰好就是中华文明的知行学说，其中的“知”是由感知到认知，“行”是由谋行到执行，而且知行互促、相得益彰、相辅相成、融为一体。

这正是中华文明关于人类认识世界和改造世界的实质的精彩论述。

我们还可以进一步追问，图 14.2.1 所示的人工智能普适性智能生成机制(在主客互动框架下的信息生态过程及其标志性产物)除了对各种人工智能的应用场景具有普适性，是否对实现普适性智能生成机制的物质载体(物质条件)也具有普适性?

这个问题的实质是,可否把人工智能系统的普适性智能生成机制(信息转换与智能创生定律)推广应用到人类智能系统(或其他生物智能系统)？人工智能系统的普适性智能生成机制是否适合人类(或生物)智能系统?

这个问题的答案应当是肯定的。这是因为，人工智能系统的普适性智能生成机制本来就是受人类智能(人类的显性智慧)生成机制的启迪抽象出来的。

事实上，从生成智能的过程来看，无论对于人类还是对于人工智能机器，他们的总体约束都是主体驾驭和环境约束下的主客互动过程；提供给他们的都是关于问题、目标、知识的信息，而他们最终生成的都是解决给定问题和达到预设目标的智能(包括智能策略和智能行为)。显而易见，从给定的信息到生成的智能，实现的就是他们的智能生成机制。

考察机制主义通用人工智能理论标准模型可以发现，它正好也是人类智能系统的抽象模型。

不难看出，感知-选择单元大体就是人类智能系统中与记忆系统相连的感觉与记忆系统，认知单元大体就是人类智能系统中的丘脑、联合皮层、海马系统，基础意识单元大体就是人类智能系统中的海马、前额叶与联合皮层系统，情感生成单元大体就是人类智能系统中的边缘叶与杏仁核系统，理智生成单元大体就是人类智能系统的前额叶、联合皮层与顶叶系统等。虽然随着人们对于人工智能和人类智能研究的不断深入，这些对应关系将越来越精准，但是统一智能理论标准模型的判断不会有大的改变。

换句话说，普适性智能生成机制既是人工智能系统的普适性智能生成机制，也是人类智能系统的普适性智能生成机制。人类利用自己的生物组织系统实现普适性智能生成机制，使自己成为机制主义通用的人类智能系统。人工智能机器则利用现代信息科学技术成就(包括微电子技术、微机械技术、纳米信息技术、新材料和新能源技术等)实现普适性智能生成机制，也使自己成为机制主义通用的人工智能系统。

同样一种普适性的智能生成机制，拥有两种不同的物理实现方法。这就是人工智能与人类智能之间的同一性与多样性的统一，因此我们才有可能讨论统一智能理论。

不言而喻，此后研究统一智能理论的时候，我们关心的统一主要就是指它们共同的内核——普适性智能生成机制，而不是他们各不相同的实现形式。

当然，人工智能与人类智能两者之间，由于各自的实现方法不同，特别是与人类隐性智慧衔接方式的不同，必然呈现各不相同的优势和特点。人类智能(显性智慧)与人类的隐性智慧存在天然的无缝双向协同合作，因此具有巨大的创造能力。人工智能与人类隐性智慧只是通过主体提供的问题、目标、知识的固定衔接，因此在创造能力上肯定不可与人类智能同日而语。另外，人类智能基于生物组织和生化过程的支持，人工智能利用现代信息科学技术及其新材料和新能源的优势，因此在解决问题的操作能力(速度、精度、耐度等)方面会大大优于人类智能。他们之间的这种特色和优势的差别就决定了，人类智能在发挥创造能力方面拥有绝对的优势，人工智能则在发挥操作能力方面处于高度优越的地位。人类智能与人工智能之间的优势互补正是最佳的合作方式。

显然，如果忽略物理实现方式的差别，从统一智能理论这个共性的角度来说，人类智能和人工智能最核心和最具本质意义的东西，就是普适性的智能生成机制，也就是信息转换与智能创生定律。

顺便提及，普适性智能生成机制(信息转换与智能创生定律)也适用于其他生物物种，只不过要根据具体的生物物种情况对这个机制(定律)的相应内容(主要包括主体目的、信息、知识、感知原理、认知原理、谋行原理等)做出相应的简化和特化处理。

到此，我们就基本完成统一智能理论的论证。为了日后交流的方便，我们也给它取一个英文名称 general theory of intelligence(GTI)。同时，给机制主义通用人工智能一个英文名称 mechanism-based general theory of AI(m-GTAI)。

最后，有必要特别强调，从机制主义通用人工智能理论(m-GTAI)到统一智能理论的拓展之所以能够成功，关键是全面实施了人工智能的范式革命。只有摆脱物质学科范式对人工智能的统领，确立信息学科范式对人工智能的引领和规制，才能揭示普适性智能生成机制这个统一的桥梁和标尺；否则，机制主义通用人工智能理论的拓展和机制主义通用人工智能理论与人类智能理论的统一，就绝对不可能实现。具体原因如下。

(1) 如果人工智能的研究还停留在物质学科范式的统领下，那么人工智能遵循的科学观是机械唯物的物质观，即强调研究对象是纯粹的物质客体，彻底排除主体的主观因素，实行主体客体互相分离；研究的关注点是物质客体(孤立的脑)的结构和功能。人类智能遵循的科学观是辩证唯物(对立统一)的信息观，即强调研究对象是主体驾驭和环境约束下主体客体相互作用的信息过程，研究的关注点是主体客体的合作共赢。可见，两者完全没有共同的语言，不存在统一的桥梁与标尺。

(2) 如果人工智能的研究还停留在物质学科范式的统领下，那么人工智能遵循的方法论是机械还原论，即宏观处置方法是分而治之，描述和分析方法单纯形式化；决策准则是基于形式匹配。人类智能遵循的方法论是信息生态论，即宏观处置方法是生态整体原则(不可分治)，描述和分析方法是形式内容价值三位一体的演化；决策准则是基于内容的理解。由此可见，两者之间也没有共同语言，也不存在统一的桥梁与标尺。

(3) 如果人工智能的研究还停留在物质学科范式的统领下，那么人工智能系统的研究和开发要么是走结构主义人工神经网络的路径，要么是走功能主义物理符号系统/专家系统的路径，或者是走行为主义感知动作系统的路径，三种路径互不相容、互不认可，没有统一的研究路径。人类智能则是依照普适性智能生成机制这个统一的路径来实施。可见，两者没有共同语言，也不存在统一的桥梁与标尺。

(4) 如果人工智能的研究还停留在物质学科范式的统领下，那么人工智能的源头必然是被纯粹形式化割去了内容和价值因素的空心化信息，这就必然导致空心化的智能。人类智能的源头则是形式、价值、内容三位一体全面而实在的信息，从而导致实实在在的智能。在这里，两者也缺乏共同的语言和统一的桥梁。

总之，只要人工智能还在物质学科范式的统领之下，就不可能找到普适性的智能生成机制，就不可能建立机制主义通用人工智能理论，更不可能建立统一智能理论。由此可以进一步体会到，没有人工智能的范式革命，就没有普适性智能生成机制(信息转换与智能创生定律)，就没有通用人工智能理论，更不可能有统一智能理论。

14.2.2 统一智能理论的启示

诚然，统一智能理论只是一种初步的分析和论证，但这种分析和论证并不是什么主观臆想，而是有重要的科学依据，因此是充分可信的。接下来的工作是，把这种初步的分析深入下去，使统一智能理论成为一门基础扎实、理论深厚、应用广阔的科学。

值得指出的是，虽然本书绝大部分的篇幅都在探讨机制主义通用人工智能的理论(因为当代社会人们关注的焦点都是人工智能)，但是能够通过解析人工智能和人类智能两方面的智能生成机制，发现并形成统一智能理论。这本身就是一个意义重大的科学进步。

不可否认，即使只是这样一种初步的分析，人们也可以从统一智能理论的基本观念中得到许多重要的启示。例如，随着对人类智能系统的研究不断深入，根据统一智能理论的原理就可以不断深化人们对人工智能理论的研究；反之，利用人工智能理论和技术的成果也可能反过来帮助人们对人类智能中那些尚未明朗的问题提供新的启示和理解。

限于篇幅和本书性质等，这里不打算全面阐述统一智能理论可能带来的各种有益的启示，只强调两点。

1. 如何抓住科学本质来理解和研究智能的科学理论

无论是人类智能系统还是人工智能系统，它们的核心灵魂都是普适性智能生成机制(信息转换与智能创生定律)，即主体驾驭与环境约束下的主体客体相互作用产生的信息生态过程及其标志性产物。统一智能理论的普适性智能生成机制如图 14.2.2 所示。

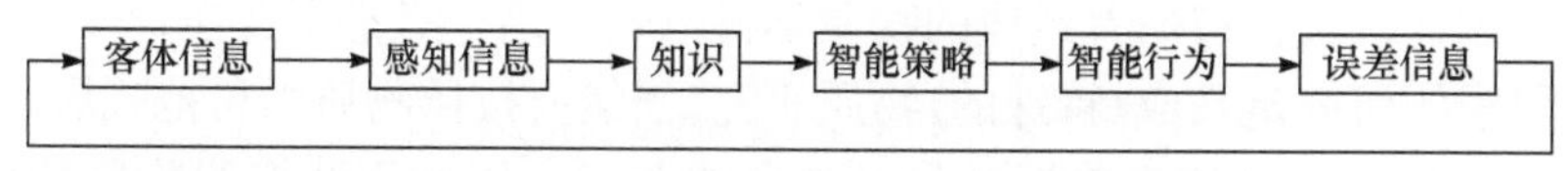

图 14.2.2 统一智能理论的普适性智能创生机制

普适性智能生成机制的本质是信息转换与智能创生定律，表现形式是主体驾驭和环境约束下的主客互动信息生态过程，也可以等价地说，在主客相互作用的过程中，为了实现主客双赢的目标而形成的信息生态规律。

在普适性智能生成机制中，主体驾驭和环境约束下的主客互动框架是智能生成机制的工作框架，而信息生态过程是智能生成机制的灵魂。信息生态过程的标志性产物是智能生成机制最终生成的智能(智能策略和智能行为)。由此可见，信息的生态过程是普适性智能生成机制的过程。只有运用信息的观念才能准确理解人工智能和人类智能的共同本质，只有遵循信息学科的范式(科学观和方法论)才能有效地探索、研究、建立人工智能和人类智能的科学理论。

这样，我们就可以理解，在人工智能理论研究的现实活动中，为什么人们熟悉的结构主义、功能主义、行为主义、计算思维等这些研究路径都会使人工智能理论的研究走偏？为什么认为，人工智能不存在统一理论、不存在通用人工智能理论等观点与整体观和辩证论的思想不符，也与实际的情况不符？为什么紧紧抓住信息学科的研究范式、基于全信息的普适性智能生成机制(信息转换与智能创生定律)的机制主义研究路径就可以成功？

这是最具现实意义的启迪，将指引人工智能理论研究走上健康快速的发展轨道。

2. 范式革命对脑科学研究具有巨大意义

近来，我国启动大规模的脑科学计划，明确要在三个基本方面推进脑科学的研究，即“一体两翼”，以脑的结构和功能的研究为主体，以脑科学的研究启迪人工智能理论的研究为一翼，以探索治疗脑疾病的研究为另一翼。这显然是一项意义重大的研究计划。本书对此寄予热切的期待。

一般来说，脑科学与人工智能之间的关系有两个相辅相成的方面。一方面，脑科学的研究成果对人工智能具有指导意义，而且这是主要的方面。另一方面，人工智能研究的成果也可能在一定意义上为脑科学的研究提供借鉴。

正是注意到后面这种可能性，根据我们数十年来在人工智能基础理论和统一智能理论的研究成果，以及对国内外脑科学研究情况的了解，我们非常愿意对脑科学研究计划提出如下参考性建议。

我们注意到，国内外历来的脑科学研究都把脑看作一类特殊的、孤立的、与主体因素无关的客观物质系统，研究的目的在于搞清楚这种孤立大脑的物质结构和功能。因此，严格遵循着经典的物质学科范式。这一点都不奇怪，一方面，人们把脑科学的研究定义成(特殊的)物质研究，当然要按照物质学科范式展开研究；另一方面，学术共同体尚未形成信息学科的范式，因此无法摆脱物质学科范式的研究轨道。

二百多年来，脑神经科学观察脑结构的科学仪器和相关技术不断进步，从解剖技术、染色技术、正电子发射技术、计算机断层扫描技术到核磁共振系统等。目前，对于大脑结构的观察和认识确实取得许多可喜的进步。

我们认为，“活的大脑”在事实上并非仅仅是一种特殊的、孤立的、与主体因素无关的物质系统，而是一个通过主体的感觉系统和行动系统与外部世界紧紧联系在一起的开放复杂的主客相互作用的信息系统，因此历史上的脑神经科学研究实际上是严重受限、失真的研究，仅仅有助于了解“死的大脑”的物质结构及其静态功能，而不能深入地揭示“活的大脑”的思维奥秘，不能完整地揭示大脑如何生成智能的工作机制。

因此，我们的原则建议是，在21世纪的今天，脑科学的研究应当同人工智能的研究一样，要高举范式革命的时代旗帜，尽最大的努力摆脱传统物质学科范式的束缚，接受和确立信息学科范式的规范和引领。

具体来说，就是要确认和坚持以信息学科范式的科学观(主体驾驭和环境约束的主体客体相互作用的信息生态过程)来看待脑科学研究的对象，坚持把在主客互动过程中实现主客双赢作为脑科学研究的目标；接受和实行辩证的信息生态学作为自己的方法论，科学地区分客体信息和主体感知信息。特别是，应当高度重视客体信息、主体感知信息、知识、智能策略、智能行为形成信息转换的生态链。

这就意味着，要勇敢地放弃人们已经非常熟悉的“把脑看作特殊的、孤立的、与主体因素无关的物质系统”这样的科学观，放弃原来已经非常习惯的分而治之和单纯形式化的方法论。

我们确信，只有坚持和贯彻脑科学研究的范式革命，脑科学的研究才能取得我国脑科学研究计划的三项宏伟目标。我们甚至认为，作为脑科学计划主体研究的重要成果，应当是以信息转换与智能创生定律为基本标志的普适性智能生成机制。唯有如此，脑科学的研究成果才能对人工智能的研究发挥重要的作用。

14.3 本章小结

本章展望了通用人工智能理论的两方面研究工作。一方面是，把机制主义通用人工智能理论这一成果转化为“洛神工程”。另一方面是，把通用人工智能理论本身进一步拓广成为意义更加重大的统一智能理论。

显见，这两个方面的问题都具有十分重要的战略意义。